駿台

東大入試詳解 24年

物理 上

第3版

2023〜2000

問題編

駿台文庫

東大入試詳解 24年

物理 上 第3版

2023〜2000

問題編

駿台文庫

目 次

・試験時間：150 分　配点：120 点（いずれも理科 2 科目合計）

理　科　　（　　　　　）

第1問

1　点数

第2問

2　点数

第 3 問

3
点
数

物　　　理

第1問　以下のような仮想的な不安定原子核 X を考える。X の質量は $4m$，電気量は正の値 $2q$ である。X の半減期は T で，図 1–1 に示すように自発的に二つの原子核 A と B に分裂する。A の質量は m，B の質量は $3m$ である。分裂の際の質量欠損は Δm であるが，これは m と比べて十分小さいので，X の質量は A と B の質量の和で近似されている。分裂後の電気量は A も B も共に q である。これらの原子核の運動について考えよう。

　ただし，原子核は真空中を運動しており，重力は無視できる。原子核の速さは真空中の光速 c に比べて十分遅い。原子核は質点として扱い，量子的な波動性は無視できる。個々の原子核は以下の問題文で与えられる電場や磁場による力だけを受け，他の原子核が作る電場や電流に伴う力は無視できる。加速度運動に伴う電磁波放射も無視できる。

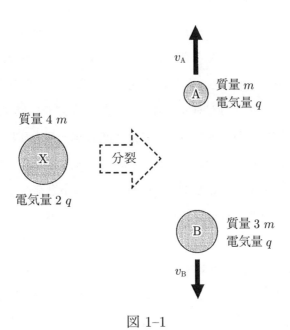

質量 $4\,m$

X

電気量 $2\,q$

分裂

v_{A}

A
質量 m
電気量 q

B
質量 $3\,m$
電気量 q

v_{B}

図 1-1

I 多数の原子核 X を作り，それらが分裂する前に，特定の運動エネルギーをもつものだけを集めることを考える。図 1–2 のように，座標原点にある標的素材に中性子線ビームを照射し，核反応を起こすことで，多数の X が作られる。これらの X は $y > 0$ の領域に様々な速さで，様々な方向に飛び出す。$y > 0$ の領域に紙面に垂直に裏から表の向きに磁束密度 B の一様な磁場をかける。x 軸に沿って紙面に垂直な壁を設け，x 軸上に原点から距離 a だけ離れた位置に小窓を開ける。壁に衝突することなく，壁面に垂直に小窓を通過する原子核だけを集める。以下の設問に答えよ。ただし，標的素材や小窓の大きさは長さ a と比べて十分小さい。

(1) 小窓から集められる個々の X の運動エネルギーを m, q, B, a を用いて表せ。

(2) X が分裂する前に，なるべく効率よく X を集めたい。原点で生成され，小窓を通る軌道に入った X のうち，分裂前に小窓を通過する割合が f 以上になるために必要な磁束密度 B の下限値を，f, m, q, a, T の中から必要なものを用いて表せ。ここで収集された X は十分多数で，$0 < f < 1$ とする。

(3) 集めた X を電場で減速させ，静止させた。図 1–1 のように，この後，X は分裂する。分裂の際に，A と B 以外の粒子や放射線は放出されず，質量欠損に対応するエネルギーが A と B の運動エネルギーとなる。このときの A と B のそれぞれの速さ v_A および v_B を m, Δm, c を用いて表せ。

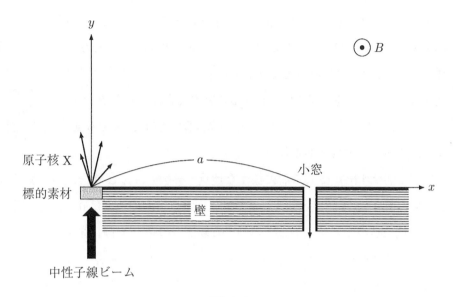

図 1–2

II 次に，図1–3に示す実験を考える。原子核 X を座標原点に，初速 0 で次々と注入する。ここでは $x \geqq 0$ の領域だけに，x 軸正の向きの一様な電場 E がかけられており，X は x 軸に沿って加速していく。$x = L$ には検出器があり，原子核の運動エネルギーと電気量，質量を測ることができる。電場 E は，$E = \dfrac{2mv_{\mathrm{A}}^2}{qL}$ となるように調整されている。ここで v_{A} は，設問 I (3) における A の速さ（図1–1参照）であり，定数である。

X の一部は検出器に入る前に様々な地点で分裂し，A と B を放つ。原子核の運動する面を xy 平面にとり，以下では紙面垂直方向の速度は 0 とする。分裂時の X と同じ速さで x 軸に沿って運動する観測者の系を X 静止系と呼ぶ。X 静止系では，分裂直後に A は速さ v_{A} で全ての方向に等しい確率で飛び出す。X 静止系での分裂直後の A の速度ベクトルが，x 軸となす角度を θ_0 とする。このとき，分裂直後の X 静止系での A の x 方向の速度は $v_{\mathrm{A}} \cos \theta_0$ と表せる。以下の設問に答えよ。

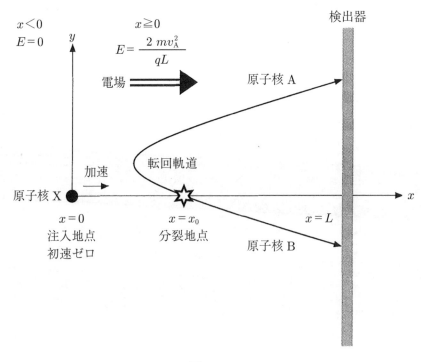

図 1–3

(1)　図 1–3 にあるように，X の分裂で生じた A の中には，一度検出器から遠ざかる方向に飛んだ後，転回して検出器に入るものがある。このような軌道を転回軌道と呼ぶ。A が転回軌道をたどった上で，検出器に入射する条件を求めよう。以下の文の　ア　から　カ　に入る式を答えよ。以下の文中で指定された文字に加え，L，v_A の中から必要なものを用いよ。

　　分裂時の X の検出器に対する速さを αv_A と表すと，分裂地点 x_0 の関数として $\alpha = \boxed{\text{ア}}$ と書ける。また，注入されてから x_0 まで移動する時間は，x_0 の代わりに α を用いて，$\boxed{\text{イ}}$ と表せる。

　　転回軌道に入るためには，A の初速度の x 成分は負である必要があるので，θ_0 に対して，α で表せる条件，$\cos\theta_0 < \boxed{\text{ウ}}$ が得られる。この条件から，そもそも $x_0 > \boxed{\text{エ}}$ では転回軌道が実現しないことがわかる。A が後方に飛んだ場合，$x < 0$ の領域に入ると，検出器に到達することはない。これを避けるための条件は，α を用いて $\cos\theta_0 > \boxed{\text{オ}}$ と表せる。$x_0 > \boxed{\text{カ}}$ のときには，A は θ_0 によらず $x < 0$ の領域に入ることはない。

(2)　検出器に入った A のうち，検出器の x 軸上の点で検出されたものだけに着目する。測定される運動エネルギーの取りうる範囲を m，v_A を用いて表せ。

(3)　X の注入を繰り返し，十分多数の A が検出された。検出された A のうち，運動エネルギーが $m v_A^2$ よりも小さい原子核の数の割合は，X の半減期 T が $\dfrac{L}{v_A}$ と比べてはるかに短い場合と，逆にはるかに長い場合で，どちらが多くなると期待されるか，理由と共に答えよ。

第2問 質量を精密に測定する装置について考えよう。

I 図2–1のように，滑らかに回転する軽い滑車に，半径 r，質量 M の円盤が，質量の無視できる糸と吊り具で水平につり下げられている。円盤の側面には導線が水平方向に N 回巻かれている。導線の巻き方向は，上から見たときに端子 J_1 を始点として時計回りである。滑車の反対側には質量 M のおもりがつり下げられている。円盤の厚さは十分に小さいものとする。

　円盤の上下には図2–2のように，二つの円形の永久磁石を N 極同士が向かい合うように壁に固定する。鉛直方向下向きに z 軸をとり，二つの磁石の中間点を $z=0$ とする。円盤は，はじめ $z=0$ に配置されており，水平を保ちながら z 方向にのみ運動する。円盤が動く範囲では，図2–3のように円盤の半径方向を向いた放射状の磁場が永久磁石により作られ，導線の位置での磁束密度の大きさは一定の値 B_0 である。この磁場は円盤に巻かれた導線のみに作用するものとする。

　この装置は真空中に置かれている。重力加速度は g，真空中の光速は c とする。円盤が動く速さは c よりも十分に小さい。糸の伸縮はない。導線の質量，太さ，抵抗，自己インダクタンスは無視する。また，円盤に巻かれていない部分の導線は，円盤の運動に影響しない。以下の設問に答えよ。

(1) おもりを鉛直方向に動かすことで，円盤を z 軸正の向きに一定の速さ v_0 で動かした。端子 J_1 を基準とした端子 J_2 の電位 V_1 を，v_0，r，N，B_0 を用いて表せ。

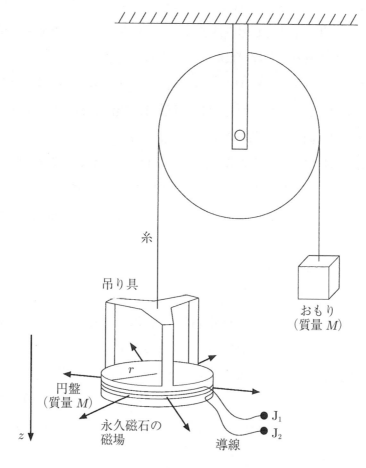

糸

吊り具

円盤
（質量 M）

r

永久磁石の
磁場

導線

● J_1
● J_2

おもり
（質量 M）

z

図 2–1

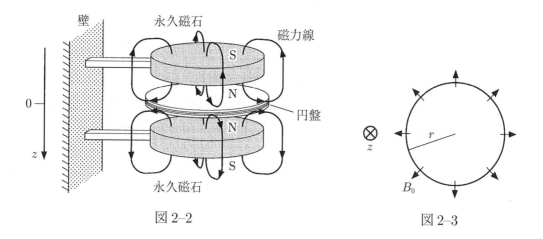

壁

永久磁石

磁力線

S

N

N

S

永久磁石

円盤

0

z

図 2–2

$\otimes$
z

r

B_0

図 2–3

図 2–4 のように，円盤の位置を精密に測定し電気信号に変換するため，この装置にはレーザー干渉計が組み込まれている。レーザー光源を出た周波数 f の光は，ハーフミラーで一部が反射し，一部は透過する。ハーフミラーで反射した光は円盤に取り付けた鏡 M_1 で反射し，ハーフミラーを透過した光は壁に固定された鏡 M_2 で反射する。M_1，M_2 で反射した光は，ハーフミラーで重ね合わされ光検出器に向かう。光の経路は真空中にある。このとき，円盤の位置 z が変化すると，検出される光の強さが干渉により変化する。光検出器からは，検出した光の強さに比例した電圧 $V(z)$ が出力される。この電圧は，V_L と k を正の定数として $V(z) = V_L + V_L \sin(kz)$ と表すことができる。鏡 M_1 の質量は無視できる。

(2)　f と c を用いて k を表せ。

　図 2–4 の回路に含まれる可変電源は，光検出器の出力電圧を入力すると，正の増幅率を A として $V_A = A\{V(z) - V_L\}$ なる電圧を出力する。抵抗値 R の抵抗に生じる電圧降下を，内部抵抗の十分大きな電圧計によって測定する。

　いま，円盤の位置を $z = 0$ に戻し，静止させた。スイッチを閉じると円盤は静止を続けた。次に，円盤の上に質量 m の物体を静かに置くと，物体と円盤は一体となって鉛直下向きに運動を始めた。

(3)　円盤をつり下げている糸の張力を T，物体の速度を v とする。一体となって運動する物体と円盤にはたらく合力を，k, m, M, T, A, r, N, g, B_0, R, V_L, v, z のうち必要なものを用いて表せ。

　A が十分大きい値であったため，物体と円盤は一体のまま非常に小さな振幅で上下に運動し，時間とともにその振幅は減衰した。時間が経過してほぼ静止したと見なせるときの円盤の位置を z_1，電圧計の測定値の絶対値を V_2 とする。

(4)　z_1 と V_2 を k, m, A, r, N, g, B_0, R, V_L のうち必要なものを用いて表せ。ただし，z_1 が十分に小さいため，近似式 $\sin(kz_1) \fallingdotseq kz_1$ を用いてもよい。

(5)　設問 I (1) の結果とあわせて，物体の質量 m を V_1, V_2, R, g, v_0 を用いて表せ。

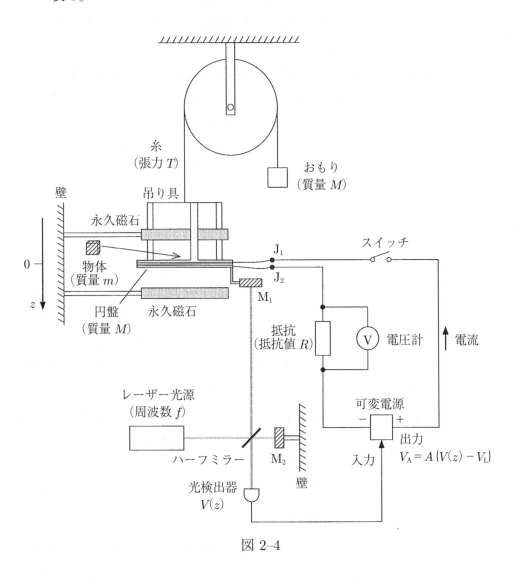

図 2–4

II　質量 m の測定に用いた抵抗値 R を精密に決めることを考えよう。

　金属や半導体に電流を流し、その電流の向きと垂直に磁場をかけると、ホール効果によって電流と磁場に垂直な方向に電位差が生じる。このような電子部品をホール素子と呼ぶ。ホール効果のうち、量子ホール効果という特殊な場合には、生じた電位差と電流の比 R_H の値は厳密に決まっており、抵抗値の基準となる。

　R_H を基準として未知の抵抗値 R を測定するため、図 2–5 に示す回路を用いる。ホール素子には、紙面に垂直で裏から表に向かう磁場がかけられており、P_1 から P_2 の向きに電流 I_1 を流すと、P_3 を基準とした P_4 の電位は $R_H I_1$ となる。P_5 を基準とした P_4 の電位 V を内部抵抗の十分大きな電圧計で測定し、正の大きな増幅率 A をもつ可変電源に入力する。可変電源は電圧 $V'_A = AV$ を出力し、抵抗値 R' の抵抗に接続されている。ホール素子は、P_1 と P_2 の間に有限の抵抗値をもつ。

　ソレノイド 1, 2, 3 は比透磁率 1 の一つの円筒に巻かれており、単位長さあたりの巻数はそれぞれ n_1, n_2, n_3 である。ソレノイド 2 と 3 は同じ向きに、ソレノイド 1 はそれらとは逆向きに巻かれている。電源 1、電源 2、可変電源から流れる電流をそれぞれ I_1, I_2, I_3 とし、それぞれがソレノイド 1, 2, 3 に流れている。I_1 と I_3 は電源に内蔵された電流計で測定している。ソレノイドの導線の抵抗は無視できる。以下の設問に答えよ。

(1)　P_5 を基準とした P_4 の電位 V とソレノイド内部の磁場 H の大きさを、n_1, n_2, n_3, I_1, I_2, I_3, R, R_H のうち必要なものを用いてそれぞれ表せ。

(2)　以下の記述について、 ア と イ にあてはまる式を、n_1, n_2, n_3, I_1, I_3, R, R' のうち必要なものを用いて表せ。

　磁気センサーでソレノイド内部の磁場 H を測定し、$H=0$ となるように電源 1 の電圧により I_1 を調整した。このとき、$\dfrac{R_H}{R} = \boxed{\text{ア}} + \dfrac{1}{A} \times \boxed{\text{イ}}$ と表すことができる。増幅率 A が大きいので、近似式 $R \fallingdotseq R_H \times \left(\boxed{\text{ア}} \right)^{-1}$ が得られる。

ソレノイドの巻数をうまく選ぶことで，電流の測定誤差に比べて抵抗値 R の測定誤差を相対的に小さくすることができる。量子ホール効果での R_{H} は，物理定数であるプランク定数 h，電気素量 e と自然数 p を用いて $R_{\mathrm{H}} = \dfrac{h}{pe^2}$ と表せる。ここでは，$p = 2$，$R_{\mathrm{H}} = 12.9\,\mathrm{k\Omega}$ の素子を用いる。いま，測定したい抵抗値 R は $100\,\Omega$ 程度であることが測定前にわかっている。測定誤差を小さくするために，$\dfrac{n_2}{n_1}$ が $\dfrac{R}{R_{\mathrm{H}}}$ と近い値となり，$\dfrac{n_3}{n_1}$ が小さくなるように巻数の比を選び，$n_1 : n_2 : n_3 = 1290 : 10 : 129$ とした。

(3)　電流 I_1 と I_3 の測定値と真の値，および抵抗値 R の真の値を表 2–1 に示す。電流の相対誤差は 10 % 程度である。I_1，I_3 の測定値と設問 II (2) で得た近似式から，抵抗値 R の測定値を有効数字 3 桁で求めよ。また，この抵抗測定の相対誤差は何 % か，有効数字 1 桁で答えよ。

表 2–1

	I_1	I_3	R
測定値	$540\,\mu\mathrm{A}$	$400\,\mu\mathrm{A}$	
真の値	$600\,\mu\mathrm{A}$	$350\,\mu\mathrm{A}$	$106\,\Omega$

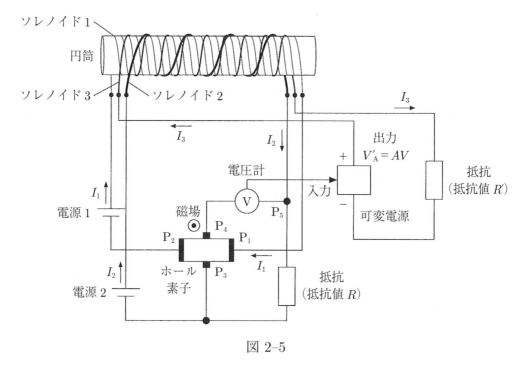

図 2–5

第3問　ゴムひもを伸ばすと，元の長さに戻ろうとする復元力がはたらく。一方で
ゴム膜を伸ばして広げると，その面積を小さくしようとする力がはたらく。この
力を膜張力と呼ぶ。十分小さい面積 ΔS だけゴム膜を広げるのに必要な仕事 ΔW
は

$$\Delta W = \sigma \Delta S$$

で与えられる。ここで σ は［力/長さ］の次元を持ち，膜張力の大きさを特徴づけ
る正の係数である。ゴム膜でできた風船を膨らませると，膜張力により風船の内
圧は外気圧よりも高くなる。外気圧は p_0 で常に一定とする。重力を無視し，風船
は常に球形を保ち破裂しないものとして，以下の設問に答えよ。

I　図3–1のように半径 r の風船とシリンダーが接続されている。シリンダーに
は滑らかに動くピストンがついており，はじめピストンはストッパーの位置で
静止している。風船とシリンダー内は液体で満たされており，液体の圧力 p は一
様で，液体の体積は一定とする。ゴム膜の厚みを無視し，係数 σ は一定とする。

(1)　ピストンをゆっくりと動かし風船を膨らませたところ，図3–1のように半
径が長さ Δr だけ大きくなった。ピストンを動かすのに要した仕事を p_0, p,
r, Δr を用いて表せ。ただし，Δr は十分小さく，Δr の二次以上の項は無視
してよい。

(2)　設問 I (1) で風船を膨らませたときに，風船の表面積を大きくするのに要し
た仕事を r, Δr, σ を用いて表せ。ただし，Δr は十分小さく，Δr の二次以
上の項は無視してよい。

(3)　p を p_0, r, σ を用いて表せ。ただし，ピストンを介してなされる仕事は，
全て風船の表面積を大きくするのに要する仕事に変換されるものとする。

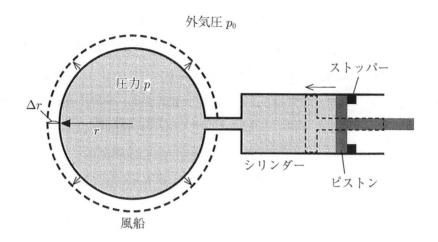

外気圧 p_0

ストッパー

圧力 p

Δr

r

シリンダー

ピストン

風船

図 3–1

II 図 3–2 のように，小さな弁がついた細い管の両端に係数 σ の風船がついており，中には同じ温度の理想気体が封入され，気温の温度は常に一定に保たれている。最初，弁は閉じており，風船の半径はそれぞれ r_A，r_B である。管内と弁の体積，ゴム膜の厚みを無視し，係数 σ は一定とする。また，風船がしぼみきった場合，風船の半径は無視できるほど小さくなるものとする。

(1) $r_A < r_B$ の場合に弁を開いて起こる変化について，空欄 ア と イ に入る最も適切な語句を選択肢①〜④から選べ。また，下線部についての理由を簡潔に答えよ。

　　弁を開くと気体は管を通り，半径の ア 風船からもう一方の風船に移る。十分時間が経った後の風船は，片方が半径 r_c で， イ 。

① 大きい　　　　　　　　② 小さい

③ 他方も半径 r_c になる　④ 他方はしぼみきっている

(2) σ を p_0，r_A，r_B および，設問 II (1) で与えられた r_c を用いて表せ。

外気圧 p_0

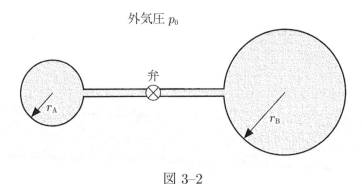

図 3–2

計 算 用 紙

III 実際の風船では，膜張力の大きさを特徴づける係数 σ は一定ではなく，半径 r の関数として変化する。以下の設問では，風船の係数 σ は関係式

$$\sigma(r) = a\frac{r - r_0}{r^2} \qquad\qquad (r \geqq r_0 > 0)$$

に従うと仮定する。ここで a と r_0 は正の定数であり，温度によって変化しないものとする。風船の半径は常に r_0 より大きいものとする。

(1) 図3–3のように，理想気体が封入され，風船の半径がどちらも r_D の場合を考える。弁を開いて片方の風船を手でわずかにしぼませた後，手を放したところ，風船の大きさは変化し，半径が異なる二つの風船となった。r_D が満たすべき条件を答えよ。ただし，気体の温度は一定に保たれているとする。

(2) 設問 III (1) で十分時間が経った後，弁を開いたまま，二つの風船内の気体の温度をゆっくりとわずかに上げた。風船の内圧は高くなったか，低くなったか，理由と共に答えよ。必要ならば図を用いてよい。

外気圧 p_0

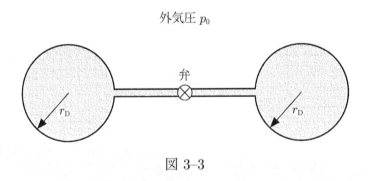

図 3–3

(3)　設問 III (2) で十分時間が経った後，今度は風船内の気体の温度をゆっくり
と下げた。二つの風船の半径を温度の関数として図示するとき，最も適切な
ものを図3–4の①〜⑥から一つ選べ。

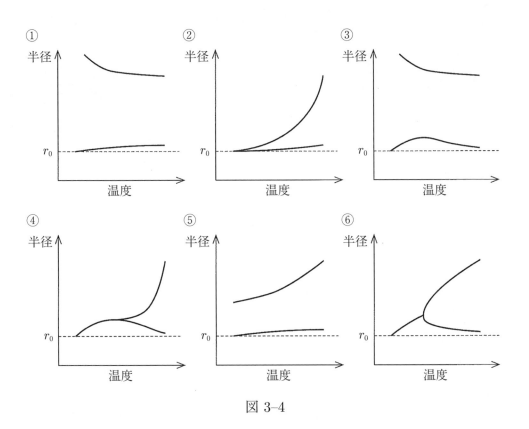

図 3–4

2022年

物　　　理

第1問　地球表面上の海水は，地球からの万有引力の他に，月や太陽からの引力，さらに地球や月の運動によって引き起こされる様々な力を受ける。これらの力の一部が時間とともに変化することで，潮の満ち干が起こる（潮汐運動）。ここでは，地球の表面に置かれた物体に働く力について，単純化したモデルで考察しよう。なお，万有引力定数を G とし，地球は質量 M_1 で密度が一様な半径 R の球体とみなせるとする。以下の設問 I，II，III に答えよ。

I　地球の表面に置かれた物体は地球の自転による遠心力を受ける。地球の自転周期を T_1 とするとき，以下の設問に答えよ。

(1)　質量 m の質点が赤道上のある地点 E に置かれたときに働く遠心力の大きさ f_0，および北緯 $45°$ のある地点 F に置かれたときに働く遠心力の大きさ f_1 を求め，それぞれ m，R，T_1 を用いて表せ。

(2)　設問 I (1) の地点 E における，地球の自転による遠心力の効果を含めた重力加速度 g_0 を求め，G，M_1，R，T_1 を用いて表せ。

計 算 用 紙

II 次に，月からの引力と，月が地球の周りを公転運動することによって発生する力を考える。ここではこれらの力についてのみ考えるため，地球が自転しないという仮想的な場合について考察する。

月が地球の周りを公転するとき，地球と月は，地球と月の重心である点 O を中心に同一周期で円運動をすると仮定する（図 1–1）。なお，図 1–1 において，この円運動の回転軸は紙面に垂直である。月は質量 M_2 の質点とし，地球の中心と月との距離を a とする。また，地球の中心および月から点 O までの距離をそれぞれ a_1, a_2 とする。以下の設問に答えよ。

(1) 点 O から見た地球の中心および月の速さをそれぞれ v_1, v_2 とする。v_1 および v_2 を a, G, M_1, M_2 を用いて表せ。

(2) 点 O を原点として固定した xy 座標系を，図 1–2 (a) のように紙面と同一平面にとる。時刻 $t = 0$ において，座標が $(-a_1 - R, 0)$ である地球表面上の点を点 X とする。月の公転周期を T_2 とするとき，時刻 t における点 X の座標を，a_1, R, T_2, t を用いて表せ。ただし，地球の自転を無視しているため，時刻 $t = 0$ 以降で図 1–2 (b), (c) のように位置関係が変化することに注意せよ。

(3) 設問 II (2) の点 X に，M_1 および M_2 に比して十分に小さい質量 m の質点が置かれているときを考える。この質点について，地球が点 O を中心とした円運動をすることで生じる遠心力の大きさ f_C を求め，G, m, M_2, a を用いて表せ。

(4) ある時刻において，地球表面上で月から最も遠い点を P，月に最も近い点を Q とする。質量 m の質点を点 P および点 Q に置いた場合に，質点に働く遠心力と月からの万有引力の合力の大きさをそれぞれ f_P, f_Q とする。f_P, f_Q を G, m, M_2, a, R を用いて表せ。また，点 P および点 Q における合力の向きは月から遠ざかる方向か，近づく方向かをそれぞれ答えよ。

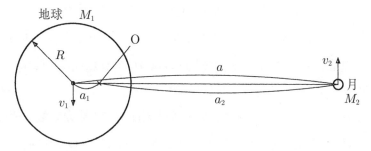

図 1–1

(a) $t = 0$

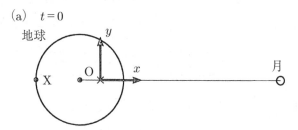

(b)

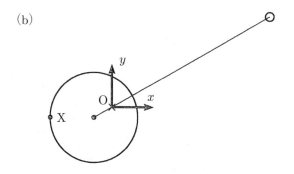

(c)

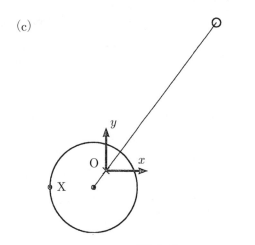

図 1–2

III さらに，太陽からの引力と，地球の公転運動によって発生する力について考える。これらの力についても設問 II と同様に考えられるものとする。なお，地球と太陽の重心を点 O′ とする。太陽は質量 M_3 の質点とし，地球の中心と太陽の距離を b とする。

図 1–3 のように，ある時刻において地球表面上で太陽から最も遠い点を S とする。質量 m の質点が点 S に置かれたとき，地球が点 O′ を中心とした円運動をすることで生じる遠心力と太陽からの万有引力の合力の大きさを f_S とする。設問 II (4) で求めた f_P に対する f_S の比は以下のように見積もることができる。

$$0.\boxed{\quad ア \quad} < \frac{f_S}{f_P} < 0.\boxed{\quad イ \quad}$$

$\boxed{\quad ア \quad}$ と $\boxed{\quad イ \quad}$ には連続する 1 桁の数字が入る。表 1–1 の中から必要な数値を用いて計算し，$\boxed{\quad ア \quad}$ に入る数字を答えよ。

表 1–1

地球の質量	M_1	6.0×10^{24} kg
月の質量	M_2	7.3×10^{22} kg
太陽の質量	M_3	2.0×10^{30} kg
地球の中心と月との距離	a	3.8×10^{8} m
地球の中心と太陽との距離	b	1.5×10^{11} m
地球の半径	R	6.4×10^{6} m
万有引力定数	G	6.7×10^{-11} m^3/(kg·s^2)

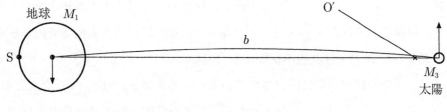

図 1–3

第2問 図2–1のように，水平な xy 平面上に原点 O を中心とした長円形のレールがあり，斜線で示された $-\dfrac{d}{2} < x < \dfrac{d}{2}$，$y < 0$ の領域には鉛直上向き方向に磁束密度の大きさが B の一様な磁場が加えられている。レール上に木製の台車があり，コイルを含む回路が台車に固定されている。コイルは xy 平面に平行な正方形で，一辺の長さは L，ただし，$L > d$ とする。コイルの四つの辺は台車の進行方向に対して平行または垂直である。上から見たとき台車とコイルの中心は一致しており，回路を含む台車の質量は m である。レールの直線部 P_0P_2 は台車の大きさに比べて十分長いものとし，区間 P_0P_2 上の $x = 0$ の点を P_1 とする。

台車が点 P_0 を速さ v_0 で x 軸正の方向（図の右方向）に出発し，その後，台車の中心が最初に P_1，P_2 を通過した瞬間の速さをそれぞれ v_1，v_2 とする。v_0 に比べて速さの変化 $|v_1 - v_0|$ と $|v_2 - v_1|$ は十分に小さい。また，$v_a = \dfrac{v_0 + v_1}{2}$ とする。コイルの右辺が磁場に進入する瞬間と磁場から出る瞬間の台車の中心位置をそれぞれ Q_1，Q_2 とする。同様に，左辺が磁場に侵入する瞬間と出る瞬間の台車の中心位置をそれぞれ Q_3，Q_4 とする。台車に働く摩擦力や空気抵抗，コイル自身の電気抵抗は無視できる。

I　図2–2のように，回路が正方形の一巻きコイルと抵抗値 R の抵抗からなる場合に，台車が最初に区間 P_0P_2 を走る時の運動を考える。

(1)　台車の中心が Q_1 から Q_2 へ移動する運動について，以下の　ア　と　イ　に入る式を v_a, L, d, B, m, R のうち必要なものを用いて表せ。磁束の符号は鉛直上向きを正とする。

速さに比べて速さの変化が十分に小さいため，台車が Q_1Q_2 間を移動するのにかかる時間は $\Delta t = \dfrac{d}{v_a}$ と近似できる。移動の前後でのコイルを通る磁束の変化量 $\Delta\Phi$ は　ア　であり，この間の誘導起電力の平均値は $\overline{E} = -\dfrac{\Delta\Phi}{\Delta t}$ と書くことができる。移動中に誘導起電力が $\overline{E}$ で一定であると近似すると，この間に抵抗で発生するジュール熱の総和は　イ　と書ける。

(2)　v_1 を v_0, L, d, B, m, R のうち必要なものを用いて表せ。

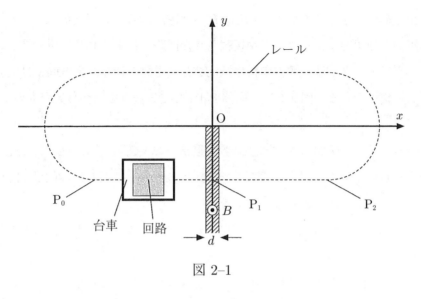

図 2–1

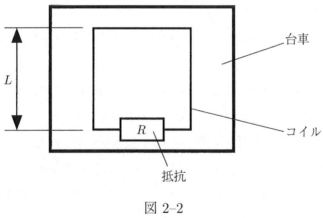

図 2–2

II　正方形の一巻きコイルに，抵抗値 R の抵抗，起電力 V で内部抵抗の無視できる電池，理想的なダイオードが接続された回路を台車に載せて走らせる。理想的なダイオードとは，順方向には抵抗なしに電流を通し，逆方向には電流を流さない素子である。図 2–3 は，区間 $P_0 P_2$ を走る台車を上から見たものである。P_0 を出発した台車は磁場を通過することにより減速した。

台車が最初に区間 $P_0 P_2$ を走る時の運動について，v_a, L, d, B, m, R, V のうち必要なものを用いて設問 (1)〜(3) に答えよ。ただし，設問 I と同様の近似を用いることができるものとする。

(1)　台車の中心が Q_1 から Q_2 へ移動する間にコイルに流れる電流の大きさを求めよ。

(2)　この電流によりコイルが磁場から受けるローレンツ力を求めよ。力の符号は，x 軸正の向きを正とする。

(3)　同様に，台車の中心が Q_3 から Q_4 へ移動する間のローレンツ力を求めよ。

台車はレール上を繰り返し回りながら徐々に速度を下げ，やがて一定の速さ v_∞ で運動するようになった。設問 (4), (5) に答えよ。

(4)　n 回目に P_2 を通り抜けた時の台車の運動エネルギー K_n を n の関数としてグラフに描いた場合，図 2–4 の ①〜④ のうちどの形が最も適切か答えよ。

(5)　速さ v_∞ を v_0, L, d, B, m, R, V のうち必要なものを用いて表せ。

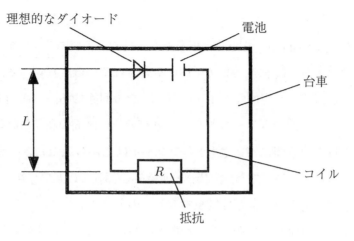

図 2–3

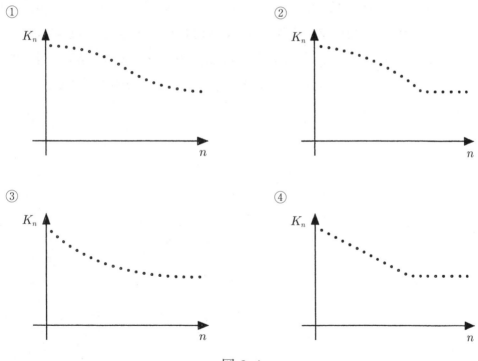

図 2–4

III 2本の正方形一巻きコイルと接続パネルからなる回路を台車に載せて走らせる。図2–5は区間 P_0P_2 を走る台車を上から見たものである。2本のコイルの両端は接続パネルの端子 A，B，C，D に接続されている。接続パネルは図2–6に示すような抵抗と理想的なダイオードからなる回路である。設問 I と同様の近似を用いることができるものとし，台車が最初に区間 P_0P_2 を走る時の運動について，以下の設問に答えよ。2本のコイルは上から見たときに完全に重なっているとみなすことができ，接続パネル以外の部分では互いに絶縁されている。また，接続パネルの大きさは無視できるものとする。

(1) 端子 D の電位をゼロとする。台車の中心が Q_1Q_2 間を移動する間の端子 A，B の電位をそれぞれ求め，v_a，L，d，B，m のうち必要なものを用いて表せ。

(2) 抵抗 R_1 と R_2 の抵抗値 R_1，R_2 は $R_1 + R_2 = 6R$ を満たしながら $0 < R_1 < 6R$ の範囲で値を調節することができる。区間 P_0P_2 を通り過ぎた後の台車の速さの変化 $|v_2 - v_0|$ を v_0，L，d，B，m，R_1，R_2 のうち必要なものを用いて表せ。また，$|v_2 - v_0|$ が最小となるような R_1 を求め，R を用いて表せ。

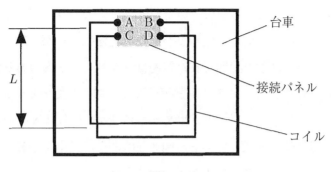

図 2–5

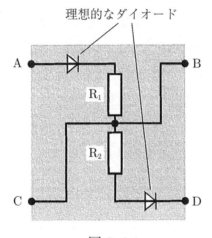

図 2–6

第3問 図3–1のようにピストンのついた断面積一定のシリンダーがある。ピストンには棒がついており、気密を保ちながら鉛直方向に滑らかに動かすことができる。シリンダーとピストンで囲まれた空間は、シリンダー内のある位置に水平に固定された特殊な膜によって領域1と領域2に仕切られている。領域1と領域2には合計1モルの単原子分子理想気体Xが、領域2には気体Xのほかに1モルの単原子分子理想気体Yが入っている。図3–2のように気体Xの分子は膜を衝突せず通過できるのに対し、気体Yの分子は膜を通過できない。シリンダーとピストンで囲まれた空間の外は真空であり、膜の厚さや、膜、シリンダー、ピストンの熱容量、気体分子に対する重力の影響は無視できる。ピストンは断熱材でできている。気体Xの分子1個の質量をm_X、気体Yの分子1個の質量をm_Y、シリンダーの内側の断面積をS、アボガドロ定数をN_A、気体定数をRとする。鉛直上向きにz軸をとる。以下の各過程では気体の状態は十分ゆっくり変化するため、領域1の圧力と領域2の圧力はそれぞれ常に均一であり、気体XとYが熱のやりとりをすることでシリンダー内の温度は常に均一であるとみなせる。

　以下の設問に答えよ。

I　はじめにピストンは固定されており、領域1の体積はV_1、圧力はp_1、領域2の体積はV_2、圧力はp_2、シリンダー内の温度はTであった。気体分子のz方向の運動に注目し、気体XとYの分子の速度のz成分の2乗の平均をそれぞれ$\overline{v_z^2}$、$\overline{w_z^2}$とする。気体Yの分子は、膜に当たると膜に平行な速度成分は一定のまま弾性衝突してはね返されるとする。同様に、気体XとYの分子はピストンおよびシリンダーの面に当たると面に平行な速度成分は一定のまま弾性衝突してはね返されるとする。分子間の衝突は考慮しなくてよいほど気体は希薄である。

(1)　ピストンが気体Xから受ける力の大きさの平均をF_1とする。F_1を、m_X、$\overline{v_z^2}$、N_A、S、V_1、V_2のうち必要なものを用いて表せ。

(2)　シリンダーの底面が気体 X と Y から受ける合計の力の大きさの平均を F_2 とする。F_2 を，m_X，m_Y，$\overline{v_z{}^2}$，$\overline{w_z{}^2}$，N_A，S，V_1，V_2 のうち必要なものを用いて表せ。

(3)　ボルツマン定数を k として，各分子は一方向あたり平均して $\dfrac{1}{2}kT$ の運動エネルギーを持つ。p_1 と p_2 を，R，T，V_1，V_2 のうち必要なものを用いて表せ。

(4)　気体 X と Y の内部エネルギーの合計を，R，T を用いて表せ。

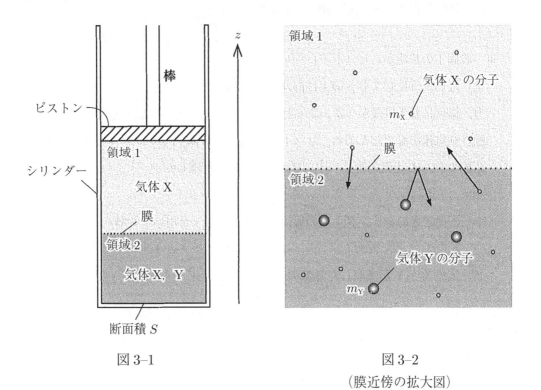

図 3-1

図 3-2
（膜近傍の拡大図）

II 次にピストンを設問Iの状態からゆっくりわずかに押し下げたところ，領域1の体積が V_1 から $V_1 - \Delta V_1$ に，領域1の圧力が p_1 から $p_1 + \Delta p_1$ に，領域2の圧力が p_2 から $p_2 + \Delta p_2$ に，シリンダー内の温度が T から $T + \Delta T$ に変化した。この過程で気体と外部の間で熱のやりとりはなかった。以下の設問では，Δp_1，Δp_2，ΔT，ΔV_1 はそれぞれ p_1，p_2，T，$V_1 + V_2$ より十分小さな正の微小量とし，微小量どうしの積は無視できるとする。

(1) 温度変化 ΔT を，p_1，R，ΔV_1 を用いて表せ。

(2) $\dfrac{\Delta p_1}{p_1} = \boxed{\quad \text{ア} \quad} \dfrac{\Delta V_1}{V_1 + V_2}$ が成り立つ。$\boxed{\quad \text{ア} \quad}$ に入る数を求めよ。

III 設問Iの状態からピストンについている棒を取り外し，おもりをシリンダーに接しないようにピストンの上に静かに乗せたところ，領域1と領域2の体積，圧力，温度に変化はなかった。さらに図3–3のようにヒーターをシリンダーに接触させ気体を温めたところ，ピストンがゆっくり押し上がった。領域1の体積が $2V_1$ になったところでヒーターをシリンダーから離した。

(1) このときのシリンダー内の温度を，T，V_1，V_2 を用いて表せ。

(2) 気体 X と Y が吸収した熱量の合計を，R，T，V_1，V_2 を用いて表せ。

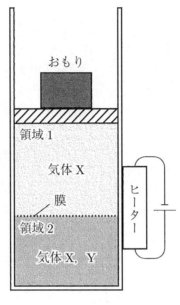

図 3–3

物　　　理

第1問　図 1–1 に示すようなブランコの運動について考えてみよう。ブランコの支点を O とする。ブランコに乗っている人を質量 m の質点とみなし，質点 P と呼ぶことにする。支点 O から水平な地面におろした垂線の足を G とする。ブランコの長さ OP を ℓ，支点 O の高さ OG を $\ell+h$ とする。ブランコの振れ角 $\angle$GOP を θ とし，θ は OG を基準に反時計回りを正にとる。重力加速度の大きさを g とする。また，ブランコは紙面内のみでたわむことなく運動するものとし，ブランコの質量や摩擦，空気抵抗は無視する。

I　以下の文章の　ア　～　ウ　にあてはまる式を，それぞれ直後の括弧内の文字を用いて表せ。

　　質点 P が $\theta=\theta_0$ から静かに運動を開始したとする。支点 O における位置エネルギーを 0 とすると，運動を開始した時点における質点 P の力学的エネルギーは　ア　（ℓ, θ_0, m, g）で与えられる。角度 θ における力学的エネルギーは，そのときの質点 P の速さを u として　イ　（u, ℓ, θ, m, g）で与えられる。力学的エネルギー保存則から，$u=$　ウ　（ℓ, θ_0, θ, g）となる。

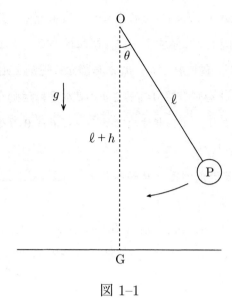

図 1–1

II　ブランコに二人が乗った場合を考えよう。質量 m_A の質点 A と，質量 m_B の質点 B を考える。図 1–2 に示すように，初期状態では A と B が合わさって質点 P をなしているとし，質点 P が $\theta = \theta_0$ から静かに運動を始めたとする。$\theta = 0$ において A はブランコを飛び降り，速さ v_A で水平に運動を始めた。一方，A が飛び降りたことにより，B を乗せたブランコは $\theta = 0$ でそのまま静止した。その後 A は G′ に着地した。

(1)　A が飛び降りる直前の質点 P の速さを v_0 として，v_A を v_0, m_A, m_B を用いて表せ。

(2)　距離 GG′ を ℓ, h, θ_0, m_A, m_B を用いて表せ。また，$\ell = 2.0\,\mathrm{m}$, $h = 0.30\,\mathrm{m}$, $\cos\theta_0 = 0.85$, $m_A = m_B$ のとき，距離 GG′ を有効数字 2 桁で求めよ。

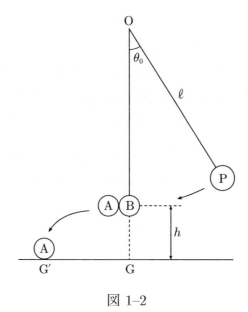

図 1-2

III　ブランコをこぐことを考えよう。ブランコに乗った人が運動の途中で立ち上がったりしゃがみこんだりすることで，ブランコの振れ幅が変化していく。

まず図1-3に示すように，人がブランコで一度だけ立ち上がることを以下のように考える。質量 m の質点 P が $\theta = \theta_0$ $(\theta_0 > 0)$ から静かに運動を始めた。次に角度 $\theta = \theta'$ において人が立ち上がったことにより，OP の長さが ℓ から $\ell - \Delta\ell$ へと瞬時に変化したとする $(\Delta\ell > 0)$。OP の長さが変化する直前の P の速さを v とし，直後の速さを v' とする。その後，OP の長さが $\ell - \Delta\ell$ のまま P は運動を続け，角度 $\theta = -\theta''$ $(\theta'' > 0)$ で静止した。ただし以下では，ブランコの振れ角 θ は常に十分小さいとして，$\cos\theta \fallingdotseq 1 - \dfrac{\theta^2}{2}$ と近似できることを用いよ。

(1)　$(\theta'')^2$ を v', ℓ, $\Delta\ell$, θ', g を用いて表せ。

OP の長さが変化する前後に関して以下のように考えることができる。長さ OP の変化が十分速ければ，瞬間的に OP 方向の強い力が働いたと考えられる。O を中心とした座標系で考えると，この力は中心力なので，面積速度が長さ OP の変化の直後で一定であるとしてよい。つまり，$\dfrac{1}{2}(\ell - \Delta\ell)v' = \dfrac{1}{2}\ell v$ が成り立つ。

(2)　$(\theta'')^2$ を ℓ, $\Delta\ell$, θ_0, θ' を用いて表せ。

(3)　θ'' を最大にする θ' と，その時の θ'' を ℓ, $\Delta\ell$, θ_0 を用いて表せ。

次に，人が何度も立ち上がったりしゃがみこんだりしてブランコをこぐことを，以下のようなサイクルとして考えてみよう。n 回目のサイクル C_n $(n \geqq 1)$ を次のように定義する。

「$\theta = \theta_{n-1}$ で静止した質点 P が OP の長さ ℓ で静かに運動を開始する。$\theta = 0$ において立ち上がり OP の長さが ℓ から $\ell - \Delta\ell$ へと瞬時に変化する。質点 P は OP の長さ $\ell - \Delta\ell$ のまま角度 $\theta = -\theta_n$ で静止した後，逆向きに運動を始め，角度 $\theta = \theta_n$ で再び静止する。このとき，$\theta = \theta_n$ でしゃがみこみ，OP の長さは $\ell - \Delta\ell$ から再び ℓ へと瞬時に変化する。」

1回目のサイクルを始める前，質点 P は $\theta = \theta_0$ $(\theta_0 > 0)$ にあり，OP の長さは ℓ だった。その後，サイクル C_1 を開始し，以下順次 C_2, C_3, $\cdots$ と運動を続けていくものとする。

(4) n 回目のサイクルの後のブランコの角度 θ_n を，ℓ, $\Delta\ell$, θ_0, n を用いて表せ。

(5) $\dfrac{\Delta\ell}{\ell} = 0.1$ のとき，N 回目のサイクルの後に，初めて $\theta_N \geqq 2\theta_0$ となった。N を求めよ。ただし $\log_{10} 0.9 \fallingdotseq -0.046$，および $\log_{10} 2 \fallingdotseq 0.30$ であることを用いてもよい。

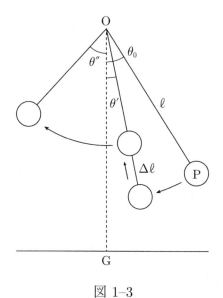

図 1–3

第2問 面積 S の厚みの無視できる金属の板 A と板 B を空気中で距離 d だけ離して平行に配置した。d は十分小さく，板の端の効果は無視する。図2–1のように，板，スイッチ，直流電源，コイルを導線でつないだ。直流電源の内部抵抗や導線の抵抗は無視できるほど小さい。空気の誘電率を ε とする。

I 図2–1のように，スイッチを1につなぎ，板Aと板Bの間に直流電圧 V $(V > 0)$ を加えたところ，板A，Bにそれぞれ電荷 Q，$-Q$ が蓄えられ，$Q = C_0 V$ の関係があることが分かった。

(1) C_0 を S, d, ε を用いて表せ。

(2) 板A，Bと同じ形状をもつ面積 S の厚みの無視できる金属の板 C を図2–2のように板Aと板Bの間に互いに平行になるように差し入れた。板Aと板Cの距離は x $\left(x > \dfrac{d}{4}\right)$ である。さらに，板Aと板Cを太さの無視できる導線aで接続し，十分時間が経過したところ，板A，C，Bに蓄えられた電荷はそれぞれ一定となった。板A，C，Bからなるコンデンサーに蓄えられた静電エネルギーを求めよ。

(3) 外力を加え，板Cをゆっくりと板Aに近づけて板Aと板Cの距離を $\dfrac{d}{4}$ にした。導線aはやわらかく，板Cを動かすための力には影響がないとする。板Cに外力がした仕事 W を求めよ。また，W は電源がした仕事 W_0 の何倍であるか正負の符号も含めて答えよ。

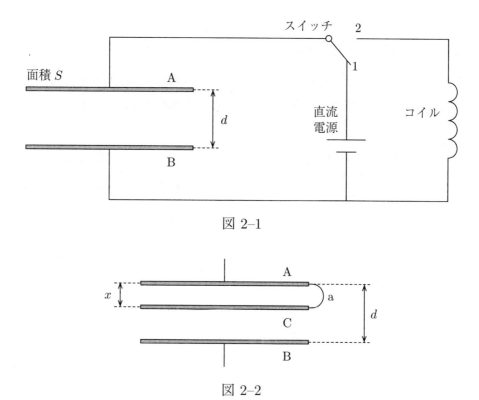

図 2–1

図 2–2

II 設問 I (3) の状態から，板 A，B，C と同じ形状をもつ面積 S の厚みの無視できる金属の板 D を，板 C と板 B の間に互いに平行になるように差し入れた。板 C と板 D の距離は $\frac{d}{4}$ である。さらに，板 C と板 D を太さの無視できる導線 b で接続した。十分時間が経過して各板に蓄えられた電荷がそれぞれ一定となった後に，図 2-3 のように導線 a を外した。

(1) 板 A に蓄えられた電荷は $Q_1 = \boxed{\quad ア \quad} C_0 V$，板 B に蓄えられた電荷は $-Q_2 = -\boxed{\quad イ \quad} C_0 V$ と表される。$\boxed{\quad ア \quad}$，$\boxed{\quad イ \quad}$ に入る数を答えよ。

(2) その後，直流電源の電圧を α 倍 $(\alpha > 0)$ して αV とし，十分時間が経過したところ，各板に蓄えられた電荷はそれぞれ一定になった。板 A の板 C に対する電位 V_1，板 D の板 B に対する電位 V_2 を求めよ。

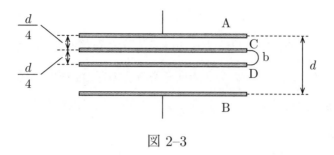

図 2–3

III 設問 II (2) の状態から，時刻 $t = 0$ で図 2–4 のようにスイッチを 1 から 2 につなぎかえたところ，コイルには $I_0 \sin\left(\dfrac{2\pi t}{T}\right)$ と表される電流 I が流れることが分かった。ただし，図中の矢印の向きを電流の正の向きにとる。コイルの抵抗は無視でき，自己インダクタンスは L である。他に説明がない場合は，直流電源の電圧は $2V$ とする。

(1) T を L と C_0 を用いて表せ。

(2) $t = 0$ でコイルの両端にかかる電圧を答えよ。また，I_0 を T，V，L を用いて表せ。ただし，微小時間 Δt の間の電流変化は $\Delta I = I_0 \Delta t \left(\dfrac{2\pi}{T}\right) \cos\left(\dfrac{2\pi t}{T}\right)$ であることを用いてよい。

(3) 板 A，B の電荷をそれぞれ Q_3，$-Q_4$ とすると，$t = \dfrac{T}{4}$ のとき $Q_3 = \boxed{\text{ウ}}\, Q_4$ の関係が成り立つ。$\boxed{\text{ウ}}$ に入る数を答えよ。また，$Q_3 = 0$ となる時刻 t' を T を用いて表せ。ただし $t' < T$ とする。

(4) 板 A，C，D，B からなるコンデンサーに蓄えられる静電エネルギーが，$t = 0$ のときに E_1，$t = \dfrac{T}{4}$ のときに E_2 であった。E_1，E_2 をそれぞれ C_0，V を用いて表せ。また，$\Delta E = E_2 - E_1$ として，ΔE を I_0 を含み，V および T を含まない形で表せ。

直流電源の電圧が αV $(\alpha > 0)$ であった場合を考える。

(5) ある α に対して，Q_3 と $-Q_4$ の変化の様子を表す最も適切な図を図 2–5 の①〜⑥ から選び，番号で答えよ。図中で点線は Q_3 を表し，実線は $-Q_4$ を表す。

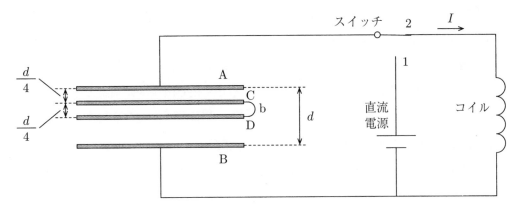

図 2–4

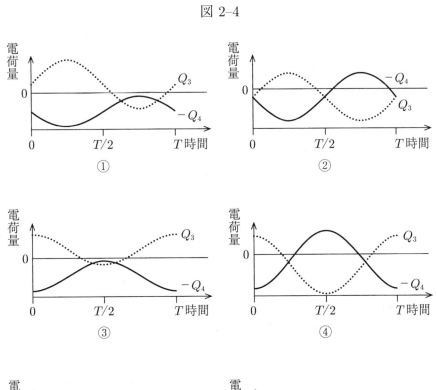

① ② ③ ④ ⑤ ⑥

図 2–5

第3問　2018年のノーベル物理学賞は，「レーザー物理学分野における画期的な発明」に対して授与され，そのうちの1つは光ピンセット技術に関するものであった。光ピンセットとは，レーザー光で微小な粒子等を捕捉する技術である。本問では，光が微粒子に及ぼす力を考察することで，光で微粒子が捕捉できることを確認してみよう。

以下，図3–1に例を示すように，真空中に屈折率 n $(n > 1)$ の球形の微粒子があり，そこを光線が通過する状況を考える。光は光子という粒子の集まりの流れであり，光子は運動量をもつので，光の屈折に伴い光子の運動量が変化して，それが微粒子に力を及ぼすと考えられる。そこで以下では，光子の運動量の変化の大きさは，その光子が微粒子に及ぼす力積の大きさに等しいとする。また，光の吸収や反射の影響は無視する。さらに，微粒子に対して光線は十分に細く，光線の太さは考えない。

I　図3–1に示すように，真空中の微粒子を光線が通過している。微粒子の中心Oは光線と同一平面内にある。微粒子は固定されており，動かない。図3–2に示すように，光線が微粒子に入射する点を点A，微粒子から射出する点を点Bとする。入射前の光線を延長した直線と，射出後の光線を延長した直線の交点を点Cとする。線分ABと線分OCの交点を点Dとする。以下の設問に答えよ。

(1)　光が微粒子に入射する際の入射角を θ，屈折角を ϕ とする。$\sin\theta$ を，n，$\sin\phi$ を用いて表せ。

(2)　光線中を同じ方向に流れる光子の集まりがもつ，エネルギーの総量 E と運動量の大きさの総量 p の間には，真空中では $p = \dfrac{E}{c}$ という関係が成り立つ。ここで，c は真空中の光の速さである。図3–1の光は，単位時間あたり Q のエネルギーをもって，光源から射出されている。このとき，時間 Δt の間に射出された光子の集まりが真空中でもつ運動量の大きさの総量 p を，Q，Δt，c，n のうち必要なものを用いて表せ。

(3) 図3-1に示すように，微粒子に入射する前の光子と，微粒子から射出した光子は，運動量の大きさは変わらないが，向きは変化している。時間 Δt の間に射出された光子の集まりが，微粒子を通過することにより受ける運動量の変化の大きさの総量 Δp を，p, θ, ϕ を用いて表せ。また，その向きを，点 O，A，B，C のうち必要なものを用いて表せ。

(4) この微粒子が光から受ける力の大きさ f を，Q, c, θ, ϕ のうち必要なものを用いて表せ。また，その向きを，点 O，A，B，C のうち必要なものを用いて表せ。

(5) 図3-2に示すように，OD 間の距離を d，微粒子の半径を r とする。角度 θ，ϕ が小さいとき，設問Ⅰ(4)で求めた力の大きさ f を，Q, c, n, r, d のうち必要なものを用いて表せ。小さな角度 δ に対して成り立つ近似式 $\sin \delta \fallingdotseq \tan \delta \fallingdotseq \delta$，$\cos \delta \fallingdotseq 1$ を使い，最終結果には三角関数を含めずに解答すること。

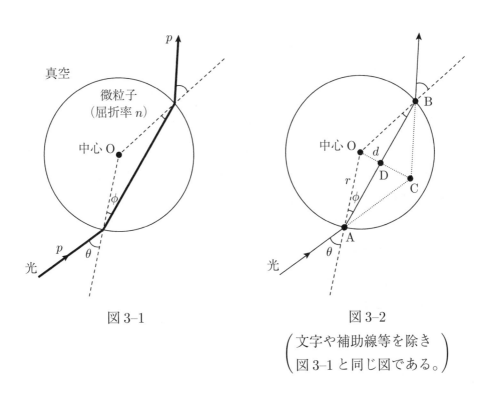

図 3-1

図 3-2

$\begin{pmatrix} \text{文字や補助線等を除き} \\ \text{図 3-1 と同じ図である。} \end{pmatrix}$

II 図 3–3, 図 3–4 に示すように, 強度 (単位時間あたりのエネルギー) の等しい
2 本の光線が点 F で交わるよう光路を調整したうえで, 設問 I と同じ微粒子を,
それぞれ異なる位置に置いた。いずれの図においても, 入射光が鉛直線 (上下
方向) となす角度は 2 本の光線で等しく, 2 本の光線と微粒子の中心 O は同一
平面内にある。微粒子は固定されており, 動かない。以下の設問に答えよ。力
の向きについては, 設問の指示に従って, 力が働く場合は図 3–3 の左側に図示
した上下左右のいずれかを解答し, 力が働かない場合は「力は働かない」と答
えること。

(1) 図 3–3 に示すように, 微粒子の中心 O が点 F と一致しているとき, 微粒子
が 2 本の光から受ける合力の向きとして最も適切なものを「上」「下」「左」
「右」「力は働かない」から選択せよ。

(2) 図 3–4 に示すように, 微粒子の中心 O が点 F の下にあるとき, 微粒子が 2
本の光から受ける合力の向きとして最も適切なものを「上」「下」「左」「右」
「力は働かない」から選択せよ。点 F は微粒子の内部にあり, OF 間の距離は
十分小さいものとする。

(3) 設問 II (2) において, OF 間の距離を Δy とするとき, 微粒子が 2 本の光か
ら受ける合力の大きさ f' と Δy の間の関係について, 最も適切なものを以下
のア〜エから選択せよ。なお, 微粒子の半径 r と比べて Δy は小さく, 設問 I
(5) の近似が本設問でも有効である。図 3–4 は, Δy の大きさが誇張して描か
れているので注意すること。

ア：f' は Δy によらず一定である。

イ：f' は Δy に比例する。

ウ：f' は $(\Delta y)^2$ に比例する。

エ：f' は Δy に反比例する。

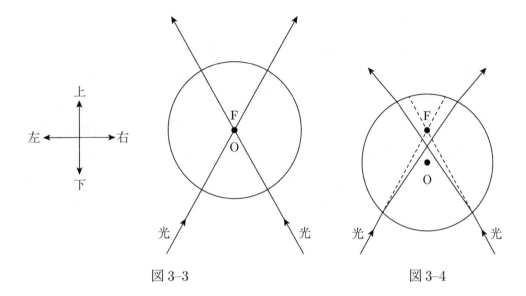

上

左 ←→ 右

下

光　　　　光
図 3-3

光　　　　光
図 3-4

III　図3–5に示すように，水平に置かれた薄い透明な平板の上方，高さrの位置にある点Fで，強度の等しい2本の光線（光線1，光線2）が交わるよう光路を調整したうえで，設問I，IIと同じ，半径rの微粒子を置いた。微粒子は常に平板と接触しており，微粒子と平板の間に摩擦はないものとする。微粒子には，外部から右向きに大きさf_0の力が働いており，この力と，2本の光線から受ける力が釣り合う位置で微粒子は静止している。すなわち，この微粒子は，光によって捕捉されている。OF間の距離はΔxとし，点Fは，微粒子の内部，中心O付近にある。また，入射光が鉛直線となす角度αは2本の光線で等しく，2本の光線と点Oは同一平面内にある。平板は十分薄く，平板による光の屈折や反射，吸収は考えない。光が微粒子に入射する際の入射角θは2本の光線で等しく，それに対する屈折角をϕとする。微粒子や平板の変形は考えない。

(1)　図3–5に示すように，光線1が微粒子に入射する点を点Aとし，微粒子の中心Oから微粒子内の光線1の上に降ろした垂線の長さをdとする。また，図3–6に示すように，点Oから直線AFに降ろした垂線の長さをhとする。hおよびdを，Δx，n，αのうち必要なものを用いて表せ。

(2)　ここで用いた2本の光線は，それぞれ，単位時間あたりQのエネルギーをもって，光源から射出されていた。入射角θや屈折角ϕが小さく，設問I(5)と同じ近似が成り立つとして，2本の光線が微粒子に及ぼす合力の大きさf'を，Q，c，n，r，α，Δxを用いて表せ。ただし，θとϕは十分小さいため，$\alpha \pm (\theta - \phi) \fallingdotseq \alpha$と近似でき，合力の向きは水平方向とみなすことができる。

(3)　$n = 1.5$，$r = 10\,\mu\mathrm{m}\ (= 1 \times 10^{-5}\,\mathrm{m})$，$Q = 5\,\mathrm{mW}\ (= 5 \times 10^{-3}\,\mathrm{J/s})$，$\alpha = 45°$としたところ，$\Delta x = 1\,\mu\mathrm{m}\ (= 1 \times 10^{-6}\,\mathrm{m})$であった。このとき，外部から微粒子に加えている力の大きさf_0を，有効数字1桁で求めよ。真空中の光の速さは$c = 3 \times 10^8\,\mathrm{m/s}$である。図3–5，図3–6は，$\alpha$や$\Delta x$等の大きさが正確ではないので注意すること。

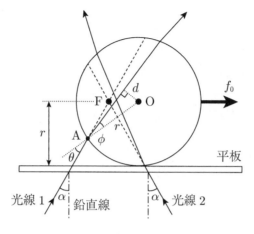

図 3–5

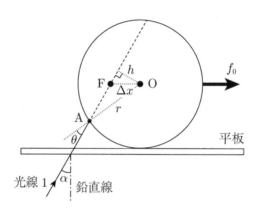

図 3–6

$$\begin{pmatrix} 文字や補助線等を除き \\ 図\,3\text{–}5\,と同じ図である。 \end{pmatrix}$$

物　　　理

第1問 xy 平面内で運動する質量 m の小球を考える。小球の各時刻における位置，速度，加速度，および小球にはたらく力のベクトルをそれぞれ

$$\vec{r} = (x, y), \quad \vec{v} = (v_x, v_y), \quad \vec{a} = (a_x, a_y), \quad \vec{F} = (F_x, F_y)$$

とする。また小球の各時刻における原点 O からの距離を $r = \sqrt{x^2 + y^2}$，速度の大きさを $v = \sqrt{v_x{}^2 + v_y{}^2}$ とする。以下の設問に答えよ。なお小球の大きさは無視できるものとする。

Ⅰ (1) 以下の文中の ア から カ に当てはまるものを v_x, v_y, a_x, a_y から選べ。

各時刻において原点 O と小球を結ぶ線分が描く面積速度は

$$A_v = \frac{1}{2}(x v_y - y v_x)$$

で与えられる。ある時刻における位置および速度ベクトルが

$$\vec{r} = (x, y), \quad \vec{v} = (v_x, v_y)$$

であったとき，それらは微小時間 Δt たった後にそれぞれ

$$\vec{r}\,' = \left(x + \boxed{\quad ア \quad} \Delta t,\ y + \boxed{\quad イ \quad} \Delta t\right),$$
$$\vec{v}\,' = \left(v_x + \boxed{\quad ウ \quad} \Delta t,\ v_y + \boxed{\quad エ \quad} \Delta t\right)$$

に変化する。このことを用いると，微小時間 Δt における面積速度の変化分は

$$\Delta A_v = \frac{1}{2}\left(x\boxed{\quad オ \quad} - y\boxed{\quad カ \quad}\right)\Delta t$$

で与えられる。なお $(\Delta t)^2$ に比例した面積速度の変化分は無視する。

(2) 設問Ⅰ(1)の結果を用いて，面積速度が時間変化しないためには力 $\vec{F}$ の成分 F_x, F_y がどのような条件を満たせばよいか答えよ。ただし小球は原点 O から離れた点にあり，力は零ベクトルではないとする。

(3) 設問 I (2) の力 $\vec{F}$ を受けながら，小球が図 1–1 の半径 r_0 の円周上を点 A から点 B を通って点 C まで運動したとする。このとき，力 $\vec{F}$ が点 A から点 B までに小球に行う仕事と点 A から点 C までに小球に行う仕事の大小関係を，理由を含めて答えよ。

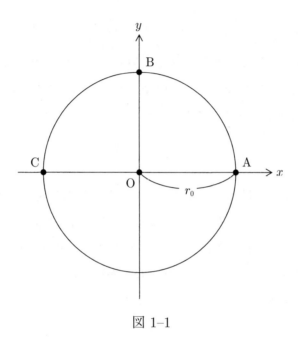

図 1–1

II (1) 小球の原点 O からの距離 r の時間変化率は

$$v_r = \frac{xv_x + yv_y}{r}$$

で与えられる。これを動径方向速度とよぶ。このとき，小球の運動エネルギーと

$$K_r = \frac{1}{2}mv_r{}^2$$

との差を m, r および面積速度 A_v を用いた式で表せ。

(2) 面積速度が一定になる力 $\vec{F}$ の例として万有引力を考える。原点 O に質量 M の物体があるとする。このとき万有引力による小球の位置エネルギーは

$$U = -G\frac{mM}{r} \qquad\qquad (\text{式}1)$$

で与えられる（G は万有引力定数）。ただし物体の質量 M は小球の質量 m と比べてはるかに大きいため，物体は原点 O に静止していると考えてよい。小球の面積速度 A_v が 0 でないある定数値 A_0 をとるとき，力学的エネルギーが最小となる運動はどのような運動になるか答えよ。また，そのときの力学的エネルギーの値を m, M, A_0, G を用いて表せ。

計 算 用 紙

III　ボーアの原子模型では電子の円軌道の円周 $2\pi r$ とド・ブロイ波長 λ の間に量子条件

$$2\pi r = n\lambda \qquad (n = 1, 2, 3, \cdots)$$

が成り立つ。以下で考える小球の円運動に対しても同じ量子条件が成り立つと仮定する。

(1)　設問 II (2) の (式 1) に対応する万有引力がはたらく小球の円運動を考える。各 n について，量子条件を満たす円軌道の半径 r_n を n, h, m, M, G を用いた式で表せ。ただし小球のド・ブロイ波長 λ は，小球の速度の大きさ v を用いて $\lambda = \dfrac{h}{mv}$ で与えられる（h はプランク定数）。

(2)　宇宙には暗黒物質という物質が存在し，銀河の暗黒物質は銀河中心からおよそ $R = 10^{22}\,\mathrm{m}$ の半径内に集まっていると考えられている。暗黒物質が未知の粒子によって構成されていると仮定し，設問 III (1) の結果を用いてその粒子の質量に下限を与えてみよう。暗黒物質の構成粒子を，(式 1) に対応する万有引力を受けながら円運動する小球として近似する。設問 III (1) で考えたボーアの量子条件を満たす小球の軌道半径のうち $n = 1$ としたものが $R = 10^{22}\,\mathrm{m}$ と等しいとしたときの小球の質量を求めよ。

　　なお銀河の全質量は銀河中心に集まっていて動かないと近似し，その値を $M \fallingdotseq 10^{42}\,\mathrm{kg}$ とする。また，$G \fallingdotseq 10^{-10}\,\mathrm{m^3/(kg \cdot s^2)}$, $\dfrac{h}{2\pi} \fallingdotseq 10^{-34}\,\mathrm{m^2 \cdot kg/s}$ と近似してよい。この設問で求めた質量が暗黒物質を構成する 1 粒子の質量のおおまかな下限となる。

計 算 用 紙

第2問

I 図2–1のように，水平面上に置かれた2本の長い導体のレール上に，質量mの導体棒が垂直に渡してある。磁束密度の大きさBの一様な磁場が全空間で鉛直方向（紙面に垂直方向）にかけられている。導体棒とレールの接点をX, Yと呼ぶ。また，導体棒はレール方向にのみ動けるものとし，摩擦や空気抵抗，導体棒の両端に発生する誘導電荷，および回路を流れる電流が作る磁場の影響は無視できるものとする。

図2–1のように，間隔dの平行なレールの端に電池（起電力V_0），抵抗（抵抗値R），スイッチを取り付け，導体棒を静止させる。スイッチを閉じた後の様子について，以下の設問(1)〜(5)に答えよ。

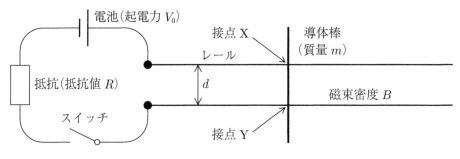

図 2–1 （上から見た図）

(1) 以下の文中の ア 〜 オ の空欄を埋めよ。ただし ア ， エ ， オ には式を記入し， イ ， ウ にはそのあとの括弧内から適切な語句を選択せよ。

スイッチを閉じると，回路に電流が流れ，導体棒は右向きに動きはじめた。ある瞬間の電流をIとすると，導体棒には大きさ ア の力が働き加速されるからである。このことから磁場の向きは，鉛直 イ （上, 下）向きであることがわかる。導体棒が動くと，接点X, Y間には ウ （X, Y）側を正とする誘導起電力Vが発生し，導体棒を流れる電流は小さくなる。電池の起電力V_0と誘導起電力Vの間に エ の関係が成り立つと，電流は流れなくなり，導体棒の速さは一定になる。この一定の速さを以下では「到達速さ」と表記する。この場合の到達速さは オ で与えられる。

(2) 導体棒に電流 I が流れているとき，微小時間 Δt の間に，導体棒の速さや接点 X，Y 間の起電力はどれだけ変化するか。速さの変化量 Δs，起電力の変化量 ΔV を，B，d，I，m，R，Δt，V_0 のうち必要なものを使ってそれぞれ求めよ。

(3) スイッチを閉じてから導体棒が到達速さにいたるまでの間に，導体棒を流れる電気量を，B，d，m，R，V_0 のうち必要なものを使って求めよ。

(4) 設問 (2)，(3) より，導体棒に流れる電流や電気量と接点 X，Y 間に発生する起電力との関係が，コンデンサーを充電する際の電流や電気量と電圧の関係と類似していることがわかる。スイッチを閉じてから導体棒が到達速さにいたるまでの間に，接点 X，Y 間の起電力に逆らって電荷を運ぶのに要する仕事はいくらか。設問 (1) で求めた到達速さを s_0 として，B，d，m，R，s_0 のうち必要なものを使って求めよ。

(5) 設問 (3) で求めた電気量を Q とすると，スイッチを閉じてから導体棒が到達速さにいたるまでに電池がした仕事は QV_0 で与えられる。この電池がした仕事は，どのようなエネルギーに変わったか，その種類と量をすべて答えよ。

II 設問Iの設定のもとで，導体棒が間隔 d の平行なレール上を到達速さで右に移動している状態から，図2-2のように，導体棒は間隔 $2d$ の平行なレール上に移動した。以下の文中の [カ] 〜 [ケ] の空欄を埋めよ。

この間スイッチは閉じたままであった場合を考える。このとき，間隔 $2d$ のレール上での到達速さは，間隔 d のレール上での到達速さに比べ，[カ] 倍になる。また，それぞれの到達速さで移動しているときの接点 X，Y 間の起電力は，レール間隔が2倍になるのにともない，[キ] 倍になる。

次に，導体棒が間隔 d のレール上を到達速さで移動しているときにスイッチを切り，その後スイッチを切ったままの状態で，導体棒が間隔 $2d$ のレール上に移動した場合を考える。このときは，レール間隔が2倍になるのにともない，速さは [ク] 倍になり，接点 X，Y 間の起電力は [ケ] 倍になる。

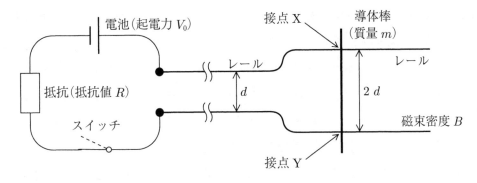

図 2-2

III　図2-3に示すように，間隔 d の平行なレールと間隔 $2d$ の平行なレールを導線
でつなぎ，設問 I と同様に，電池，抵抗，スイッチを取り付けた。磁場も設問 I
と同じとする。スイッチを切った状態で，図2-3のように質量 m の2つの導体
棒1，2をそれぞれ間隔 d，間隔 $2d$ のレール上に垂直に置き静止させたのち，ス
イッチを閉じたところ，導体棒1，2はともに右向きに動き始めた。十分に時間
が経ったのち，導体棒の速さは一定と見なせるようになった。このときの導体
棒1，2の速さを B，d，m，R，V_0 のうち必要なものを使ってそれぞれ求めよ。

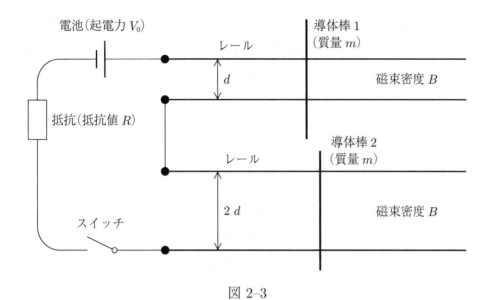

図 2–3

第3問 図3–1に示すように，容器X，Yにそれぞれ1モルの単原子分子理想気体が入っている。容器Xの上部は滑らかに動くピストンで閉じられており，ピストンの上にはおもりが載せられている。ピストンの質量は無視できる。容器Yの体積は一定である。容器の外は真空であり，容器Xと，容器Yまたは物体Zが接触した場合にのみ熱のやりとりが行われ，外部の真空や床などとの熱のやりとりは常に無視できるものとする。容器の熱容量は無視できる。また，物体Zの温度は常に $\frac{4}{5}T_A$ に保たれているものとする。

はじめ，容器Xは容器Yと接触しており，ピストンの上には質量 $a^5 m\,(a > 1)$ のおもりが載せられている。容器X内の気体の圧力は p_A である。容器X，Y内の気体の温度はともに T_A である。このときの容器X内の気体の状態を状態Aと呼ぶことにする。続いて，図3–1に示すように，以下の操作①〜④を順番に行い，容器X内の気体の状態を，A→B→C→D→Eと変化させた。これらの操作において，気体の状態変化はゆっくりと起こるものとする。気体定数を R とすると，状態A〜Dにおける容器X内の気体の圧力，温度，体積，内部エネルギーは表3–1のように与えられる。

操作①（A→B） 容器Xを，容器Y，物体Zのいずれとも接触しない位置に移動させた。次に，ピストン上のおもりを質量が m になるまで徐々に減らした。

操作②（B→C） 容器Xを物体Zに接触させ，容器X内の気体の温度が $\frac{4}{5}T_A$ になるまで放置した。

操作③（C→D） 容器Xを，容器Y，物体Zのいずれとも接触しない位置に移動させた。次に，ピストン上のおもりを質量が $a^5 m$ になるまで徐々に増やした。この操作後の容器X内の気体の温度を T_D とする。

操作④（D→E） 容器Xを容器Yと接触させ，容器X，Y内の気体の温度が等しくなるまで放置した。このときの温度を T_E とする。

以下の設問に答えよ。

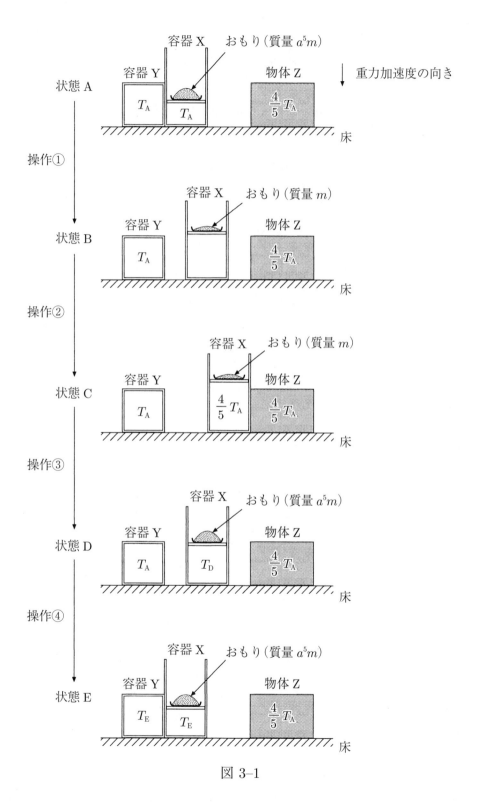

図 3–1

I 操作①〜③において，容器X内の気体がされた仕事をそれぞれ W_1, W_2, W_3 とする。W_1, W_2, W_3 を，R, T_A, a を用いて表せ。

II 操作④による容器X内の気体の状態変化（D → E）について，以下の設問に答えよ。

(1) 操作④による容器X内の気体の内部エネルギーの変化 ΔU_4 を，R, T_D, T_E を用いて表せ。

(2) 操作④において，容器X内の気体がされた仕事 W_4 を，R, T_D, T_E を用いて表せ。

(3) 状態Eにおける容器X内の気体の温度 T_E を，T_A, T_D を用いて表せ。

表 3-1

	圧力	温 度	体 積	内部エネルギー
状態 A	p_A	T_A	$\dfrac{RT_A}{p_A}$	$\dfrac{3}{2}RT_A$
状態 B	$\dfrac{p_A}{a^5}$	$\dfrac{T_A}{a^2}$	$a^3\dfrac{RT_A}{p_A}$	$\dfrac{3}{2a^2}RT_A$
状態 C	$\dfrac{p_A}{a^5}$	$\dfrac{4}{5}T_A$	$\dfrac{4}{5}a^5\dfrac{RT_A}{p_A}$	$\dfrac{6}{5}RT_A$
状態 D	p_A	$\dfrac{4}{5}a^2T_A\ (=T_D)$	$\dfrac{4}{5}a^2\dfrac{RT_A}{p_A}$	$\dfrac{6}{5}a^2RT_A$

III a の値がある条件を満たすとき，操作①〜④は，容器 X 内の気体に対して仕事を行うことで，低温の物体 Z から容器 Y 内の高温の気体に熱を運ぶ操作になっている。操作④による容器 Y 内の気体の内部エネルギーの変化を ΔU_Y として，以下の設問に答えよ。

(1) 操作④によって容器 Y 内の気体の内部エネルギーが増加する（$\Delta U_Y > 0$）とき，操作①〜④における容器 X 内の気体の圧力 p と体積 V の関係を表す図として最も適切なものを，図 3-2 のア〜カの中から一つ選んで答えよ。

(2) $\Delta U_Y > 0$ となるための a に関する条件を答えよ。

(3) 操作①〜④の間に容器 X 内の気体がされた仕事の総和を W，操作②において容器 X 内の気体が物体 Z から受け取る熱量を Q_2 とする。ΔU_Y を，W と Q_2 を用いて表せ。

(4) 状態 E からさらに引き続き，操作①〜④を何度も繰り返すと，容器 Y 内の気体の温度は，ある温度 T_F に漸近する。T_F を，T_A と a を用いて表せ。

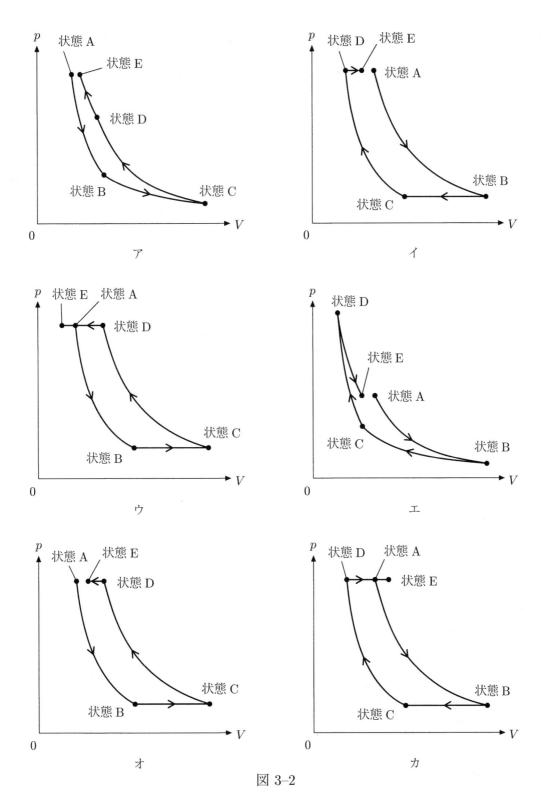

図 3-2

物　　　理

第1問　水平な床面上にとった x 軸に沿って動く台車の上の物体の運動について以下の設問 I, II に答えよ。

I　図 1-1 に示すように，台車の上にばね定数 k を持ち質量の無視できるばねを介して質量 m の物体が取り付けられており，物体は台車上を滑らかに動く。台車に固定された座標軸 y を，ばねの自然長の位置を原点として，x 軸と同じ向きにとる。ばねは y 軸方向にのみ伸び縮みし，ばねと台車は十分長い。台車は x 軸方向に任意の加速度 a で強制的に運動させることができる。$T = 2\pi\sqrt{\dfrac{m}{k}}$ として以下の設問に答えよ。

(1)　台車が $x = 0$，物体が $y = 0$ で静止している状態から，台車を表 1-1 に示す加速度で強制的に運動させる。加速度の大きさ a_1 は定数である。時刻 $t = t_1$ における台車の速度，および時刻 $t = 0$ から $t = t_1 + t_2$ までの間に台車が移動する距離を求めよ。

表 1-1

	時刻 t	台車の加速度 a
加速区間	$0 \sim t_1$	a_1
等速区間	$t_1 \sim t_2$	0
減速区間	$t_2 \sim (t_1 + t_2)$	$-a_1$

(2)　物体が $y = 0$ で静止している状態から，表 1-1 で $t_1 = \dfrac{T}{2}$，$t_2 = nT$（n は自然数）として台車を動かす。時刻 $t = t_1 + t_2$ における物体の y 座標および台車に対する相対速度を求めよ。

(3) 次に台車をとめた状態で物体を $y = y_0$ (< 0) にいったん固定したのち，$t = 0$ で物体を静かに放し，表 1–2 に示す加速度で台車を強制的に運動させる。

表 1–2

	時刻 t	台車の加速度 a
加速区間	$0 \sim \dfrac{T}{2}$	a_2
減速区間	$\dfrac{T}{2} \sim T$	$-a_2$

加速度の大きさ a_2 がある定数のとき，時刻 $t = T$ において物体の y 座標は $y = 0$ となり，台車に対する物体の相対速度も 0 となる。a_2 の値および $t = \dfrac{T}{2}$ における物体の y 座標を求めよ。

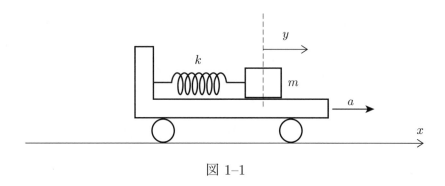

図 1–1

II　手のひらの上に棒を立て，棒が倒れないように手を動かす遊びがある。この
しくみを図1–2に示す倒立振子で考える。倒立振子は質量の無視できる変形し
ない長さ l の細い棒の先端に質量 m の質点を取り付けたものとし，台車上の点
O を支点として x 軸を含む鉛直平面内で滑らかに動くことができる。倒立振子
の傾きは鉛直上向きから図1–2の時計回りの角度 θ（ラジアン）で表す。θ の大
きさは十分に小さく，$\sin\theta \fallingdotseq \theta$，$\cos\theta \fallingdotseq 1$ の近似が成り立つ。台車は倒立振子
の運動の影響を受けることなく任意の加速度 a で強制的に動かせるものとする。
重力加速度の大きさを g，$T = 2\pi\sqrt{\dfrac{l}{g}}$ として以下の設問に答えよ。

(1)　台車が加速度 a で加速しているとき，台車上で見ると，θ だけ傾いた倒立
振子の先端の質点には，図1–2に示すように重力 mg と慣性力（$-ma$）が作
用している。質点に働く力の棒に垂直な成分 f を θ，a，m，g を用いて表せ。
ただし f の正の向きは θ が増える向きと同じとする。

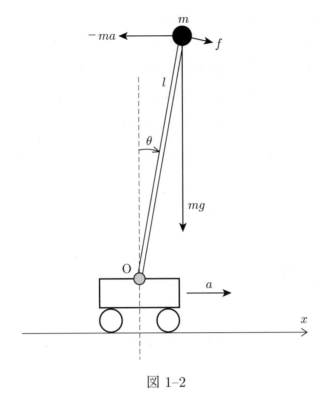

図 1–2

(2) 時刻 $t = 0$ で台車は静止しており，倒立振子を θ_0 傾けて静止させた状態から始まる運動を考える。時刻 $t = T$ で台車が静止し，かつ倒立振子が $\theta = 0$ で静止するようにしたい。そのために倒立振子を図 1–3 に示すように運動させる。すなわち単振動の半周期分の運動で θ_0 から 0 を通過して $t = \dfrac{T}{2}$ で θ_1 に至り，続いて θ_1 から振幅の異なる単振動の半周期分の運動ののち，$t = T$ において $\theta = 0$ に戻り静止する。このような運動となるように加速度 a を変化させる。

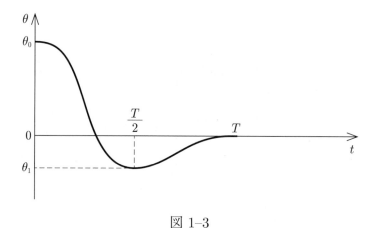

図 1–3

以下の式中の空欄 ア から オ に当てはまる式を選択肢 ① から ⑰ の中から選べ。選択肢は繰り返し使って良い。また空欄 i から iii に当てはまる数式を書け。

時刻 $t = 0$ から $t = \dfrac{T}{2}$ の間の θ は

$$\theta = \boxed{} \cos\sqrt{\dfrac{g}{l}}\,t + \boxed{}$$

と表される。このように単振動する質点に働く復元力 F は

$$F = \boxed{}\left(\theta - \boxed{}\right)$$

である。この運動を実現するためには設問 II (1) で求めた f が F と等しければよいので加速度 a は次の式となる。

$$a = \left(\boxed{} \cos\sqrt{\dfrac{g}{l}}\,t + \boxed{}\right)g$$

この式の第 1 項が単振動の加速度と同じ形であることを考慮すると，時刻 $t = 0$ から $t = \dfrac{T}{2}$ の台車の速度の変化 v_1 は θ_0, θ_1, g, l を用いて

$$v_1 = \boxed{\quad\text{i}\quad}$$

となる。

時刻 $t = \dfrac{T}{2}$ から $t = T$ の運動についても単振動の半周期分であるので同様に考えれば，この区間の台車の速度の変化 v_2 は θ_1, g, l を用いて

$$v_2 = \boxed{\quad\text{ii}\quad}$$

となる。よって

$$\theta_1 = \boxed{\quad\text{iii}\quad}\,\theta_0$$

を得る。

① $\dfrac{\theta_0 + \theta_1}{2}$　　　② $\dfrac{\theta_0 - \theta_1}{2}$　　　③ $(\theta_0 + \theta_1)$　　　④ $(\theta_0 - \theta_1)$

⑤ θ_0　　　　　⑥ θ_1　　　　　⑦ 0　　　　　⑧ π

⑨ $-ma$　　　　⑩ $-mg$　　　　⑪ $-m(g+a)$　　　⑫ $-\dfrac{ma}{l}$

⑬ $-\dfrac{mg}{l}$　　　⑭ $-\dfrac{m(g+a)}{l}$　　　⑮ $-al$　　　⑯ $-gl$

⑰ $-(g+a)l$

第2問　図2-1左に示すように，面積 S の薄い円板状の電極2枚を距離 d だけ隔てて平行に配置し，誘電率 ε，抵抗率 ρ の物質でできた面積 S，厚さ d の一様な円柱を電極間に挿入した。電極と円柱はすき間なく接触しており，電場は向かい合う電極間のみに生じると考えてよい。電極の抵抗は無視できるものとする。この電極と円柱の組み合わせは，図2-1右に示すように，並列に接続された抵抗値 R の抵抗と電気容量 C のコンデンサーによって等価的に表現することができる。以下の設問に答えよ。

I　R と C をそれぞれ ε，ρ，S，d のうち必要なものを用いて表せ。

II　図2-2に示すように上記の電極と円柱の組み合わせを N 個積み重ねて接触させ，素子 X を構成した。スイッチを切り替えることによって，この素子 X に電圧 V_0 の直流電源，抵抗値 R_0 の抵抗，電圧 $V_1 \sin \omega t$ の交流電源のいずれかひとつを接続することができる。ω は角周波数，t は時間である。以下の設問 (1)～(3) には ε と ρ は用いずに，N，R，C のうち必要なものを含む式で解答せよ。

(1)　はじめにスイッチを端子 T_1 に接続して素子 X に直流電圧 V_0 を加えた。スイッチを操作してから十分に長い時間が経過したとき，直流電源から素子 X に流れる電流の大きさと，素子 X の上端に位置する電極 E に蓄積される電気量を求めよ。

(2)　続いてスイッチを端子 T_1 から T_2 に切り替えたところ，抵抗 R_0 と素子 X に電流が流れた。ただしスイッチの操作は十分短い時間内に行われ，スイッチを操作する間に素子 X 内の電極の電気量は変化しないものとする。スイッチを操作してから十分長い時間が経過したところ，電流が流れなくなった。スイッチを端子 T_2 に接続してから電流が流れなくなるまでに抵抗 R_0 で生じたジュール熱を求めよ。また，素子 X を構成する電極と円柱の組み合わせの個数 N を増やして同様の操作を行ったとき，抵抗 R_0 で発生するジュール熱は N の増加に対してどのように変化するかを次の①～④から一つ選べ。

①　単調に増加する　　　②　単調に減少する　　　③　変化しない

④　上記①から③のいずれでもない

(3) 次にスイッチを端子 T_2 から T_3 に切り替え，素子 X に交流電圧 $V_1 \sin \omega t$ を
加えた。スイッチを操作してから十分に長い時間が経過したとき，交流電源
から素子 X へ流れる電流を求めよ。

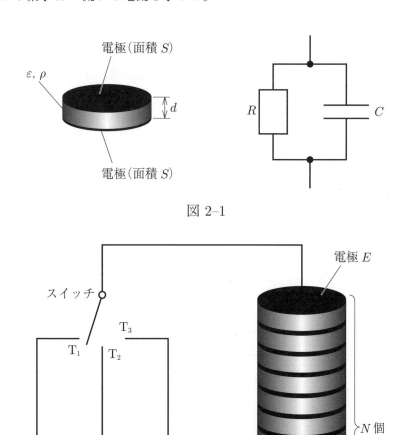

図 2–1

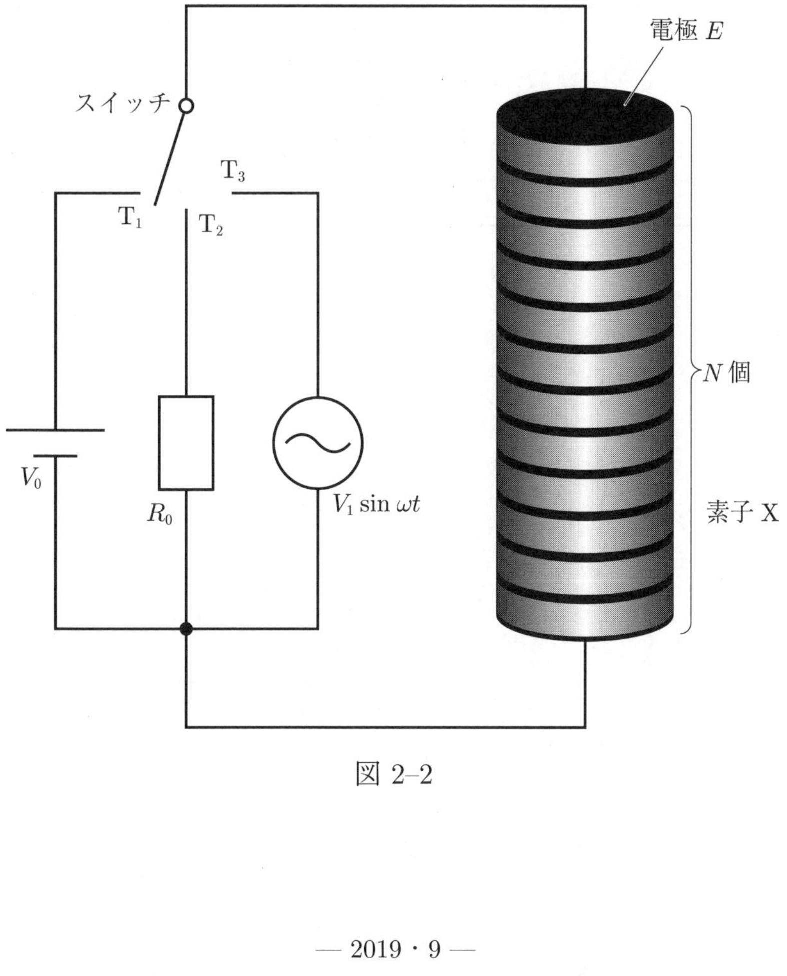

図 2–2

III 設問 II で用いた素子 X を構成する物質の ε および ρ の値が未知であるとき，これらの値を求めるためにブリッジ回路を用いる方法がある。図 2–3 のように素子 X，設問 II の交流電源，交流電流計，3 つの抵抗と 1 つのコンデンサーを配置し，交流ブリッジ回路を構成した。抵抗値と電気容量の大きさを調節したところ，交流電流計に電流が流れなくなった。このとき，図 2–3 のように各抵抗の抵抗値は R_1，$2R_1$，R_2，コンデンサーの電気容量は $C_0 = \dfrac{1}{\omega R_2}$ であった。次の ア から ク に入る適切な数式を書け。なお，J，K，L，M は回路上の点を表す。

K–M 間の電圧は ア である。このことを用いて，抵抗 R_2 に流れる電流を，C_0 を含まない式で表すと，イ $\sin\omega t +$ ウ $\cos\omega t$ となる。一方，J–K 間の電圧は エ であることから，J–L 間を流れる電流を C や R を含む式で表すと オ $\sin\omega t +$ カ $\cos\omega t$ となる。以上のことから次式が得られる。

$$\begin{cases} \varepsilon = \boxed{} \\ \rho = \boxed{} \end{cases}$$

ただし，キ と ク は R_1，R_2，ω，N，S，d のうち必要なものを用いて表すこと。

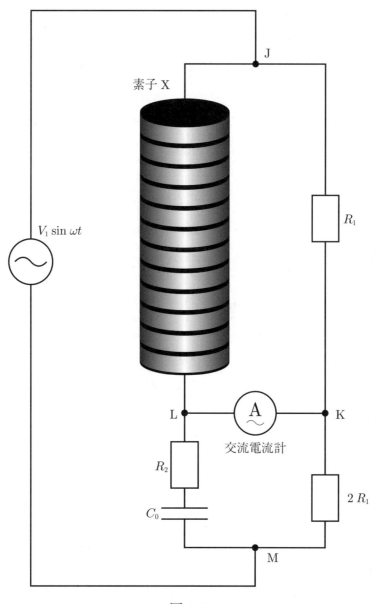

素子 X

$V_1 \sin \omega t$

R_1

R_2

C_0

$2R_1$

A
$\sim$

交流電流計

J

K

L

M

図 2–3

第3問 光の屈折に関する以下の設問 I, II に答えよ。問題文中の屈折率は真空に対する屈折率（絶対屈折率）とする。また，角度は全てラジアンで表す。光源からは全方位に光が放射されているものとする。光の反射は無視してよい。

I 図3-1 に示すように，媒質1（屈折率 n_1）と媒質2（屈折率 n_2）の境界での光の屈折を考える。境界は点 O を中心とする半径 r の球面の一部であり，左に凸とする。点 O と光源（点 C）を通る直線を x 軸とし，球面が x 軸と交わる点を B とする。光源は点 B から左に x_1 だけ離れており，そこから発した図中の太矢印方向の光線は，x 軸から高さ h の球面上の点 P で屈折する。このときの入射角を θ_1，屈折角を θ_2 とする。

境界の右側から光源を見ると，あたかも光源が点 A（点 B から左に x_2 離れた位置）にあるように見える。本設問 I および次の設問 II では，これを「見かけ上の光源」と呼ぶことにする。以下，入射角が微小となる光線を考える。すなわち，図中の角度 θ_1, θ_2, α_1, α_2, ϕ について微小角度 β に対する近似式 $\sin\beta \fallingdotseq \beta$ が成り立ち，$\text{CP} \fallingdotseq x_1$，$\text{AP} \fallingdotseq x_2$ と近似できる場合を考える。以下の問に答えよ。

(1) $\dfrac{\theta_1}{\theta_2}$ を n_1, n_2 を用いて表せ。

(2) θ_1, θ_2 をそれぞれ α_1, α_2, ϕ の中から必要なものを用いて表せ。

(3) α_1, α_2, ϕ をそれぞれ x_1, x_2, r, h の中から必要なものを用いて表せ。

(4) 問 (1)–(3) で得た関係式を組み合わせることで (式1) が導かれる。x_1, x_2 を用いて空欄 ┃ ア ┃, ┃ イ ┃ を埋め，この式を完成させよ。

$$n_1 \left(\frac{1}{r} + \boxed{\ \text{ア}\ } \right) = n_2 \left(\frac{1}{r} + \boxed{\ \text{イ}\ } \right) \tag{式1}$$

(5) 媒質1と媒質2の境界が右に凸の球面の場合を問 (1)–(4) と同様に考える。このとき，光源が点 O より左側にある場合［図3-2 (A)］と，右側にある場合［図3-2 (B)］が考えられる。それぞれの場合に対し，n_1, n_2, r, x_1, x_2 の間に成り立つ関係式を (式1) と同様の形で表せ。

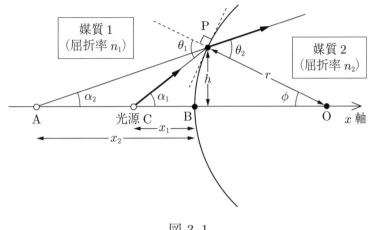

図 3–1

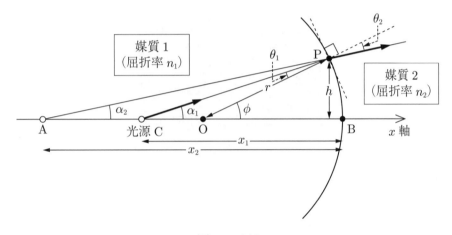

図 3–2 (A)

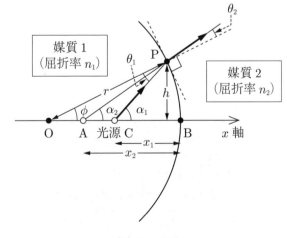

図 3–2 (B)

II (1) 図 3–3 に示すように，屈折率 n_1 の媒質 1 に光源があり，屈折率 n_2 の媒質 2 に観察者がいる。媒質 1 と媒質 2 の境界は平面であり，(式 1) において r が非常に大きい場合 $\left(\dfrac{1}{r} \fallingdotseq 0\right)$ とみなすことができる。境界から光源までの距離を L_1，境界から観察者までの距離を L_2，光源から観察者までの距離を $L_1 + L_2$ とするとき，観察者から設問 I で述べた「見かけ上の光源」までの距離を n_1, n_2, L_1, L_2 を用いて表せ。

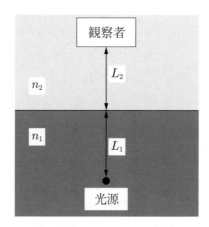

図 3–3

(2) 設問 II (1) の状況で，屈折率 n_f の透明な板を図 3–4 に示すように境界の上に置くことで，観察者から「見かけ上の光源」までの距離を $L_1 + L_2$ にすることができた。このとき，板の厚さ d を求めよ。また，n_f と n_1, n_2 の大小関係を示せ。ただし，n_1, n_2, n_f はすべて異なる値とする。

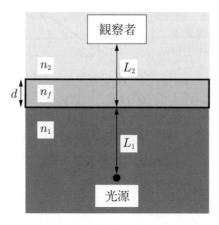

図 3–4

(3) 設問 II (2) で置いた板を取り除いたのち，媒質 1 と媒質 2 の境界を図 3–5 の
(A) または (B) のように変形させた。変形した部分は半径 r の球の一部とみ
なすことができる。ただし，境界面の最大変位 δ は L_1, L_2 に比べて十分小さ
く無視してよい。いま，$n_1 = 1.5$, $n_2 = 1$, $L_1 = 1\,\mathrm{m}$, $L_2 = 2\,\mathrm{m}$ とする。こ
のとき，変形した部分を通して見ると，観察者から $4\,\mathrm{m}$ の位置に「見かけ上
の光源」が見えた。この場合の球面は，下に凸 ［図 3–5(A)］，または上に凸
［図 3–5(B)］ のうちのいずれであるか。(A) または (B) の記号で答えよ。さら
に，r の値を求めよ。

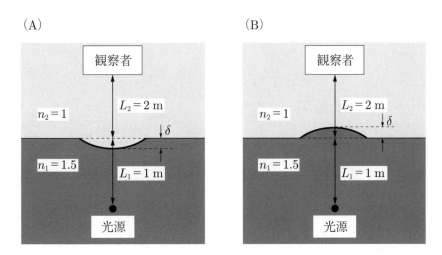

図 3–5

(4) 設問 II (3) の状況で，観察者の位置に厚さの無視できる薄いレンズを一つ
置き，その上から見たところ，「見かけ上の光源」が光源と同じ位置（レンズ
から $3\,\mathrm{m}$ の位置）に見えた。このとき，凸レンズと凹レンズのどちらを用い
たか答えよ。また，このレンズの焦点距離を求めよ。

計 算 用 紙

物　　理

第1問　図 1–1 のように水平な床の上に質量 M の台がある。台の中央には柱があり，柱上部の点 P に質量 m の小球を長さ L の伸び縮みしない糸でつるした振り子が取り付けられている。床に固定された x 軸をとり，点 O を原点，水平方向右向きを正の向きとする。小球と糸は，柱や床に接触することなく x 軸を含む鉛直面内を運動するものとする。また，床と台の間に摩擦はなく，台は傾くことなく x 軸方向に運動するものとする。以下の設問に答えよ。ただし，重力加速度の大きさを g とし，小球の大きさ，糸の質量，および空気抵抗は無視できるとする。

I　図 1–1 のように，振り子の糸がたるまないように小球を鉛直方向から角度 $\theta_0 \left(0 < \theta_0 < \dfrac{\pi}{2} \right)$ の位置まで持ち上げ，台と小球が静止した状態から静かに手をはなしたところ，台と小球は振動しながら運動した。

(1)　小球が最初に最下点を通過するときの，小球の速度の x 成分を求めよ。

(2)　ある時刻における台の速度の x 成分を V，小球の速度の x 成分を v とする。このとき，点 P から距離 l だけ離れた糸上の点の速度の x 成分を，V，v，l，L を用いて表せ。

(3)　点 P からの距離が $l = l_0$ の糸上の点 Q は，x 軸方向には運動しない。l_0 を，M，m，L を用いて表せ。

(4)　角度 θ_0 が十分小さい場合の台と小球の運動を考える。この運動の周期 T_1 は，点 Q から見た小球の運動を考察することで求めることができる。周期 T_1 を，M，m，g，L を用いて表せ。ただし，θ_0 が十分小さいため，点 Q の鉛直方向の運動は無視できるとする。また，$|\theta|$ が十分小さいときに成り立つ近似式，$\sin\theta \fallingdotseq \theta$ を用いてよい。

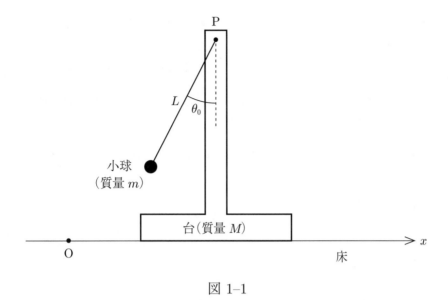

図 1–1

II 時刻 $t = 0$ で台と小球が静止し,振り子が鉛直下向きを向いている。このとき,小球は床から高さ h の位置にある。この状態から図1–2のように,時刻 $t \geqq 0$ で台が加速度 a $(0 < a < g)$ で x 軸の正の向きに等加速度運動するように,台に力 $F(t)$ を加え続けた。その結果,時刻 $t = t_0$ で,小球の高さがはじめて最大となった。

(1) 時刻 $t = t_0$ での小球の高さを,L,h,g,a を用いて表せ。

(2) 時刻 $t = 0$ から t_0 までの間に,力 $F(t)$ がした仕事を,M,m,g,a,t_0,L を用いて表せ。

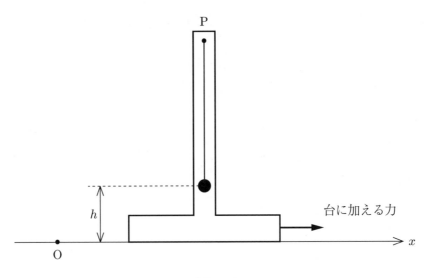

図 1-2

(3) 台に加えた力 $F(t)$ のグラフとして最も適切なものを，以下のア〜カから一つ選んで答えよ。

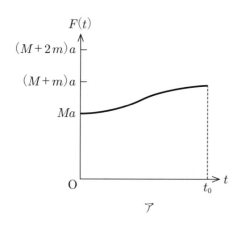

ア

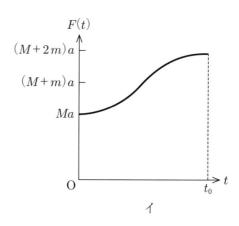

イ

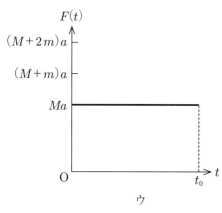

ウ

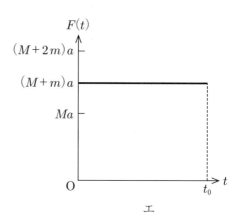

エ

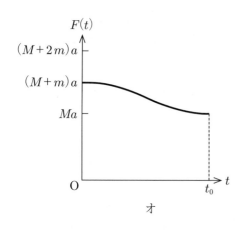

オ

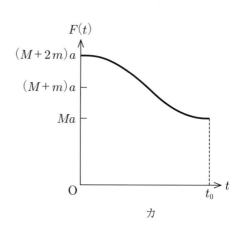

カ

(4)　時刻 $t = t_0$ で，台に力を加えるのを止めたところ，台と小球はその後も運動を続けた。時刻 $t \geqq t_0$ における糸上の点 Q の速度の x 成分を求めよ。また，a が g に比べて十分小さいとき，時刻 $t \geqq t_0$ における点 Q から見た小球の振動の周期 T_2 を，M，m，g，L を用いて表せ。ただし，$|\theta|$ が十分小さいときに成り立つ近似式，$\sin\theta \fallingdotseq \theta$ を用いてよい。

第2問 真空中に置かれた，ばねを組み込んだ平行板コンデンサーに関する以下の設問に答えよ。ただし，真空の誘電率を ε_0 とし，ばね自身の誘電率による電気容量の変化は無視できるとする。また，金属板は十分広く端の効果は無視できるものとし，金属板間の電荷の移動は十分速くその移動にかかる時間も無視できるものとする。さらに，金属板の振動による電磁波の発生，および重力の影響も無視できるとする。

I 図2–1のように，同じ面積 S の2枚の金属板からなる平行板コンデンサーが電源につながれている。2枚の金属板は，ばね定数 k の絶縁体のばねでつながれており，上の金属板はストッパーで固定されている。下の金属板は質量 m をもち，上の金属板と平行のまま上下に移動し，上の金属板との間隔を変化させることができる。

　電源の電圧を V にしたところ，ばねは自然長からわずかに縮み，金属板の間隔が d となる位置で静電気力とばねの弾性力がつりあい，下の金属板は静止した。

(1) 金属板間に働いている静電気力の大きさを求めよ。

(2) ばねに蓄えられている弾性エネルギーを求めよ。

(3) この状態から，下の金属板を引っ張り，上の金属板との間隔を d から $d+\Delta$ までわずかに広げてはなすと，下の金属板はつりあいの位置を中心に単振動した。この単振動の周期を求めよ。ただし，$|\alpha|$ が1より十分小さい実数 α に対して成り立つ近似式，$(1+\alpha)^{-2} \fallingdotseq 1 - 2\alpha$ を用いてよい。

（補足説明）I(3)において，電源の電圧は V で一定に保たれている。

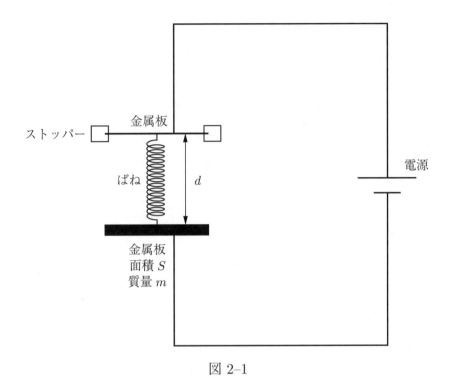

図 2–1

II 図2-2のような同じ面積 S の5枚の金属板からなる平行板コンデンサーを含む回路を考える。金属板1, 2, 4, 5は固定されている。質量 m をもつ金属板3は，金属板4にばね定数 k の絶縁体のばねでつながれており，ほかの金属板と平行のまま上下に移動することができる。金属板2, 3, 4には，それぞれ，$-Q$，$+2Q$，$-Q$ の電荷が与えられている。金属板1と5は，図2-2に示すような電源と二つのスイッチを含んだ回路に接続されている。はじめ，スイッチ1は閉じ，スイッチ2は開いており，電源の電圧は0であった。このとき，5枚の金属板は静止しており，隣り合った金属板の間隔はすべて l で，ばねは自然長になっていた。

　まず，電源の電圧を0から小さな値 V $(V > 0)$ までゆっくり変化させた。この過程で金属板3は常に力のつりあいを保ちながら移動し，金属板1と金属板5にはそれぞれ $-q$，$+q$ の電荷が蓄えられた。

（補足説明）II において，ばね定数 k は十分に大きいものとする。

(1) このとき，金属板3の元の位置からの変位 x を，ε_0, Q, q, k, S を用いて表せ。ただし，図2-2中の下向きを x の正の向きとする。

(2) このときの $\dfrac{q}{V}$ を全電気容量とよぶ。$\dfrac{q}{V}$ を，ε_0, Q, k, S, l を用いて表せ。

(3) 次に，スイッチ1を開きスイッチ2を閉じると金属板3は単振動した。この運動において，金属板3の図2-2の位置からの変位が x のときの金属板5の電荷を，Q, x, l を用いて表せ。ただし，図2-2中の下向きを x の正の向きとする。

(4) 設問 II (3) の単振動の周期を求めよ。

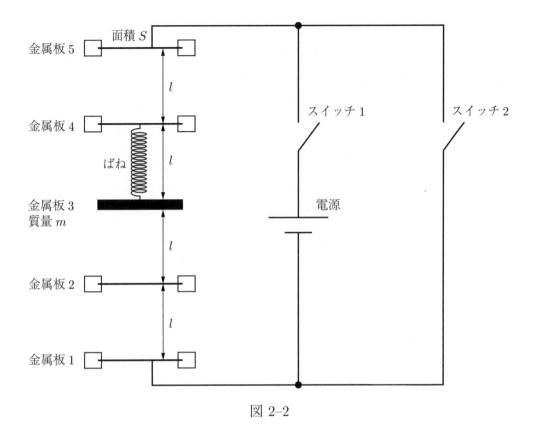

図 2–2

第3問　図3のように，鉛直方向に立てられた3つの円柱状の容器A，容器B，容器Cが管でつながれている。3つの円柱の断面積は等しく，全てSである。容器内には密度が一様な液体が入っており，液体は管を通して3つの容器の間を自由に移動できる。容器Aと容器Bの上端は閉じられ，容器Cの上端は開いている。容器Aの液面より上は何もない空間（真空）であり，容器Bの液面より上には単原子分子の理想気体が入っている。以下の設問に答えよ。ただし，気体と液体および気体と容器の間の熱の移動はないものとする。また，各容器の液面は水平かつ常に管より上にあり，液体の蒸発や体積の変化は無視できるものとし，容器Bの気体のモル数は常に一定であるとする。

  I　最初，図3のように容器A，容器Bの液面が容器Cの液面に比べてそれぞれ $5h$，$2h$ だけ高く，また容器Aの真空部分の長さが h，容器Bの気体部分の長さが $4h$ であった。このとき容器Bの気体の圧力 p_1 を，外気圧 p_0 を用いて表せ。

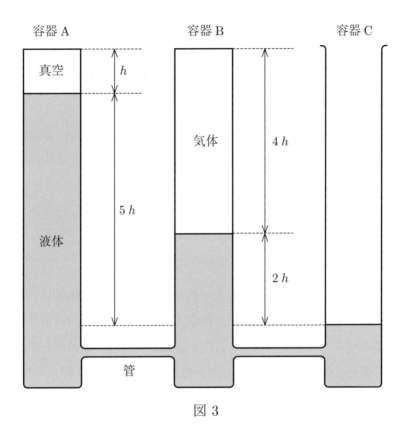

図 3

II 図3の状態から，外気圧を p_0 に保ったまま，容器Bの気体にわずかな熱量を
ゆっくりと与えたところ，容器Bの液面が x だけわずかに下がった。

(1) 容器A，容器Cの液面はそれぞれどちら向きにどれだけ移動するかを答
えよ。

(2) 容器Bの気体の体積，圧力，温度が $(V_1,\ p_1,\ T_1)$ から $(V_1 + \Delta V,\ p_1 + \Delta p,\ T_1 + \Delta T)$ に変化したとする。体積と圧力の変化率 $\dfrac{\Delta V}{V_1}$，$\dfrac{\Delta p}{p_1}$ を，x と h を
用いて表せ。

(3) 容器Bの気体がした仕事 W を求めよ。ただし，x は h に比べて十分小さ
く，容器Bの気体の圧力は p_1 で一定であるとして，x^2 に比例する項は無視
してよい。

(4) 液体の位置エネルギーの変化を ΔE とする。ΔE は，容器Bの液面付近に
ある厚さ x，断面積 S の液体が，容器A，容器Cの液面付近に移動したと考
えることによって求められる。ΔE を p_0，p_1，x，h，S のうち必要なものを
用いて表せ。ただし，設問II (3) と同様に，x^2 に比例する項は無視してよい。

(5) W と ΔE が等しいか等しくないかを答え，等しくない場合はその原因を簡
潔に述べよ。

III 図3の状態から，外気圧を p_0 に保ったまま容器Bの気体に熱量をゆっくり与
えていったところ，ある時点で容器Aの液面がちょうど上端に達し，真空部分
がなくなった。

(1) この時点での容器Bの気体の体積，圧力，温度 $(V_2,\ p_2,\ T_2)$ は，熱量を与
える前の値 $(V_1,\ p_1,\ T_1)$ のそれぞれ何倍になっているかを答えよ。

(2) この時点までに容器Bの気体に与えられた熱量 Q と温度変化 $T_2 - T_1$ の比
$C = \dfrac{Q}{T_2 - T_1}$ を，容器Bの気体のモル数 n と気体定数 R を用いて表せ。

物　　　理

第1問　図 1–1 のような，3 辺の長さが L，L，$3L$ で質量が M の直方体の積木を考える。積木の密度は一様であるとし，重力加速度の大きさを g で表す。以下の設問に答えよ。

Ⅰ　図 1–2 のように，ばね定数 k のばねの上端を天井に固定し，下端に積木をつなげた。ばねが自然長にある状態から積木を静かに放したところ，積木は鉛直方向に単振動を開始した。

(1)　ばねの自然長からの最大の伸びを求めよ。

(2)　鉛直下向きに x 軸をとる。ばねが自然長にある状態での積木の上端の位置を原点とし，そこからの変位を x とすると，積木の加速度 a は $a = \boxed{} \, (x - \boxed{})$ と表される。$\boxed{}$，$\boxed{}$ に入る式を求めよ。ただし加速度は x 軸の正の向きを正とする。

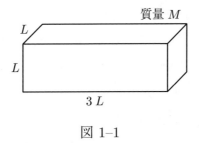

質量 M

L

L

$3L$

図 1-1

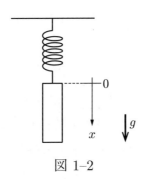

0

g

x

図 1-2

II　図1–3のように，2個の積木（積木1，積木2）がそれぞれ水平な台と斜面に置かれており，滑車を通してひもでつながれている。斜面の傾き角を θ とする。積木1の長辺と平行に x 軸をとる。最初，積木1の右端の位置が $x = 0$ であった。$x < 0$ では床面はなめらかで摩擦はないが，$x \geqq 0$ では床面と積木1との間に摩擦があり，その動摩擦係数は一様で μ' である。斜面や滑車はなめらかで摩擦は無視できる。ひもがたるんでいない状態から積木1を静かに放したところ，積木1は初速度0で動き始め，右端が x_0（$x_0 \leqq 3L$）のところまで進んで静止した。ただし，図1–4のように，積木1の右端が x だけ動いた状態での動摩擦力の大きさ f は，$f = \dfrac{x}{3L} \mu' M g$ で与えられるものとする。斜面は紙面に垂直である。また，2つの積木の長辺は紙面と平行であり，ひもは滑車の左右でそれぞれ積木の長辺と平行である．

(1)　積木1が動いているときの加速度を a とすると，a は積木1の右端の位置 x を用いて $a = \boxed{\text{ウ}} (x - \boxed{\text{エ}})$ と表される。$\boxed{\text{ウ}}$，$\boxed{\text{エ}}$ に入る式を求めよ。ただし加速度は x 軸の正の向きを正とする。

(2)　積木が動き始めてから静止するまでの時間を求めよ。

(3)　積木1の右端がちょうど $x_0 = 3L$ になったときに静止したとする。このとき動摩擦係数 μ' を θ を用いて表せ。

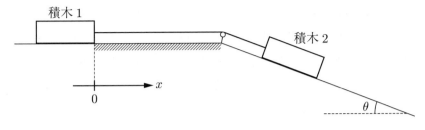

図 1–3

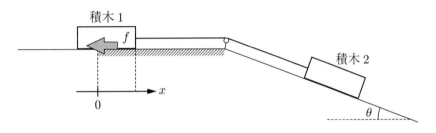

図 1–4

III 積木を9個用意し，床の上に重ねて積むことを考える。積木どうしの静止摩擦係数を μ_1，積木と床との間の静止摩擦係数を μ_2 とする。積木の側面の摩擦は無視できるものとし，積木の面に垂直に加わる力は均一とみなしてよい。また，積木にはたらく偶力によるモーメントは考えなくてよい。

(1) $\mu_2 = \mu_1$ とする。図1–5のように積木を3段に互い違いに重ねて積み，下の段の真ん中の積木を長辺と平行な向きに静かに引っ張り，力を少しずつ増やしていったところ，あるときその積木だけが動き始めた。積木が動き始める直前に引っ張っていた力の大きさを求めよ。

(2) $\mu_2 \neq \mu_1$ とする。図1–6のように前問と違う向きに積木を重ねて積み，下の段の真ん中の積木を長辺と平行な向きに静かに引っ張り，力を少しずつ増やしていったところ，下の段の真ん中の積木と2段目の真ん中の積木が同時に動き始めた。このような状況が起こるための μ_2 の範囲は $\mu_2 >$ オ と表される。 オ に入る式を求めよ。

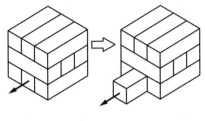

図 1–5

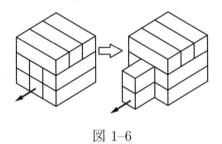

図 1–6

第2問 図2のように，長さ L，質量 M の導体棒を，長さ l の導線2本で吊り下げたブランコを考える。ブランコの支持点は摩擦なく自由に回転できるような，なめらかな軸受になっている。導線には，抵抗値 R の抵抗がつながれており，さらに電源なし，直流電源，交流電源をスイッチで切り替えられるようになっている。このブランコの導体棒は鉛直上向きの一様磁場（磁束密度 B）中を運動するものとする。鉛直下向きからのブランコの振れ角を θ，重力加速度の大きさを g として以下の設問に答えよ。ただし，導体棒や導線は変形しないものとし，それらの抵抗や太さは無視できるものとする。また，導線の質量，電源の内部抵抗も無視できるものとする。導体棒以外の導線や電気回路は一様磁場の外にあり影響を受けない。自己インダクタンス，大気による摩擦は無視できるものとする。ブランコの振動周期に対する抵抗の効果は考慮しなくて良い。

I　まず，スイッチを電源なしの位置につなぐ。ブランコを $\theta = \alpha$ の位置まで持ち上げてそっと離したところ，ブランコは長い時間振動しながら次第に振幅を小さくしていき，十分に時間が経った後には $\theta = 0$ の位置でほぼ静止した。ただし α は正の微小値である。

(1)　ある瞬間に，ブランコは $\theta = 0$ の位置を速さ v で通過した。このとき，導体棒に流れている電流の大きさ I_1 を求めよ。

(2)　ブランコの振動振幅がだんだん小さくなっていくのは，導体棒の力学的エネルギーが抵抗のジュール熱として消費されていくからだと考えることができる。最終的にブランコが静止するまでの間に，抵抗で発生したジュール熱の合計値 Q を求めよ。

(3)　もし抵抗値を $2R$ に変更したとすると，変更前に比べて振動の振幅が半分になるまでにかかる時間はどうなるか。以下のア～ウから適当なものを一つ選んで答えよ。

　　ア．長くなる　　　イ．変わらない　　　ウ．短くなる

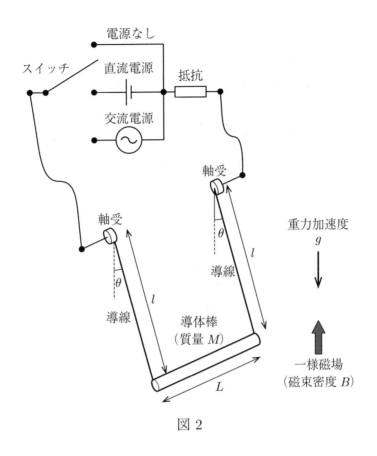

図 2

II 次に，スイッチを直流電源に切り替え，一定電圧を加えたところ，ブランコ
を $\theta = \dfrac{\pi}{4}$ の位置で静止させることができた。

(1) このときに導体棒に流れている電流の大きさ I_2 を求めよ。

(2) さらにその状態からブランコを $\theta = \dfrac{\pi}{4} + \delta$ の位置まで持ち上げてそっと離
したところ，ブランコは振動を始めた。短時間ではこの運動は単振動とみな
してよい。その周期 P を求めよ。ただし，δ は正の微小値である。

(3) その後，長時間観察すると，このブランコの振動はどのようになるか。以
下のア～クのグラフから最も適当なものを一つ選んで答えよ。

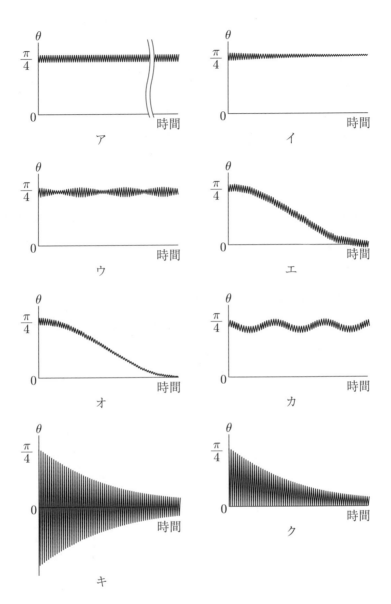

III　最後に，ブランコを $\theta = 0$ の位置に戻し，スイッチを交流電源に切り替えた。電源の周期を設問 I の場合のブランコ振動の周期（T とする）と同じにした時，ブランコは揺れはじめ，やがて一定振幅（最大振れ角）β で単振動を続けるようになった。このときの θ は，時間 t を用いて $\theta = \beta \sin \left(\dfrac{2\pi t}{T} \right)$ と書くことができる。ただし β は正の微小値である。

(1)　ブランコが一定振幅で単振動をしているときの誘導起電力 V を求めよ。ただし，解答に際して起電力の向きは問わない。また，$\sin \theta$ は θ と近似して良い。

(2)　交流電源の電圧の振幅 A を求めよ。ただし，ブランコの運動に起因する電磁誘導の効果と，交流電源が接続されていることによる効果がちょうど打ち消し合っていると考えれば良い。

(3)　交流電源を設問 III (2) と同じにした状態で，抵抗値を $2R$ に変更した。十分に時間が経った後のブランコの最大振れ角の大きさ β' を β を用いて表せ。

計 算 用 紙

第3問 図3–1のように，断面積 S のシリンダーが水平な床に固定されている。シリンダー内にはなめらかに動くピストンが2つあり，それらは必要に応じてストッパーで止めることができる。左側のピストン1には，ばね定数 k のばねがつけられ，ばねの他端は壁に固定されている。また，小さな弁のついた右側のピストン2により，シリンダー内は領域A，Bに仕切られている。A，B内には，それぞれヒーター1，2が封入されている。最初，ばねは自然の長さにあり，ピストン1は静止していた。領域Aの長さは L で，温度 T_0 の単原子分子理想気体が封入されている。一方，長さ L の領域B内は真空であり，ピストン2はストッパーにより固定され，弁は閉じられている。シリンダーの外側の気体の圧力は，P_0 で一定に保たれている。シリンダー，ピストン，弁はすべて断熱材で作られ，また，ヒーターとストッパー，弁の部分の体積は無視できるものとする。以下の設問に答えよ。最初，ヒーター1，2は作動していない。

I 図3–1の状態から，ヒーター1によりA内の気体をゆっくりと加熱すると，図3–2のようにピストン1は $\dfrac{L}{2}$ だけ左側に移動してちょうどその位置で止まった。このときのA内の気体の圧力は P_1，温度は T_1 であった。

(1) P_1，T_1 を，P_0，S，k，L，T_0 のうち必要なものを用いて表せ。

(2) この過程におけるA内の気体の内部エネルギーの変化を，P_0，S，k，L を用いて表せ。

(3) この過程でヒーター1が気体に与えた熱量 Q_0 を，P_0，S，k，L を用いて表せ。

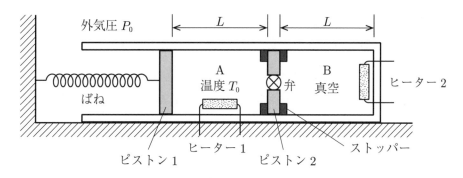

図 3–1

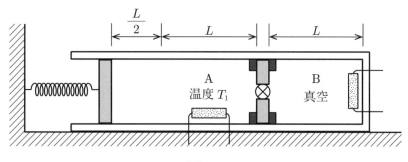

図 3–2

II 図 3–2 の状態から，A 内のヒーター 1 を取りはずし，ストッパーでピストン 1 が右側に動かないようにした。その後，ピストン 2 の弁を開いたところ，十分に時間が経過した後の A, B 内の気体の温度と圧力は等しくなった（図 3–3）。この状態を X とする。X における気体の温度 T_2 を，T_1 を用いて表せ。また，X における気体の圧力 P_2 を，P_1 を用いて表せ。

III 状態 X から，A, B 内の気体をヒーター 2 でゆっくりと加熱したところ，ピストン 1 がストッパーから離れて左側に動き始めた。状態 X からピストン 1 が動き始めるまでに，ヒーター 2 が気体に与えた熱量 Q_1 を，P_1, S, L を用いて表せ。

IV 状態 X から，ピストン 2 のストッパーによる固定をはずし，弁を閉めた。その後，B 内の気体をヒーター 2 でゆっくりと加熱したところピストン 2 は左側に移動し，図 3–4 のように領域 A の長さが L_A となったところでピストン 1 がストッパーから離れて左側に動き始めた。

(1) 状態 X からピストン 1 が動き始めるまでの過程における A, B 内の気体の内部エネルギーの変化を，それぞれ ΔU_A, ΔU_B とする。$\Delta U_A + \Delta U_B$ を，P_1, S, L, L_A のうち必要なものを用いて表せ。

(2) この過程で，ヒーター 2 が B 内の気体に与えた熱量を Q_2 とする。このとき，Q_2 と設問 III の Q_1 との関係を記せ。

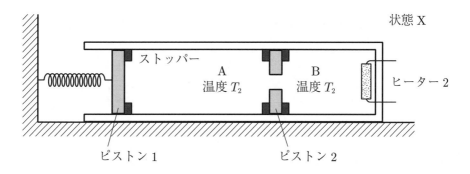

図 3–3

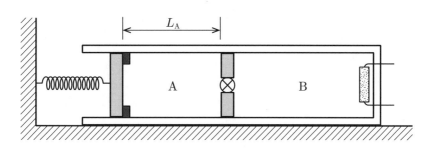

図 3–4

物　　理

第1問　図1–1のように大きさの無視できる小球1, 2が床から高さ h の位置に固定されている。二つの小球は鉛直方向に並んでおり，その間隔は十分に小さく無視できるものとする。鉛直上側の小球1の質量を m，下側の小球2の質量を M とする。小球は鉛直方向にのみ運動し，小球1, 2の衝突および小球2が床で跳ね返る際の反発係数は1とする。小球1, 2の速度は鉛直上向きを正とし，重力加速度の大きさを g で表す。以下の設問に答えよ。

I　小球の固定を静かに外す。小球1, 2は同時に落下を始め，小球2が床で跳ね返った直後，小球1と小球2が衝突する。その後，小球1は床から最大の高さ H まで上昇した。

(1)　小球2が床で跳ね返る直前における小球1, 2の落下する速さを v とする。小球2が床で跳ね返った直後，速度 $-v$ の小球1と，速度 v の小球2が衝突する。小球1, 2の衝突直後における小球1の速度を v_1'，小球2の速度を v_2' とするとき，$v_1' - v_2'$ を，v を用いて表せ。

(2)　v_1' と v_2' を，m, M, v を用いて表せ。また，M が m に比べて十分に大きいとき，H は h の何倍か，数値で答えよ。

II　以下では $M = 3m$ とする。図1–2のように小球1, 2を質量の無視できる長さ l $(l < h)$ の伸びない糸でつなぎ，設問 I と同様に高さ h から落下させる。糸は，たるんだ状態では小球の運動に影響を与えない。床で跳ね返った小球2は，小球1と衝突した後，床に静止した。

(1)　小球1が高さ l に達すると，糸に張力が生じる。その直前の小球1の速度を v_1，小球1と小球2の重心の速度を V とする。V を，v_1 を用いて表せ。

(2)　糸に張力が生じると小球2が床から浮き上がり，その直後，再び糸がたるむ。糸がたるんだ瞬間における小球1の速度 u_1 と小球2の速度 u_2 を，それぞれ v_1 を用いて表せ。ただし，糸に張力が生じる前後で小球1, 2の力学的エネルギーの和は保存されるものとする。

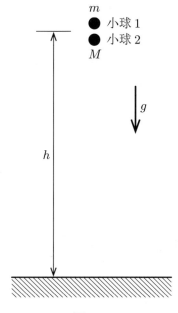

図 1–1

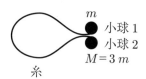

図 1–2

(3) 小球2が床から浮き上がる瞬間の時刻を $t = 0$ とする。$|t|$ が十分に小さい範囲で，小球1と小球2の重心の速度，小球1の速度及び小球2の速度を t の関数として図示するとき，最も適切なものを以下のア〜オから一つ選べ。ただし，図中の実線は重心の速度，点線は小球1の速度，破線は小球2の速度を表す。

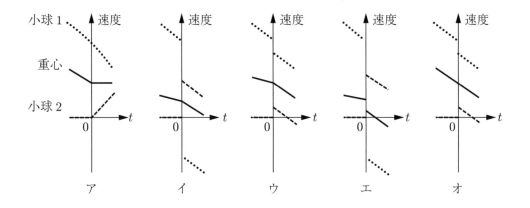

III　引き続き $M = 3m$ とする。小球 1, 2 を, 質量の無視できる自然長 l $(l < h)$ のゴムでつないで, 設問 II と同様に高さ h から落下させる。図 1–3 のように, ゴムを自然長より x $(x \geqq 0)$ だけ伸ばすと, 大きさ kx の復元力が働くものとし, 自然長から引き伸ばすために必要な仕事は $\frac{1}{2}kx^2$ で与えられる。また, ゴムは, たるんだ状態では復元力を及ぼさず, 小球の運動に影響を与えない。

(1)　k がある値 k_c より大きければ, 小球 1, 2 の衝突後に床に静止していた小球 2 は, やがてゴムの張力により床から浮き上がる。$k > k_c$ のとき, 小球 2 が浮き上がる瞬間におけるゴムの長さを $l + \Delta l$ とする。Δl を m, g, k を用いて表せ。

(2)　小球 2 が床から浮き上がる瞬間における小球 1 の速度 w を, v_1, m, g, k を用いて表せ。ただし v_1 は設問 II (1) と同様, ゴムに復元力が生じる直前の小球 1 の速度とする。また, この結果より k_c を, v_1, m, g を用いて表せ。

(3)　小球 2 が床から浮き上がってから再びゴムがたるむまでの小球 1, 2 の運動は, 重心の等加速度運動と, 重心のまわりの単振動の合成となる。k が十分に大きければ, 小球 2 が浮き上がる瞬間におけるゴムの伸び Δl は無視してよい。このとき, 小球 2 が床から浮き上がってからゴムがたるむまでの時間 T を, m, k を用いて表せ。ただし, k は十分に大きいため, ゴムがたるむ前に小球 2 が床に接触することはない。

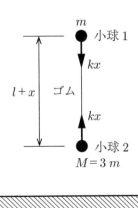

図 1–3

第 2 問 共振現象に関する以下の設問にそれぞれ答えよ。

I 交流電気回路における共振現象を考える。図 2–1 に示すように，抵抗値 R の抵抗器，自己インダクタンス L のコイル，電気容量 C のコンデンサーを角周波数 ω の交流電源に直列に接続した。時刻 t に回路を流れる電流を $I = I_0 \sin \omega t$ とするとき，交流電源の電圧は $V = V_0 \sin(\omega t + \delta)$ と表されるものとする。この回路について，以下の設問に答えよ。必要であれば三角関数の公式

$$a \sin \theta + b \cos \theta = \sqrt{a^2 + b^2} \sin(\theta + \alpha) \quad \text{ただし，} \tan \alpha = \frac{b}{a}$$

を用いてもよい。また，$\overline{f(t)}$ は関数 $f(t)$ の時間平均を表し，$\overline{\sin \omega t \cos \omega t} = 0$，$\overline{\sin^2 \omega t} = \overline{\cos^2 \omega t} = \dfrac{1}{2}$ である。

(1) 回路を流れる電流の振幅 I_0 および $\tan \delta$ を，V_0，R，L，C，ω のうち必要なものを用いて表せ。

(2) 交流電源が回路に供給する電力の時間平均 $\overline{P}$ を，V_0，R，L，C，ω を用いて表せ。ただし，$\overline{P}$ は抵抗器で消費される電力の時間平均に等しいことを用いてもよい。

(3) 交流電源が回路に供給する電力の時間平均は，角周波数 ω がある値のときに最大値 P_0 となった。抵抗器の抵抗値 R を，P_0 と V_0 を用いて表せ。

(4) 交流電源の角周波数が ω_1 および ω_2 ($\omega_2 > \omega_1$) のときに，交流電源が回路に供給する電力の時間平均が設問 I (3) における P_0 の半分の値 $\dfrac{P_0}{2}$ となった。コイルの自己インダクタンス L を，V_0，P_0，$\Delta \omega$ を用いて表せ。ただし，$\Delta \omega = \omega_2 - \omega_1$ とする。

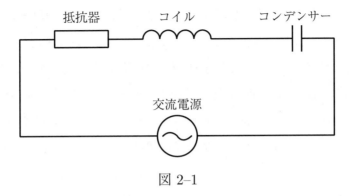

図 2-1

II 電場・磁場中の荷電粒子が行う二次元運動における共振現象を考える。図2-2に示すように，紙面に垂直で表から裏に向かう磁場（磁束密度の大きさ B）と，この磁場に直交する電場（大きさ E）が，紙面のいたるところに一様に存在している。B および E は時間変化せず，磁場の向きも時間変化しないが，電場の向きは角周波数 ω で反時計回りに回転している。このような電場・磁場中で，電荷 q （$q > 0$），質量 m をもつ荷電粒子の運動を考える。粒子が運動する領域には中性ガスが存在しており，粒子は，中性ガスによる抵抗力と，電場・磁場による力を受けて，角周波数 ω，速さ v で，反時計回りに等速円運動を行っている。なお，中性ガスにより粒子が受ける抵抗力は速度と逆向きで，その大きさは kv である（係数 k は正の定数）。このとき，図2-2に示すように，荷電粒子の速度と回転する電場との間の角度 δ は時間変化しない。荷電粒子が放射する電磁波は無視できるものとして，以下の設問に答えよ。なお，本設問中で用いられている記号は，設問 I 中で用いられたものとは無関係である。

(1) 荷電粒子の円運動の速度に平行な方向と垂直な方向のそれぞれについて，粒子に働く力の釣り合いの式を書け。

(2) 荷電粒子の等速円運動の速さ v および $\tan\delta$ を，m, q, E, B, k, ω のうち必要なものを用いて表せ。

(3) 電場が荷電粒子に対して行う単位時間あたりの仕事（仕事率）P を，m, q, E, B, k, ω を用いて表せ。

(4) 電場の回転の角周波数が ω_0 のときに，P が最大値 P_0 となった。さらに，電場の回転の角周波数が ω_1 および ω_2 （$\omega_2 > \omega_1$）のときには，P が $\dfrac{P_0}{2}$ となった。荷電粒子の質量 m を，ω_0, P_0, E, B, $\Delta\omega$ を用いて表せ。ただし，$\Delta\omega = \omega_2 - \omega_1$ とする。

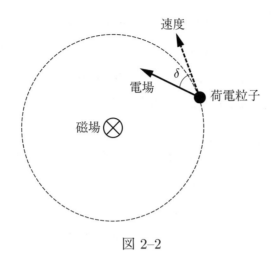

図 2-2

第3問 図 3-1 のように xy 平面に広がる水面が，x 軸を境界として水深が異なる 2 つの領域に分かれている。領域 A $(y > 0)$ における波の速さを V，領域 B $(y < 0)$ における波の速さを $\dfrac{V}{2}$ とする。簡単のため，波の反射と屈折は境界で起こり，反射する際に波の位相は変化しないと仮定して，以下の設問に答えよ。

I 図 3-1 のように，領域 A の座標 $(0, d)$ の点 P に波源を置く。波源は一定の周期で振動し，まわりの水面に同心円状の波を広げる。

(1) 領域 A におけるこの波の波長を $\dfrac{d}{2}$ とする。その波の振動数を，V，d を用いて表せ。また，同じ波源が領域 B にある場合，そこから出る波の波長を求めよ。

(2) 波長に比べて水深が十分に小さい場合，波の速さ v は重力加速度の大きさ g と水深 h を用いて $v = g^a h^b$ と表される。ここで a，b は定数である。両辺の単位を比較することにより a，b を求めよ。これを用いて領域 A の水深は領域 B の水深の何倍か求めよ。

(3) 図 3-2 のように，波源 P から出た波が境界上の点 Q で反射した後，座標 (x, y) の点 R に伝わる場合を考える。点 Q の位置は反射の法則により定まる。このとき，距離 $\overline{PQ} + \overline{QR}$ を，x，y，d を用いて表せ。

(4) 直線 $y = d$ 上の座標 (x, d) の点で，波源から直接伝わる波と境界からの反射波が弱め合う条件を，x，d と整数 n を用いて表せ。また，そのような点は直線 $y = d$ 上に何個あるか。

(5) 領域 B において波源と同じ位相を持つ波面のうち，原点 O から見て最も内側のものを考える。図 3-3 のように，その波面と x 軸 $(x > 0)$ との交点を T，y 軸との交点を S とし，点 T における屈折角を θ とする。点 S，T の座標と $\sin\theta$ を求めよ。

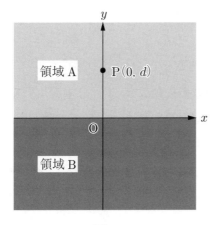

図 3–1

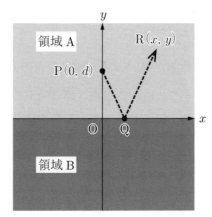

図 3–2

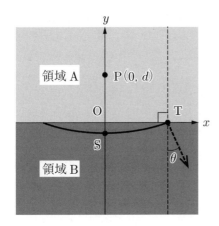

図 3–3

II 設問 I と同じ振動数の波源が一定の速さで動いている場合について，以下の設問に答えよ。

(1) 波源が領域 A の y 軸上を正の向きに速さ u（$u < \dfrac{V}{2}$）で動いている場合を考える。波源の位置で観測される反射波の振動数を，V, u, d を用いて表せ。また，領域 B の y 軸上を負の向きに一定の速さ w（$w < \dfrac{V}{2}$）で動く点で観測される波の振動数を，V, u, w, d を用いて表せ。

(2) 次に，波源が領域 A の直線 $y = d$ 上を右向きに速さ u（$u < \dfrac{V}{2}$）で動いている場合を考える。波源から出た波が境界で反射して波源に戻るまでの時間を，V, u, d を用いて表せ。

(3) 設問 II (2) の設定で，波源における波と境界で反射して波源に戻った波が逆位相になる条件を，u, V と整数 m を用いて表せ。さらに，この条件を満たす u をすべて求めよ。

物　　　理

第1問　質量 m の小球 A，B が長さ l のひもの両端につながれている。図1のように水平な天井に小球 A，B を l だけ離して固定した。小球 B を固定した点を O とし，重力加速度の大きさを g とする。小球 A，B の大きさ，ひもの質量，および空気抵抗は無視できるものとする。以下の設問に答えよ。

I　小球 B を固定したまま小球 A を静かに放した。

(1)　ひもと天井がなす角度を θ とする。小球 A の速さを θ を用いて表せ。ただし，$0 \leqq \theta \leqq \dfrac{\pi}{2}$ とする。

(2)　小球 A が最下点 $\left(\theta = \dfrac{\pi}{2}\right)$ に達したときのひもの張力の大きさを求めよ。

(3)　小球 A が最下点 $\left(\theta = \dfrac{\pi}{2}\right)$ に達したときの小球 A の加速度の大きさと向きを求めよ。

II　小球 A がはじめて最下点 $\left(\theta = \dfrac{\pi}{2}\right)$ に達したときに小球 B を静かに放した。この時刻を $t = 0$ とする。

(1)　2個の小球の重心を G とする。小球 B を放したあとの重心 G の加速度の大きさと向きを求めよ。

(2)　時刻 $t = 0$ における，重心 G に対する小球 A，B の相対速度の大きさと向きをそれぞれ求めよ。

(3)　時刻 $t = 0$ における，ひもの張力の大きさを求めよ。

(4)　時刻 $t = 0$ における，小球 A，B の加速度の大きさと向きをそれぞれ求めよ。

(5)　小球 B を放してから，はじめて小球 A と小球 B の高さが等しくなる時刻を求めよ。

(6)　小球 B を放したあとの時刻 t における小球 A の水平位置を求めよ。ただし，点 O を原点とし，右向きを正とする。

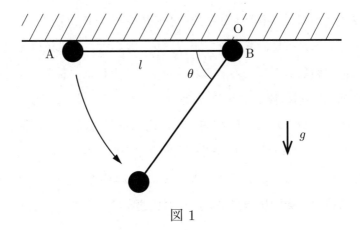

図 1

第2問 図2のように，2本の十分に長い導体のレール P, Q が，水平面と θ の角度をなして互いに平行に設置されている。レールの太さと抵抗は無視できるとする。レール間の距離は L である。これらのレール上には，長さ L，質量 m，抵抗 R の十分に細い N 本の棒 $1, 2, 3, \ldots, N$ が下から順にレールに対して垂直に置かれている。それらはレールに対して垂直のまま，レールに沿って摩擦なく滑る。磁束密度 B（$B > 0$）の一様な磁場が鉛直上向きにかけられている。はじめ，すべての棒は固定されている。以下では，空気抵抗，および棒とレールを流れる電流により発生する磁場の影響は無視する。重力加速度の大きさを g とする。以下の設問に答えよ。

I 棒1の固定をはずしたところ，棒1はレールに沿って下に動き始め，しばらくして一定の速さ u になった。

(1) レール P から Q に向かって棒1を流れる電流 I を u を用いて表せ。

(2) u を求めよ。

II 次に，棒1が他の棒から十分離れた状態で，棒1をレールに沿って上方向に一定の速さ w で動かし続けた。このとき，棒2から棒 N の固定をすべてはずしたところ，それらは動かなかった。w を求めよ。

III すべての棒を固定した状態から始めて，棒 N 以外の固定を下から順番にはずしていった。しばらくして，棒 N 以外の速さはすべて u' となった。u' を求めよ。

IV 設問 III の状況で，さらに棒 N の固定もはずした。n 番目の棒（$1 \leqq n \leqq N$）のレールに沿った速度を v_n，加速度を a_n とする。ただし，速度と加速度はレールに沿って滑り降りる向きを正とする。

(1) $a_1 + a_2 + a_3 + \cdots + a_N$ を求めよ。

(2) 1 から $N-1$ までの整数 n に対して，$a_{n+1} - a_n = -k(v_{n+1} - v_n)$ が成り立つ。定数 k を求めよ。

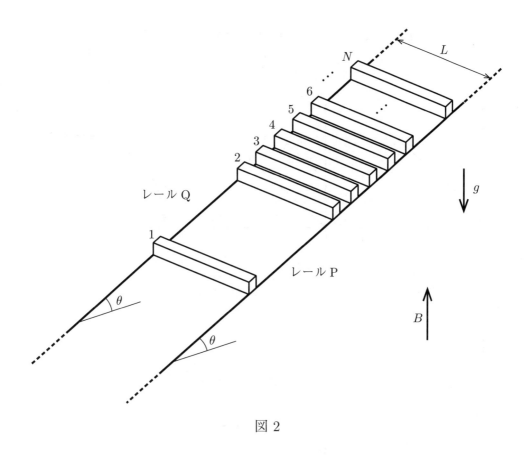

図 2

(3) 棒 N の固定をはずしてからの経過時間 t に対して，v_1 と v_N はどのように変化するか。以下の説明とグラフの中から最も適当なものを選べ。なお，一般に加速度 a および速度 v をもつ物体の運動が $a = -Kv$（K は正の定数）を満たす場合，v は時間の経過とともに 0 に近づく。

ア．v_1 と v_N は最終的には
　　ともに増加し，その差
　　は小さくなる。

イ．v_1 と v_N は一定の差を
　　保ったまま，ともに増
　　加する。

ウ．v_1 と v_N はともに増加
　　し，共通の定数に近づ
　　く。

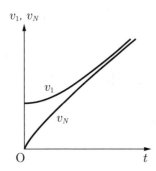

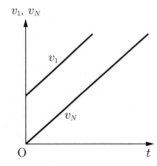

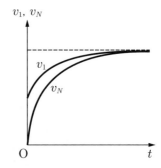

エ．v_1 と v_N は最終的には
　　ともに減少し，0 に近
　　づく。

オ．v_1 と v_N はともに増加
　　し，異なる定数に近づ
　　く。

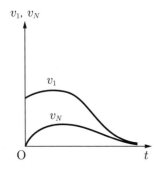

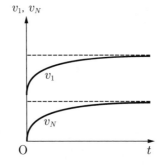

(4)　棒 1 と棒 N の間の距離は時間が経つにつれてどのように変化するか。以下
　　の中から最も適当なものを選べ。

　　ア．大きくなる　　　　イ．一定値に近づく　　　　ウ．小さくなる

計 算 用 紙

第3問 図3-1のように下端の開口部から水が自由に出入りできる筒状容器の上部に質量の無視できる単原子分子の理想気体1モル，下部には水が満たされている。容器の質量は m，底面積は S であり，その厚さは無視できる。容器は傾かずに鉛直方向にのみ変位する。容器外の水面における気圧を P とする。水の密度 ρ は一様であるとし，気体定数を R，重力加速度の大きさを g とする。以下の設問に答えよ。ただし，物体の受ける浮力の大きさは，排除した水の体積 V を用いて $\rho V g$ と表され，深さ h での水圧は $P + \rho g h$ で与えられる。

I 図3-1のように容器の上部が水面から浮き出ている場合を考える。

(1) 容器が静止しているとき，容器内の水位と外部の水位の差 d（図3-1）を求めよ。

(2) 設問I(1)の状態から容器をひき上げて水位が容器の内と外で同じになるようにした。このとき気体の体積はもとの体積の r 倍であった。r を ρ，d，g，P を用いて表せ。ただし，気体の温度変化はないものとする。

II 図3-1の状態において気体の温度は T であった。これを加熱したところ，容器は水面に浮いたままゆっくりと上昇し，気体の体積は $\dfrac{6}{5}$ 倍になった。

(1) この過程において気体がした仕事 W を R，T を用いて表せ。

(2) この過程において気体が吸収した熱量 Q を R，T を用いて表せ。

III 図3-2のように容器全体が水中にある場合を考える。

(1) 容器に働く合力が0となるつり合いの位置の深さ h（図3-2）を求めよ。ただし，気体の温度を T とし，$\dfrac{\rho R T}{m P}$ は1より大きいとする。

(2) 設問 III (1) のつり合いの位置に容器を固定したまま水面を加圧して P の値を大きくし，その後容器の固定をはずした。加圧前と比べてつり合いの位置はどうなるか。また固定をはずしたあとの容器の動きはどうなるか。以下から最も適当なものを選べ。

ア．つり合いの位置は深くなる。容器は上昇する。

イ．つり合いの位置は深くなる。容器は下降する。

ウ．つり合いの位置は浅くなる。容器は上昇する。

エ．つり合いの位置は浅くなる。容器は下降する。

オ．つり合いの位置は変わらない。容器は動かない。

IV 　図 3–3 のように筒状容器全体が水中にあり，容器内の気体と水が水平な仕切りで隔てられている場合を考える。気体に熱の出入りはない。仕切りは上下に滑らかに動くことができ，その体積と質量は無視できる。以下の過程では気体の圧力と体積は「(圧力) × (体積)$^{\frac{5}{3}}$ ＝ 一定」という関係式を満たす。

(1) 　はじめに，気体の体積は V_1，温度は T_1 であった。容器に外力を加えてゆっくりと沈め，気体の体積を V_2 にした。この過程における気体の内部エネルギーの変化 ΔU を R, T_1, V_1, V_2 を用いて表せ。

(2) 　設問 IV (1) の過程において容器に加えた外力のする仕事を W' とすると，一般に W' と ΔU は一致しない。差 $W' - \Delta U$ に含まれる仕事やエネルギーとしてはどのようなものがあるか挙げよ。（60 字以内）

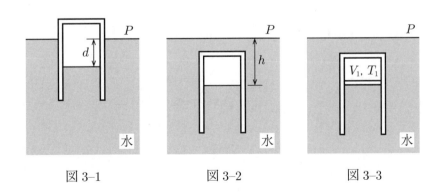

図 3–1 　　　　　図 3–2 　　　　　図 3–3

物　　　理

第1問　図 1–1 に示すように，水平から角度 θ をなすなめらかな斜面の下端に，ばね定数 k のばねの一端が固定されている。斜面は点 A で水平面と交わっており，ばねの他端は自然長のとき点 A の位置にあるものとする。図 1–2 に示すように，質量 m の小球をばねに押し付け，斜面に沿って距離 x だけばねを縮めてから静かに手を離す。その後の小球の運動について，以下の設問に答えよ。ただし，重力加速度の大きさを g とする。また，小球の大きさとばねの質量は無視してよい。

(1)　$x = x_0$ のとき，手を離しても小球は静止したままであった。このときの x_0 を求めよ。

(2)　手を離したのち，小球が斜面から飛び出し水平面に投げ出されるための x の条件を，k, m, g, θ を用いて表せ。

(3)　$x = 3x_0$ のとき，小球が動き出してから点 A に達するまでの時間を求めよ。

　　次に，(2) の条件が成立し小球が投げ出されたあとの運動を考える。小球は点 A から速さ v で投げ出されたのち，水平距離 s だけ離れたところに落下する。点 A での速さが一定の場合は，$\theta = 45°$ のとき落下までの水平距離が最大になることが知られているが，今回の場合は，θ によって v が変わるため，s が最大となる条件は異なる可能性がある。以下の設問に答えよ。なお，必要であれば，表 1–1 の三角関数表を計算に利用してよい。

(4)　v を x, k, m, g, θ を用いて表し，x が一定のとき，s が最大となる θ は 45° より大きいか小さいか答えよ。

(5)　s を x, k, m, g, θ を用いて表せ。

(6)　$x = \dfrac{2mg}{k}$ のとき，表 1–1 に示した角度の中から，s が最も大きくなる θ を選んで答えよ。

(7)　x を大きくしていくと，s が最大となる θ は何度に近づくか。表 1–1 に示した角度の中から選んで答えよ。

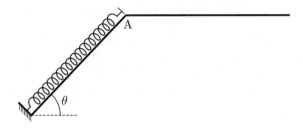

図 1–1

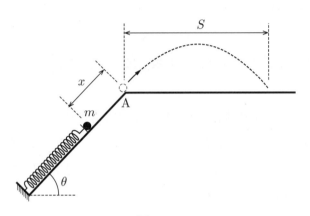

図 1–2

表 1–1

θ	$10°$	$15°$	$20°$	$25°$	$30°$	$35°$	$40°$	$45°$
$\sin\theta$	0.17	0.26	0.34	0.42	0.50	0.57	0.64	0.71
$\cos\theta$	0.98	0.97	0.94	0.91	0.87	0.82	0.77	0.71

θ	$50°$	$55°$	$60°$	$65°$	$70°$	$75°$	$80°$
$\sin\theta$	0.77	0.82	0.87	0.91	0.94	0.97	0.98
$\cos\theta$	0.64	0.57	0.50	0.42	0.34	0.26	0.17

第2問 太陽電池は，光を電気に変換する素子である。ここでは，太陽電池を図 2–1 に示す記号を用いて表し，その出力電流 I は図中の矢印の向きを正とする。また，図中の端子 b を基準とした端子 a の電位を出力電圧 V とする。このとき，V と I の関係は，図 2–2 のようになり，下記の式 (i), (ii) で表されるものとする。

(i)　$V \leqq V_0$ のとき，$I = sP$

(ii)　$V > V_0$ のとき，$I = sP - \dfrac{1}{r}(V - V_0)$

　ここで，P は照射光の強度，r, s, V_0 は全て正の定数である。以下の設問に答えよ。

　ただし，回路の配線に用いる導線の抵抗は無視してよい。

Ⅰ　図 2–3 のように，太陽電池の端子間に電気容量 C のコンデンサーを接続した。このとき，コンデンサーに電荷は蓄えられていなかった。この状態で，時刻 $t = 0$ から一定の強度 P_0 の光を照射したところ，図 2–4 のように電流 I が変化した。

(1)　図 2–4 中の時刻 t_1 を求めよ。

(2)　十分に時間が経過した後にコンデンサーに蓄えられた電荷を求めよ。

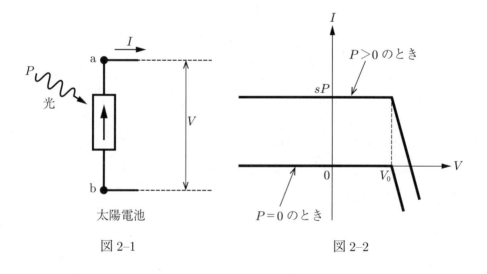

図 2–1　　　　　　　　　図 2–2

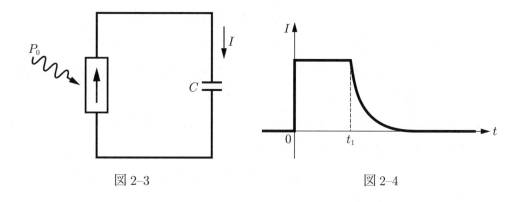

図 2–3　　　　　　　　　　　　　　　図 2–4

II　図 2–5 のように，太陽電池の端子間に抵抗値 R の抵抗を接続し，強度 P_0 の光を照射した。R を変化させたとき，ある R_0 を境に，$R \leqq R_0$ の範囲では，抵抗を流れる電流 I が R によらず sP_0 となり，$R > R_0$ の範囲では，R の増加とともに電流 I が減少した。

(1)　R_0 を求めよ。

(2)　$R > R_0$ のときの電流 I を，P_0，r，s，V_0，R を用いて表せ。

(3)　r が R_0 に比べて十分小さいとき，抵抗で消費される電力が最大となる R の値と，そのときの電力を求めよ。

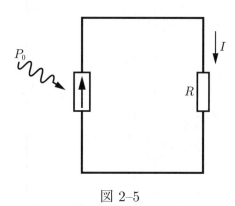

図 2–5

III 図 2–6 のように，二つの太陽電池 1，2 と抵抗値 R の抵抗を直列に接続した。太陽電池 1 に強度 P_0 の光を，太陽電池 2 に強度 $2P_0$ の光を同時に照射した。ただし，$P_0 = \dfrac{V_0}{rs}$ とする。太陽電池 1，2 の出力電圧をそれぞれ V_1，V_2 とし，抵抗を流れる電流を I とする。

(1) R を調整したところ，$I = \dfrac{1}{2}sP_0$ となった。V_1，V_2 を求めよ。

(2) (1) のとき R が r の何倍になるか答えよ。

(3) 次に，$R = r$ とした。V_1，V_2 はどのような範囲にあるか。以下から正しいものを一つ選んで答えよ。

　　ア．$V_1 \leqq V_0$ かつ $V_2 \leqq V_0$

　　イ．$V_1 \leqq V_0$ かつ $V_2 > V_0$

　　ウ．$V_1 > V_0$ かつ $V_2 \leqq V_0$

　　エ．$V_1 > V_0$ かつ $V_2 > V_0$

(4) (3) の状態において，I，V_1，V_2 を求めよ。

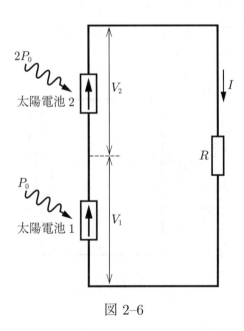

図 2–6

計 算 用 紙

第3問 図3–1(a) のように yz 平面上に設置した等間隔ではない多数の同心円状の細いスリットを用いると，x 軸に平行に入射した光の回折光を図3–1(b) のように集めて収束させることができる。以下では問題を簡単にするため，同心円状のスリットを図3–1(c) に示すような直線状の細い平行なスリットで置き換えて，その原理を考えよう。以下の設問に答えよ。

　図3–2 に示すように，x 軸上の原点 O を通り x 軸に垂直な面 A と，面 A から距離 d だけ離れたスクリーン B を考える。y 方向（紙面に垂直）に伸びた細いスリット $S_0, S_1, S_2, \cdots$ を面 A 上の $z = z_0, z_1, z_2, \cdots$（$0 < z_0 < z_1 < z_2 \cdots$）の位置に配置する。波長 λ の光が，面 A の左側から x 軸に平行に入射し，スリットを通過してスクリーン B に到達する。まず，スリット S_0, S_1 のみを残し，他のスリットを全てふさいだところ，スクリーン B 上に干渉縞が生じた。

(1)　スクリーン B 上で $z = \dfrac{z_0 + z_1}{2}$ の位置 T にできるのは明線であるか暗線であるか。また，その理由を簡潔に述べよ。

(2)　スクリーン B 上で，この位置 T より下方（z のより小さい方）に最初に現れる明線を，スリット S_0, S_1 に対する1次の回折光と呼ぶ。1次の回折光が，$z = 0$ の位置 R にあった。z_0, z_1 は d より十分に小さいものとして，d を λ, z_0, z_1 を用いて表せ。必要ならば，近似式 $\sqrt{1 + \delta} \fallingdotseq 1 + \dfrac{1}{2}\delta$，（$|\delta|$ は1より十分に小さいものとする）を用いてよい。

(a)

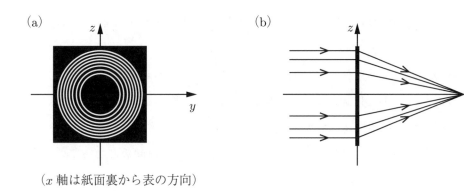

（x 軸は紙面裏から表の方向）

(b)

(c)

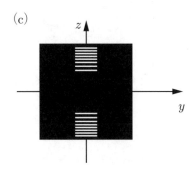

図 3–1

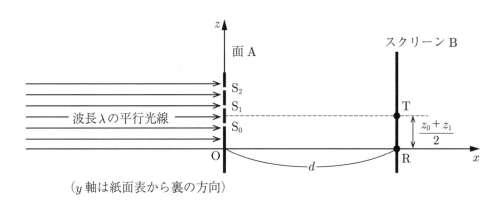

（y 軸は紙面表から裏の方向）

図 3–2

次に，$z > 0$ の領域にある合計 N 本の多数のスリットすべてを用いる場合を考える。すべての隣りあうスリットの組 S_n と S_{n+1} $(n = 0, 1, 2, \cdots)$ について，それらの 1 次の回折光が R に現れるためには，その方向が n とともに少しずつ変わるようにスリットを配置する必要がある。このように面 A に N 本のスリットを設置したところ，R に鮮明な明線が現れた。

(3) このとき n 番目のスリットの位置 z_n は n のどのような関数になっているか。z_n を z_0, n, d, λ を用いて表せ。

(4) スクリーン B を x 軸に沿って左右に動かすと，他にも $z = 0$ に明線が現れる位置があった。それらの x 座標を R に近い順に 2 つ答えよ。

(5) 左側から平行光線を入射する代わりに，図 3–3 に示すように x 軸上の原点 O から距離 a の点 P に波長 λ の点光源を置き，スクリーン B を x 軸に沿って左右に動かすと，$z = 0$ に明線が現れる位置 R′ があった。その x 座標 b を，λ を含まない式で表せ。ただし，$z = z_0, z_1, z_2 \cdots$ は a, b より十分に小さく，$a > d$ かつ $b > d$ であるとする。

(6) 図 3–4 は，設問 (5) の状況において，R′ 近傍に現れる明線の光の強度分布を z の関数として示したものである。ただし，光の強度とは単位時間あたりに単位面積に到達する光のエネルギーである。図 3–1 (c) のように，$z < 0$ の領域にも $z > 0$ の領域と対称にスリットを配置して，スリットの総数を 2 倍にした。このとき，明線の強度や幅が変化した。以下の文中の ☐ 内に入るべき適当な整数もしくは分数を答えよ。

スリットの総数が 2 倍になったので，点 R′ における光の波（電磁波）の振幅は ア 倍になる。光の強度は光の波の振幅の 2 乗に比例することが知られているので，点 R′ での光の強度は ア の 2 乗倍になる。一方，明線内に単位時間に到達する光のエネルギーは イ 倍になるはずである。このことから，スリット数を 2 倍に増やすと明線の z 方向の幅は，約 ウ 倍となると考えられる。

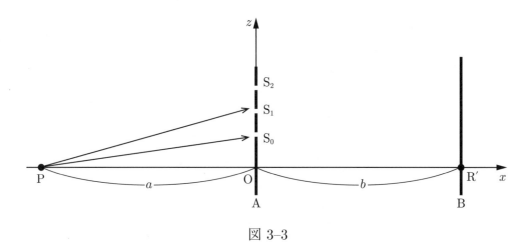

図 3–3

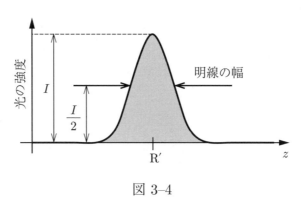

図 3–4

物　　　理

第 1 問　次の I, II の各問に答えよ。

I　図 1–1 のように，なめらかな水平面上で，ばね定数が k のばね 2 本を向かい合わせに，それぞれ左側および右側の壁に一端を固定し，他方の端に同じ質量 m の小球 1 および 2 をそれぞれ取りつけた。ばねが自然長のとき，小球間の距離は d であった。ただし，小球の大きさとばねの質量は無視してよい。

　　今，図 1–2 のように，小球 1 を，ばねが自然長になる位置から，ばねが縮む方向に距離 s だけ動かし（$s > d$），そこで静かに放した。以下の設問に答えよ。

(1)　小球 1 は動き始め小球 2 に衝突した。衝突直前の小球 1 の速さを求めよ。

(2)　小球どうしの衝突は弾性衝突であるとして，この衝突直後の小球 1 と小球 2 の速さをそれぞれ求めよ。

(3)　この衝突後，再び衝突するまでに，小球 1 側のばねおよび小球 2 側のばねは，それぞれ自然長から最大どれだけ縮むか答えよ。

(4)　$s = \sqrt{2}\,d$ の場合に，最初の衝突から再衝突までの時間を求めよ。

II　次に，あらい水平面上に，I と同じばねと小球を用意した場合を考える。どちらの小球も水平面との間の静止摩擦係数は μ，動摩擦係数は μ' である。重力加速度の大きさを g として以下の設問に答えよ。

(1)　I と同じように（図 1–2），小球 1 を，ばねが自然長になる位置から，ばねが縮む方向に距離 s だけ動かし，そこで静かに放した。小球 1 が動き始めるために，s がみたすべき条件を求めよ。

(2)　小球 1 が動き始めた後，小球 2 に衝突するために s がとるべき最小値を求めよ。

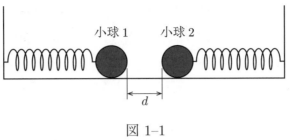

図 1–1

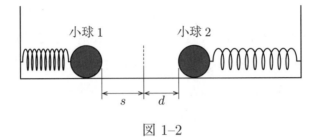

図 1–2

第 2 問 電荷をもった粒子の運動を磁場により制御することを考える。重力の効果は無視できるものとして，以下の設問に答えよ。ただし，角度の単位はすべてラジアンとする。また，θ を微小な角度とするとき，$\cos\theta \fallingdotseq 1$，$\sin\theta \fallingdotseq \theta$，$\tan\theta \fallingdotseq \theta$ と近似してよい。

I 図 2–1 のように，$|x| \leqq \dfrac{d}{2}$ の領域 A_1 にのみ，磁束密度が y 座標にゆるやかに依存する磁場が z 軸方向（紙面に垂直，手前向きを正）にかけられている。質量 m，正の電荷 q をもつ粒子 P を，x 軸正方向に速さ v で領域 A_1 に入射する。

(1) 領域 A_1 を通過した結果，粒子 P の運動方向が微小な角度だけ曲がり，その x 軸からの角度が θ となった。領域 A_1 内を通過する間，粒子の y 座標の変化は小さく，粒子にはたらく磁束密度 B はその間一定としてよいとする。このときの θ を求めよ。以後，角度の向きは図 2–1 の矢印の向きを正とする。

(2) 領域 A_1 内の磁束密度が y 座標に比例し，正の定数 b を用いて $B = by$ と表されるとき，粒子 P は入射時の y 座標によらず x 軸上の同じ点 $(x, y) = (f, 0)$ を通過する。このとき f を求めよ。ただし，d は f に比べて無視できるほど小さいとする。また，領域 A_1 内を通過する間，粒子の y 座標の変化は小さく，粒子にはたらく磁束密度 B はその間一定としてよいとする。

(3) 図 2–2 (a) のように配置された電磁石の組の点線で囲まれた範囲（拡大図と座標を図 2–2 (b) に示す）を考える。鉄芯（しん）を適切な形に製作すると，$z = 0$ の平面内で (2) のような磁場が実現できる。このとき，二つの電磁石に流す電流 I_1，I_2 の向きはどうするべきか。それぞれの符号を答えよ。ただし，図中の矢印の向きを正とする。

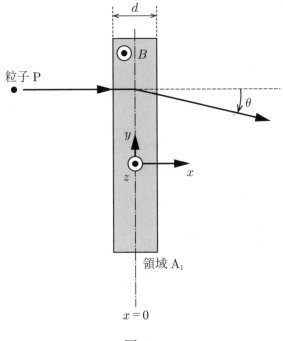

図 2-1

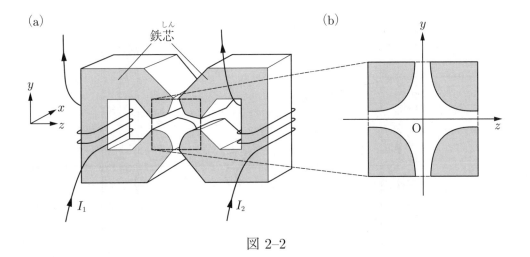

図 2-2

II 次に，I (2) の領域 A_1 に加えて，図 2–3 のように，$x = \dfrac{3}{2}f$ を中心とし幅 d の範囲に，z 軸方向に磁束密度 kby（k は定数）の磁場がかかっている領域 A_2 を考える。ここで，領域 A_1 と A_2 を両方通過した後の粒子の運動方向の変化は，それぞれの領域で I (1) のように求めた曲げ角の和として計算できるものとし，また d は f に比べて無視できるほど小さいとしてよいとする。粒子 P と，同じ電荷 q をもつ別の粒子 Q とが，x 軸正方向に速さ v をもって $y = y_0$ で領域 A_1 に別個に入射したところ，粒子 P の運動方向が微小な角度 θ_0，粒子 Q の運動方向が角度 $\dfrac{\theta_0}{2}$ だけ曲げられて，それぞれ領域 A_2 に入射した。

(1) 粒子 Q の質量を求めよ。

(2) 粒子 P，粒子 Q が領域 A_2 に入る際の y 座標は，それぞれ y_0 の何倍となるか。

(3) 粒子 P，粒子 Q が領域 A_2 を通過した後の運動方向の x 軸からの角度を，それぞれ k と θ_0 を用いて表せ。

(4) k の値を調整すると，粒子 P と粒子 Q が $x > \dfrac{3}{2}f$ で x 軸上の同じ点を通過するようにできる。このときの k の値を求めよ。

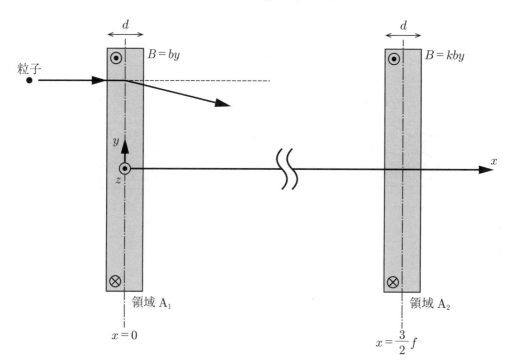

図 2–3

計 算 用 紙

第 3 問 　次の I, II, III の各問に答えよ。なお，角度の単位はラジアンとする。

I 　図 3-1 のように，超音波発振器を用いて平面波に近い超音波を板 A に入射す
る（板中の直線は波面を表す）。振動数を変化させながら縦波の超音波を板面に
垂直に入射したところ，振動数が f_0 の整数倍になるごとに板が共振した。板 A
の厚さを h_A，板 A 内を伝わる縦波の超音波の速さを V_A とする。また，板の両
面は自由端とする。

(1) 　f_0 を h_A，V_A を用いて表せ。

(2) 　$V_A = 5.0 \times 10^3 \, \text{m/s}$ のとき，振動数 $2.0 \times 10^6 \, \text{Hz}$ と $3.0 \times 10^6 \, \text{Hz}$ の両方で共振
が起こった。h_A の最小値を求めよ。

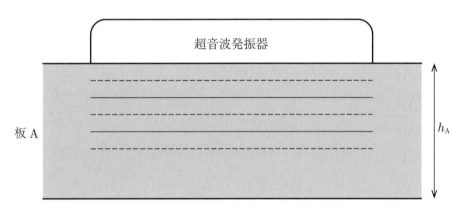

図 3-1

計 算 用 紙

II 固体中では縦波と横波の両方が存在する。縦波と横波は速さが異なり，縦波のほうがk倍（$k > 1$）速い。図3-2のように板Aと，それとは材質の異なる板Bを貼り合わせ，2層構造を持つ板を作製した。板B内を伝わる縦波の速さをV_Bとし，$\dfrac{V_B}{k} > V_A$とする。また，kの値は物質の種類によらないとする。

板Aの表面上の点Oから，図3-2のように板A内を角度α（$0 < \alpha < \dfrac{\pi}{2}$）で伝わる縦波を入射した。すると，境界面で縦波の反射波，屈折波のみならず，横波の反射波と屈折波も発生した。反射角は，縦波と横波についてそれぞれθとθ'であった。屈折角は，縦波と横波についてそれぞれϕとϕ'であった。

(1) 縦波の反射角θが入射角αと等しくなることをホイヘンスの原理に基づいて考える。図3-3中の記号P，Q，R，Sを用いて，　　　　　　を埋めよ。

> 図3-3において，PQに平行な波面を持つ入射波が速さV_Aで進んでいる。波面上の2点がそれぞれP，Qを通過してから時間T後，Qを通過した側が境界上の点Sに達したとする。このとき，Pから発せられた素元波が時間T後になす半円に対してSから引いた接線RSが反射波の波面となる。△PQSと△SRPにおいて，$\angle PQS = \angle SRP = \dfrac{\pi}{2}$，$\boxed{\quad ア \quad} = \boxed{\quad イ \quad} = V_A T$，PS = SP（共通）であるから△PQSと△SRPは合同である。また，△PQSは$\angle PQS$を直角とする直角三角形であるから，$\alpha = \angle \boxed{\quad ウ \quad}$。同様に，△SRPは$\angle SRP$を直角とする直角三角形であるから，$\theta = \angle \boxed{\quad エ \quad}$。ゆえに，$\alpha = \theta$である。

(2) 横波の反射角θ'について，$\sin\theta'$を求めよ。

(3) 縦波の屈折角ϕ，横波の屈折角ϕ'について，$\sin\phi$と$\sin\phi'$を求めよ。

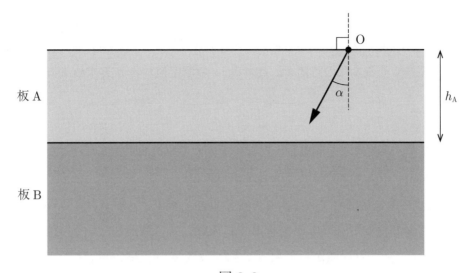

図 3–2

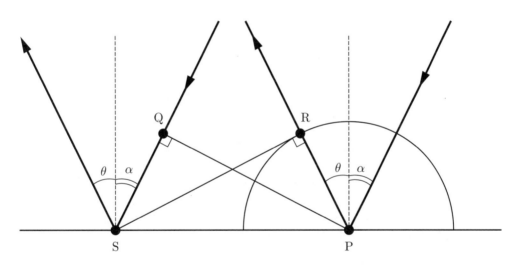

図 3–3

III IIで作製した2層構造を持つ板の境界面から深さhの位置に異物Xが存在している。図3-4のように，Oより超音波を入射してから異物表面での反射波がOに戻ってくるまでの時間をtとする。tの測定値からhを求める方法を考えよう。

(1) まず，入射角αを調整し，板B中を伝わる屈折波が横波だけとなるようにしたい。$\sin\alpha$の満たすべき条件を求めよ。

(2) (1)の条件を満たすある入射角αでOから縦波を入射したところ，境界上の点Yで横波が屈折角ϕ'で板B中に入射しXに到達した。その後，同じ経路をたどって反射波がOに戻ってきた。tをk，h，h_A，V_A，V_B，α，ϕ'を用いて表せ。ただしXの大きさは無視せよ。

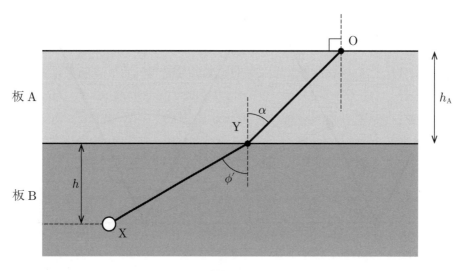

図 3-4

物　　　理

第1問　高低差が h の水平面 H と水平面 L の間になめらかな斜面があり，東西方向の断面は図 1–1 のようになっている。水平面 L の東端には南北にのびる鉛直な壁がある。ここで小球の衝突実験を行った。すべての小球は面から離れることなく進み，互いに弾性衝突するものとし，小球と壁も弾性衝突するものとする。重力加速度の大きさを g とし，小球の大きさや回転，摩擦や空気抵抗は無視して以下の設問に答えよ。

Ⅰ　図 1–1 のように，水平面 H で質量 m の小球 A を東向きに速さ v で滑らせ，質量 M の小球 B を西向きに速さ v で滑らせて衝突させたところ，衝突後に小球 A は西向きに進み，小球 B は静止した。

(1)　衝突後の小球 A の速さを求めよ。

(2)　質量の比 $\dfrac{M}{m}$ を求めよ。

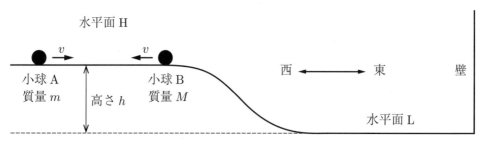

図 1–1

II　図 1–2 のように，水平面 H で前問の小球 A と小球 B を東向きに同じ速さ v_0 で滑らせたところ，小球 B は壁で跳ね返り，水平面 L からの高さが x の斜面上の点で小球 A と衝突した。その後，小球 A は斜面を上がって水平面 H 上の最初の位置を速さ v_f で西向きに通過し，一方，小球 B は壁と斜面の間を往復運動した。

(1)　2 つの小球が衝突する直前の小球 A の速さを v_A，小球 B の速さを v_B とする。速さの比 $\dfrac{v_\mathrm{A}}{v_\mathrm{B}}$ を求めよ。

(2)　x を v_0, v_f, h, g を用いて表せ。

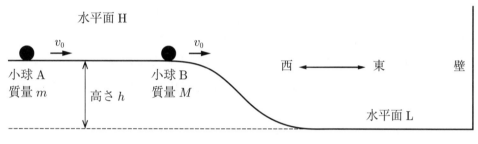

図 1–2

III 前問の小球Bが，水平面Lから高さ $\dfrac{h}{10}$ の地点と壁との間を東西方向に往復運動しているとき，図1-3のように小球Bをねらって質量 $\dfrac{M}{2}$ の小球Cを水平面H上の点から発射した。水平面L上で小球Cはうまく小球Bに命中し，その後小球Bが壁で跳ね返ってから，小球Cと小球Bが両方とも水平面Hまで上ってきた。2つの小球は同じ速さ $\sqrt{\dfrac{19gh}{5}}$ で距離を ℓ に保ったまま水平面H上を同じ向きに進んだ。その方向は西から北に向けての角度を α とすると $\sin\alpha = \dfrac{2}{\sqrt{19}}$ であった。

(1) 壁で跳ね返ったあとの小球Bの水平面Lでの運動の向きは，西から北に向けて角度 β であった。$\tan\beta$ を求めよ。

(2) 小球Bと小球Cが衝突した地点の壁からの距離 d を求めよ。

(3) 水平面H上で発射したときの小球Cの速さ V を求めよ。

(4) 小球Cを発射した方向を東から北に向けて角度 θ とする。$\sin\theta$ を求めよ。

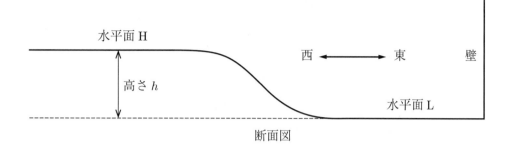

水平面 H

高さ h

西 ⟷ 東　　壁

水平面 L

断面図

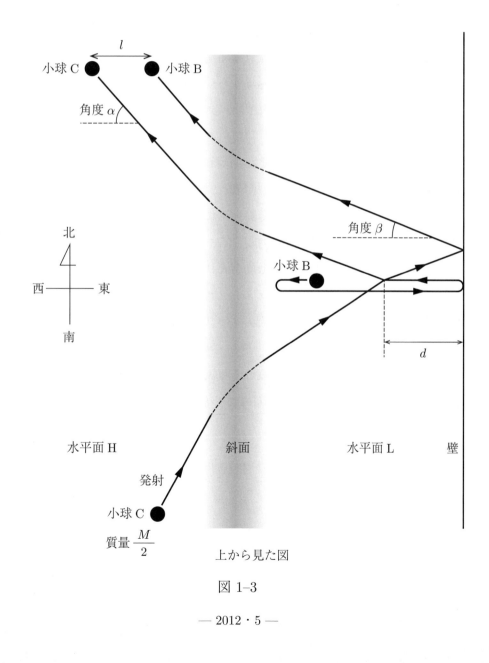

l

小球 C　　小球 B

角度 α

北

西　東

南

小球 B

角度 β

d

水平面 H　　斜面　　水平面 L　　壁

発射

小球 C

質量 $\dfrac{M}{2}$

上から見た図

図 1-3

第 2 問 図 2–1 のように，xy 平面上に置かれた縦横の長さがともに $2a$ の回路を一定の速さ v で x 軸正方向に動かす。回路の左下の点 P と右下の点 Q は常に x 軸上にあり，点 Q の座標を $(X, 0)$ とする。磁束密度 B の一様な磁場が，$y < x$ の領域にのみ紙面に垂直にかけられている。導線の太さ，抵抗およびコンデンサーの素子の大きさ，導線の抵抗および回路を流れる電流が作る磁場の影響は無視できるものとして，以下の設問に答えよ。

I　まず，図 2–1 に示した抵抗値 R の抵抗と導線からなる正方形の回路を用いる。

(1)　$0 < X < 2a$ のときに回路を流れる電流の大きさを求めよ。

(2)　$0 < X < 2a$ のときに回路が磁場から受ける力の x 成分を求めよ。

(3)　$2a < X < 4a$ のときに回路が磁場から受ける力の x 成分を求めよ。

II　次に，設問 I で用いた回路を複数の抵抗を含む回路に取り替える。

(1)　図 2–2 に示した抵抗値 R の抵抗を 2 つ含む回路を用いた場合に対して，$a < X < 2a$ のときに PQ 間の導線を流れる電流の大きさを求めよ。

(2)　図 2–3 に示した抵抗値 R の抵抗を 3 つ含む回路を用いた場合に対して，$a < X < 2a$ のときに PQ 間の抵抗を流れる電流の大きさを求めよ。

III　最後に，図 2–4 に示した電気容量 C のコンデンサーと導線からなる回路を用いる。

(1)　$0 < X < 2a$ のときに導線を流れる電流の大きさを求めよ。

(2)　$2a < X < 4a$ のときに回路が磁場から受ける力の x 成分を求めよ。

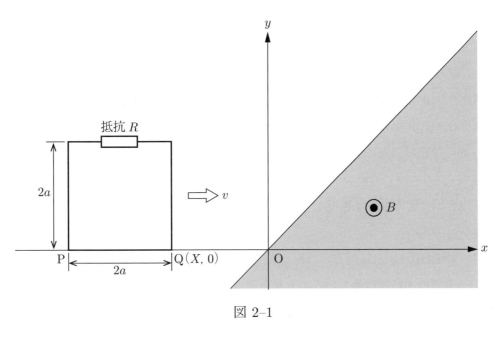

図 2–1

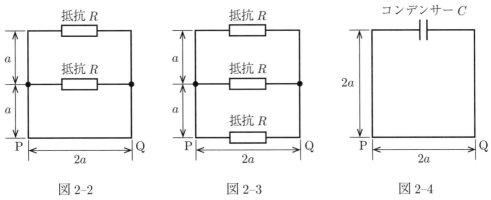

図 2–2　　　　　　　図 2–3　　　　　　　図 2–4

第3問 複スリットによる光の干渉を利用して気体の屈折率を測定する実験について考えよう。図3のように，透明な二つの密閉容器 C_1，C_2（長さ d）を，平面 A 上にある二つのスリット S_1，S_2（スリット間隔 a）の直前に置き，A の後方にはスクリーン B を配置する。A，B は互いに平行であり，その間の距離を L とする。スクリーン B 上の座標軸 x を，O を原点として図3のようにとる。原点 O は S_1，S_2 から等距離にある。いま，平面波とみなせる単色光（波長 λ）を，密閉容器を通してスリットに垂直に照射すると，スクリーン B 上には多数の干渉縞が現れる。密閉容器の壁の厚さは無視して，以下の設問に答えよ。

I 密閉容器 C_1，C_2 両方の内部を真空にした場合，光源から二つのスリット S_1，S_2 までの光路長は等しいため，単色光は S_1，S_2 において同位相である。

(1) スクリーン B 上の点 P の x 座標を X，S_1 と P の距離を l_1，S_2 と P の距離を l_2 としたとき，距離の差 $\Delta l = |l_1 - l_2|$ を，a，L，X を用いて表せ。ただし，L は a や $|X|$ よりも十分に大きいものとする。なお，$|h|$ が1よりも十分小さければ，$\sqrt{1+h} \fallingdotseq 1 + \dfrac{h}{2}$ と近似できることを利用してよい。

(2) 点 P に明線があるとき，X を a，L，λ，および整数 m を用いて表せ。

II C_2 の容器内を真空に保ったまま，C_1 の容器内に気体をゆっくりと入れ始めた。一般に，絶対温度 T，圧力 p の気体の屈折率と真空の屈折率との差は，その気体の数密度（単位体積あたりの気体分子の数）ρ に比例する。

(1) 容器内の気体の圧力が p で絶対温度が T のとき，その気体の数密度 ρ を p，T，k（ボルツマン定数）を用いて表せ。ただし，この気体は理想気体とみなしてよい。

(2) 温度を一定に保ったまま C_1 の容器内に気体を入れて圧力を上げると，スクリーン B 上の干渉縞は，x 軸の正方向，負方向のどちらに移動するか。理由を付けて答えよ。

III C_2 の容器内を真空に保ったまま，C_1 の容器を絶対温度 T，1 気圧（101.3 kPa）の気体で満たした。このときの気体の屈折率を n とする。

(1) C_1 の容器が真空状態から絶対温度 T，1 気圧の気体で満たされるまでに，それぞれの明線はスクリーン B 上を距離 ΔX だけ移動した。気体の屈折率 n を，ΔX を用いて表せ。

(2) (1) で，原点 O を N 本の暗線が通過した後，明線が原点 O にきて止まった。気体の屈折率 n を，N を用いて表せ。

(3) 気体の屈折率を精度よく求めるには，測定値の正確さが重要になる。いま，(1) で測定した ΔX は 0.1 mm の正確さで測定でき，(2) で測定した N は 1 本の正確さで数えられるとするとき，気体の屈折率は (1) の方法，(2) の方法のどちらが精度よく求められると考えられるか。理由を付けて答えよ。ただし，$d = 2.5 \times 10^2$ mm，$L = 5.0 \times 10^2$ mm，$a = 5.0$ mm，$\lambda = 5.0 \times 10^{-4}$ mm とすること。

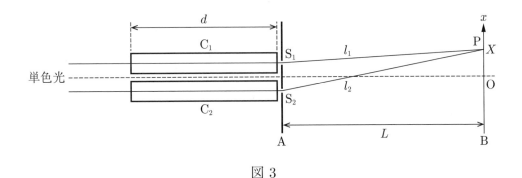

図 3

物　　　理

第1問　図1のように，長さ l で質量の無視できる棒によってつながれた，質量 M の物体Aと質量 m の物体Bの運動を考える。ただし $M > m$ とする。棒は物体Aおよび物体Bに対してなめらかに回転でき，棒が鉛直方向となす角を θ とする。はじめ，物体Aは水平な床の上で鉛直な壁に接していた。一方，物体Bは物体Aの真上（$\theta = 0°$）から初速度0で右側へ動き始めた。その後の運動について以下の設問に答えよ。なお，重力加速度の大きさを g として，物体Aと物体Bの大きさは考えなくてよい。また，棒と物体Aおよび物体Bとの間にはたらく力は棒に平行である。

Ⅰ　まず，物体Aと床との間に摩擦がない場合について考える。

(1)　物体Bが動き出してからしばらくの間は，物体Aは壁に接したままであった。この間の物体Bの速さ v を，θ を含んだ式で表せ。

(2)　(1)のとき，棒から物体Bにはたらく力 F を，θ を含んだ式で表せ。棒が物体Bを押す向きを正とする。

(3)　$\theta = \alpha$ において，物体Aが壁から離れて床の上をすべり始めた。$\cos\alpha$ を求めよ。

(4)　$\theta = \alpha$ における物体Bの運動量の水平成分 P を求めよ。

(5)　物体Bが物体Aの真横（$\theta = 90°$）にきたときの，物体Aの速さ V を求めよ。P を含んだ式で表してもよい。

(6)　$\theta = 90°$ に達した直後に，物体Bが床と完全弾性衝突した。その後，物体Bが一番高く上がったとき $\theta = \beta$ であった。$\cos\beta$ を求めよ。P を含んだ式で表してもよい。

Ⅱ　次に，物体Aと床との間に摩擦がある場合について考える。今度は，$\theta = 60°$ において，物体Aが壁から離れた。これより，物体Aと床との間の静止摩擦係数 μ を求めよ。

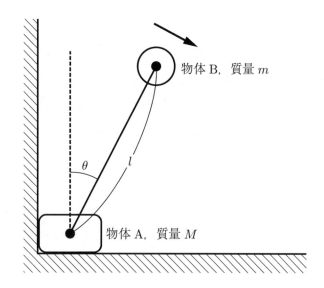

物体 B，質量 m

物体 A，質量 M

図 1

第2問 電気製品によく使われているダイオードを用いた回路を考えよう。簡単化のため，ダイオードは図2–1のようなスイッチS_Dと抵抗とが直列につながれた回路と等価であると考え，Pの電位がQよりも高いか等しいときにはS_Dが閉じ，低いときにはS_Dが開くものとする。なお以下では，電池の内部抵抗，回路の配線に用いる導線の抵抗，回路の自己インダクタンスは考えなくてよい。

I 図2–2のように，容量Cのコンデンサー2個，ダイオードD_1，D_2，スイッチS，および起電力V_0の電池2個を接続した。最初，スイッチSは$+V_0$側にも$-V_0$側にも接続されておらず，コンデンサーには電荷は蓄えられていないものとする。点Gを電位の基準点（電位0）としたときの点P_1，P_2それぞれの電位をV_1，V_2として，以下の設問に答えよ。

(1) まず，スイッチSを$+V_0$側に接続した。この直後のV_1，V_2を求めよ。

(2) (1)の後，回路中の電荷移動がなくなるまで待った。このときのV_1，V_2，およびコンデンサー1に蓄えられている静電エネルギーUを求めよ。また，電池がした仕事Wを求めよ。

(3) (2)の後，スイッチSを$-V_0$側に切り替えた。この直後のV_1，V_2を求めよ。

(4) (3)の後，回路中の電荷移動がなくなったときのV_1，V_2を求めよ。

II 図2–2の回路に多数のコンデンサーとダイオードを付け加えた図2–3の回路は，コッククロフト・ウォルトン回路と呼ばれ，高電圧を得る目的で使われる。いま，コンデンサーの容量は全てCとし，最初，スイッチSは$+V_0$側にも$-V_0$側にも接続されておらず，コンデンサーには電荷は蓄えられていないとする。

スイッチSを$+V_0$側，$-V_0$側と何度も繰り返し切り替えた結果，切り替えても回路中での電荷移動が起こらなくなった。この状況において，スイッチSを$+V_0$側に接続したとき，点P_{2n-2}と点P_{2n-1}の電位は等しくなっていた（$n = 1, 2, \cdots, N$）。また，スイッチSを$-V_0$側に接続したとき，点P_{2n-1}と点P_{2n}の電位は等しくなっていた（$n = 1, 2, \cdots, N$）。スイッチSを$+V_0$側に接続したときの点P_{2N-1}，P_{2N}の電位V_{2N-1}，V_{2N}をNとV_0で表せ。なお，点Gを電位の基準点（電位0）とせよ。

ダイオード　P 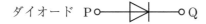 Q

等価回路　P 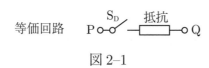 Q

図 2–1

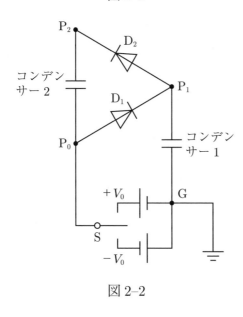

図 2–2

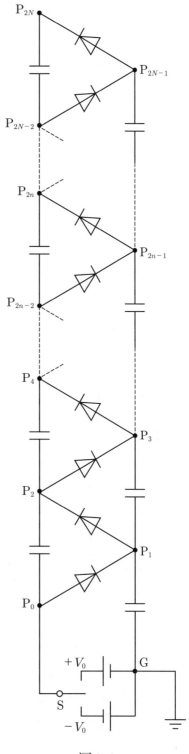

図 2–3

第3問 図3-1のように，摩擦なしに動くピストンを備えた容器が鉛直に立っており，その中に単原子分子の理想気体が閉じ込められている。容器は断面積 S の部分と断面積 $2S$ の部分からなっている。ピストンの質量は無視できるが，その上に一様な密度の液体がたまっており，つりあいが保たれている。気体はヒーターを用いて加熱することができ，気体と容器壁およびピストンとの間の熱の移動は無視できる。また，気体の重さ，ヒーターの体積，液体と容器壁との摩擦や液体の蒸発は無視でき，液体より上の部分は圧力 0 の真空とする。重力加速度の大きさを g とする。以下の設問に答えよ。

I　まず，気体，液体ともに断面積 S の部分にあるときを考える。このときの液体部分の高さは $\dfrac{h}{2}$ である。

(1)　はじめ，気体部分の高さは $\dfrac{h}{2}$，圧力は P_0 であった。液体の密度を求めよ。

(2)　気体を加熱して，気体部分の高さを $\dfrac{h}{2}$ から h までゆっくりと増加させた（図3-2）。この間に気体がした仕事を求めよ。

(3)　この間に気体が吸収した熱量を求めよ。

II　気体部分の高さが h のとき，液体の表面は断面積 $2S$ の部分との境界にあった（図3-2）。このときの気体の温度は T_1 であった。さらに，ゆっくりと気体を加熱して，気体部分の高さが $h+x$ となった場合について考える（図3-3）。

(1)　$x>0$ では，液体部分の高さが小さくなることにより，気体の圧力が減少した。気体の圧力 P を，x を含んだ式で表せ。

(2)　$x>0$ では，加熱しているにもかかわらず，気体の温度は T_1 より下がった。気体の温度 T を，x を含んだ式で表せ。

(3)　気体部分の高さが h から $h+x$ に変化する間に，気体がした仕事 W を求めよ。

(4)　気体部分の高さがある高さ $h+X$ に達すると，ピストンをさらに上昇させるために必要な熱量が 0 になり，x が X を超えるとピストンは一気に浮上してしまった。X を求めよ。

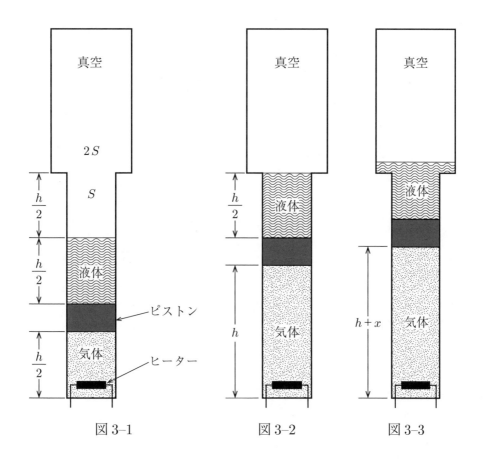

図 3–1   図 3–2   図 3–3

物　　　理

第1問　途中で宙返りするジェットコースターの模型を作り，車両の運動を調べることにした。線路は水平な台の上に図1に示すように作った。車両はレールに乗っているだけであり，線路からぶら下がることはできない。車両の出発点である左側は斜めに十分高いところまで線路がのびている。中央の宙返り部分は半径 R の円軌道であり，左右の線路となめらかにつながっている。円軌道の最下部は台の上面に接しており，以後高さは台の上面から測る。車両の行き先である右側の線路も十分に長く作られているが，高さ R 以上の部分は傾斜角 θ の直線であり，この部分では車両と線路の間に摩擦が働くようにした。すなわち，ここでは2本のレールのあいだを高くしてあり，そこに車両の底面が乗り上げて滑る。傾斜角 θ は，この区間での動摩擦係数 μ を用いて，$\tan\theta = \mu$ となるように設定されている。線路のそれ以外の場所ではレール上を車輪がころがるので，摩擦は無視することができる。重力加速度の大きさを g とし，車両の大きさと空気抵抗は無視して，以下の問いに答えよ。

I　質量 m_1 の車両Aが左側の線路上，高さ h_1 の地点から初速度0で動き始める。車両Aが途中でレールから離れずに，宙返りをして右側の線路に入るために h_1 が満たすべき条件を求めよ。

次に，左側の線路につながる円軌道部分の最下点に質量 m_2 の車両Bを置いた。車両Aは円軌道に入る所で車両Bと衝突する。

II　衝突後2つの車両が一体となって動く場合を考える。車両Aは左側の線路の高さ h_2 の地点から初速度0で動き始める。一体となった車両がレールから離れずに宙返りするために，h_2 が満たすべき条件を求めよ。

III 2つの車両が弾性衝突をする場合を考える。車両Aは左側の線路の高さh_3の地点から初速度0で動き始める。車両Aは衝突後，直ちに取り除く。

(1) 衝突後に車両Bがレールから離れずに宙返りするために，h_3が満たすべき条件を求めよ。

(2) h_3が(1)で求めた条件を満たす場合，車両Bは宙返り後，右側の線路を進む。右側の線路での最高到達点の高さh_4を求め，最高点到達後の車両のふるまいを述べよ。

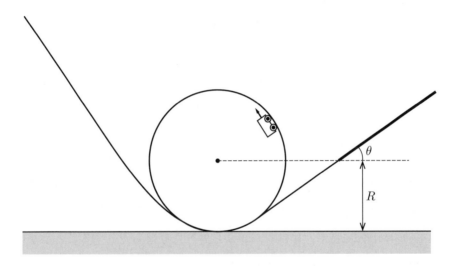

図1

第2問　図2のように，水平面上に2本の導体レールを間隔lで平行に置き，磁束密度の大きさがBである一様な磁場を鉛直下向きに加えた。導体レールの上には，長さl，抵抗値Rの棒を導体レールと直角をなすように乗せた。導体レールには，図に示したように，4つの抵抗1，2，3，4と起電力Vの電池，スイッチをつないだ。抵抗1，2，3の抵抗値はRであり，抵抗4の抵抗値は$3R$である。自己誘導，導体レールと導線の抵抗，電池の内部抵抗は無視できる。

I　棒が導体レールに固定されているとき，以下の問いに答えよ。

(1)　最初，スイッチは開いている。このとき，棒に流れる電流の大きさI_1を求めよ。

(2)　次にスイッチを閉じた。このとき，棒に流れる電流の大きさI_2を求めよ。

(3)　(2)のとき，棒に流れる電流が磁場から受ける力の大きさを求めよ。また，その向きは図中（イ），（ロ）のどちらか。

II　次にスイッチを閉じたまま，導体レールの上を棒が自由に動けるようにしたところ，棒は導体レールの上を動き始めた。以下の問いに答えよ。ただし，導体レールは十分に長く，棒はレールから外れたり落ちたりすることはない。また，棒が受ける空気抵抗，導体レールと棒の間の摩擦は無視できる。

(1)　棒の速さがv_1になったとき，抵抗3に流れる電流が0になった。v_1を求めよ。

(2)　十分に時間がたつと，棒は速さv_2で等速運動をしていた。v_2を求めよ。

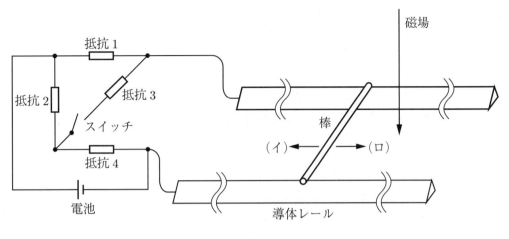

図 2

第3問 管の中では気柱の共鳴という現象が起こるが，そのときの振動数を固有振動数と呼ぶ。なお，以下で用いる管は細いので，開口端補正は無視する。

I 管の長さを L，空気中の音速を V として以下の問いに答えよ。

(1) 管の両端が開いているときの固有振動数のうち，小さいほうから3番目までの振動数を求めよ。

(2) 管の一端が開いていて，他端が閉じられているときの固有振動数のうち，小さいほうから3番目までの振動数を求めよ。

II 長さ1mの透明で細長い管の左端に膜をはり，この膜を外部からの電流によって微小に振動させ，管の中に任意の振動数の音波を発生できるようにした。管は水平に置かれ，内部には細かなコルクの粉が少量まかれていて，空気の振動の様子が見えるようになっている。管の右端をふたで閉じて，音波の振動数をゆっくり変化させた。振動数を400Hzから700Hzまで変化させたとき，519Hzと692Hzで共鳴が起こり，空気の振動の腹と節がコルクの粉の分布ではっきりと見えた。なお，他の振動数では共鳴は起こっていない。

(1) 692Hzでの共鳴のときの空気の振動の節の位置を管の右端からの距離で答えよ。

(2) この条件を用いて，音速 V を求めよ。

III 次に，IIで行った実験では閉じられていた右端を開いて，振動数を400Hzから700Hzまで変化させた。今度は振動数が f_1 と f_2 で共鳴が起こり，管は大きな音で鳴った。ここで，$f_1 < f_2$ である。f_1 と f_2 を求めよ。

IV　この装置を自転車に載せてサッカー場に行った。固有振動数 f_1 の音を出しな
　　がら，図3に示すように，サイドライン上を A 点から C 点に向かって一定の速
　　さ v で走る。C 点にはマイクロフォンと増幅器とスピーカーがあり，マイクロ
　　フォンでとらえた音を増幅してスピーカーで鳴らす。三角形 BCD が正三角形
　　になるように，サイドライン上に B 点と D 点を設定する。D 点で装置からの音
　　とスピーカーからの音を聞く。風の影響は無視して以下の問いに答えよ。

(1)　2つの音源からの音は，干渉によりうなりを生じる。B 点からの音とスピー
　　　カーからの音が干渉して生じるうなりの振動数を，音速 V，自転車の速さ v，
　　　振動数 f_1 を用いて表せ。

(2)　自転車が B 点を通過するときのうなりの振動数は 2 Hz であった。この値を
　　　用いて自転車の速さを有効数字1桁で求めよ。なお，音速の値は II で求めた
　　　ものを用いよ。

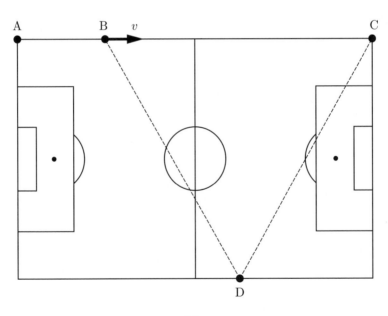

図 3

物　　　理

第1問　図1–1のように，鉛直に固定した透明な管がある。ばね定数 k のばねの下端を管の底面に固定し，上端を質量 m の物体1に接続する。質量が同じく m の物体2を，物体1の上に固定せずにのせる。地面上の一点 O を原点として鉛直上向きに x 軸をとる。ばねが自然長になっている時の物体1の x 座標は h であり，重力加速度の大きさは g である。

　なお，物体の大きさは小さく，管との摩擦や空気抵抗は無視でき，x 方向以外の運動は考えない。ばねの質量は無視できる。また，管は十分長く，実験中に物体が飛び出すことはないものとする。

I　物体1と物体2を，互いに接した状態で，物体1の x 座標が x_A となる位置まで押し下げ，時刻 $t = 0$ に初速度0で放したところ，物体1と物体2は互いに接した状態で単振動を開始した。

(1)　この時の，物体1の単振動の中心の x 座標を答えよ。

(2)　物体1と物体2の x 方向の運動方程式をそれぞれ書け。各物体の加速度を a_1, a_2，物体1の位置を x，互いに及ぼす抗力の大きさを N $(N \geqq 0)$ とせよ。

(3)　x_A の値によっては，運動中に物体1と物体2が分離することがある。図1–2はこのような場合の物体の位置の時間変化を示す。運動方程式を使って，分離の瞬間の物体1の x 座標を求めよ。なお，図1–2では物体の大きさは無視されており，接している間の物体1と物体2の位置を1本の実線で表している。

(4)　分離の瞬間の物体1の速度を答えよ。また，分離が起きるのは，時刻 $t = 0$ における物体1の位置 x_A がどのような条件を満たす場合か答えよ。

II　物体1と物体2が分離した後の運動について考える。分離後，物体1は単独で単振動する。物体2は重力のために，分離後ある時間が経過した後に必ず物体1に衝突する。分離から衝突までの時間は時刻 $t = 0$ における物体1の位置 x_A に依存する。ここで，分離から衝突までの時間が，物体1が単独で単振動する

際の周期 T に等しくなるように，x_A の値を設定した。衝突の時刻を T_1 とする。

(1) 物体1が単独で単振動する際の周期 T を答えよ。また，物体1と物体2が衝突する瞬間（時刻 T_1）の物体1の x 座標を答えよ。

(2) 分離の瞬間の物体2の速度を V とする。分離から衝突までの時間が T となるための V の満たす式を書け。

(3) 物体1と物体2の間のはねかえり係数は1であるとし，時刻 T_1 における衝突以降の運動を考える。物体1と物体2が，T_1 以降に再び接触する時刻 T_2 と，その時の物体1の x 座標を答えよ。また，時刻 $t = 0$ から $2T_1$ までの間で，横軸を時刻，縦軸を物体の位置とするグラフの概形を描け。物体の大きさは無視し，物体1と物体2が接した状態で運動している部分は実線，分離している部分は点線を用いよ。なお，横軸，縦軸共に，値や式を記入する必要はない。

(4) この場合の x_A を h, m, k, g を用いて表せ。

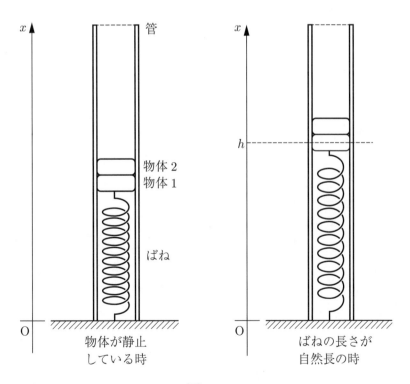

図 1–1

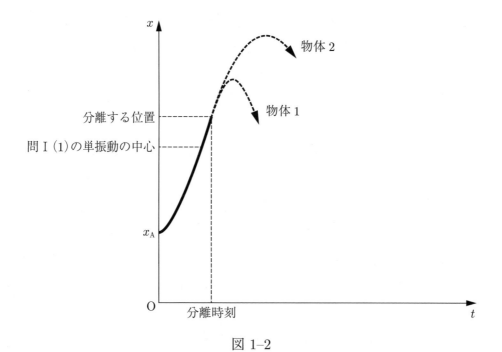

図 1–2

計 算 用 紙

第2問 図2のように，紙面内の上から下向き（x軸の正の向き）に重力（重力加速度の大きさ g）がはたらき，紙面に垂直に裏から表の向きに一様な磁場（磁束密度の大きさ B）が，EF と GH の間の領域だけに加えられている。EF と GH は水平である。抵抗 R，質量 m の一様な導線を一巻きにして作った高さ a，幅 b の長方形のコイル ABCD を，磁場のある領域の上方から落下させる。その際，ABCD は紙面内にあり，BC が x 軸と平行となるように，常に姿勢を保つようにした。EF と GH の距離はコイルの高さ a に等しい。導線の太さは a や b に比べ十分小さく，EF は b に比べ十分長いものとする。また，自己誘導や空気抵抗は無視し，地面との衝突は考えないものとする。

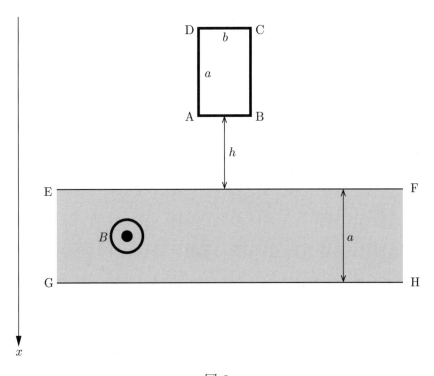

図 2

I 時刻 $t = 0$ に，AB と EF の距離が h となる位置から初速度 0 でコイルを落下させた。

(1) AB が EF に到達する時刻 t_1 と，その時のコイルの速さ v_1 を h を用いて表せ。

(2) AB が GH に到達する時刻を t_2 とする。ある時刻 t $(t_1 < t < t_2)$ に，コイルが速さ v で落下しているとする。このとき，コイルにはたらく合力（x 軸の正の向きを正とする）を v を用いて表せ。

(3) AB が EF に到達する時のコイルの速さ v_1 の値によって，時刻 t_1 から t_2 の間にコイルが加速する場合と減速する場合がある。それぞれの場合における，v_1 の条件を記せ。

II 時刻 t_1 から t_2 の間コイルが等速度で落下するように，時刻 $t = 0$ におけるコイルの位置をうまく調整してから，初速度 0 で落下させた。

(1) この場合の，時刻 $t = 0$ における AB と EF の距離と時間 $t_2 - t_1$ を求めよ。

(2) 時刻 t_1 から t_2 の間に，コイルで消費される電力 P と熱として発生するエネルギー W を求めよ。

(3) DC が GH に到達する時刻を t_3 とする。時間 $t_3 - t_2$ を求めよ。また，落下開始から，磁場のある領域を十分離脱するまでの，コイルの速さの時間変化を表すグラフを描け。グラフには，$t = t_1$, t_2, t_3（具体的な式は不要）と，それらの時刻における速さの式を記せ。

第3問 常温の水は液体（以後単に水という）と気体（水蒸気）の2つの状態をとることができる。どちらの状態をとるかは温度と圧力により，図3–1に示すように定まる。たとえば，水をシリンダーに密封して温度を30°C，圧力を7000 Paにしたときは水であり，熱を与えて，温度や圧力を多少変えても全部が水のままである。一方，同じ30°Cで，圧力を1000 Paにしたときはすべて水蒸気である。ただし，図3–1のB点，C点のような境界線上の温度と圧力のときは水と水蒸気が共存できる。逆に，水と水蒸気が共存しているときの温度と圧力はこの境界線（共存線）上の値をもつ。温度を与えたときに定まる共存時の圧力を，その温度での蒸気圧という。一定の圧力で共存している水と水蒸気に熱を与えると，温度は変わらずに，熱に比例する量の水が水蒸気に変わり，全体の体積は膨張する。単位物質量の水を水蒸気に変化させるために必要なエネルギーを蒸発熱と呼ぶ。

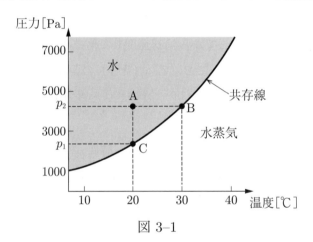

図 3–1

　このことを参考にして，図3–2に示す装置のはたらきを調べよう。断面積 $A\,[\mathrm{m}^2]$ で下端を閉じたシリンダーを鉛直に立てて，物質量 $n\,[\mathrm{mol}]$ の水を入れ，質量 $m_1\,[\mathrm{kg}]$ のピストンで密閉し，その上に質量 $m_2\,[\mathrm{kg}]$ のおもりをのせる。シリンダーの上端を閉じてピストンの上側を真空にする。ピストンはシリンダーと密着してなめらかに動くことができるが，シリンダーの上方にはストッパーが付いていて，ピストンの下面の高さが $L\,[\mathrm{m}]$ になるところまでしか上昇しないようになっている。シリンダーの底にはヒーターが置かれていて，外部からの電流でジュール熱を発生できるようになっている。以下の過程を通じて，各瞬間の水と水蒸気の温度はシリンダー内の位置によらず等しいものとする。また，圧力の位置による違いは無視する。

I　20°C での蒸気圧を p_1 [Pa]，30°C での蒸気圧を p_2 [Pa] と記す。ピストンのみ
でおもりをのせないときに内部の圧力が p_1 で，ピストンにおもりをのせたとき
に p_2 になるようにしたい。m_1 と m_2 を求めよ。重力加速度の大きさを g [m/s^2]
とする。

II　圧力 p_2 での 20°C の水のモル体積（1 mol 当たりの体積）を v_1 [m^3/mol] とす
る。この温度でおもりをのせた状態でのシリンダー内の水の深さ d [m] を求め
よ。なお，ヒーターの体積は無視できる。

III　装置全体を断熱材で覆い，ピストンにおもりをのせたまま，はじめ 20°C で
あった水をヒーターでゆっくりと 30°C になるまで加熱する。このとき，水の状
態は図 3–1 の A 点から B 点に移る。20°C から 30°C までの水の定圧モル比熱は
温度によらず，c [J/(mol·K)] であるとする。水を 30°C にするためにヒーターで
発生させるジュール熱 Q_1 [J] を求めよ。なお，シリンダー，ピストン，おもり，
断熱材など，水以外の物体の熱容量は無視できるものとする。

IV　30°C の水をさらにヒーターでゆっくりと加熱する。このときの温度と圧力は
B 点に留まり，水は少しずつ水蒸気に変化していく。図 3–3 のようにピストンが
ストッパーに達したときにも水が残っていた。B 点での水のモル体積 v_2 [m^3/mol]
と B 点での水蒸気のモル体積 v_3 [m^3/mol] を用いて，このときの水蒸気の物質量
x [mol] を求めよ。

V　30°C の水を，その温度での蒸気圧の下で，水蒸気にするために必要となる蒸
発熱を q [J/mol] とする。問 IV の過程で，ピストンがストッパーに達するまで
に，ヒーターで発生させるジュール熱 Q_2 [J] を求めよ。

VI　ピストンがストッパーに達したときにヒーターを切り，おもりを横にずらし
　　て，ストッパーにのせる。つぎにまわりの断熱材を取り除き，18°Cの室内で装
　　置全体がゆっくりと冷えるのを待つ。

(1)　時間の経過（温度の低下）とともに，圧力がどのように変化するか述べよ。

(2)　時間の経過（温度の低下）とともに，ピストンはストッパーに接した位置
　　と水面に接した位置の間でどのように動くか，動く場合にはその速さ（瞬間
　　的か，ゆっくりか）を含めて述べよ。

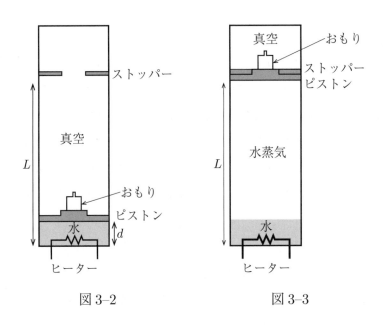

図 3-2　　　　　　　　図 3-3

物　　理

第1問　質量 m の箱が摩擦のない滑らかな水平面上に静止していたとする。この箱を，時刻 0 から移動させ始めてちょうど時刻 T に距離 L だけ離れた地点を通過させることを考えよう。A，B，C の3人がそれぞれ別々の力の加え方をして箱を移動させた。A の箱は最初から最後まで一定の加速度で運動した。B の箱は距離 $\dfrac{L}{2}$ の中間地点まで一定の加速度で加速し，中間地点以降はその時の速度で等速度運動をした。C はばねを用いて移動させた。図1のように，ばねが自然長の状態で箱がゴール地点にあるようにセットし，そこからばねを長さ L だけ縮めて初速 0 で離した。A，B，C 全ての場合において，箱は時刻 0 で静止した状態から動き始め，一直線上を同じ向きに進み，時刻 T にスタート地点から同じ距離 L だけ離れた地点を通過した。

I　C が用いたばねのばね定数 k を m，T を用いて表せ。

II　A，B，C それぞれの場合について，箱の速さ $v(t)$ を時刻 t（$0 \leqq t \leqq T$）の関数としてグラフにし，各々の場合の時刻 T における速さ $v(T)$ を T，L を用いて表せ。

III　A，B，C それぞれの場合について，時刻 T までに箱にした仕事を m，T，L を用いて表し，どの場合が最も仕事が少なかったか答えよ。またそれぞれの場合について，箱にした仕事と II で求めた速さ $v(T)$ との関係を求めよ。

IV 箱を静止した状態から動かし始め，最小の仕事でちょうど時刻 T に距離 L だけ離れた所を通過させるための力の加え方を求めたい。ただし，箱に加えることのできる最大の力を F_0 とし，F_0 は A，B，C の加えたどの力よりも大きいとする。また運動の向きと逆向きの力を加えることはないとする。箱にする仕事が最小の場合について，箱に加えた力 $F(t)$ の時間変化をグラフにし，時刻 T までに箱にした仕事を答えよ。

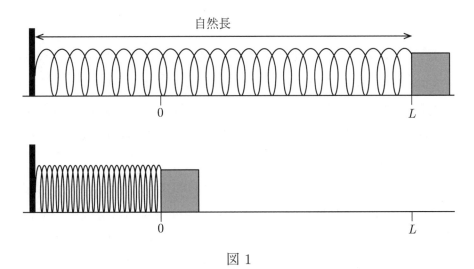

図 1

第2問 図2-1のように，電圧を自由に変えられる直流電源とコンデンサー A およびコンデンサー B を直列につなぎ，コンデンサー A と並列にネオンランプをつなぐ。このネオンランプは図2-2に示す電圧–電流特性を持ち，端子間にかかる電圧が V_{on} に達すると点灯する。点灯したネオンランプは，電圧が V_{on} を下回っても発光を続けるが，電圧が V_{off} まで下がると消灯する。なお，ネオンランプの電気容量は無視できるものとし，コンデンサー A，B の電気容量をそれぞれ C_A，C_B で表す。

I すべてのコンデンサーを放電させた後，電源電圧 V を 0 から少しずつ上げていくと，ある電圧 V_1 でネオンランプが点灯し，その後，消灯した。以下の問に答えよ。ただし，答は C_A，C_B，V_{on}，V_{off} を用いて表せ。また，ネオンランプが点灯してから消灯するまでの間，電源電圧は一定であるものとしてよい。

(1) このときの電源電圧 V_1 を求めよ。

(2) 点灯直前にコンデンサー A，B に蓄えられていた静電エネルギーをそれぞれ W_A，W_B とおき，消灯直後にコンデンサー A，B に蓄えられている静電エネルギーをそれぞれ W_A'，W_B' とおく。この間の静電エネルギーの変化 $\Delta W_A = W_A' - W_A$ および $\Delta W_B = W_B' - W_B$ を求めよ。

(3) 電源は，電源内で負極から正極へ電荷を運ぶことにより，ネオンランプおよびコンデンサーにエネルギーを供給している。また，ネオンランプが点灯してから消灯するまでの間に電源が運んだ電荷の量は，この間にコンデンサー B に新たに蓄えられた電荷の量と等しい。ネオンランプが点灯してから消灯するまでの間に電源が供給したエネルギー W_E を求めよ。

(4) 点灯してから消灯するまでの間にネオンランプから光や熱として失われたエネルギー W_N を求めよ。

II ネオンランプの消灯後，さらに電源電圧 V を V_1 から少しずつ上げていくと，ある電圧 V_2 でネオンランプが再び点灯し，その後，消灯した。以下の問に答えよ。

(1) 問 I において，点灯してから消灯するまでの間にネオンランプを通過した電荷の量を Q とする。電源電圧 V が V_1 を超えて V_2 に達するまでの間，コンデンサー A にかかる電圧 V_A を C_A，C_B，Q，V を用いて表せ。ただし，この間，ネオンランプに電流が流れることはないため，図 2–1 の回路は図 2–3 の回路と等価である。また，電荷がコンデンサーを通り抜けることはないため，コンデンサー A，B に蓄えられている電荷をそれぞれ Q_A，Q_B とおけば，コンデンサー A の下側の極板とコンデンサー B の上側の極板をつないだ部分に蓄えられた正味の電荷の量 $Q_B - Q_A$ は V によらず一定であり，Q と等しいことを用いてよい。

(2) 点灯時の電源電圧 V_2 を C_A，C_B，V_{on}，V_{off} を用いて表せ。

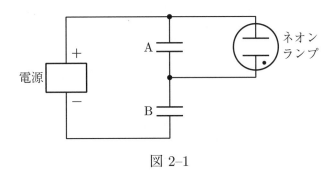

図 2–1

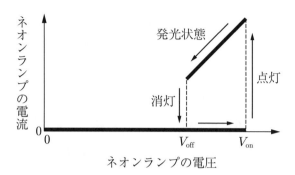

図 2–2

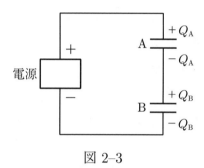

図 2–3

計 算 用 紙

第3問 図 3–1 のように，十分な高さ L をもった，断面積 S の円筒容器に n モルの気体を入れて密閉し，気体の絶対温度を一定の値 T に保つ。このとき，一様な重力の作用下では，気体の密度は容器の底に近いほど大きく，密度に勾配のある状態になる。容器の底から測った高さを z，単位体積あたりの気体のモル数を c とすれば，c は z の関数とみなすことができ，関係式

$$c(z + \Delta z) - c(z) = -\alpha \Delta z c(z) \tag{$*$}$$

がよい近似でなりたつ。ここで，Δz は高さの差であり，α は高さ z によらない比例係数である。$\alpha \Delta z$ は十分小さいものとする。また，気体 1 モルあたりの質量を m，気体定数を R，重力加速度の大きさを g とする。

I 容器内の気体を理想気体とみなして，以下の問に答えよ。

(1) 高さ z における気体の圧力を $p(z)$ とする。$p(z)$ を $c(z)$，T および R を用いて表せ。

(2) 図 3–2 のように，高さ z の位置にある，厚さ Δz，断面積 S の気柱に注目する。ここで，高さ z，$z + \Delta z$ における気体の圧力はそれぞれ $p(z)$，$p(z + \Delta z)$ である。また，気柱内の $c(z)$ の変化は十分小さく，気柱内の気体のモル数は $c(z)S\Delta z$ で与えられるものとする。この気柱にはたらく鉛直方向の力のつり合いを表す式を与えよ。

(3) 上の (1)，(2) の結果から，関係式 $(*)$ の係数 α を m，g，T および R を用いて表せ。

(4) 気体の温度が一様に $13{}^\circ\mathrm{C}$ の場合に，単位体積あたりの気体のモル数 c が 0.10% 減少するような高さの差 Δz を求めよ。ただし，気体 1 モルあたりの質量は $m = 1.3 \times 10^{-1}\,\mathrm{kg/mol}$，気体定数は $R = 8.3\,\mathrm{J/mol \cdot K}$，重力加速度の大きさは $g = 9.8\,\mathrm{m/s^2}$ とする。

(5) 容器の底と上端での単位体積あたりの気体のモル数の差 $c(0) - c(L)$ を m，g，T，R，n および S を用いて表せ。

II 図 3-3 のように，軽くて変形しない小さな物体を容器内の気体の中に入れて
おいたところ，やがて高さ z_0 の位置で静止した。物体の体積を v，質量を M と
して，以下の問に答えよ。

(1) 高さ z_0 における単位体積あたりの気体のモル数 $c(z_0)$ を M，v および m を
用いて表せ。

(2) 物体が高さ $z = z_0 + \Delta z\ (\Delta z > 0)$ にあるとき，物体にはたらく力 F の大き
さを M，g，α および Δz を使って表し，また，その向きを答えよ。ただし，
Δz は十分小さく，関係式 $(*)$ がなりたつものとしてよい。

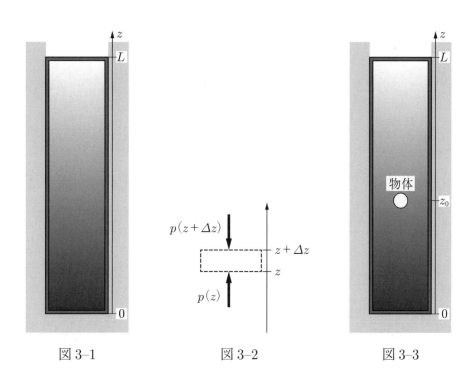

図 3-1   図 3-2   図 3-3

物　　　理

第1問　バイオリンの弦は弓でこすることにより振動する。弓を当てる力や動かす速さの影響を，図1–1に示すモデルで考えてみよう。長さ L の軽い糸を張力 F で水平に張り，糸の中央に質量 m の箱を取り付ける。箱は，糸が水平の状態で水平面と接しており，糸の両端を結ぶ線分の垂直二等分線上をなめらかに動くことができる。図1–1(b) のように，糸の両端を結ぶ線分の中点（太矢印の始点）を箱の変位 x の原点とし，太矢印の向きを変位および力の正の向きとする。箱の変位は糸の長さに比べて十分小さく，糸の張力は一定と見なすことができる。図1–1(c) のように，箱の上には正の向きに一定の速さ V で動いているベルトがあり，箱に接触させることができるようになっている。ベルトから見た箱の速度をベルトと箱の相対速度と定義する。ベルトと箱が接触している状態で相対速度が 0 のとき，ベルトから箱に静止摩擦力が働く。静止摩擦係数を μ とする。ベルトから箱に働く動摩擦力および糸と箱に働く空気抵抗を無視する。

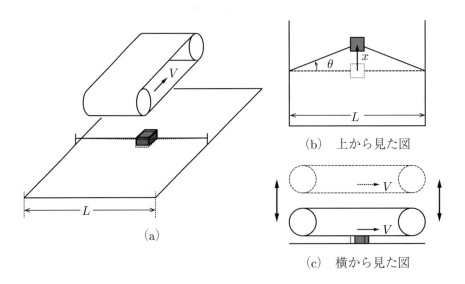

図 1–1

I　ベルトと箱が接触していないときの箱の運動を考える。図 1–1(b) のように，糸の両端を結ぶ線分と糸がなす角を θ [rad] とする。必要があれば，$|\theta|$ が 1 に比べて十分小さいときに成り立つ近似式 $\sin\theta \fallingdotseq \tan\theta \fallingdotseq \theta$ を用いてよい。

(1)　糸から箱に働く復元力の大きさを F，θ を用いて表せ。また，この復元力の大きさを L，F，x を用いて表せ。

(2)　箱に初期変位か初期速度を与えると，箱は単振動をする。単振動の周期 T を L，F，m を用いて表せ。

II　箱が単振動をしているとき，ベルトを一定の垂直抗力 N で箱に接触させたところ，ベルトと箱がくっついている状態と滑っている状態が交互に現れた。箱の変位 x が 0，箱の速度が V（すなわち，ベルトと箱の相対速度が 0）となる瞬間があり，この瞬間を時間の原点 $t=0$ とする。$t>0$ で，箱の変位 x は図 1–2 の OPQRP′Q′R′ に示すように周期的に変化する（2 周期分を示している）。OP は直線，PQ は正弦曲線の一部，QR は直線，RP′Q′R′ は OPQR の繰り返しである。また，直線 OP は点 P で正弦曲線 O′PQ と接している。点 O から点 R まで箱の 1 周期の運動に要する時間を T' とする。

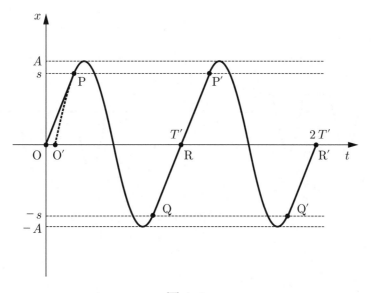

図 1–2

(1) $0 \leqq t \leqq 2T'$ の範囲で, (a) 箱の速度, (b) ベルトと箱の相対速度, (c) 糸から
箱に働く復元力, (d) ベルトから箱に働く静止摩擦力, を表す図を, 図1–3の
(ア)〜(オ) からそれぞれ選べ。

(2) 箱がベルトに対して滑り始める点Pでの箱の変位 s を L, F, μ, N を用い
て表せ。

(3) PQ間では, 箱は問I(2)で考えた単振動と同じ運動をする。箱の最大変位
A を L, F, m, V, μ, N を用いて表せ。

(4) ベルトから箱に働く垂直抗力 N を大きくすると, 箱の最大変位 A と箱の1
周期の運動に要する時間 T' は, それぞれ, 大きくなるか, 小さくなるか, 変
わらないか, を理由とともに答えよ。理由の説明に図を用いてよい。

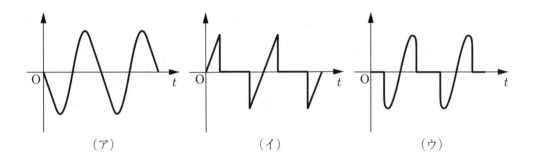

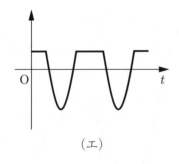

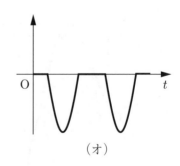

図 1–3

計 算 用 紙

第2問 図2-1(a)のように，導体でできた中空の円筒を鉛直に立て，その中に円柱形の磁石をN極が常に上になるようにしてそっと落したら，やがてある一定の速さで落下した。これは，磁石が円筒中を通過するとき，電磁誘導によりその周りの導体に電流が流れるためである。磁石の落下速度がどのように決まるかを理解するために，導体の円筒を，図2-1(b)のように，等間隔で積み上げられたたくさんの閉じた導体リングで置き換えて考えてみる。以下の問に答えよ。

Ⅰ　まず，図2-2のように，1つのリングだけが水平に固定されておかれており，そのリングの中心を磁石が一定の速さ v で下向きに通り抜ける場合を考える。z 座標を，リングの中心を原点として，鉛直上向きが正になるようにとる。磁石は z 軸に沿って，z 軸の負の向きに運動することに注意せよ。

(1)　磁石がリングに近づくときと遠ざかるとき，それぞれにおいて，リングに流れる電流の向きと，その誘導電流が磁石に及ぼす力の向きを答えよ。電流の向きは上向きに進む右ねじが回転する向きを正とし，正負によって表せ。

(2)　磁石の中心の座標が z にあるとき，$z=0$ に置かれたリングを貫く磁束 $\Phi(z)$ を，図2-3のように台形関数で近似する。すなわち磁束は，区間 $-b \leqq z \leqq -a$ で0から最大値 Φ_0 に一定の割合で増加し，区間 $a \leqq z \leqq b$ で最大値 Φ_0 から再び0に一定の割合で減少するとする。ここで磁束の正の向きを上向きにとった。磁石が通過する前後に，このリングに一時的に誘導起電力が現れる。その大きさを Φ_0，v，a，b を用いて表せ。

(3)　リング一周の抵抗を R としたとき，誘導起電力によって流れる電流の時間変化 $I(t)$ のグラフを描け。リングに電流が流れ始める時刻を時間 t の原点にとり，電流の正負と大きさ，電流が変化する時刻も明記せよ。ただし，リングの自己インダクタンスは無視してよい。

Ⅱ　次に，図2-1(b)のように，鉛直方向に問Ⅰで考えたリングを密に積み上げ，その中を問Ⅰと同じ磁石が落下する場合を考える。鉛直方向の単位長さあたりのリングの数を n とする。

(1) リングに電流が流れるとジュール熱が発生する。磁石が速さ v で落下するとき、積み上げられたリング全体から単位時間当たりに発生するジュール熱を求めよ。

(2) 磁石の質量を M、重力加速度を g としたとき、エネルギーの保存則を用いると磁石が一定の速さで落下することがわかる。その速さ v を求めよ。ただし、このとき空気の抵抗は無視できるものとする。

III 図 2–1 (a) で、磁石の N 極と S 極を逆にして実験を行うと、磁石はどのような運動を行うか。その理由も示せ。

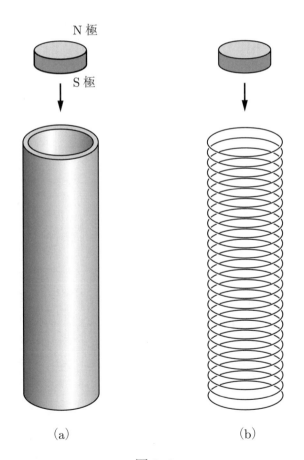

図 2–1

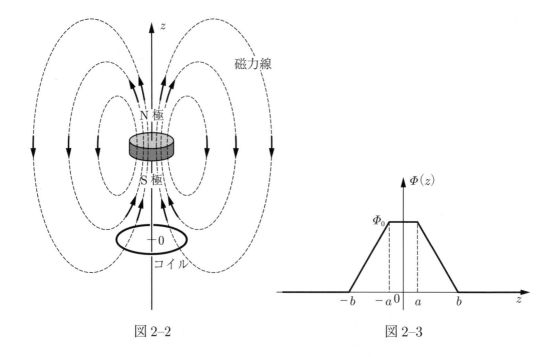

図 2–2

図 2–3

計 算 用 紙

第3問　図3-1のように，水面上で，波長 λ の波が左から右にまっすぐ進み壁に垂直に衝突している。壁に沿った方向を x 方向とし，壁には自由にすき間を開けることができるようになっているとする。すき間を通った波を壁の右側の点Pで観測する。以下の問に答えよ。

I　点Pは十分遠方にあるとし，図3-1のように $x = 0$ から見たP方向の角度を θ とする。問I(1)，(2)で開けるすき間はすべて同じ幅とする。また，そのすき間の幅は波長 λ に比べて小さいので，各すき間からは，そこを中心とする円形波が図の右側に広がっていくと考えてよい。

(1)　壁の $x = 0$ の位置にすき間Aを開け，わずかにずれた位置 x $(x > 0)$ にすき間Bを開ける。すき間Bを開ける位置を少しずつ x の正の方向に動かしていくと，$x = b$ になったとき，それまで振動していた点Pでの水面が初めて動かなくなった。b を λ と θ を用いて表せ。ただし点Pは十分に遠いので，すき間Bから見たP方向の角度も θ としてよい。

(2)　問I(1)のように $x = 0$ と $x = b$ にすき間がある状態で，すき間Cを $x = c$ $(0 < c < b)$ に開けると，点Pでの水面は振動を始めた。さらにもう一つ，$x = b$ にできるだけ近い位置にすき間Dを開けることによって，点Pでの水面の振動を止めたい。すき間Dの x 座標を求めよ。

II　次にすき間の幅が広い場合を考えよう。点Pは問Iと同じ位置にあるとする。すき間の一方の端を $x = 0$，他方の端を $x = w$ とする（図3-2）。以下の問については，すき間内の各点から円形波（素元波）が右に広がっていき，その重ね合わせが点Pでの水面の振動になると考えよ。

(1)　すき間内のある位置 $x = x_1$ $(0 < x_1 < w)$ から点Pまでの距離と，すき間の端 $x = 0$ から点Pまでの距離の差を，x_1 と θ を用いて表せ。

(2)　$x = 0$ から出た円形波の変位が点Pでゼロである瞬間に，すき間内の各点 $x = x_1$ $(0 < x_1 < w)$ からくる円形波のすべての変位が点Pで同符号である（強め合う）ためには，すき間の幅 w はどのような条件を満たしていなければならないか。

(3) すき間の幅を $w = 0$ から $w = 2b$ まで増やしたとき点Pでの波の振幅はどのように変化するか。理由を付けて答えよ。ただし b は問 I (1) で求めた値である。

III 今度は点Pは壁の近くにあるとし，壁との距離を L とする。図 3-3 のように，点Pの真正面にすき間を開ける。そのすき間の幅をゼロから増やしていくと，幅が $2r$ になったとき点Pでの振幅が最大になった。r を L と λ を用いて表せ。

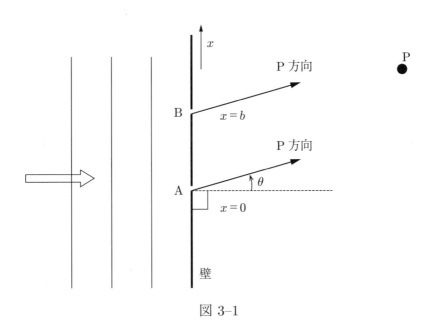

図 3-1

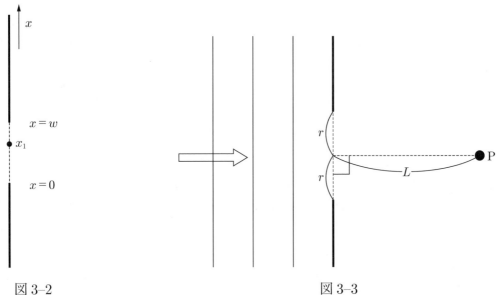

図 3-2   図 3-3

物　　理

第1問　太陽系以外で，恒星の周りを公転する惑星が初めて発見されたのは 1995 年である。以来，すでに 150 個以上の太陽系外惑星が発見されている。この太陽系外惑星の検出原理は，質量 M の恒星と質量 m の惑星（$M > m$）が，互いの万有引力だけによってそれぞれ運動している場合を考えれば理解できる。この場合，惑星は一般には楕円軌道上を運動することが知られている。しかしここでは図 1 に示すように，惑星がある定点 C を中心とした半径 a の円周上を等速円運動しているとする（ただし，図 1 には恒星を図示していないことに注意）。万有引力定数を G とし，恒星および惑星の大きさは無視する。

I　図 1 のように，惑星が反時計回りに公転しているものとする。惑星に働く向心力は恒星による万有引力であることを考えて，以下の問に答えよ。

(1)　恒星，惑星，点 C の互いの位置関係を，理由とともに述べよ。

(2)　恒星と点 C との距離，惑星の速さ v，恒星の速さ V を求めよ。

(3)　惑星の公転軌道面上において，a に比べて十分遠方にあり，点 C に対して静止している観測者を考える。図 1 のように惑星が角度 θ [rad] の位置にあるとき，惑星の速度の視線方向成分 v_r を，v と θ を用いて表せ。ただし，観測者に対して遠ざかる向きを v_r の正の向きに選ぶものとする。

(4)　時刻 $t = 0$ において，惑星が $\theta = 0$ の位置にあったとする。また，惑星の公転周期を T，恒星の速度の視線方向成分を V_r とする。v_r と V_r を t の関数として，その概形を $-T/2 \leqq t \leqq T/2$ の範囲でグラフに描け。ただし，観測者に対して遠ざかる向きを v_r と V_r の正の向きに選ぶものとする。

II　惑星からの光は弱すぎて観測することは困難である。しかし，恒星からの光を観測することによって，惑星の存在を知ることができる。この間接的な惑星検出方法では，運動する恒星が発する光の波長は，音源が動いた場合の音の波長と同様に，ドップラー効果によって変化することを利用する。ここでは，恒星が静止している場合には波長 λ_0 の光を発するものとして，以下の問に答えよ。

(1) 惑星が角度 θ の位置にあるときに恒星が発する光を観測者が測定したところ，波長は λ であった。光速度を c として，波長の変化量 $\Delta\lambda = \lambda - \lambda_0$ を θ の関数として求めよ。

(2) II (1) で求めた $\Delta\lambda$ は時間変動する。$0 \leqq \theta < 2\pi$ の範囲で $|\Delta\lambda/\lambda_0|$ の最大値が 10^{-7} 以上であれば，現在の観測技術で $\Delta\lambda$ の時間変動を検出することができる。このことから，惑星の存在を知ることが可能であるために a が満たすべき条件式を求めよ。

(3) II (2) において，恒星が太陽質量 $M_{\mathrm{s}} = 2 \times 10^{30}\,\mathrm{kg}$，惑星が木星程度の質量 $10^{-3} M_{\mathrm{s}}$ をもつものとする。この惑星が検出可能であるために公転周期 T が満たすべき条件を，有効数字 1 桁で表せ。ただし，$G = 7 \times 10^{-11}\,\mathrm{N \cdot m^2/kg^2}$，$c = 3 \times 10^8\,\mathrm{m/s}$ とする。

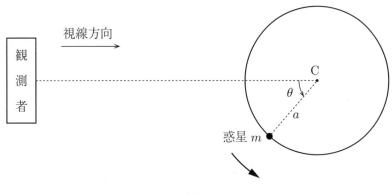

図 1

第2問 真空放電による気体の発光を利用するネオンランプは，約80 V 以上の電圧を
かけると放電し，電流が流れ点灯する。したがって，起電力が数 V の乾電池のみで
ネオンランプを点灯させることはできない。しかし，コイルおよびスイッチと組み
合わせることにより，短時間ではあるがネオンランプを点灯させることができる。

　ここでは，図 2–1 の電圧–電流特性をもつネオンランプを起電力 9.0 V の乾電池
で点灯させることを考える。図 2–2 のように，乾電池，コイル，およびスイッチを
直列につなぎ，ネオンランプをコイルと並列につなぐ。コイルの自己インダクタ
ンス L を 1.0 H，コイルの抵抗を 35 Ω，乾電池の内部抵抗を 10 Ω，ネオンランプの
端子 B を基準とする端子 A の電位を V_A として，以下の問に答えよ。ただし，ネ
オンランプに流れる電流の大きさは，端子 A，B のどちらが正極であっても図 2–1
で与えられるとする。また，ネオンランプの電気容量，コイル以外の回路の自己
インダクタンスは無視できるほど小さく，ネオンランプの明るさはネオンランプ
を流れる電流の大きさに比例するものとする。

I　時刻 $t = t_0$ に回路のスイッチを入れたが，ネオンランプは点灯しなかった。

(1)　スイッチを入れた直後の V_A の大きさと符号を求めよ。

(2)　スイッチを入れてしばらくすると，回路を流れる電流は一定となった。こ
のときコイルを流れる電流の大きさ，および V_A の大きさと符号を求めよ。

II　回路を流れる電流が一定になった後，時刻 $t = t_1$ にスイッチを切った。その
後，ネオンランプは図 2–3 のように時間 T だけ点灯した。

(1)　点灯が始まった直後にネオンランプを流れる電流の大きさを求めよ。

(2)　図 2–1 を利用して，ネオンランプの点灯が始まった直後の V_A の大きさと符
号を求めよ。

(3)　ネオンランプの点灯が始まった直後，および点灯が終わる直前にコイルに
生じている誘導起電力の大きさを，それぞれ求めよ。

III　ネオンランプの点灯時間 T のおおよその値を求めたい。計算を簡単にするた
め，点灯中にコイルに生じている誘導起電力の大きさは一定値 V_1 であると近似
する。

(1) 点灯が始まった直後にネオンランプを流れる電流の大きさを I_1 とする。点灯時間 T を V_1, I_1, L を用いて表せ。

(2) III (1) の結果に V_1, I_1, L の値を代入し，点灯時間 T を有効数字 1 桁で求めよ。ただし，V_1 の値は II (3) の結果を参考にして，適当に定めてよい。

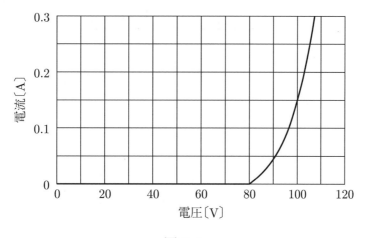

図 2–1

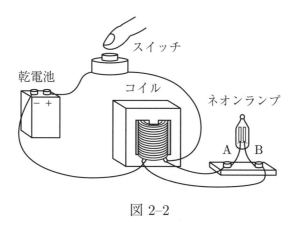

図 2–2

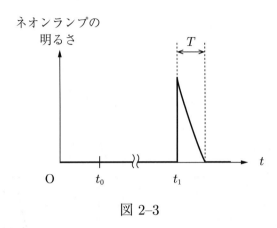

図 2–3

計 算 用 紙

第3問 図3のように，密閉されたガラス容器（容積 V）のなかに，導電性のワイヤで吊り下げた金属の板（面積 S）と電子銃が取り付けられている。電子銃からは電子が初速度0で出る。その電子は電圧 ϕ で加速されて板に垂直に衝突する。この容器には，気体分子同士の衝突を考えなくてよいほど希薄な気体（n モル）が存在している。電子銃から出た電子は，直接板に力を与える以外に，気体分子を介して間接的に別の力を板に及ぼす。それぞれの力を求めるため，気体は理想気体の状態方程式に従うものとして，以下の問に答えよ。電子の電荷と質量をそれぞれ $-e$（$e > 0$），m，気体分子の質量を M，アボガドロ数を N_A，気体定数を R とする。また，図3のように，電子銃から板に垂直に向かう方向を x 軸，それと直交する2方向を y 軸，z 軸とする。ただし，電子銃，板，ワイヤの体積は無視してよいものとする。

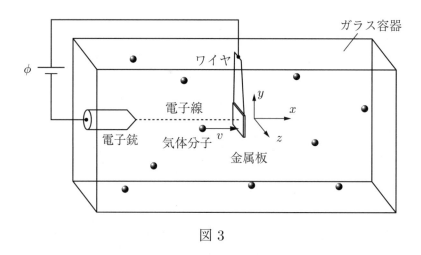

図 3

I まず，電子銃から出た電子が板に直接与える力を求めよう。ただし，すべての電子は板に垂直に衝突し，板で反射されることなく吸収されるものとする。

(1) 電子銃から出て加速された1個の電子が，板に衝突する際に板に与える力積を，ϕ，e，m を用いて表せ。

(2) 電子の流れ（電子線）によって生じる電流が I であるとき，板の表面に垂直に加わる平均の力 F を，I，ϕ，e，m を用いて表せ。

II　次に，電子線を照射していない状態で，気体分子が板に及ぼす力を考えよう。状況を簡単化して，気体分子の $1/3$ は x 軸方向に，$1/3$ は y 軸方向に，残る $1/3$ は z 軸方向に，それぞれ同じ速さ v で運動しているものとする。また，それぞれの軸方向に運動する分子の半数ずつは互いに反対向きに運動しているものとする。

(1)　単位時間に板の片側に入射する気体分子の数を，n, v, S, V, N_A を用いて表せ。

(2)　気体分子と板の衝突が弾性衝突のとき，気体が板に及ぼす圧力 P を，n, v, M, V, N_A を用いて表せ。ただし，板は十分重くて動かないものとする。

(3)　理想気体の状態方程式を利用して，v を M, N_A, R および気体の絶対温度 T を用いて表せ。

(4)　実際には，気体分子と板の衝突は弾性衝突ではなく，むしろ完全非弾性衝突となることが多い。そのような気体分子は，板に衝突して板の表面に一旦吸着される。しかし，吸着された分子は再び表面から放出され，単位時間に板に入射し吸着される分子数と板から放出される分子数がつりあった状態になる。板の表面の温度が T' であるとき，吸着された分子は II (3) の T を T' に置き換えた速さで板の表面から垂直に放出されるものとする。ここでは $T' = T$ とし，入射するすべての分子が板とこのように完全非弾性衝突するとして，気体分子が吸着・放出によって板に及ぼす圧力を，n, v, M, V, N_A を用いて表せ。ただし，吸着による気体中の分子数の減少は無視できるものとする。また，板は動かないものとする。

III　電子線照射によって板に間接的に加わる別の力を考えよう。

(1)　電子線を照射していると，入射電子の運動エネルギーによって照射面の温度 T_1 は反対側の面の温度 T_2 より，ΔT だけ上昇する。この場合，単位時間に板に入射し吸着される分子数と板から放出される分子数がつりあった状態でも，両面に気体分子が及ぼす圧力に差が生じ，板には力 f が加わる。その理由と力 f の向きを答えよ。ただし，板に入射する気体分子の温度 T と，電子照射面の反対側の面の温度 T_2 は等しく，電子線照射前と変わらないものとする。

(2) III (1) の力 f を，T，ΔT，S および電子線照射前の圧力 P を用いて表せ。ただし，温度上昇 ΔT は十分小さく，電子照射面では一様とする。また，$|x|$ が 1 より十分小さいときに成り立つ近似式 $\sqrt{1+x} \fallingdotseq 1 + x/2$ を用いてよい。

2005年

物　　　理

第1問　図1のように，地球の中心 O を通り，地表のある地点 A と地点 B とを結ぶ細長いトンネル内における小球の直線運動を考える。地球を半径 R，一様な密度 ρ の球とみなし，万有引力定数を G として以下の各問に答えよ。なお，地球の中心 O から距離 r の位置において小球が地球から受ける力は，中心 O から距離 r 以内にある地球の部分の質量が中心 O に集まったと仮定した場合に，小球が受ける万有引力に等しい。ただし，地球の自転と公転の影響，トンネルと小球の間の摩擦および空気抵抗は無視するものとし，地球の質量は小球の質量に比べ十分大きいものとする。

Ⅰ　質量 m の小球を地点 A から静かにはなしたときの運動を考える。

(1)　小球が地球の中心 O から距離 r $(r < R)$ の位置にある時，小球に働く力の大きさを求めよ。

(2)　小球が運動開始後，はじめて地点 A に戻ってくるまでの時間 T を求めよ。

Ⅱ　同じ質量 m を持つ二つの小球 P，Q の運動を考える。時刻 0 に小球 P を，時刻 t_1 に小球 Q を同一の地点 A で静かにはなしたところ，二つの小球は OB の中点 C で衝突した。ここで二つの小球間のはねかえり係数を 0 とし，衝突後二つの小球は一体となって運動するものとする。ただし，t_1 は問 Ⅰ (2) で求めた時間 T より小さいものとする。

(1)　t_1 を T を用いて表せ。

(2)　二つの小球 P，Q が衝突してからはじめて中心 O を通過するまでの時間を T を用いて表せ。

III 問 II と同様に，時刻 0 に小球 P を，時刻 t_1 に小球 Q を同一の地点 A で静か
にはなした。ただし，二つの小球間のはねかえり係数は e $(0 < e < 1)$ とする。

(1) 二つの小球が最初に衝突した後，小球 P は地点 B に向かって運動し，地球
の中心 O から距離 d の点 D において中心 O に向かって折り返した。このと
きの d の値をはねかえり係数 e および地球の半径 R を用いて表せ。

(2) 小球 P と小球 Q が二回目に衝突する位置を求めよ。

(3) その後二つの小球は衝突を繰り返した。十分時間が経過した後，どのよう
な運動になるか答えよ。

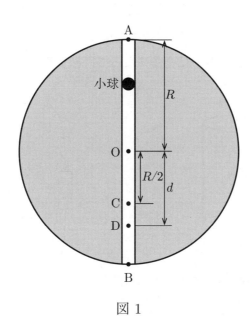

図 1

第2問 図2–1のように，ボタン型磁石と薄いアルミニウム円板を貼りあわせたものを，磁石の磁力を使って鉄釘（くぎ）を介して乾電池の鉄製負電極につるす。乾電池の正極からリード線をのばし，抵抗を介してリード線の他端Pをアルミニウム円板の円周上の点に触れさせると，アルミニウム円板とボタン型磁石は回転を始めた。その後，リード線とアルミニウム円板がすべりながら接触するようにリード線を保持すると，円板と磁石は回転し続けた。ボタン型磁石は，図2–1のように上面がN極，下面がS極で，電気を通さない。アルミニウム円板の半径をa，乾電池の起電力をV，抵抗の抵抗値をR，アルミニウム円板を貫く磁束密度Bは円板面内で一様として，以下の問に答えよ。ただし，リード線とアルミニウム円板の間の摩擦，鉄釘と電池の間の摩擦は無視してよい。また，アルミニウム円板と鉄釘の間の摩擦は十分大きく，これらは一体になって回転するものとする。

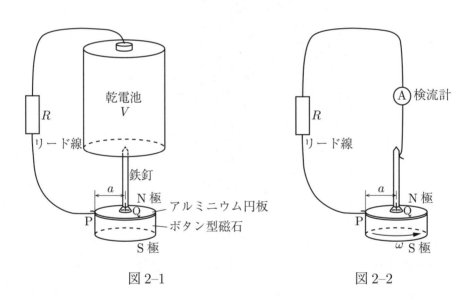

図2–1　　　　　　　　　　図2–2

I　アルミニウム円板とボタン型磁石が回転する方向を，理由を付して答えよ。略図を使ってもよい。ただし，アルミニウム円板を流れる電流は，鉄釘との接合点Qと点Pの間を直線的に流れると考えてよい。

II　図2-2のように，乾電池のかわりに検流計を置く。アルミニウム円板とボタン型磁石を図2-2の矢印方向に力を加えて回転させると，検流計に電流が流れた。電流の流れる方向を理由を付して答えよ。

III　IIで生じていた起電力 E の大きさは，ボタン型磁石の回転の角速度が ω のとき，$E = b\omega B$ と表せることを示し，係数 b を求めよ。ただし，釘は十分細いとしてよい。

IV　図2-1において，十分時間が経つとアルミニウム円板とボタン型磁石の角速度はある一定値 ω_1 になる。ω_1 を V，B，b を用いて表せ。

第3問　レーザー光が原子に与える作用を用いることにより，原子気体を冷却し，なおかつ空間のある領域に保つことができる。そのような冷却原子気体を用いて，原子の波動性を検証する次のような実験を行った。

図3-1のように，鉛直上向きをz軸とする直交座標系を設定する。レーザー光によって冷却原子気体を点$(x, y, z) = (0, 0, L+l)$のまわりに保つ。この点からLだけ鉛直下方に，y軸に平行な間隔d，長さaの二重スリットを水平に置く。さらにlだけ鉛直下方に，原子が当たると蛍光を発するスクリーンを水平（xy面上）に置く。これらはすべて真空中にある。冷却原子気体の空間的広がり，二重スリットの間隔d，および長さaは，L，lに比べて十分小さいとする。スクリーン上の蛍光のようすは，ビデオカメラによって撮影する。

時刻$t = 0$にレーザー光を切ると，個々の原子はその瞬間に持っていた速度を初速度とし，重力のみを受けた運動を始める。一部の原子は二重スリットを通過し，スクリーンに到着する。時刻$t = 0$以降，原子どうしの衝突はないものとする。二重スリットを通過した原子のうち，z軸方向の初速度がゼロであったものがスクリーンに到着する時刻をt_0とする。単位時間あたりにスクリーンに到着した原子数の時間変化は図3-2のようであった。原子の質量をm，プランク定数をh，重力加速度をgとする。

I　lはLに比べて十分小さく，二重スリットを通過した後の原子の加速は無視できるものとして，以下の問に答えよ。

(1)　二重スリットを通過した原子のうち，z軸方向の初速度がゼロであったものがスリット通過直後に持っていた速さv，およびド・ブロイ波長λを求めよ。

(2)　時刻$t = t_0$にビデオカメラによって撮影された画像には，図3-3のような干渉縞が写っていた。この干渉縞の間隔Δx_0を求めよ。ただし，Δx_0はdより十分大きく，lより十分小さいとする。必要ならば，θが1より十分小さいときに成り立つ近似式$\sin\theta \fallingdotseq \tan\theta \fallingdotseq \theta$を用いよ。

(3)　時刻$t = t_0$の前後にビデオカメラによって撮影された画像にも，図3-3と同様な干渉縞が写っていた。時刻tに観測された干渉縞の間隔Δxを縦軸，時刻tを横軸として，Δxとtの関係を表すグラフの概形を描け。ただし，図3-2のように時刻$t = t_0$の位置を横軸に明示すること。

II　Lを固定し，lを変化させて実験を繰り返した。ただし，lの大きさはLと同
　　程度で，二重スリットを通過した後の原子の加速は無視できないものとする。z
　　軸方向の初速度がゼロであった原子がスクリーンに到着する時刻に観測される
　　干渉縞の間隔をΔx_1とする。Δx_1とlの関係を最も適切に表しているグラフを
　　図3-4の（ア）〜（カ）の中から一つ選び，その理由を答えよ。

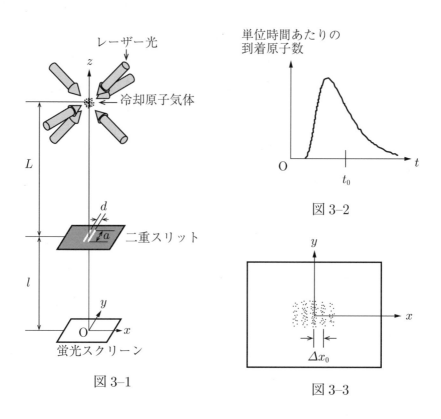

図 3-1

図 3-2

図 3-3

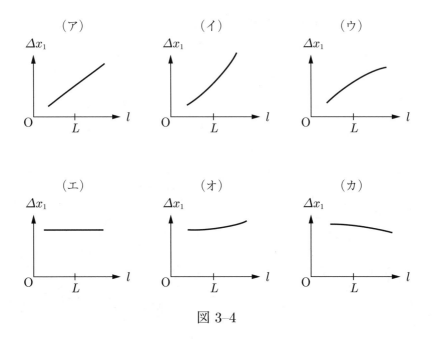

図 3–4

物　　　理

第1問　図1–1のように水平面に対して $45°$ の角度をなす斜面上に質量 M の直角二等辺三角形の物体 A を斜辺の面が斜面と接するように置く。直角二等辺三角形の等しい 2 辺の長さを d とする。A の上面に質量 m で，大きさの無視できる小さな物体 B を置く。斜面上に原点 O をとり，水平右向きに x 軸，鉛直下向きに y 軸をとる。はじめ，A は上面が $y = 0$ となる位置にあり，B は A の上面の右端，すなわち，$(x, y) = (d, 0)$ の位置にある。空気の抵抗および斜面と A の間の摩擦は無視できるものとする。重力加速度を g とする。

I　A と B の間の摩擦も無視できる場合に以下の問に答えよ。

(1)　図1–1のように A の右面に水平左向きに力 F を加えたところ，2 つの物体は最初の位置に静止したままであった。F の大きさを求めよ。

(2)　力 F を取り除いたところ，A と B は運動を開始した。その後，B は A 上面の左端に達した。この瞬間の B の y 座標を求めよ。

(3)　B が A 上面の左端に達する直前の B の速さ v を求めよ。

II　図1–2に示すように A 上面の点 P を境にして右側の表面が粗く，この部分での A と B の間の静止摩擦係数および動摩擦係数はそれぞれ μ, μ' (ただし $\mu > \mu'$) である。A 上面の点 P より左側は，なめらかなままである。問 I (1) と同様に，力 F を加えて両物体を静止させた。力 F を取り除いた後の両物体の運動について以下の問に答えよ。

(1)　μ が十分に大きい場合，B は A 上面を滑り出さず，両物体は一体となって斜面を滑りおりる。このときの両物体の x 方向の加速度 a_x と y 方向の加速度 a_y を求めよ。

(2)　μ がある値 μ_0 より大きければ B は A 上面を滑り出さず，小さければ滑り出す。その値 μ_0 を求めよ。

(3) μ が μ_0 より小さい場合に，B が最初の位置 $(x, y) = (d, 0)$ から A 上面の左端に達するまでの軌跡として最も適当なものを図 1–3 の（ア）～（オ）の中から一つ選べ。ここで Q_1，Q_2，Q_3 はそれぞれ，B の最初の位置，B が A 上面の点 P に達した瞬間の位置，B が A 上面の左端に達した瞬間の位置を表す。また破線は直線 $y = x$ を示す。

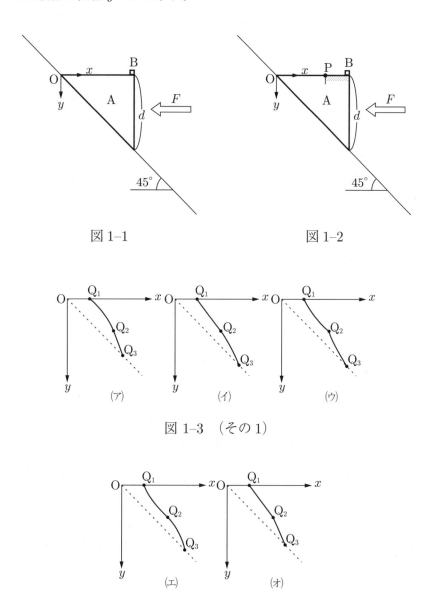

図 1–1   図 1–2

図 1–3 （その 1）

図 1–3 （その 2）

第2問 図 2-1 に示すように直交座標系を設定する。初速度の無視できる電荷 q $(q > 0)$，質量 m の陽子が，y 軸上で小さな穴のある電極 a の位置から電極 a，b 間の電圧 V で $+y$ 方向に加速され，z 軸に垂直で y 軸方向の長さが l の平板電極 c，d $(z = \pm h)$ からなる偏向部に入る。c，d 間には $+z$ 方向に強さ E の一様な電界がかけられている。これらの装置は真空中にある。電界は平板電極 c，d にはさまれた領域の外にはもれ出ておらず，ふちの近くでも電極に垂直であるとし，地磁気および重力の影響は無視できるとして，以下の問に答えよ。

I　電極 b の穴を通過した瞬間の陽子の速さ v_0 を，V，q，m を用いて表せ。

II　その後，陽子は直進し，速さ v_0 のままで偏向部に入る。

(1)　陽子が電極 c に衝突することなく偏向部を出る場合，その瞬間の z 座標（変位）z_1 を，v_0，q，m，l，E を用いて表せ。

(2)　E がある値 E_1 より大きければ陽子は電極 c に衝突し，小さければ衝突しない。その値 E_1 を，V，l，h を用いて表せ。

III　陽子のかわりにアルファ粒子（電荷 $2q$，質量 $4m$）を用いて同じ V，E の値で実験を行ったところ，偏向部を出る瞬間の z 座標（変位）は z_2 であった。z_2 を，z_1 を用いて表せ。

IV　E の値を E_1 に固定し，電極 c，d にはさまれた領域に $+x$ 方向に磁束密度 B $(B > 0)$ の一様な磁界をかけ，再び陽子を用いて実験した。

(1)　B をある値 B_1 にしたところ，陽子は偏向部を直進し，偏向部を通過するのに時間 T_1 を要した。B_1 と T_1 を，v_0，E_1，l を用いてそれぞれ表せ。

(2)　B をある値 B_2 $(0 < B_2 < B_1)$ にしたところ，陽子が偏向部を出る直前の z 座標（変位）は z_3 $(z_3 > 0)$ であった。このときの陽子の速さ v_1 を，q，m，V，E_1，z_3 を用いて表せ。

(3) B を $0 < B < B_1$ の範囲内で変化させて実験を繰り返し、陽子が偏向部を通過するのに要する時間 T を測定した。このとき、B と T の関係を表すグラフはどのようになるか。図 2–2 の（ア）～（オ）の中から最も適当なものを一つ選べ。

偏向部

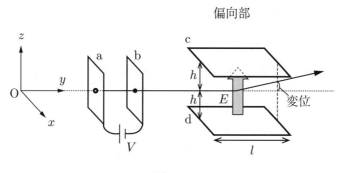

図 2–1

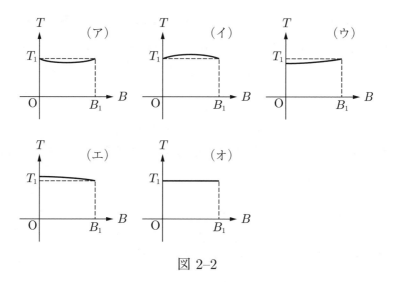

図 2–2

第3問 図3のように，二つの容器1，2のそれぞれに1モルの気体1，2を入れ，水平な床に固定する。これらの気体はともに理想気体とする。二つの容器は摩擦なしに水平に動くことのできるピストンAでつながれている。ピストンAの容器1内の底面積はS_0であり，容器2内の底面積は$2S_0$である。容器2にはさらに，上下に動くことのできるピストンBがついており，その上に質量mのおもりがのせてある。ピストンBの底面積はSであり，その質量は無視できる。容器1には体積の無視できるヒーターが取り付けられている。ピストンA，Bと容器は熱を通さない。気体は容器の外にもれず，容器の外は真空である。気体定数をR，重力加速度をgとする。

I ピストンBが動かないように固定されている場合を考える。

(1) ピストンAが静止している状態において，気体1の圧力P_1と気体2の圧力P_2の間に成り立つ関係式を書け。

(2) はじめ気体1の方が気体2より温度が低く，気体1の体積がV_1，気体2の体積がV_2であった。ヒーターで気体1を加熱して気体1，2を等しい温度にした。このときの気体2の体積V_2'を，V_1，V_2を用いて表せ。

II ピストンBが摩擦なく動くことができる場合を考える。ピストンA，Bが静止している状態において，気体1の温度がTであるとき，気体1の体積V_1'を，S，T，R，m，gを用いて表せ。

III 問IIの状態から気体1をヒーターで加熱したところ，気体1の温度はT'になり，気体2の温度は変わらなかった。また，ピストンAは右に距離xだけゆっくりと移動し，ピストンBはhだけ上昇した。

(1) 移動距離xを，S_0，S，hを用いて表せ。

(2) 温度T'を，T，R，m，g，hを用いて表せ。

(3) 気体1は単原子理想気体として，ヒーターから加えられた熱量Qを，m，g，hを用いて表せ。

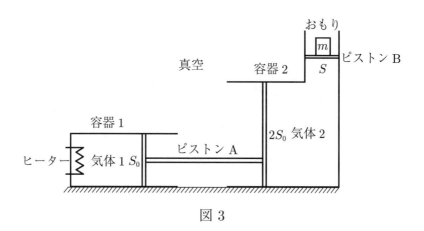

図 3

物　　理

第1問　図1のように，質量 $2M$ の物体 A と質量 M の物体 B が，ばね定数 k の質量の無視できるばねによってつながれて，なめらかで水平な床の上に静止していた。また，物体 A はかたい壁に接していた。床の上を左向きに進んできた物体 C が，物体 B に完全弾性衝突して，跳ね返された。右向きを正の向きと定めると，衝突直後の物体 C の速度は $+u_1$ $(u_1 > 0)$，物体 B の速度は $-v_1$ $(v_1 > 0)$ であった。その後，物体 B と物体 C が再び衝突することはなかった。

I　まず，衝突前から物体 A が壁から離れるまでの運動を考える。

(1)　衝突前の物体 C の速度 u_0 $(u_0 < 0)$ を u_1 と v_1 を用いて表せ。

(2)　ばねが最も縮んだときの自然長からの縮み x $(x > 0)$ を求めよ。

(3)　衝突してからばねの長さが自然長に戻るまでの時間 T を求めよ。

II　ばねの長さが自然長に戻ると，その直後に物体 A が壁から離れた。

(1)　やがて，ばねの長さは最大値に達し，そのとき物体 A と物体 B の速度は等しくなった。その速度 v_2 を求めよ。

(2)　ばねの長さが最大値に達したときの自然長からの伸び y $(y > 0)$ を求めよ。

(3)　その後ばねが縮んで，長さが再び自然長に戻ったとき，物体 A の速度は最大値 V に達した。V を求めよ。

III　物体 A が壁から離れた後，物体 B と物体 C の間隔は，ばねが伸び縮みを繰り返すたびに広がっていった。このことからわかる u_1 と v_1 の関係を，不等式で表せ。

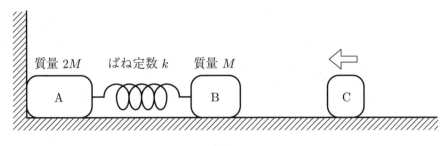

図 1

第2問 図2のように，直方体の導体 P，P′，Q，Q′ が，水平な xy 面上に y 軸と平行に設置されている。これらの導体は十分細長く，その太さは無視できるとする。導体 P と P′ および Q と Q′ の間には絶縁体がはさまれており，全体で間隔 l の2本の平行なレールをなしている。導体 P，Q の右端はそれぞれ導体 Q′，P′ の左端と導線で交差して結ばれている。二つの絶縁体は x 軸方向の平行移動でちょうど重なりあう位置にある。

　2本のレール上には，質量が等しく，ともに抵抗 R を持つ細い棒1，2が x 軸に平行に置かれている。それらは y 軸方向に摩擦なしに滑ることができ，棒2の方が棒1より右にあって接触しないものとする。系全体には磁束密度 B の一様な磁界が鉛直上向きにかけられている。

　以下では棒を流れる電流は x 軸正方向，棒に働く力とその速度は y 軸正方向を正とする。棒と絶縁体以外の電気抵抗は無視できるとする。また，棒を流れる電流により発生する磁界の影響も無視できるとする。

　I　棒1も棒2も導体 P，Q 上にあるとして以下の問に答えよ。

(1)　棒1を導体 P，Q に固定し，棒2だけを一定速度 v_0 で動かした。この時，棒2に流れる電流 I_0 を求めよ。

(2)　棒1の速度が u，棒2の速度が v である時，棒1に働く力 F_1，棒2に働く力 F_2 を求めよ。

　II　棒1が導体 P，Q 上，棒2が導体 P′，Q′ 上にあるとして以下の問に答えよ。

(1)　棒1の速度が u，棒2の速度が v である時，棒2に流れる電流 I を求めよ。

(2)　II (1) の状況で，P の電位は P′ の電位よりどれだけ高いか。

　III　ある時刻において棒1，2は同じ正の速度を持ち，棒2は P，Q の右端，棒1はそれより左にあったとする。その後棒1，2は間隔を一定に保ったまま右へ進んでいった。二つの棒の間隔が絶縁体の長さより大きいとすると，次の四つの状況が順次起こる。

(a)　棒1は P，Q 上で棒2は絶縁体上

(b)　棒1はP，Q上で棒2はP′，Q′上

(c)　棒1は絶縁体上で棒2はP′，Q′上

(d)　棒1，棒2ともにP′，Q′上

それぞれの場合に，棒1の速度（棒2の速度に等しい）はどうなるか。以下の（ア），（イ），（ウ）のいずれかを選んで答えよ。

(ア)　加速する

(イ)　減速する

(ウ)　変わらない

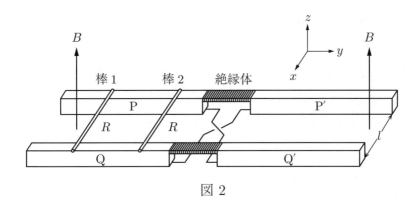

図 2

第3問 図3-1に示すように，広い水槽に水が張られており，水槽のまっすぐな縁の近くに振動数 f で振動している波源Sがある。図のように座標をとり，波源Sの位置を $(0, h)$ とする。ただし，h の値は水面波の波長より大きい。また，水面波の速さを c とする。

I 波源から水面波が同心円状に広がり，水槽の縁で反射する。このとき，直接波と反射波が干渉し，強めあうところ（腹）と弱めあうところ（節）ができる。そのときの，節を連ねた曲線（節線）の形状を知りたい。

(1) まず原点 $O(0, 0)$ での水面の振動の様子を観測したところ，腹であった。そこから y 軸に沿って正の方向に観測点を移してゆくと，位置 $(0, d)$ で初めて節が見つかった。d を求めよ。

(2) 観測点が任意の位置 $P(x, y)$（ただし $y > 0$）にある場合，直接波と反射波がそれぞれSからPに至るまでの経路の長さを求めよ。

(3) (2)の結果と経路に含まれる波の数を考えて，観測点 $P(x, y)$ が節になる条件式を d を用いて表せ。

(4) 反射波の波面は，水槽の外の点 S′ に存在する仮想的な波源がつくる直接波の波面と同等であると考えることができる。そのときの S′ の座標を求めよ。

(5) $h = 5d$ の場合，原点 O と波源 S の間の y 軸上で，2つの節が見つかった。この場合の2本の節線の概形を図示せよ。

II 次に図3-2に示すように，水が x 軸の正の方向に速さ V で一様に流れている。波源Sの位置は変わらない。この場合の，節の位置を探したい。ただし，$V < c$ とする。

(1) 波の速度は，水流がない場合の波の速度（大きさ c）と水流の速度（大きさ V）の合成速度になる。波源Sを出て原点Oに至る波の速さと波長を求めよ。また原点で観測される波の振動数を求めよ。

(2) I (1) と同様に，原点から出発して観測点を移してゆくと，位置 $(0, d')$ で初めて節が見つかった。d' を求めよ。

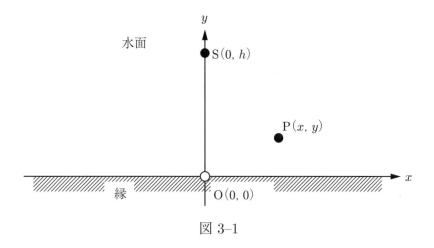

図 3−1

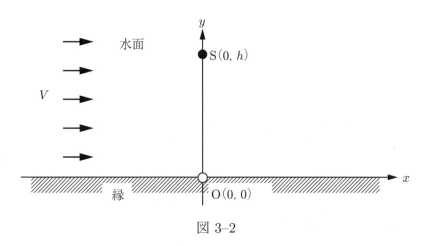

図 3−2

物　　　理

第1問　長さ L の不透明な細いパイプの中に，質量 m の小球 1 と質量 $2m$ の小球 2 が埋め込まれている。パイプは直線状で曲がらず，その口径，及び小球以外の部分の質量は無視できるほど小さい。また小球は質点と見なしてよいとし，重力加速度を g とする。これらの小球の位置を調べるために次の二つの実験を行った。

Ⅰ　まず，図1–1に示したように，パイプの両端 A，B を支点 a，b で水平に支え，両方の支点を近づけるような力をゆっくりとかけていったところ，まず b が C の位置まで滑って止まり，その直後に今度は a が滑り出して D の位置で止まった。パイプと支点の間の静止摩擦係数，及び動摩擦係数をそれぞれ μ，μ'（ただし $\mu > \mu'$）と記すことにして，以下の問に答えよ。

(1)　b が C で止まる直前に支点 a，b にかかっているパイプに垂直な方向の力をそれぞれ N_a，N_b とする。このときのパイプに沿った方向の力のつり合いを表す式を書け。

(2)　AC の長さを測定したところ d_1 であった。パイプの重心が左端 A から測って l の位置にあるとするとき，重心の周りの力のモーメントのつり合いを考えることにより，d_1 を，l，μ，μ' を用いて表せ。

(3)　CD の長さを測定したところ d_2 であった。摩擦係数の比 μ'/μ を d_1，d_2 で表せ。

(4)　上記の測定から重心の位置 l を求めることができる。l を d_1，d_2 で表せ。

(5)　さらに両方の支点を近づけるプロセスを続けると，どのような現象が起こり，最終的にどのような状態に行き着くか。理由も含めて簡潔に述べよ。

Ⅱ　次に，パイプの端 A に小さな穴を開け，図1–2のようにそこを支点として鉛直に立てた状態から静かにはなし，パイプを回転させた。パイプが180°回転したときの端 B の速度の大きさを測ったところ，v であった。端 A から測った小球 1，2 の位置をそれぞれ l_1，l_2 として以下の問に答えよ。（支点での摩擦および空気抵抗は無視できるものとする。）

(1) v を l_1, l_2, g, L を用いて表せ。

(2) v を実験 I で得られた重心の位置 l の値を用いて表したところ，

$$v = L\sqrt{\frac{8g}{3l}}$$

であった。小球の位置 l_1, l_2 を l で表せ。ただし $l_1 \neq 0$, $l_2 \neq 0$ とする。

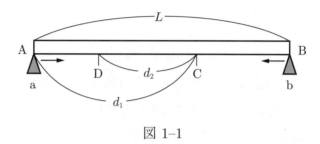

図 1–1

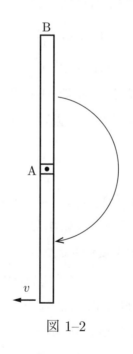

図 1–2

第2問 図2–1に示すように，環状の鉄心に巻き数 n_1 のコイル1と巻き数 n_2 のコイル2が巻かれている。これらのコイルの電気抵抗は無視できるほど小さく，コイル1は抵抗 R_1 と任意の電圧 E を発生できる電源に接続され，一方コイル2は抵抗 R_2 とスイッチSに接続されている。これらのコイルに電流を流したとき，磁束は鉄心内にのみ発生し，鉄心外への漏れは無視できるものとする。そのとき鉄心内の磁束 Φ と，コイル1の電流 I_1 およびコイル2の電流 I_2 との間には，以下の式 (ア) が成り立つものとする。

$$\Phi = k(n_1 I_1 + n_2 I_2) \qquad\qquad 式 (ア)$$

ここで，磁束 Φ と電流 I_1 および I_2 の向きは図中の矢印の向きを正とし，係数 k は鉄心の形状や透磁率によって決まる定数とする。

また，微小時間 Δt の間にこの鉄心内の磁束が $\Delta\Phi$ だけ増加したとき，Δt と $\Delta\Phi$ およびコイル1の電圧 V_1 との間には以下の式 (イ) が成り立つ。

$$V_1 = n_1 \frac{\Delta\Phi}{\Delta t} \qquad\qquad 式 (イ)$$

ここで，電源の電圧 E，コイル1の電圧 V_1，コイル2の電圧 V_2 は，それぞれa点，b点，c点を基準としたときのaa'間，bb'間，cc'間の電位差と定義する。

時刻 $t = 0$ では，いずれのコイルにも電流は流れていないものとして，以下の問I, IIに答えよ。

I　スイッチSが開いている状態のとき，コイル1の電圧 V_1 が図2–2に示す電圧波形（V_1 は $0 < t < T$ のとき一定値 V_0 をとり，その他の時刻では0をとる）となるように，電源の電圧 E を変化させた。

(1)　時刻 t が $0 < t < T$ のとき，コイル1の電流 I_1 は正負どちらの向きに増加するか。また，その理由を簡潔に述べよ。

(2)　時刻 $t = T$ における鉄心内の磁束 Φ を求めよ。

(3)　式 (ア) を用いて，時刻 $t = T$ におけるコイル1の電流 I_1 を求めよ。

(4)　以下のそれぞれの場合について電源の電圧 E を求めよ。

(a)　時刻 t が $0 < t < T$ の場合

(b)　時刻 t が $T < t$ の場合

II 次にスイッチSが閉じられている場合を考える。問Iと同様に，コイル1の
電圧 V_1 が図 2–2 に示す電圧波形となるように，電源の電圧 E を変化させた。

(1) 時刻 $t = T$ における鉄心内の磁束 Φ を求めよ。

(2) 時刻 t が $0 < t < T$ のとき，両コイルの両端に発生する電圧の大きさの比，
$|V_1|/|V_2|$ を求めよ。また c 点と c' 点とでは，どちらの電位が高くなるかを答
えよ。

(3) 時刻 t が $0 < t < T$ のとき，コイル 1 の電流 I_1 を求めよ。

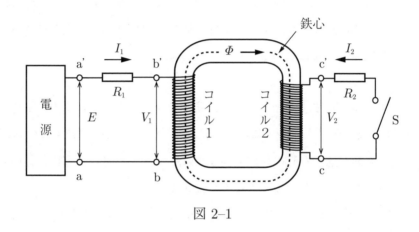

図 2–1

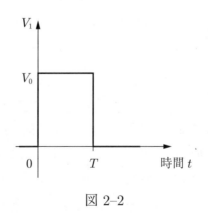

図 2–2

第3問 図3–1に示すような円筒形の容器が断熱材におおわれ鉛直に置かれている。容器は厚さ L の断熱材が詰め込まれた壁で A 室，B 室二つの部屋に仕切られている。円筒内部の断面積を S，A 室の高さを L，B 室の高さを $2L$ とする。また，容器の上面には大きさの無視できるコックがつけられており，A 室と B 室の間は容積の無視できる細管でつながれている。また，B 室の上方の空間にはヒーターが取り付けられている。最初，図3–1では，コックは開いており，B 室に密度 ρ の液体が，底面から高さ L のところまで満たされている。A 室と B 室それぞれの空間には，大気圧 P_0 と室温 T_0 に等しい圧力と温度の単原子分子理想気体が満たされている。液体の蒸発，及び気体と液体の間での熱の出入りは無視できるものとする。重力加速度を g として以下の問に答えよ。

I コックは開いたまま，ヒーターのスイッチを入れると，B 室内の気体は加熱されて圧力が上がり，液体が細管を伝わって A 室に向かい移動をはじめた。A 室の底に液面が達した時の状態を図3–2に示す。この間の B 室内気体の状態変化は，定積変化として近似できるものとする。

(1) B 室の液面の高さでの液体に働く力のつり合いを考えることにより，図3–2の状態での B 室内気体の圧力 P_2 を，ρ，g，L，P_0 を用いて表せ。

(2) 図3–2の状態にいたるまでにヒーターから B 室内の気体に加えられた熱量 Q を，ρ，g，L，S を用いて表せ。

II 加熱を続けると，液体はさらに移動し，ヒーターのスイッチを切った後，A 室内の液面の高さを測定したところ，αL であった。この状態を図3–3に示す。

(1) 図3–3の状態での B 室内の圧力を P_3 とする。この時の B 室内の気体の温度 T_3 を，P_3，P_0，T_0，α を用いて表せ。

(2) 図3–1から図3–3の過程における，B 室内の気体の状態の変化を，縦軸を圧力，横軸を体積とするグラフで示せ。

(3) B 室内の気体がした仕事 W を，P_3，P_2，S，L，α を用いて表せ。

III　図3-3の状態でコックを閉じ，容器をおおっていた断熱材を取り除いた。十分時間が経って，中の気体の温度が室温と同じになったとき，A室内の液面の高さを測定したところ，図3-4のように βL であった。

(1)　図3-4の状態で，A室，B室それぞれにおける気体の圧力 P_A，P_B を，α，β，P_0 を用いて表せ。

(2)　α を，β，ρ，g，L，P_0 を用いて表せ。

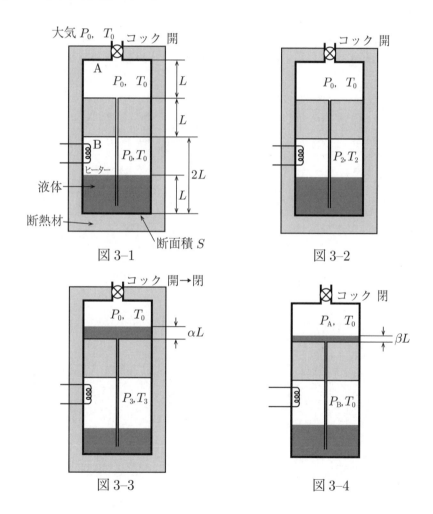

図 3-1　　　　　図 3-2

図 3-3　　　　　図 3-4

物　　　理

第1問　図1のように，鉛直方向に立っているなめらかな壁から距離 L の支点 O に，長さ $2L$ の糸を結びつけ，その先に質量 m の小球をつけておく。糸の質量や小球の大きさは無視でき，空気抵抗や支点での摩擦はないものとする。重力加速度を g として以下の設問に答えよ。

Ⅰ　この小球を，糸をピンと張った状態で水平に近い角度で A 点から静かにはなすと，糸がまっすぐに伸びた状態で運動し，小球は壁の B 点に速さ v で衝突した。壁ではねかえった小球は，糸がたるんだ状態で放物運動し，もっとも高く上がった地点 C は，支点 O の真下の方向にあった。ただし，壁との衝突は完全弾性衝突とは限らない。

(1)　衝突直後における小球の速度の鉛直方向成分の大きさはどれだけか。

(2)　もっとも高く上がった地点 C と衝突点 B との高低差はどれだけか。

(3)　衝突直後から再び糸がピンと張る状態になる瞬間までの時間を答えよ。

(4)　衝突直後における小球の速度の水平方向成分の大きさを，g, L, v を用いて表せ。

(5)　はじめに小球をはなした位置 A と衝突点 B との高低差は h であった。壁のはねかえり係数（反発係数）を，L および h を用いて表せ。

Ⅱ　前問の糸を，質量の無視できる長さ $2L$ の変形しない棒に取りかえて，B 点からの高低差が d の地点から小球を静かにはなすと，小球は B 点で壁に衝突した。

(1)　衝突を完全弾性衝突であるとして，衝突の瞬間に小球が受けた力積の大きさを求めよ。

(2)　前問の力積のうち，壁から受けた分の大きさはどれだけか。

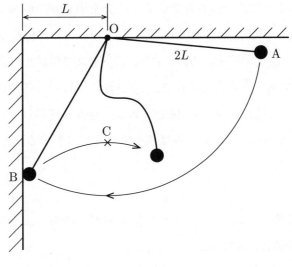

図 1

第2問 図2-1のように，一辺の長さが L の正方形導線が，磁場中を，鉛直上向きにとった z 軸に沿って原点に向かって落下している。この磁場（磁束密度）$\vec{B}$ の x 成分と z 成分は，それぞれ，$B_x = -Cx$，$B_z = Cz$（C は正の定数）で与えられる。y 成分は 0 である。正方形の面は，xy 平面に平行で，各辺は x 軸または y 軸に平行であり，正方形の中心は z 軸上にある。導線は変形しない。導線の質量を m，電気抵抗を R とし，導線の太さは無視できるものとする。また，この実験は，真空中で行うものとする。このとき，以下の設問に答えよ。

I 落下する導線中には，ファラデーの電磁誘導の法則に従って，誘導起電力が発生し，誘導電流が流れる。

(1) 導線が z の位置にあるとき，導線を貫く磁束 Φ が，$\Phi = L^2 B_z = L^2 Cz$ で与えられることに注意し，誘導電流の向きとして正しいものを，次の (a)，(b) のうちから選び，かつ，その理由を述べよ。

  (a) 正方形を上から見て時計まわり

  (b) 正方形を上から見て反時計まわり

(2) 導線が z の位置にあるときの落下速度の大きさを v とするとき，導線中に生じる誘導起電力の大きさ V と誘導電流の大きさ I を求めよ。

II 電流が磁場 $\vec{B}$ から受ける力は，磁場の x 成分と z 成分（図2-2参照）のそれぞれから受ける力の和として表すことができる。以下の設問では，誘導電流のつくる磁場は無視してよい。

(1) 誘導電流と $B_x = -Cx$ によって，導線全体が受ける力 $\vec{F}$ の大きさを求めよ。

(2) 誘導電流と $B_z = Cz$ によって，導線全体が受ける力 $\vec{G}$ の大きさを求めよ。

III 十分に大きな z の位置から落下させた導線の落下速度の大きさは，やがて，ある値 v_f で一定となる。

(1) v_f を求めよ。ただし，重力加速度の大きさを g とする。

(2) 導線の落下速度が v_f に達した状態において，導線の失う位置エネルギーは何に変わるか，簡潔に述べよ。

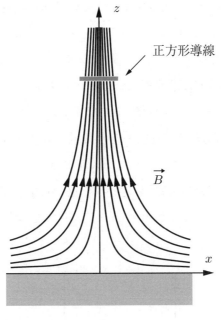

図 2–1

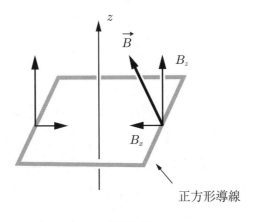

図 2–2

第3問 図3-1はヤングの干渉実験を示したものである。電球 V はフィルター F で囲まれていて，赤い光（波長 λ）だけを透過するようにしてある。電球 V から出た光はスクリーン A 上のスリット S_0，およびスクリーン B 上の複スリット S_1，S_2 を通ってスクリーン C 上に干渉縞をつくる。スクリーン A，B，C は互いに平行で，AB 間の距離は L，BC 間の距離は R である。S_1 と S_2 のスリット間距離は d とし，S_1S_2 の垂直2等分線がスクリーン A と交わる点を M，スクリーン C と交わる点を O とする。また，スクリーン C 上の座標軸 x を，O を原点として図3-1のようにとる。このとき以下の設問に答えよ。必要に応じて，整数を表す記号として m，n を用いよ。

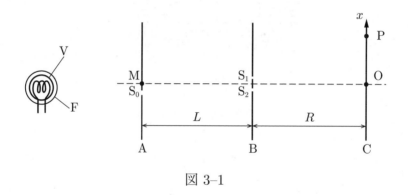

図 3-1

Ⅰ スリット S_0 が M の位置にある場合を考える。干渉縞の明線および暗線が現れる x 座標の値をそれぞれ示せ。ただし，スクリーン上の点を P とするとき，S_1 と P との距離を $\overline{S_1P}$ などと表すと，

$$\left(\overline{S_1P} - \overline{S_2P}\right)\left(\overline{S_1P} + \overline{S_2P}\right) = \overline{S_1P}^2 - \overline{S_2P}^2$$

が成り立つことを利用し，$\overline{OP}$，d が R と比べて十分小さいとして，

$$\overline{S_1P} + \overline{S_2P} \fallingdotseq 2R$$

としてよい。

Ⅱ スクリーン A を取り除くと，スクリーン C 上の干渉縞は消失した。その理由を簡潔に述べよ。

III　スクリーン A 上のスリット S_0 を，M から下側方向に h だけわずかにずらした。このとき，スクリーン C 上で干渉縞の明線が現れる x 座標の値を求めよ。ただし，h は L に比べて十分小さいとする。

IV　問 III の状態のとき，スクリーン C 上に現れる干渉縞の明線の位置は図 3-2 (a) のようであった。この結果から S_0 の位置 h を測定したい。ところが図 3-2 (a) だけからでは，どの干渉縞の明線がどのような干渉によって生じているかがわからない。そこで，フィルター F を交換して，緑の光（波長 λ'）だけを透過するようにした。そのとき，スクリーン C 上に現れる干渉縞の明線の位置は図 3-2 (b) のようになった。図 3-2 (a) で，x 方向で原点にもっとも近い明線の位置を x_0 とするとき，h を x_0 を用いて表せ。

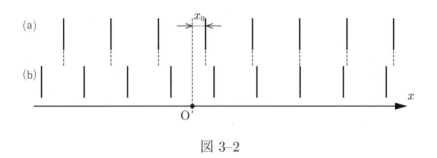

図 3-2

V　問 III の状態でスクリーン A 上にもう一つのスリット $S_0{}'$ を開ける。$S_0{}'$ の位置は S_1S_2 の垂直二等分線に対して S_0 と対称な位置とする。このとき，スクリーン C 上の干渉縞の明暗がもっとも明瞭となるときの h の値を求めよ。

物　　　理

第 1 問

I　図 1–1 のように，一様な磁束密度 B が鉛直方向（紙面上向き）に加えられ，B と垂直に長さ $2L$ の細長い中空の円筒が置かれている。円筒は，中点 C のまわりに水平面内（紙面内）で自由に回転できるようになっており，その中に質量 m，正電荷 q を持つ粒子が入っている。最初，円筒は静止しており，粒子は円筒の中点 C からある距離のところに静止しているとする。重力，粒子と円筒の摩擦，円筒の質量を無視するとして，次の問いに答えよ。

(1)　この円筒を水平面内で中点 C の回りに等角速度 ω で回転させた。このとき，粒子を円筒から逃がさないための回転方向と角速度 ω に対する条件を求めよ。

(2)　(1) の条件のもとでは，粒子は円筒に沿って単振動するか静止する。単振動するとき，その周期 T を求めよ。

(3)　上と同じ方向の等角速度回転運動によって，粒子を円筒から逃がしたい。最初の静止状態から粒子を逃がすまでに円筒の回転に要する仕事は，最低限ある値 W より大きくなければならない。この仕事の大きさ W を求めよ。

II　I と同様な円筒と磁場の配置で，静止した円筒に同じ粒子（質量 m，正電荷 q）を 2 個入れ，両端にフタをする。2 つの粒子は静電気力で反発し両端に達した（図 1–2 参照）。この円筒を，中点 C の回りに前問と同じ方向に回転させ，角速度をゼロから十分にゆっくりと上げていく。2 つの粒子相互の間には静電気力しか働かないとし，次の問いに答えよ。ただし，静電気力に関するクーロンの法則の比例定数を k とせよ。

(1)　はじめのうち，粒子はフタから離れなかった。角速度を ω として，この時フタが粒子に及ぼす円筒の軸方向の抗力 N を求めよ。

(2)　ある角速度 ω_1 に達したとき，粒子がフタから離れ中心に向かって動き始めた。このような ω_1 が存在するためには，どのような条件が満たされている必要があるか。

(3) (2) の条件のもとで，さらに，ゆっくりと角速度を上げていくと，粒子の位置が徐々に変化していった。その様子を記述しているものとして最も適当なものを以下から選べ。

(a) 中点 C に限りなく近づいていく。

(b) 中点 C とフタの間のある点に限りなく近づいていく。

(c) 中点 C より手前のある点に達した後，フタに向かって戻り，フタに達した後は中心に向かうことはない。

(d) 中点 C より手前のある点に達した後，フタに向かって戻り，フタに達した後再び中心に向かう。この運動を繰り返す。

(e) 中点 C とフタの間にある決まった 2 点の間を往復運動する。

(f) 中点 C とフタの間にある 2 点の間を往復運動するが，その 2 点が限りなく近づいていく。

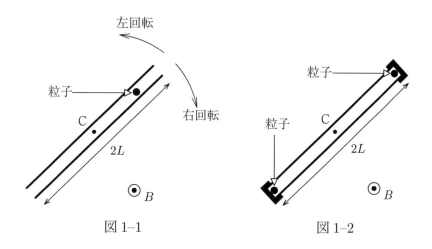

図 1–1   図 1–2

第2問 図2のように，水平面上の，距離 a だけ離れて固定された平行な導体レールの上に，レールに垂直に，質量 m，長さ a の導体棒がのせてある。レールは抵抗と電池の ＋，－ 端子につないであり，導体棒には矢印の方向に電流 I が流れている。導体棒には，ばね定数 k の，絶縁体でできたばねが取り付けられ，ばねの他端は固定されている。導体棒は，導体レールに平行な方向に，レールの上を摩擦なしに運動することができる。また，a よりも十分長い2本の平行導線 C が，レールと同じ水平面上に距離 $2a$ だけ離れて固定されている。ばねが自然長になったとき，導体棒は平行導線 C の真ん中にくるようになっている（平行導線 C はレールに垂直である）。スイッチによって，平行導線 C に電池と抵抗，またはコンデンサーを接続することができ，矢印の方向に電流が流れるようになっている。平行導線 C 以外の導線を流れる電流がつくる磁場の影響は無視できるものとして以下の設問に答えよ。地磁気の影響，導体棒とレールの太さおよび抵抗は無視できるものとする。真空の誘電率を ε_0，真空の透磁率を μ_0 とする。

I

(1) 最初，平行導線 C はスイッチによって電池と抵抗に接続されていて，導体棒と同じ大きさの電流 I が流れている。このとき，導体棒は図2の点線の位置から x だけずれて静止している。ばねは自然長から伸びているか縮んでいるかを答えよ。また，I を与えられた量と x で表せ。x は a に比べて無視できるほど小さいとしてよい。

(2) スイッチを切って平行導線 C の電流を止めると，導体棒は振動を始めた。その周期 T を求めよ。

II 上記設問 I–(2) の導体棒を静止させた後，以下の実験を行った。

(1) 図2のコンデンサーは，極板の面積 S，極板間の距離 d の平行板で，電荷 Q が蓄えられている。Q を一定にしたまま，極板に力 F を加えてゆっくりと微小距離 Δd だけ引き離すために仕事 $F\Delta d$ を必要とした。Q を与えられた量と F で表せ。

(2) スイッチをコンデンサー側に入れ，コンデンサーに蓄えられた Q を平行導線 C に流すと，微小時間 Δt ですべて放電した。導体棒が受け取った力積 Δp を求めよ。I, Q をそのまま残す形で表せ。時間 Δt の間に流れる電流は，その間一定であるとして計算せよ。

(3) 電荷 Q の放電後，静止していた導体棒は振動を始めた。その振幅 A を Δp を用いて表せ。

III　この装置を用いた実験で，電流や電荷などの電気的な量を直接測定せず，真空中の光速度 c の値を決めることができる。設問 II–(3) で求めた A の中の Δp に含まれる I, Q を，それぞれ設問 I–(1)，設問 II–(1) の結果を用いて消去し，

$$c = \frac{f}{A}$$

の形に表したとき，係数 f は I, Q, ε_0, μ_0 を含まない。f を力学的に測定した F, x を用いて表せ。ただし，c は ε_0, μ_0 を用いて

$$c = \frac{1}{\sqrt{\varepsilon_0 \mu_0}}$$

と表せることが知られている。

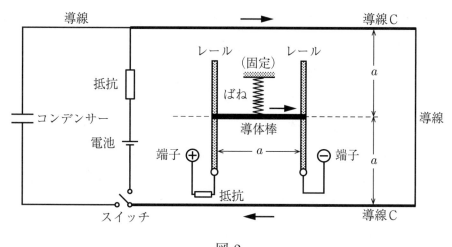

図 2

第3問 図3のように，断熱壁で囲まれた同一形状のシリンダーA，Bが，コックC のついた体積の無視できる細い管でつながれている。最初，コックCは閉じてい て，シリンダーAには，圧力P_0，体積V_0，物質量（モル数）nの単原子分子の理 想気体が質量mの断熱板で閉じ込められている。断熱板は滑りおちないように， 下からストッパーで支えられており，天井から質量の無視できるばね定数kのば ねが取り付けられている。ばねの長さは自然長に等しい。また，シリンダーA内 には，ヒーターがあり，スイッチをいれると，気体を加熱することができる。シ リンダーBは真空になっていて，内部の容積がV_0になるような高さに断熱板があ り，留め具により固定されている。断熱板の断面積をS，重力加速度をg，気体定 数をRとして，以下の設問に答えよ。ただし，断熱板はシリンダー内を滑らかに 動くものとする。シリンダー外部の圧力による影響は無視してよい。

I　コックCをゆっくり開く。十分に時間が経過して，気体がシリンダーA，B の内部に一様に充満した時の気体の状態をZ_1とし，その時の温度T_1と圧力P_1 を求めよ。ただし，シリンダーA内の断熱板はストッパーから離れないものと する。

II　状態Z_1において，ヒーターのスイッチを入れて気体をゆっくり加熱すると， しばらくして，シリンダーAの断熱板が動き始めた。その瞬間に，ヒーターの スイッチを切った。スイッチを切った後の気体の状態をZ_2とし，その時の気体 の圧力P_2と温度T_2を求めよ。

III　状態Z_2において，ヒーターのスイッチを入れて気体を徐々に加熱すると，シ リンダーAの断熱板がゆっくりと上方に動いた。気体の体積がΔVだけ増えた 時，ヒーターのスイッチを切った。スイッチを切った後の気体の状態をZ_3と し，状態Z_2から状態Z_3への変化に関して，以下の設問に答えよ。

(1)　気体の圧力増加ΔPをΔVによって表せ。

(2)　気体がした仕事W_gをP_2，ΔP，ΔVによって表せ。

(3)　ヒーターが気体に与えた熱Q_hをP_2，V_0，ΔV，ΔPによって表せ。

IV 状態 Z_2 において，コック C を閉め，シリンダー B の断熱板の留め具をはずし，その断熱板を機械的に速く上下振動させた後に，元の位置に戻し，再び，留め具で固定した。この間に，気体がなされた仕事を W_m (> 0) とする。その後，十分に時間が経過した時の状態を Z_4 とする。状態 Z_4 の温度 T_4 を T_2，W_m によって表せ。

V 状態 Z_4 において，コック C をゆっくりと開くと，シリンダー A の断熱板がゆっくりと上方に動き，状態 Z_3 と同じ状態になった。この時，W_m と Q_h の関係を記せ。また，その関係が成り立つ理由を簡潔に述べよ。

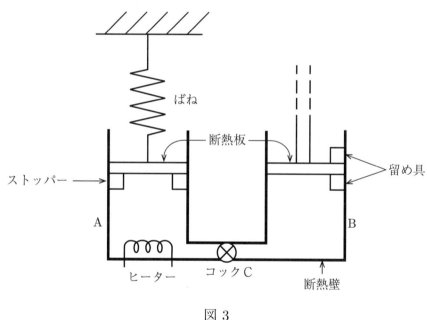

図 3

— MEMO —

— MEMO —

— MEMO —

東大入試詳解

東大入試詳解 24年

物理 上 第3版

2023〜2000

解答・解説編

坂間 勇・森下 寛之 共編

駿台文庫

は じ め に

　もはや 21 世紀初頭と呼べる時代は過ぎ去った。連日のように技術革新を告げるニュースが流れる一方で，国際情勢は緊張と緩和をダイナミックに繰り返している。ブレイクスルーとグローバリゼーションが人類に希望をもたらす反面，未知への恐怖と異文化・異文明間の軋轢が史上最大級の不安を生んでいる。

　このような時代において，大学の役割とは何か。まず上記の二点に対応するのが，人類の物心両面に豊かさをもたらす「研究」と，異文化・異文明に触れることで多様性を実感させ，衝突の危険性を下げる「交流」である。そしてもう一つ重要なのが，人材の「育成」である。どのような人材育成を目指すのかは，各大学によって異なって良いし，実際各大学は個性を発揮して，結果として多様な人材育成が実現されている。

　では，東京大学はどのような人材育成を目指しているか。実は答えはきちんと示されている。それが「東京大学憲章」（以下「憲章」）と「東京大学アドミッション・ポリシー」（以下「AP」）である。もし，ただ偏差値が高いから，ただ就職に有利だからなどという理由で東大を受験しようとしている人がいるなら，「憲章」と「AP」をぜひ読んでほしい。これらは東大の Web サイト上でも公開されている。

　「憲章」において，「公正な社会の実現，科学・技術の進歩と文化の創造に貢献する，世界的視野をもった市民的エリート」の育成を目指すとはっきりと述べられている。そして，「AP」ではこれを強調したうえで，さらに期待する学生像として「入学試験の得点だけを意識した，視野の狭い受験勉強のみに意を注ぐ人よりも，学校の授業の内外で，自らの興味・関心を生かして幅広く学び，その過程で見出されるに違いない諸問題を関連づける広い視野，あるいは自らの問題意識を掘り下げて追究するための深い洞察力を真剣に獲得しようとする人」を歓迎するとある。つまり東大を目指す人には，「広い視野」と「深い洞察力」が求められているのである。

　当然，入試問題はこの「AP」に基づいて作成される。奇を衒った問題はない。よく誤解されるように超難問が並べられているわけでもない。しかし，物事を俯瞰的にとらえ，自身の知識を総動員して総合的に理解する能力が不可欠となる。さまざまな事象に興味を持ち，主体的に学問に取り組んできた者が高い評価を与えられる試験なのである。

　本書に収められているのは，その東大の過去の入試問題 24 年分（2023 ～ 2000 年）と，解答・解説である。問題に対する単なる解答に留まらず，問題の背景や関連事項にまで踏み込んだ解説を掲載している。本書を繰り返し学習することによって，広く，深い学びを実践してほしい。

　「憲章」「AP」を引用するまでもなく，真摯に学問を追究し，培った専門性をいかして，公共的な責任を負って活躍することが東大を目指すみなさんの使命と言えるであろう。本書が，「世界的視野をもった市民的エリート」への道を歩みだす一助となれば幸いである。

駿台文庫 編集部

目　次

＊解答・解説（講評を含む）は，一部を除き青本刊行当時のものをそのまま再掲しています。

出題分析と入試対策

●東大入試について

　近年，東大受験者に受験した直後に自分の得点を予想してもらって，それと開示得点を比べたときにその差が最も大きい，それも断トツに大きい教科は物理である。2017 年以前は，各問とも，まず基本的な設問が並び，大問の最後にいくらか考察を要する設問がある，というパターンの出題が多く，分量も 75 分で解くのに適切な量であった。しかし，2018 年くらいを境に，全体的に問題が難しくなり分量が増えて，難易度が上がった。駿台では，東大を受験した学生に「再現答案」を書いてもらって，それを採点して，後でわかる開示結果と比べている。再現答案では，経年的な変化を見る，各問題ごとの出来具合を見る目的もあるので，実際の基準とは異なることは承知で，一問 20 点，設問ごとにほぼ均等配点，各設問の配点の範囲内で部分点を与える，というやり方で採点している。2021 年，2022 年，2023 年の再現答案での合格者の平均点は 33.4 点，31.8 点，23.4 点。その学生達の開示結果の平均点は 39.1 点，40.7 点，39.4 点であった。さらに，この 10 年くらいの開示結果の合格者の平均点はほぼ 40 点である。これは，点数を機械的に操作しているのではなく，学生の学力をよりよく判断するために，もっと異なる面も含めて採点しているのだろうと考えている。

　では，どう採点しているのか，どんな学力をつければよいのか，ということについて，東大の回答が，多少抽象的であるが，東大 HP の「アドミッション・ポリシー＞高等学校段階までの学習で身につけてほしいこと＞理科」にある。これをよく読むのがよい。解いた問題の答えが正解であることだけで得点を決めているわけではなく，考えている過程，それを表現する力も問う，と書いてある。そういう面も含めて，幅広く学力を育てるようにするとよい。

●各分野の内容について

　基本的には，第 1 問は力学，第 2 問は電磁気，第 3 問は波動，熱，原子・原子核のいずれかである。2020 年第 1 問, 2021 年第 3 問, 2023 年第 1 問では，原子物理の理解が必要な問題が出題されている。

力学：ニュートン力学では，基本原理「運動の法則」に基づき予言された，唯一，決定された未来が存在する。その未来を予言する道筋は，運動方程式を解いて物理量の時間変化を追いかける方法と，運動量保存則，エネルギー保存則などを用いる方法と二通りある。問題を解くときは，運動方程式から始める必要があるもの，いきなり保存則を書き下すべきもの，両方とも必要なものなどいろいろである。ニュートンの「運動の法則」を力学原理と捉えるなら，運動量保存則，力学的エネルギー保存則は運動方程式の積分形である。最初のうちは，運動方程式を書いて，それから運動量保存則，力学的エネルギー保存則を導くようにすると，力学に対する理解はより深まる。

電磁気：荷電粒子の運動，コンデンサー，電流回路，電磁誘導，過渡現象，交流回路などのテーマがある。荷電粒子の運動は力学以外の何物でもない。コンデンサーは導体の性質に対する理解が必要で，コンデンサーの問題に固有の考え方を身につける必要がある。磁場中で導体が運動することによって起電力が生じるタイプの電磁誘導は，回路の方程式と運動方程式を連立したり，エネルギー保存則を立てたりと力学的側面が強く，それゆえ出題頻度が高い。過渡現象，交流回路の問題は，力学系とのアナロジーに基づいて理解するとよい。減衰振動や強制振動，共振など，程度の高いテーマであるが，力学，電磁気を通じて何度か出題されている。

波動：力学的な作用により媒質が振動して，その振動が媒質中を伝わってゆくのが力学的波動。

出題分析と入試対策

光は電場と磁場が振動しながら空間を伝わる波，電磁波である。この二つは，本質的に異なる物理現象であるが，離れたところに振動が伝わってゆくという点において共通な現象とみなせる。まず，力学的波動を題材に，正弦進行波の式と重ね合わせの原理を用いて，定常波，固有振動，共鳴，うなり，干渉など，波動特有の現象を理解するのがよい。力学的波動はさまざまな題材があるが，光に関する問題は屈折と干渉に大別される。

熱：ほとんどが気体，それも理想気体の問題。気体の問題であれば，状態方程式と熱力学第一法則を連立して解けばよい。また，熱力学第二法則についての理解も必要である。準静的な過程に関する問題が多いが，非平衡過程を経た状態変化に関する問題も出題されている。

原子・原子核：まず，アインシュタインによる光量子仮説に始まり，ボーアによる水素原子模型，コンプトン効果，ド・ブロイによる粒子の波動性の発見に至る前期量子論の発展の歴史の中で人類が手に入れた思想を理解すること。また，質量がエネルギーであることの例題，原子核反応におけるエネルギー保存則を正しく書けるようになること。放射性崩壊，崩壊の法則について基本事項を理解しておくこと。2020年第1問後半のボーアの量子条件，2021年第3問の光ピンセット，2023年第1問の力学の原子核反応のように，他の分野の問題中で原子分野の基本事項が理解できているかを問われるような出題は今後も続く可能性が高いと考えられるので，この分野の学習を疎かにしないこと。

●入試対策

高校物理を逸脱しない範囲で，目新しい実験装置を与え，そこで起きる現象をその場で考えさせる，というスタイルは東大物理の一貫した特徴である。基礎事項の深い理解，注意深く考察する力，思考力，処理能力などの総合的な学力を測る目的にあわせて，設定や設問によく工夫してある。したがって，問題を読んで自分で考察し，それを処理するといった問題解決のための学力をしっかりと身につけておくことが肝要である。

そのためには，まず第一に物理の基本的な考え方をよく理解することを心がけ，それに基づいて物理的に物事を考えながら問題を解く練習を積んでおくのがよい。問題をたくさん解いて，より多く練習をするに越したことはないが，大量の問題演習をこなすことを目的にすると，浅い理解しか得られず，努力に見合った学力の向上につながらない。問題演習は，問題を解いて答えが出たところがスタート地点である。答えを見る前に，自分の導いた答えは正しいのか否か，次元を確認したり，グラフや図を描いて考察してみるとよい。答えを見て結果が正しかったとしても，それで終わりにするのではなく，いま一度，基本原理から丁寧にその結果に至る道のりを確認してみる，他に答えを導く方法がないか考察してみる，与えられた物理量の一つをパラメータにしてそれを変化させたときの振舞いを調べる等々，一つの問題をいろいろな側面から考察してみる，といった学習を継続すれば，解いてただ答え合わせをしただけのときと比べて比較にならないくらい，物理の学力は格段に向上する。

本書の解説は，1983～2024年度版として刊行された青本『東京大学＜理科＞』の解説を，上巻，下巻に分けて当時のまま掲載したものである（一部解説を改めた年度もある）。

執筆者　1980年～2008年　坂間　勇
　　　　2009年～2023年　森下寛之

年度	番号	項　目	内　　容
23	1	力学，原子	一様一定な磁場中，および一様一定な電場中において，崩壊する原子核の運動。原子核反応。放射性崩壊。
	2	電　磁　気	キッブル・バランスを用いた質量の測定。量子ホール効果を利用した電気抵抗の測定。
	3	熱	連結された二つの風船内の気体の状態変化。
22	1	力　　　学	潮汐力の模型。地球と月がその重心周りに等速円運動しているとき，地球表面上の点に働く万有引力と遠心力の合力を求める。同様に，地球が太陽との重心周りに等速円運動しているときの，万有引力と遠心力の合力を求める。
	2	電　磁　気	正方形コイルが一定一様磁場を通過する。コイルに抵抗を接続した場合，抵抗とダイオードを接続した場合，コイルを二重にしてダイオードを接続した場合について，コイルの速度変化を求める。
	3	熱	二成分の気体からなる系について，気体分子運動論を用いて圧力を求める。この系を断熱微小変化させたときの圧力変化を求める。定圧変化させたときに加えた熱を求める。
21	1	力　　　学	ブランコに乗った人が，運動の途中で立ち上がる，しゃがみこむなどして，ブランコの振幅を変化させる。エネルギー保存則と面積速度一定の法則より，ブランコの振幅が最大となるようにする立ち上がる位置を求める。こぎ始めたときの振幅の二倍となるために何回の操作を繰り返すかを数値計算して求める。
	2	電　磁　気	コンデンサーの極板に外力を加えて移動させたとき，エネルギー保存則よりその外力がした仕事を求める。複数枚の極板の電荷分布を求める。複数枚の極板からなるコンデンサーとコイルを接続したときの極板の電荷の時間変化を求める。
	3	波動，原子	光が球形の微粒子に入射して屈折したときの光線の向きの変化より光子の運動量変化を求め，運動量変化と力積の関係より光子が微粒子に及ぼす力を求める。
20	1	力学，原子	面積速度一定の法則が成り立つのは，中心力がはたらいている場合であることの証明。万有引力の下で，面積速度が一定な運動について，力学的エネルギーが最小となる運動は円運動であることを求める。万有引力の下での円運動を量子化し，暗黒物質の構成粒子の質量を求める。
	2	電　磁　気	磁場中の平行レール上に導体棒を置き，一定の起電力の電池と抵抗を接続する。導体棒が一定速度に達するまでの間に，電池がした仕事，誘導起電力がした仕事の大きさ，抵抗で生じたジュール熱などを求める。さらに，レールの間隔を変えた場合，レールの間隔を変えたものを直列につないだ場合について，導体棒の運動について調べる。
	3	熱	複数の気体の状態の，状態変化の際の，仕事を求める，内部エネルギー変化を求める，および加えた熱とこれらの量の間の関係を熱力学第一法則にもとづいて求める。熱力学第二法則にもとづいて，熱の移動が起きなくなるときの気体の温度を求める。

19	1	力	学	一定な加速度運動する台車の上にあるばねつき物体の運動を調べる。一定でない加速度運動する台車に取り付けた倒立振子の運動, 台車の運動を調べる。
	2	電 磁	気	電気容量と電気抵抗をもつ素子に, 直流電源, 抵抗, 交流電源を接続したとき, その素子に流れる電流を求める。交流ブリッジ回路を用いて, この素子の誘電率と電気抵抗率を求める。
	3	波	動	球面による光の屈折の公式を導く。その結果を用いて, 屈折率の異なる媒質中を通過する光の伝わり方を考察する。
18	1	力	学	振り子を取り付けられた台が床上を運動する。まず, 台が自由に動くようにしたときの振り子の運動を調べる。つぎに, 台に力を加えて一定加速度で運動させたとき, その力がした仕事, およびその力の時間変化を求める。
	2	電 磁	気	複数枚の金属板を帯電させる。そのうちの一枚にばねを取り付けて振動させ, その振動周期を求める。
	3		熱	三本の円柱容器の下部を細管でつなぎ, 容器内に液体を入れる。そのうちの一本の容器に入れた気体に熱を加え, その状態変化について調べる。
17	1	力	学	直方体の積木をばねにつないで鉛直方向に単振動させる。一部だけに摩擦のある水平面に積木を置いて斜面に置いたもう一つの積木と糸でつないで放すと単振動する。積木を重ねて積んで, 下の一つ, あるいは二つだけを引き抜く。
	2	電 磁	気	導体ブランコを一様磁場中に吊しておく。ブランコに電源をつないでいない場合にどのようなことが起きるかを問題で与えておき, それをもとに, 直流電源をつないだ場合, 交流電源をつないだ場合について考察する。
	3		熱	二つの可動なピストンでシリンダー内を二つの部屋に分け気体を入れる。その気体の状態変化。
16	1	力	学	二つの小球を同じ高さで鉛直方向に並べてから放す。一方が床に衝突した直後に他方と衝突する。二球が自由に運動できる場合, 二球の間を伸びない糸でつないだ場合, 二球の間をゴムひもでつないだ場合, それぞれについて二球の衝突後の運動を調べる。
	2	電 磁	気	RLC直列共振回路。共振の半値幅を測定してコイルの自己インダクタンスを求める。一定な磁場と回転する電場中での荷電粒子の運動。共振の半値幅を測定して荷電粒子の質量を求める。前半と後半のテーマは共通であるが, それぞれは独立した設問。
	3	波	動	水深が異なる二つの領域がある。一方の領域にある波源で発生した水面波が領域の境界で反射, 屈折する。後半は波源が動く。

15	1	力	学	二つの小球をひもでつなぎ水平にして，一方を固定して他方を放す。ひもが鉛直になったときに固定していた小球を放すと，二球は等加速度で落下する重心のまわりを等速円運動する。
	2	電 磁	気	磁場中に傾きのある二本の平行レールを設置し，その上に複数本の導体棒を固定する。そのうちの一本，あるいは複数本の固定をはずして導体棒を運動させる。
	3		熱	気体を入れた容器を水に浮かべる。容器中の気体の状態変化，および容器の運動。
14	1	力	学	斜面に沿った単振動および，投げ出された後の小物体の放物運動。投げ出された地点と同じ高さに戻るまでの水平移動距離が最大となる斜面の傾きを求めたい。
	2	電 磁	気	太陽電池にコンデンサーや抵抗をつなげた回路。流れる電流等を回路の方程式に基づいて考察する。
	3	波	動	回折レンズを，平行なスリットに置き換えて考える。光の強度やエネルギーについては空所を補充して文章を完成させる。
13	1	力	学	各々が個別にばねに接続された質量の等しい二球を衝突させる。さらに，床面に摩擦がある場合について衝突するための条件を求める。
	2	電 磁	気	緩やかな勾配をもつ磁場領域に質量の異なる二つの荷電粒子を入射し，それらを一点に収束させる。磁気レンズの原理。
	3	波	動	二層構造の固体表面から縦波を入射する。層の境界で生じた縦波，横波，それぞれの反射角と屈折角をホイヘンスの原理を用いて求める。
12	1	力	学	高低差のある二つの水平面HとLがある。この面上を運動する二つの小球が弾性衝突する。運動量保存則，エネルギー保存則が成り立つ。
	2	電 磁	気	磁場中を導体でできた正方形の回路が動く。回路に流れる電流，回路に働く力を求める。
	3	波	動	二つのスリットによる光の干渉を利用して，気体の屈折率を測定する。
11	1	力	学	棒に二物体をつなぎ，棒を鉛直に立てて，下の物体を壁に接触させておく。上の物体を放すと，上の物体が床に着く前に，下の物体は壁から離れ，二物体は床上を運動する。
	2	電 磁	気	コンデンサーとダイオードを含む直流回路。コンデンサーとダイオードを多段で接続して高電圧を得る。
	3		熱	ピストンの上に液体を載せて気体に熱を加える。はじめ圧力は一定，途中から圧力は一定な割合で減少する。ピストンがある高さを超すと，ピストンは一気に上昇するようになる。そのときのピストンの高さを求める。

10	1	力 学		宙返りするジェットコースターの模型。初期条件を変えて軌道上を動く車両が途中で線路から離れない条件を求める。
	2	電 磁 気		複数の抵抗がある直流電源回路を流れる電流を求める。また，回路の一部分にある導体棒が磁場中を動くとき，導体棒に生じる誘導起電力を考慮に入れて，回路のある部分に流れる電流が 0 となるような棒の速さを求める。
	3	波 動		両端が開いた管，片方だけ閉じた管について共鳴する振動数を答える。また，両端が閉じた管について，共鳴した振動数を測定し，そのことから音速を求める。さらに，ドップラー効果によるうなりの振動数を観測して動く音源の速さを求める。
09	1	力 学		鉛直に立てたばねの上に台を取り付け，その上に物体をのせてばねを押し込んで手を放す。物体が台から離れる位置とその速度を求める。その後，台と物体が離れた位置に戻ってきたときに衝突するような初期条件を求める。
	2	電 磁 気		部分的な一様磁場がある空間で，長方形コイルを鉛直に落下させる。磁場を通過するときにコイルの速度が一定になるようにする。このときのコイルにはたらく力，エネルギー保存則について答える。
	3	熱		シリンダーに水をいれてヒーターで加熱する。水の一部が水蒸気となってピストンが上昇する。続いて，シリンダー内の温度が下がっていくときの圧力変化，ピストンの運動についての考察。
08	1	力 学		滑らかな水平面上に静止している箱を，所要時間 T で距離 L 離れた地点を通過させる方法。仕事はなるべく小さくしたい。
	2	電 磁 気		ネオンランプが並列しているコンデンサーに，他のコンデンサーを直列し，直流電源の電圧をゆっくり上げていく。ランプの点灯電圧と消灯電圧を指定。
	3	熱		一様な重力場による気体の密度の高度変化。温度は一様一定。単位体積あたりのモル数が，0.10%減少する高さの差の数値計算。
07	1	力 学		変位に比例する復元力の作用する物体に，等速で動くベルトを接触させる。物体は単振動の一部と等速運動からなる周期運動をする。
	2	電 磁 気		積み上げたリングからなる円筒中を，棒磁石が落下する。リングに流れる誘導電流が磁石に作用する力により，磁石の落下速度は一定になる。
	3	波 動		水面波が垂直入射する壁に開けたすき間の幅を，連続的に変える。すき間から特定の方向の遠方での振幅の変化，およびすき間の真後ろで近い点での振幅変化。
06	1	力 学		太陽系外惑星の検出。恒星と惑星の相対円運動。恒星からの光のドップラー効果。
	2	電 磁 気		ネオンランプの点灯。ランプに並列のコイルに定常電流を流しておいて，スイッチを切る。ランプの特性曲線。
	3	熱		分子運動論。気体中につるされた金属板に電子線を照射する。照射面と反射面とで，気体の圧力が異なる。

05	1	力	学	地球貫通トンネル内で，質量の等しい二物体の衝突。
	2	電 磁 気		回転する円盤に発生する誘導起電力。
	3	波	動	落下する原子の，二スリットによる干渉縞。
04	1	力	学	斜面を滑り降りる三角台Aの水平上面に，小物体Bがのっている。AB間の摩擦を無視する場合と，摩擦を考慮する場合。
	2	電 磁 気		y方向に加速された陽子が，一様なz方向の電場とx方向の磁場のある領域に入射する。領域通過の所要時間と領域端でのz方向への変位。
	3		熱	断面積の異なる二容器に連結ピストンAで二気体を封入する。一方にはヒーター，他方にはピストンBがある。Bが固定の場合と上下に動ける場合。
03	1	力	学	弾性衝突。単振動。 ばね連結の二体問題。
	2	電 磁 気		電磁誘導。 平行レール上をすべる二本の棒。
	3	波	動	水面波。水槽の壁で反射する円形波紋の節線。 水槽の壁に平行な方向に水流があるとどうなるか。
02	1	力	学	Ⅰ　棒を水平に支える二支点を互いに接近させていく。 静止摩擦と動摩擦。 Ⅱ　剛体振り子。エネルギー保存のみ。
	2	電 磁 気		変圧器。一次コイルの電圧が矩形状になるような電源と電流。
	3		熱	上下二室に分かれた容器。下室の液体がパイプにより上室に導かれる。
01	1	力	学	なめらかな壁に非弾性衝突する糸振り子 壁に弾性衝突する棒振り子が受ける力積
	2	電 磁 気		不均一磁場を落下する正方形コイル コイルの最終速度とエネルギー保存
	3	波	動	複スリットによる干渉縞 複スリットをもつ二枚のスクリーンによる干渉縞 干渉性の波と非干渉性の波
00	1	力	学	磁場内で回転する円筒のなかの，荷電粒子の運動 円筒の角速度による違いの考察
	2	電 磁 気		直線電流がつくる磁場 コンデンサーの放電電流が，定常電流の流れている導体棒に与える力積
	3		熱	ばね付きピストンで封入された気体に，同量のエネルギーをヒーターで与えても攪拌で与えても同じことの証明

問題の図一覧

年度	内　　　　　　　　　容		
23	原子核の運動	キッブル・バランス	連結した風船
22	潮汐力の模型	正方形コイルの運動	二成分の気体からなる系
21	ブランコの運動	コンデンサー	微粒子における光の屈折
20	面積速度・中心力	磁場中の導体棒の運動	気体の状態変化
19	等加速度運動・倒立振り子	交流ブリッジ回路	光の屈折

問題の図一覧

18	二体問題・振り子の運動	回路・単振動	熱：状態変化
17	摩擦	電磁誘導	熱
16	ゴムひも接続二物体	共振	波動：干渉，反射，屈折
15	重心運動と相対運動	電磁誘導：平行レール	熱
14	単振動，放物運動	非線形素子：太陽電池	光：回折レンズ

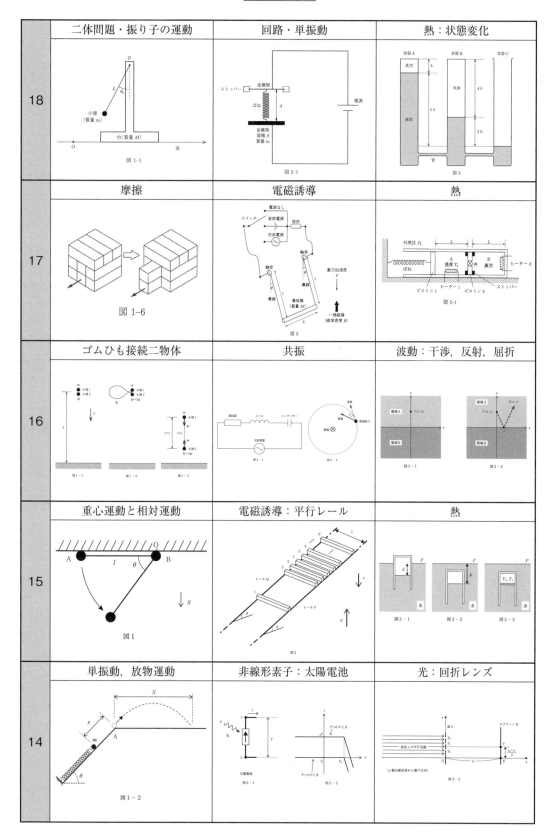

問題の図一覧

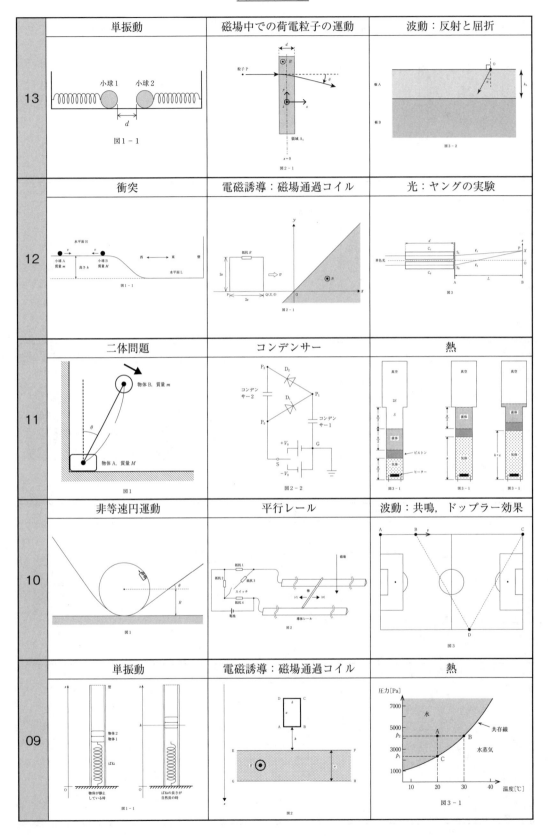

13	単振動 図1-1	磁場中での荷電粒子の運動 図2-1	波動：反射と屈折 図3-2
12	衝突 図1-1	電磁誘導：磁場通過コイル 図2-1	光：ヤングの実験 図3
11	二体問題 図1	コンデンサー 図2-2	熱 図3-1　図3-1　図3-1
10	非等速円運動 図1	平行レール 図2	波動：共鳴，ドップラー効果 図3
09	単振動 図1-1	電磁誘導：磁場通過コイル 図2	熱 図3-1

問題の図一覧

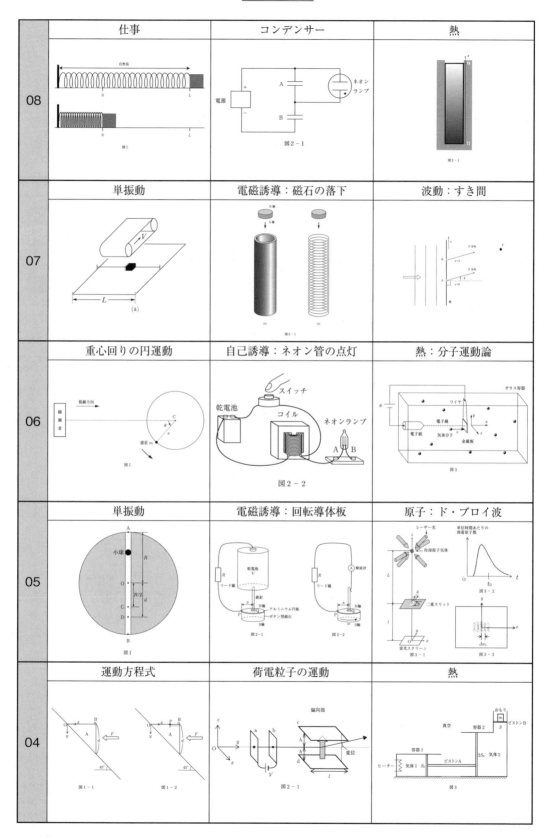

	仕事	コンデンサー	熱
08	図1	図2-1	図3-1
	単振動	電磁誘導：磁石の落下	波動：すき間
07	(a)	図2-1	
	重心回りの円運動	自己誘導：ネオン管の点灯	熱：分子運動論
06	図1	図2-2	図3
	単振動	電磁誘導：回転導体板	原子：ド・ブロイ波
05	図1	図2-1 図2-2	図3-1 図3-2 図3-3
	運動方程式	荷電粒子の運動	熱
04	図1-1 図1-2	図2-1	図3

問題の図一覧

03	二物体の単振動 図1	電磁誘導：平行レール 図2	波動：水面波の干渉 図3-1
02	剛体 図1-1	電磁誘導：相互誘導 図2-1	熱 図3-1　図3-2
01	円運動，力積 図1	電磁誘導：不均一磁場 図2-1	ヤングの実験 図3-1
00	荷電粒子の運動 図1-1　図1-2	回路 図2	熱 図3

解答・解説

第 1 問

解 答

I (1) 半径 $a/2$ で等速円運動する原子核が壁面に垂直に小窓を通過する．この原子核の速さを v として，円運動の運動方程式

$$4m\,\frac{v^2}{a/2} = 2qvB \qquad \text{より} \qquad v = \frac{qBa}{4m}.$$

この原子核の運動エネルギーは

$$\frac{1}{2}\cdot 4mv^2 = \frac{(qBa)^2}{8m}.$$

(2) 原子核が原点から小窓に達するまでの時間を T_0 とすれば，

$$T_0 = \frac{\pi(a/2)}{v} = \frac{2\pi m}{qB}.$$

分裂前に小窓を通過する割合が f 以上になるのは，$(1/2)^{T_0/T} \geqq f$ のとき．底を 2 としてこの両辺の対数をとり，

$$T_0 \leqq T\log_2\left(\frac{1}{f}\right) \qquad \text{より} \qquad B \geqq \frac{2\pi m}{qT}\cdot\frac{1}{\log_2(1/f)}.$$

(3) 運動量保存則とエネルギー保存則

$$mv_{\mathrm{A}} = 3mv_{\mathrm{B}}, \quad \Delta mc^2 = \frac{1}{2}mv_{\mathrm{A}}{}^2 + \frac{1}{2}\cdot 3mv_{\mathrm{B}}{}^2$$

より

$$\frac{1}{2}mv_{\mathrm{A}}{}^2 = \frac{3}{4}\Delta mc^2, \quad \frac{1}{2}\cdot 3mv_{\mathrm{B}}{}^2 = \frac{1}{4}\Delta mc^2.$$

すなわち，

$$v_{\mathrm{A}} = c\sqrt{\frac{3\Delta m}{2m}}, \quad v_{\mathrm{B}} = c\sqrt{\frac{\Delta m}{6m}}.$$

II (1) $x=0$ から $x=x_0$ の間に電場が X にする仕事は $2qEx_0 = 4mv_{\mathrm{A}}{}^2x_0/L$．運動エネルギー変化と仕事の関係

$$\frac{1}{2}\cdot 4m(\alpha v_{\mathrm{A}})^2 = 4mv_{\mathrm{A}}{}^2\cdot\frac{x_0}{L} \qquad \text{より} \qquad \alpha = \sqrt{\frac{2x_0}{L}}.$$

— 2 —

加速度の大きさは $2qE/(4m) = v_\text{A}^2/L$. 求める時間は

$$\frac{\alpha v_\text{A}}{v_\text{A}^2/L} = \underset{\text{イ}}{\underline{\frac{\alpha L}{v_\text{A}}}} .$$

A の初速度が負である条件

$$(\alpha + \cos\theta_0)v_\text{A} < 0 \qquad \text{より} \qquad \cos\theta_0 < \underset{\text{ウ}}{\underline{-\alpha}} .$$

この条件をみたす θ_0 が存在しない条件は

$$\alpha = \sqrt{\frac{2x_0}{L}} > 1 \qquad \text{i.e.} \qquad x_0 > \underset{\text{エ}}{\underline{\frac{L}{2}}} .$$

$x = 0$ を基準として，座標 x における電場からの力による位置エネルギーは $-qEx$ ゆえ，座標 x での A の速度の x 成分を $v_x(x)$ として，速度の y 成分が不変であることと，エネルギー保存則より

$$\frac{1}{2}m\{v_x(x)\}^2 - qEx = \frac{1}{2}m\{(\alpha + \cos\theta_0)v_\text{A}\}^2 - qEx_0 \quad \cdots ①.$$

後方に飛んで $x = 0$ に達したときの $\{v_x(0)\}^2 > 0$ であれば $x < 0$ の領域に入るので，$x < 0$ の領域に入らない条件は，

$$\frac{1}{2}m\{v_x(0)\}^2 = \frac{1}{2}m\{(\alpha + \cos\theta_0)v_\text{A}\}^2 - qEx_0 < 0.$$

$qEx_0 = 2mv_\text{A}^2 x_0/L$ として，

$$(\alpha + \cos\theta_0)^2 < \frac{4x_0}{L} = 2\alpha^2.$$

$\alpha + \cos\theta_0 < 0$ ゆえ，

$$\alpha + \cos\theta_0 > -\sqrt{2}\alpha \qquad \text{i.e.} \qquad \cos\theta_0 > \underset{\text{オ}}{\underline{-(\sqrt{2}+1)\alpha}} .$$

任意の θ_0 についてこれが成り立つ条件は

$$(\sqrt{2}+1)\alpha = (\sqrt{2}+1)\sqrt{\frac{2x_0}{L}} > 1 \qquad \text{i.e.} \qquad x_0 > \underset{\text{カ}}{\underline{\frac{L}{2}(\sqrt{2}-1)^2}} .$$

(2)　① で $x = L$ として，

$$\frac{1}{2}m\{v_x(L)\}^2 = \frac{1}{2}m\{(\alpha + \cos\theta_0)v_\text{A}\}^2 + qE(L - x_0).$$

$qEL = 2mv_\text{A}^2,\ x_0/L = \alpha^2/2$ として，

$$\frac{1}{2}m\{v_x(L)\}^2 = \frac{1}{2}mv_\mathrm{A}{}^2\{(\alpha+\cos\theta_0)^2+4-2\alpha^2\} \quad\cdots②.$$

検出器の x 軸上の点で観測される A の $\cos\theta_0 = 1$ か -1 のいずれかで，$\sin\theta_0 = 0$ ゆえ，その運動エネルギーは②で $\cos\theta_0 = \pm1$（複号同順）としたものに等しく，それを K として，

$$K = \frac{1}{2}mv_\mathrm{A}{}^2(-\alpha^2 \pm 2\alpha + 5) = \frac{1}{2}mv_\mathrm{A}{}^2\{-(\alpha \mp 1)^2 + 6\} \quad\cdots③.$$

$\cos\theta_0 = 1$ のとき，$0 < x_0 < L$ より，$0 < \alpha < \sqrt{2}$．このとき③は $\alpha = 0$ で最小，$\alpha = 1$ で最大で，

$$\frac{5}{2}mv_\mathrm{A}{}^2 < K < 3mv_\mathrm{A}{}^2.$$

また，$\cos\theta_0 = -1$ のとき，$(\sqrt{2}-1)^2L/2 < x_0 < L$ より，$\sqrt{2}-1 < \alpha < \sqrt{2}$．このとき③は $\alpha = \sqrt{2}$ で最小，$\alpha = \sqrt{2}-1$ で最大で，

$$\frac{3-2\sqrt{2}}{2}mv_\mathrm{A}{}^2 < K < 2mv_\mathrm{A}{}^2.$$

(3) はるかに長い場合の方が多い．

　　理由：$x = L$ の近くで $\theta_0 = \pi$ に近い値で崩壊する原子核が多いほど，検出される A の運動エネルギーが $mv_\mathrm{A}{}^2$ より小さいものの割合が多くなる．X の半減期が L/v_A に比べてはるかに短い場合，X の多くは $x = 0$ の近くで崩壊し，その後電場により $qEL = 2mv_\mathrm{A}{}^2$ だけ仕事をされるため，検出器で運動エネルギーが $mv_\mathrm{A}{}^2$ より小さいものはほぼ観測されない．逆に，X の半減期が L/v_A に比べてはるかに長い場合，X が $x = 0$ から $x = L$ に達するまでの間，ほぼ一定な数の X が崩壊するため，運動エネルギーが $mv_\mathrm{A}{}^2$ より小さいものの割合は多くなる．

解説

　Ⅰは解答の通り．Ⅱは単なる等加速度運動の問題と言えばそれまでだが，考察する甲斐のある面白い問題である．初速 0 で $x = 0$ に入った原子核 X は電場により x 軸上で加速されて $x = x_0$ で核分裂する．X とともに動く座標系で見ると，分裂直後の原子核 A の速度は $(v_\mathrm{A}\cos\theta_0,\ v_\mathrm{A}\sin\theta_0)$，$xy$ 座標系でみた A の速度は $((\alpha+\cos\theta_0)v_\mathrm{A},\ v_\mathrm{A}\sin\theta_0)$ である．A の質量は m，電気量は q ゆえ，電場からの受ける力の x 成分は $qE = 2mv_\mathrm{A}{}^2/L$ で，$+x$ 方向に加速度 $qE/m = 2v_\mathrm{A}{}^2/L$ の等加速度運動する．分裂したときを時刻 $t = 0$ とすれば，時刻 t における A の座標は

$$x = x_0 + (\alpha+\cos\theta_0)v_\mathrm{A}t + \frac{1}{L}(v_\mathrm{A}t)^2, \quad y = v_\mathrm{A}\sin\theta_0 \cdot t.$$

$v_\mathrm{A}t = y/\sin\theta_0$，$x_0 = L\alpha^2/2$ を代入して，その式全体を L で割り，無次元の変数 $x/L = \tilde{x}$，$y/L = \tilde{y}$ とすれば，A の軌道を表す方程式は

$$\tilde{x} = \frac{1}{2}\alpha^2 + \frac{\alpha + \cos\theta_0}{\sin\theta_0}\tilde{y} + \frac{1}{\sin^2\theta_0}\tilde{y}^2 \tag{1.1}$$

である．$\tilde{x}$ は x チルダ（ティルダ）と読む．A の軌道を決めるのは，$\alpha(0 < \alpha < \sqrt{2})$ と $\theta_0(0 \leqq \theta_0 < 2\pi)$ の二つのパラメータである．次の図は x 軸上の点，左から $x_0 = 0.02L$ ($\alpha = 1/5$), $x_0 = 0.2L$ ($\alpha = \sqrt{2/5}$), $x_0 = 0.4L$ ($\alpha = \sqrt{4/5}$), $x_0 = 0.6L$ ($\alpha = \sqrt{6/5}$), 各々について，$x < 0$ の領域にも同じ大きさの電場があるものとして，$\theta_0 = 5\pi/6$（実線），$2\pi/3$（破線），$\pi/2$（点線）の場合の (1.1) を描いたものである．

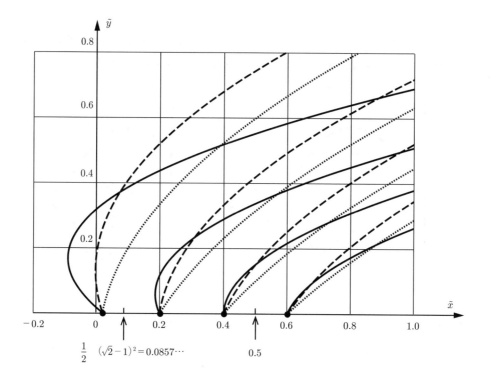

　この図を眺めながら，設問 II (1) の結果を見直しておこう．転回軌道を描くためには $\cos\theta_0 < 0$ であることが必要である．しかし，x_0 が大きくなると αv_A が大きくなり，$\theta_0 = \pi$ の A の速度の x 成分 $(\alpha - 1)v_A$ ですら正になるくらい α が大きくなる位置，$x_0 > L/2$ で分裂すると，すべての A の速度の x 成分が正になり，転回軌道を描く A はなくなる．また，x_0 が小さい点で分裂し，かつ $\cos\theta_0 < 0$ で $|\cos\theta_0|$ が大きいものは，$x < 0$ の領域に入ってしまい検出器に達しなくなる．任意の θ_0 について，$x < 0$ の領域に入らない条件は，$x_0 > L(\sqrt{2}-1)^2/2$ である．$L(\sqrt{2}-1)^2/2 < x_0 < L/2$ で分裂した X のうち，$\alpha + \cos\theta_0 < 0$ となるものが転回軌道を描くが，A はすべての方向に等しい確率で飛び出すので，x_0 の値が $L/2$ に近くなるほど転回軌道を描く A は少なくなる．

　検出器で検出される A の運動エネルギーを K とする．設問 II (2) の解答の ② に，速度の y 成分

の分 $m(v_{\mathrm{A}}\sin\theta_0)^2/2$ を足して

$$K = \frac{1}{2}mv_{\mathrm{A}}{}^2\{(\alpha+\cos\theta_0)^2 + \sin^2\theta_0 + 4 - 2\alpha^2\} = \frac{1}{2}mv_{\mathrm{A}}{}^2(-\alpha^2 + 2\alpha\cos\theta_0 + 5)$$

である．これを $mv_{\mathrm{A}}{}^2/2$ を割ったものを

$$k = -\alpha^2 + 2\alpha\cos\theta_0 + 5 = -(\alpha - \cos\theta_0)^2 + 5 + \cos^2\theta_0 \tag{1.2}$$

とする．$\cos\theta_0$ の変化に対する k の変化を調べてみよう．以下では，$<$ と $\leqq$, $>$ と $\geqq$ は区別しないことにする．$x = 0$, $x = L$ は範囲に入る，入らないという議論は，物理的には意味をもたない．$\cos\theta_0 > 0$ の場合，$0 < x_0 < L$ で，$0 < \alpha < \sqrt{2}$ である．この範囲における (1.2) の変化をグラフにすれば，$\cos\theta_0$ が $1/\sqrt{2}$ より大きい場合は下左図，$\cos\theta_0$ が $1/\sqrt{2}$ より小さい場合は下右図になる．

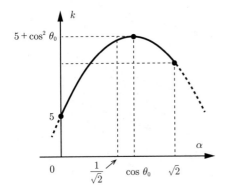 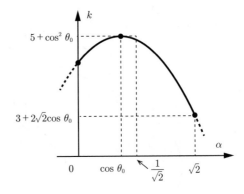

すなわち，

$$\begin{cases} \dfrac{1}{\sqrt{2}} < \cos\theta_0 < 1 & \text{のとき，} & 5 < k < 5 + \cos^2\theta_0, \\[2mm] 0 < \cos\theta_0 < \dfrac{1}{\sqrt{2}} & \text{のとき，} & 3 + 2\sqrt{2}\cos\theta_0 < k < 5 + \cos^2\theta_0. \end{cases} \tag{1.3}$$

$\cos\theta_0 = 1$ のとき，たしかに $5 < k < 6$, $5mv_{\mathrm{A}}{}^2/2 < K < 3mv_{\mathrm{A}}{}^2$ で解答 II (2) の結果を確認できる．続いて，$\cos\theta_0 < 0$ の場合，分裂後に A が $x < 0$ に入らない条件は（設問 II (1) オ），

$$\cos\theta_0 > -(\sqrt{2}+1)\alpha \quad \text{i.e.} \quad \alpha > -\frac{\cos\theta_0}{\sqrt{2}+1} = -(\sqrt{2}-1)\cos\theta_0.$$

下限の値 $-(\sqrt{2}-1)\cos\theta_0 = \alpha_1$ とする．$\cos\theta_0 < 0$ のとき，k は次ページの左の図のように，$\alpha > 0$ では単調減少ゆえ，$\alpha = \sqrt{2}$ で最小，$\alpha = \alpha_1$ で最大で，

$$3 + 2\sqrt{2}\cos\theta_0 < k < 5 - \cos^2\theta_0. \tag{1.4}$$

これも $\cos\theta_0 = -1$ を代入すれば, 解答 II (2) の結果を確認できる. (1.3), (1.4) より, k の最小値を $k_{\min}$ とすれば, $1/\sqrt{2} < \cos\theta_0 < 1$ のとき,

$$k_{\min} = 5,$$

$-1 < \cos\theta_0 < 1/\sqrt{2}$ のとき,

$$k_{\min} = 3 + 2\sqrt{2}\cos\theta_0.$$

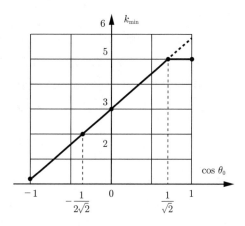

$k_{\min}$ のグラフは右図. これより, $\cos\theta_0 > -1/(2\sqrt{2})$ では, $k_{\min} > 2$, K の最小値は $mv_A{}^2$ より大きくなる. $K < mv_A{}^2$ であるためには, $\cos\theta_0 < -1/(2\sqrt{2})$ が必要で, かつ, (1.2) で $k < 2$ として, $\alpha - \cos\theta_0 > 0$ より,

$$\alpha > \cos\theta_0 + \sqrt{3 + \cos^2\theta_0}$$

でなければならない. この式の下限の値 $\cos\theta_0 + \sqrt{3 + \cos^2\theta_0} = \alpha_2$ とする. $\cos\theta_0 < 0$ のときの k のグラフは下左図. $\pi/2 < \theta_0 < \pi$ での α_1, α_2 のグラフは下右図. θ_1 は $\cos\theta_1 = -1/2\sqrt{2}$ となる角で, $\theta_1 \fallingdotseq 110°$ である.

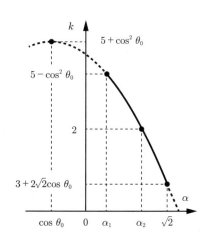

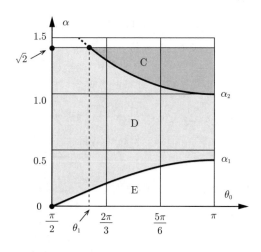

上右図の E の領域の A は, $x < 0$ の領域に入ってしまうため, 検出器に達することはない. D の領域の A は, 検出器に達するが $x = L$ に達するまでの間に電場によってされる仕事が大きくなり, K が $mv_A{}^2$ より大きくなる. 検出器に達したときの, K が $mv_A{}^2$ より小さくなるのは, C の領域の A のみである. 検出器に達した A のうち, 運動エネルギーが $mv_A{}^2$ より小さいものの割合とは

$$\frac{(領域 C の A の数)}{(領域 C の A の数) + (領域 D の A の数)}$$

である.

　　最後に，X の半減期が L/v_A に比べて十分に長い場合，$0 < x < L$ の間，ほぼ一定数の崩壊が起こる，と言えることを確認しておく．崩壊定数を λ とする．半減期 T と λ の関係は $\lambda T = 0.693\cdots$ である．時刻 t における単位時間あたりに崩壊する原子核数を $n(t)$，$n(0) = n_0$ とすれば，崩壊の法則より $n(t) = n_0 e^{-\lambda t}$ である．$e^x = 1 + x + x^2/2 + \cdots$ であることを用いて，

$$n(t) = n_0 \left\{ 1 - \lambda t + \frac{1}{2}(\lambda t)^2 + \cdots \right\}$$

である．X の半減期が L/v_A に比べて十分に短い場合，X のほぼ全てが $x = 0$ の近くで崩壊するため，$\alpha_2 < \alpha < \sqrt{2}$ の領域の A は，ほとんど存在しない．X の半減期が L/v_A に比べて十分に長い場合，X が $x = 0$ に入射してから核分裂するまでの時間を t として，t/T は十分に小さく，λt も 1 に比べて十分に小さい．λt の一次までの近似では，$n(t) \fallingdotseq n_0(1 - \lambda t)$ になるが，λt が $1/100$ 程度以下であれば，$n(t) \fallingdotseq n_0$ は十分によい近似である．これは，$0 < x < L$ の間で，ほぼ一定数の崩壊が起こると考えてよいことがわかる．

第 2 問

解　答

I (1) 円盤が速さ v_0 で z 軸正の向きに運動しているとき，z 軸の負の側から見て導線時計回りに，単位長さあたり $v_0 B_0$ の起電力が生じて，J_1 を基準とした J_2 の電位は正になる．よって，

$$V_1 = \underline{2\pi r N v_0 B_0}.$$

(2) M_1 が Δz 変位したとき，M_1 で反射した光の位相のずれは

$$\frac{2\pi f}{c} \cdot 2\Delta z \qquad \text{よって} \qquad k = \underline{\frac{4\pi f}{c}}.$$

(3) 物体が速度 v で運動しているときに導線に生じる起電力は $2\pi r N v B_0$．導線に流れる電流を I として，

$$I = \frac{V_A + 2\pi r N v B_0}{R} = \frac{AV_L \sin(kz) + 2\pi r N v B_0}{R}.$$

磁場が導線に及ぼす力の z 成分は $-2\pi r N I B_0$．円盤にはたらく合力の z 成分を F として，

$$F = (M+m)g - T - 2\pi r N \left(\frac{AV_L \sin(kz) + 2\pi r N v B_0}{R} \right) B_0 \cdots \text{①}.$$

(4) ① で $F = 0$，$v = 0$，$T = Mg$，$\sin(kz)$ を kz_1 として，

$$mg = 2\pi r N \left(\frac{AV_L k z_1}{R} \right) B_0 \qquad \text{より} \qquad z_1 = \underline{\frac{1}{2\pi r N B_0} \cdot \frac{mgR}{AV_L k}}.$$

—— 8 ——

また，

$$V_2 = AV_{\mathrm{L}}kz_1 = \underline{\frac{mgR}{2\pi rNB_0}}.$$

(5)　I (1) の結果より，$2\pi rNB_0 = V_1/v_0$ として，

$$V_2 = mgR \cdot \frac{v_0}{V_1} \qquad \therefore \qquad m = \underline{\frac{V_1 V_2}{g v_0 R}}.$$

II (1)　$\mathrm{P_3}$ を基準とした $\mathrm{P_4}$ の電位

$$R_{\mathrm{H}} I_1 = V + R I_2 \ \cdots①$$

より，

$$V = \underline{R_{\mathrm{H}} I_1 - R I_2}.$$

また，

$$H = \underline{|n_1 I_1 - n_2 I_2 - n_3 I_3|} \ \cdots②.$$

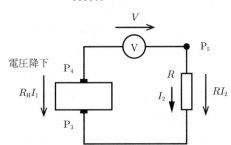

(2)　ソレノイド 3 を含む回路について，$V_{\mathrm{A}}' = AV = R' I_3$ より $V = R' I_3 / A$. これを，①に代入して，

$$R_{\mathrm{H}} I_1 = \frac{R' I_3}{A} + R I_2 \qquad より \qquad \frac{R_{\mathrm{H}}}{R} = \frac{I_2}{I_1} + \frac{R' I_3}{A R I_1}.$$

これに，②で $H = 0$ として，$I_2 = (n_1 I_1 - n_3 I_3)/n_2$ を代入すれば，

$$\frac{R_{\mathrm{H}}}{R} = \underbrace{\frac{n_1}{n_2}\left(1 - \frac{n_3}{n_1} \cdot \frac{I_3}{I_1}\right)}_{ア} + \underbrace{\frac{1}{A} \times \frac{R' I_3}{R I_1}}_{イ} \ \cdots③.$$

(3)　③の右辺第二項を無視して，与えられた測定値を代入して，

$$\frac{R_{\mathrm{H}}}{R} \fallingdotseq \frac{1290}{10}\left(1 - \frac{129}{1290} \cdot \frac{400}{540}\right) \equiv 129 \times \frac{50}{54}.$$

よって，

$$R = 12900\,\Omega \times \frac{1}{129} \times \frac{54}{50} = 108\,\Omega = \underline{1.08 \times 10^2\,\Omega}.$$

相対誤差は

$$\frac{108 - 106}{106} = 0.018\cdots \qquad ゆえ \qquad \underline{2\%}.$$

解説

設問 II (2), (3) について，先に述べておく．③のアの部分をみれば，問題文にわざわざ「測定誤差を小さくするために n_2/n_1 が R/R_H に近い値となり，n_3/n_1 が小さくなるように巻数の比を選び」と書いてある意味がわかる．また，この形で算すれば，数値計算は簡単にできるようになっている．

問題の図 2–4 の実験装置は「キッブル・バランス」，あるいは「ワット・バランス」と呼ばれるものである．「バランス」は天秤，「キッブル」はこの装置を考案した人の名前，「ワット」は質量を決定する式 $mgv_0 = V_1 I_2$ の単位 W のワットである．2019 年 5 月に SI 単位系の定義の改訂が行われ，キログラム，アンペア，ケルビン，モルの定義が変わり，いままで不確かさを含む測定値であったプランク定数，電気素量，アボガドロ定数，ボルツマン定数が定義値に変更された．その定義値を決めるために，精密なプランク定数の測定をする必要があり，その測定にこの装置が使われた．プランク定数が定義値になった現在では，この装置は質量を精密に測定するための装置である．

「量子」というのは，物理量の最小単位のことである．原子は物質の量子，光も分割していくと最小単位が存在してそれが光量子，といった具合である．物理量がある最小単位の値の整数倍になっていることを「量子化されている」という．電荷は量子化されていて，最小単位は電気素量である．電圧，電気抵抗も，ある状況の下で実験すると量子化されることがわかっている．電圧の方は，「ジョセフソン効果」という現象により，ジョセフソン素子と呼ばれる素子を極低温下で，振動数 ν の電磁波を照射して電流を流したとき，素子の電圧は，プランク定数 h，電気素量 e として，$h\nu/(2e)$ の整数倍の値しかとらないことがわかっている．(振動数/電圧) の次元の定数 $2e/h$ をジョセフソン定数という．電気抵抗の方は，設問 II の問題文にあった「量子ホール効果」という現象により，ある種の素子は，極低温の強磁場下ではその素子の抵抗の逆数は e^2/h の整数倍の値しかとらないことがわかっている．抵抗の次元の定数 h/e^2 をフォン・クリッツィング定数という．プランク定数，電気素量が定義値に変更されたため，ジョセフソン定数，フォン・クリッツィング定数は不確かさを含まない厳密な定義値となり，電圧，電気抵抗は非常に高い精度で測定することができる．そのことを用いて，質量を精密に測定ができる，というのがこの問題のテーマである．

はじめ，円盤とおもりが静止していることから，これらの質量 M は厳密に等しい．可変電源の電圧は $V_A = A V_L \sin(kz)$ で，z により変化するが，はじめの円盤の位置は $z = 0$ なので，この状態でスイッチを閉じても導線に電流は流れない．この状態から，円盤の上に質量 m の物体をのせて放すと，円盤が動き始めて z が変化し，可変電源の電圧も時間変化する．さらに，円盤に巻いた導線が磁場中を運動することで，導線に誘導起電力が生じる．可変電源の電圧と導線に生じた誘導起電力により導線に電流が流れる．このとき，導線に流れた電流は磁場から，運動を妨げる向きに力を受けるため，円盤の振動の振幅は減衰してゆき，十分時間が経ったあと，円盤は mg と磁場が導線に流れる電流に及ぼす力とがつりあう位置で静止する．このときに導線に流れる電流を測定することより，物体の質量 m を求めることができる．以上を，定量的に議論しておこう．

　放射状の磁場中で円形の導線が運動するのは，導線を一
直線に伸ばしてしまえば，右図と同じである．導線の長さ
$2\pi r N = L$ とする．導線が z 軸の向きに速度 v で運動してい
るとき，誘導起電力は J_1 から J_2 の向きに生じて，J_1 に対する
J_2 の電位は vB_0L である．円盤の上に質量 m の物体をのせ
て放したとき，導線に流れる電流を I とすれば，

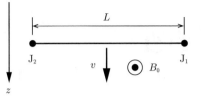

$$RI = V_{\mathrm{A}} + vB_0L = AV_{\mathrm{L}}\sin(kz) + vB_0L \tag{2.1}$$

である．円盤と物体の運動方程式，おもりの運動方程式はそれぞれ

$$(M+m)\frac{dv}{dt} = (M+m)g - T - LIB_0, \quad M\frac{dv}{dt} = T - Mg.$$

これらを足して，

$$(2M+m)\frac{dv}{dt} = mg - LIB_0 \tag{2.2}$$

である．「A が十分に大きく，z の振幅が十分に小さい」とあるので，$\sin(kz) \fallingdotseq kz$ とし，(2.1) の I
を，(2.2) に代入すれば，

$$(2M+m)\frac{dv}{dt} = mg - \frac{(B_0L)^2}{R}v - \frac{B_0L \cdot AV_{\mathrm{L}}k}{R}z \tag{2.3}$$

となる．これは鉛直にばねで吊るされた物体に，速度に比例する抵抗力がはたらくときの運動方程式
と同じ式で，z は減衰振動することがわかる．十分時間が経った後，円盤と物体は，(2.3) の $v=0$
$dv/dt = 0$ となる $z = z_1$ で静止する，このとき導線に流れる電流は一定で，それを I_2 として，

$$z_1 = \frac{1}{B_0L} \cdot \frac{mgR}{AV_{\mathrm{L}}k}, \quad I_2 = \frac{AV_{\mathrm{L}}kz_1}{R} = \frac{mg}{B_0L}$$

である．当然，I_2 は (2.2) の右辺が 0 になる値で，$mg = LI_2B_0$ になる．これより，設問 I (1) の測
定で得られた $V_1 = v_0B_0L$ と，$V_2 = RI_2$ を用いて，

$$mg = \frac{V_1}{v_0} \cdot \frac{V_2}{R} \quad \text{i.e.} \quad m = \frac{V_1V_2}{gv_0R}$$

である．V_1, V_2, R は精密に測定できることは最初に述べた．R を測定する実験が設問 II である．残
る g, v_0 は，問題の図 2–4 にあったレーザー干渉計を用いて位置を測定し，正確な時間を測定できる
原子時計を用意することで精密に測定することができて，それらにより m の測定値が定まるのであ
る．h や e が定義値に変更されたことで，質量がより精密に測定できることは興味深いし，なにより
V_1, V_2, R が，h と e からなる定数の整数倍だったり，(1/整数) 倍だったりすることは不思議なこと
である．しかし，この不思議は，物理をもっと先まで勉強すれば，不思議でなくなることが一番の不
思議かもしれない．

第 3 問

解 答

I (1)　ピストンを動かすために加える力を F，ピストンの断面積を A として，ピストンにはたらく力のつりあい

$$F + p_0 A = pA \qquad より \qquad F = (p - p_0)A.$$

風船の体積変化は $\Delta V \fallingdotseq 4\pi r^2 \Delta r$．ピストンの変位は $\Delta V/A$ ゆえ，求める仕事は

$$F \cdot \frac{\Delta V}{A} = \underline{(p - p_0) \cdot 4\pi r^2 \Delta r} \cdots\text{ⓐ}.$$

(2)　風船の表面積変化は $\Delta S = 4\pi\{(r + \Delta r)^2 - r^2\} \fallingdotseq 8\pi r \Delta r$．求める仕事は

$$\underline{\sigma \cdot 8\pi r \Delta r} \cdots\text{ⓑ}.$$

(3)　ⓐはⓑに等しいこと：

$$(p - p_0) \cdot 4\pi r^2 \Delta r = \sigma \cdot 8\pi r \Delta r \qquad より \qquad p = p_0 + \frac{2\sigma}{r} \cdots\text{ⓒ}.$$

II (1)　ア ②，イ ④．理由：半径の小さい風船の方が圧力が大きいため．

(2)　$i = $ A，B，C，半径 r_i の風船の圧力を p_i，体積を V_i，物質量を n_i とする．気体定数を R，気体の温度を T とすれば，ⓒ，状態方程式より，

$$p_i = p_0 + \frac{2\sigma}{r_i}, \quad V_i = \frac{4}{3}\pi r_i^3, \quad n_i = \frac{p_i V_i}{RT}.$$

物質量が一定 $n_A + n_B = n_C$ ゆえ，これに以上を代入して，

$$\left(p_0 + \frac{2\sigma}{r_A}\right) \cdot \frac{4}{3}\pi r_A^3 + \left(p_0 + \frac{2\sigma}{r_B}\right) \cdot \frac{4}{3}\pi r_B^3 = \left(p_0 + \frac{2\sigma}{r_C}\right) \cdot \frac{4}{3}\pi r_C^3.$$

これより

$$\sigma = \frac{p_0}{2} \cdot \frac{r_C^3 - r_A^3 - r_B^3}{r_A^2 + r_B^2 - r_C^2}.$$

III (1)　ⓒの σ を $\sigma(r) = a(r - r_0)/r^2$ として，

$$p = p_0 + \frac{2a(r - r_0)}{r^3} \cdots\text{ⓓ}.$$

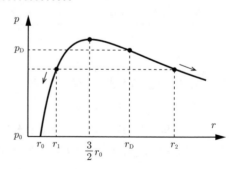

p のグラフは右図で，$r = 3r_0/2$ で最大値をとる．$r_D > 3r_0/2$ であれば，わずかにしぼませた方の風船の圧力の方が大きくなり，しぼませた方から他方に気体が流入して，ともに半径が変化してゆき，二つの風船は異なる半径で圧力が等しくなる．よって，求める条件は $\underline{r_D > 3r_0/2}$.

(2) 圧力 p, 体積 V, 物質量 n, 温度 T とすれば, 状態方程式 $pV = nRT$ より,

$$nRT = \left\{ p_0 + \frac{2a(r - r_0)}{r^3} \right\} \cdot \frac{4}{3}\pi r^3 = \frac{4}{3}\pi \{ p_0 r^3 + 2a(r - r_0) \}.$$

n が一定であれば, T が増加すれば r は増加する. 風船の温度を増加させたとき, 二つの風船の半径はともに大きくなろうとするが, 右上図において, 半径の小さい方 $r = r_1$ の $dp/dr > 0$, 半径が大きい方 $r = r_2$ の $dp/dr < 0$ なので, 半径の小さい方の風船の圧力の方が大きくなろうとし, 半径の小さい方から大きい方に気体が流入し, 二つの風船内の圧力は等しいまま右上図矢印の向きに状態変化する. よって, 風船の内圧は低くなる.

(3) ⑥. 理由：温度が増加すると, A の半径は減少, B の半径は増加し, A, B の圧力は減少して p_0 に近づいてゆき, A 半径は一定値 r_0 に近づき, B の半径は増加してゆく. 温度を下げると, その逆をたどり, $r = 3r_0/2$ になると, 半径は共通のまま温度とともに減少して $r = r_0$ に近づいてゆく. それを表すグラフは⑥である.

解説

I. ピストンを動かすのに加えた力は F, 外気がピストンに及ぼす力は $p_0 A$, 液体がピストンに及ぼす力は pA で, $F + p_0 A = pA$ である. ピストンが Δx だけ変位したとき, 力 F がピストンにした仕事は $F\Delta x$, 外気がピストンにした仕事は $p_0 A \Delta x$ で, この和は

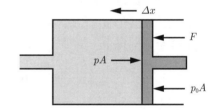

$$F\Delta x + p_0 A \Delta x = pA\Delta x \qquad (3.1)$$

である. 一方, 風船の半径が Δr だけ増加するときに, 内部の液体が, 膜張力に抗して風船を膨らませるための仕事は ΔW, 外気が風船に及ぼす力に抗して風船を膨らませるための仕事は $p_0 \cdot 4\pi r^2 \Delta r$ で, この和は風船内の液体がした仕事に等しく

$$\Delta W + p_0 \cdot 4\pi r^2 \Delta r = p \cdot 4\pi r^2 \Delta r \qquad (3.2)$$

である. シリンダーと風船の体積変化は等しく, $A\Delta x = 4\pi r^2 \Delta r$ ゆえ, (3.1) と (3.2) は等しく

$$F\Delta x = \Delta W$$

である. 設問 I (3) の問題文に「ピストンを介してなされる仕事は, 全て風船の表面積を大きくするのに要する仕事に変換される」とあるが, 丁寧に言えば, 外気がピストンにした仕事は外気が風船に及ぼす力に抗して風船を膨らませるための仕事になるので, 力 F がピストンにした仕事は, 全て膜張力に抗して風船を膨らませるための仕事に変換される, である.

II. 半径の異なる風船を細い管で連結したときに，半径が小さい方がしぼみ，半径の大きい方が膨らんで，半径の小さい方はしぼみきってしまう，というのは有名な実験で，結果を知っている人も多いかもしれないが，設問 I (3) の結果が与えられていれば，答えるのは難しくない．設問 I (3) の結果より，半径が r のときの風船内の圧力は，

$$p = p_0 + \frac{2\sigma}{r} \tag{3.3}$$

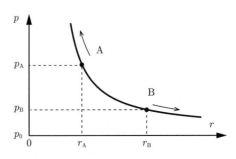

で，$r_A < r_B$ なら，$p_A > p_B$ である．風船の名前を A と B とする．この状態から弁を開いたとき，連結管は「細い管」であるから，二つの風船内の圧力は，各々が (3.3) にしたがって，ゆっくり変化すると考えられる．すなわち，A 内の気体が B にゆっくり流入して，A の半径は

さらに小さく，圧力はさらに大きく，B の半径はさらに大きく，圧力はさらに小さくなってゆく．このときの変化の向きは右図の矢印の向きである．よって，A 内の気体は全て B 内に移動して，A はしぼみきってしまう．この間の変化は等温変化なので，A，B には外気から熱が流入，あるいは流出している．

III. σ が r の関数で

$$p = p_0 + \frac{2a(r - r_0)}{r^3} \tag{3.4}$$

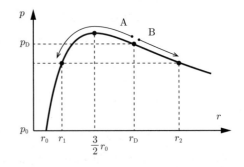

の場合，

$$\frac{dp}{dr} = 2a\left(-\frac{2}{r^3} + \frac{3r_0}{r^4}\right)$$

で，これが 0 になる $r = 3r_0/2$ で p は最大となり，p は右図のように変化する．ともに半径 r_D

の状態から，弁を開いて片方の風船をわずかにしぼませる．しぼませられた方の風船，他方の風船の名前をあらためて A，B とする．$r_D > 3r_0/2$ であれば，A の圧力は p_D よりわずかに大きくなり，A から B に気体が流入して，A はさらにしぼみ，B は膨らんでゆく．II では，(3.3) の p が単調変化だったため，しぼませた方がしぼみ切ってしまい，気体は全て他方の風船に流入してしまったが，III では，A の圧力は，(3.4) のように，r の減少に伴って $r = 3r_0/2$ まで増加するが，それを境に減少に転じるため，いずれ B の圧力に等しくなり，A から B への気体の流出が止まり，A，B は異なる一定な半径になって変化が止まる．逆に，$p_D < 3r_0/2$ であれば，わずかにしぼませたときに，A の圧力が p_D より小さくなり，B から A に気体が流入して，ともに半径が r_D，圧力が p_D の状態に戻ることになる．はじめに A をわずかにしぼませた後は，

II と同じように，A から B に気体が流入すればよいのか，半径 r_D のときの $dp/dr < 0$ であればよいのか，と気付けばよいが，それには (3.4) のグラフが見えてなければならず，なかなか難しい．

　次の設問も難しい．A の半径 r_1，B の半径 r_2 の状態から，弁を開いたまま温度を上げる．III (2) の解答に，

$$nRT = \frac{4}{3}\pi\{p_0 r^3 + 2a(r - r_0)\}$$

ゆえ，n が一定であれば，T が増加すれば r は増加する，と書いたが，弁を開いたまま温度を上げたのだから，二つの風船各々の n は一定ではないではないか，という意見もあるだろう．問題文に「弁を開いたまま，二つの風船内の気体の温度をゆっくりとわずかに上げた」とあるのは，この変化は，準静的な無限小変化，あるいはそれが連続した過程であるという意味である．準静的とは，二つの風船の圧力は共通なままということ．無限小変化とは，現実に気体の流入や流出があって風船の半径が変化しているわけでは無く，r, n は一定とみなせるということである．n が一定で $dT > 0$ なら，どちらの風船も $dr > 0$ である．$dr > 0$ なら，$r = r_1$ では $dp > 0$，$r = r_2$ では $dp < 0$，すなわち，風船 A の圧力は大きくなろうとし，B の圧力は小さくなろうとする．したがって，A から B に気体が流入しようとし，圧力が下がろうとし，変化はその向きに進む．このときの状態の変化は，弁を閉じたまま二つの風船内の気体の温度をわずかに上げて，その後に弁を開いて，気体が細管をゆっくり流れたときと同じになる．弁を閉じたまま二つの風船内の気体の温度を上げれば，半径 r_1 は増加して A の圧力は増加，半径 r_2 は増加して B の圧力は減少する．この状態から，弁を開けば A から B に気体が流入して，A の半径は減少，B の半径は増加して，A，B の圧力は下がった状態で平衡状態になる．以上のように言っても同じことである．

講評

　授業では何度も話しているし，青本でも何度も書いたことですが，この解説が最初で最後の機会の方もいらっしゃると思うので，しつこく言っておこうと思う．このところ毎年難しい試験ですが，今年は特に難しかった．開示した合格者の平均点は毎年 40 点くらいなので，それくらいは得点できなければならない．そのためには，東大のための特別対策をしないといけない，難問を集めてたくさん演習しないといけない，とかおかしなことを考えてはいけません．この試験，一問 20 点の 60 点満点，ほぼ均等配点で採点すると，合格者の平均点は何点だと思います？　駿台での再現答案はほぼ均等配点で採点し，それに参加してくれた合格者 42 人の平均点は 23.3 点でした．それでもこの方々の開示結果は 40 点くらいになるはずです．機械的に点数の調整をしているのではありません．実際の採点では，答えを正しく求めているのに越したことはありませんが，そうでなくとも答案に書かれた物理の学力を，丁寧に汲み取って，新しい問題，困難な問題でも，それに取り組んで，少しでも解決した

り，解決しようとする姿勢があるか，といったところなども見られていることを忘れないようにしてください．物事を物理的にきちんと考える学力を伸ばす以外の対策はありません．こんなに入念によく考え抜かれた問題に，真っ向から向かい合える機会，そうそうあるものではありません．これは受験する学生に対する期待そのものです．それに応えるように前に進みましょう．

2022年

解答・解説

第 1 問

解　答

I (1) $f_0 = mR\left(\dfrac{2\pi}{T_1}\right)^2$, $f_1 = m\dfrac{R}{\sqrt{2}}\left(\dfrac{2\pi}{T_1}\right)^2$.

(2) $mg_0 = G\dfrac{M_1 m}{R^2} - mR\left(\dfrac{2\pi}{T_1}\right)^2$ より $g_0 = G\dfrac{M_1}{R^2} - R\left(\dfrac{2\pi}{T_1}\right)^2$.

II (1) 地球の運動方程式

$$M_1 \frac{v_1{}^2}{a_1} = G\frac{M_1 M_2}{a^2}.$$

O は重心ゆえ $a_1 = \dfrac{M_2}{M_1 + M_2}a$. これを代入して

$$v_1 = M_2\sqrt{\frac{G}{(M_1 + M_2)a}}. \qquad また \qquad v_2 = \frac{M_1}{M_2}v_1 = M_1\sqrt{\frac{G}{(M_1 + M_2)a}}.$$

(2) $\left(-R - a_1\cos\left(\dfrac{2\pi}{T_2}t\right),\ -a_1\sin\left(\dfrac{2\pi}{T_2}t\right)\right)$

(3) 地球中心の O まわりの角速度 ω として,

$$\omega = \frac{2\pi}{T_2} = \frac{v_1}{a_1} = \sqrt{\frac{G(M_1 + M_2)}{a^3}}.$$

(2) の結果より, 点 X は点 $(-R, 0)$ を中心とした半径 a_1, 角速度 ω の円運動する. よって,

$$f_C = ma_1\omega^2 = G\frac{M_2 m}{a^2}.$$

(4) $f_P = f_C - G\dfrac{M_2 m}{(a+R)^2} = GM_2 m\left\{\dfrac{1}{a^2} - \dfrac{1}{(a+R)^2}\right\}$, 遠ざかる向き.

$f_Q = G\dfrac{M_2 m}{(a-R)^2} - f_C = GM_2 m\left\{\dfrac{1}{(a-R)^2} - \dfrac{1}{a^2}\right\}$, 近づく向き.

III $R \ll a$ より,

$$f_P = G\frac{M_2 m}{a^2}\left\{1 - \left(1 + \frac{R}{a}\right)^{-2}\right\} \fallingdotseq G\frac{M_2 m}{a^2}\left\{1 - \left(1 - 2\frac{R}{a}\right)\right\} = G\frac{M_2 m}{a^3} \cdot 2R.$$

f_S も同様に, $R \ll b$ として

$$f_S = GM_3 m\left\{\frac{1}{b^2} - \frac{1}{(b+R)^2}\right\} \fallingdotseq G\frac{M_3 m}{b^3} \cdot 2R.$$

— 18 —

以上より，

$$\frac{f_{\mathrm{S}}}{f_{\mathrm{P}}} \fallingdotseq \frac{M_3}{M_2}\left(\frac{a}{b}\right)^3 = 0.44.　　　よって，　　ア は 4.$$

解説

Ⅰ と Ⅲ は解答の通り．

Ⅱ．地球の中心を点 E_0 とする．点 E_0 は地球と月の重心 O を中心として，半径 a_1，角速度 $\omega = 2\pi/T_2$ の等速円運動する．時刻 t における点 E_0 の座標は $(-a_1\cos\omega t, -a_1\sin\omega t)$ である．点 E_0 にたいして点 X と対称な点を Y とする．下図のように，点 X は点 $X_0\,(-R, 0)$ を中心として，点 Y は点 $Y_0\,(R, 0)$ を中心として，半径 a_1，角速度 ω の円運動する．時刻 t における点 X，点 Y の座標は

$$X\,(-R - a_1\cos\omega t,\ -a_1\sin\omega t),　　Y\,(R - a_1\cos\omega t,\ -a_1\sin\omega t)$$

で，点 X，Y にある質量 m の質点には，回転中心 X_0，Y_0 から遠ざかる向きに，大きさ $f_{\mathrm{C}} = ma_1\omega^2$ の遠心力がはたらく．設問 Ⅱ (4) の点 P，Q は，時刻 $t = 0$ のときの点 X，Y と考えればよい．点 X，Y ともに，遠心力は $-x$ 方向．月からの万有引力は $+x$ 方向．点 X では f_{C} が万有引力

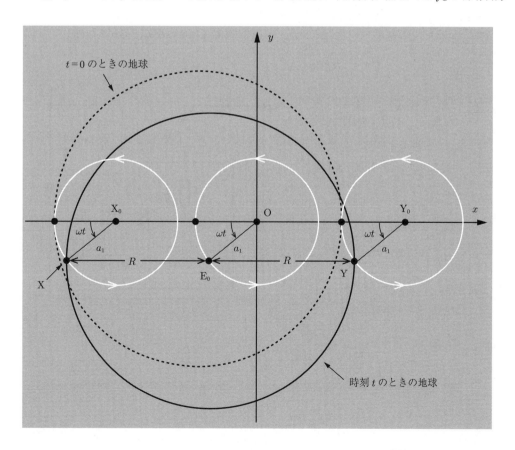

より大きいので，合力は月から遠ざかる向き，点 Y では万有引力が f_C より大きいので，合力は月に近づく向きになる．点 X が図のように運動することがわからないと設問 II (3) 以降は答えることができない．そのために設問 II (2) がある．

第2問

解答

I (1)　ア BLd　イ $\dfrac{(BL)^2 d}{R} v_a$

(2)　誘導起電力 BLv_a を一定と近似すれば，コイルに流れる電流 $i = BLv_a/R$ は一定，磁場がコイルに及ぼす力も一定ゆえ，台車の運動は等加速度運動と近似できる．台車の加速度を a として，運動方程式

$$ma = -LiB \qquad より \qquad a = -\frac{(BL)^2}{mR} v_a.$$

$\Delta t = d/v_a$ 後の速度

$$v_1 = v_0 + a\Delta t = v_0 - \frac{(BL)^2}{mR} d.$$

II (1)　$\dfrac{BLv_a - V}{R}$　(2) $-\dfrac{BL}{R}(BLv_a - V)$　(3) 0　(4) ③

(5)　台車が一定の速さになったとき，コイルに流れる電流は 0 になる．よって，

$$BLv_\infty - V = 0 \qquad より \qquad v_\infty = \frac{V}{BL}.$$

III (1)　台車の中心が Q_1 から Q_2 へ移動する間，二つのコイルの右辺に，ともに上から下の向きに BLv_a の起電力が生じ，等価回路は右図．これより

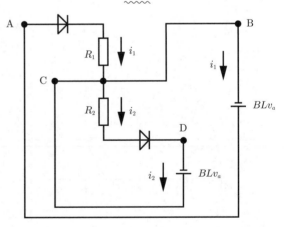

A の電位 $2BLv_a$,
B の電位 BLv_a.

(2)　B から A に流れる電流を i_1, D から C に流れる電流を i_2 として，

$$i_1 = \frac{BLv_a}{R_1}, \quad i_2 = \frac{BLv_a}{R_2}.$$

設問 I (2) と同様，台車の加速度を b として，これを一定と近似する．運動方程式

$$mb = -Li_1 B - Li_2 B = -(BL)^2 \left(\frac{1}{R_1} + \frac{1}{R_2} \right) v_a$$

より

$$b = -\frac{(BL)^2}{m}\left(\frac{1}{R_1} + \frac{1}{R_2}\right)v_a.$$

$\Delta t = d/v_a$ の間の速度変化の大きさは

$$|v_2 - v_0| = |b|\Delta t = \frac{(BL)^2}{m}\left(\frac{1}{R_1} + \frac{1}{R_2}\right)d.$$

これが最小となるのは,

$$\frac{1}{R_1} + \frac{1}{R_2} = \frac{R_1 + R_2}{R_1 R_2} = \frac{6R}{R_1(6R - R_1)}$$

として,この分母が最大のとき.すなわち $R_1 = 3R$ のとき.

解説

I. 磁場中を通過するコイルに誘導起電力が生じて電流が流れる.流れる電流は回路の方程式に従う.その電流が磁場から力をうけて,台車の速度(以下,コイルの速度)が変化する.その速度は運動方程式に従う.コイルに流れる電流とコイルの速度は,回路の方程式と運動方程式をたてて,それを連立して解くことより求められる.

コイルの右辺が $x = -d/2$ を通過する時刻を $t = 0$, $x = d/2$ を通過する時刻を $t = t_1$ とする.コイルの右辺の位置を X,コイルの速度を v とする.時刻 $0 \leqq t \leqq t_1$ の間,コイルの右辺には,右図の上から下の向きに,大きさ BLv の起電力が生じる.このときコイルに流れる電流を i とする.回路の方程式は

$$Ri = BLv. \tag{2.1}$$

運動方程式は

$$m\frac{dv}{dt} = -LiB \tag{2.2}$$

である.$t = 0$ から $t = t_1$ の間の速度変化 $v_1 - v_0$ を求めるのであれば,(2.1) より $i = BLv/R$ として,これを (2.2) に代入して,

$$\frac{dv}{dt} = -\frac{(BL)^2}{mR}v \tag{2.3}$$

としたものについて,右辺の $v = dX/dt$ として,両辺を $t = 0$ から $t = t_1$ まで積分する:

$$\int_0^{t_1}\frac{dv}{dt}\,dt = -\int_0^{t_1}\frac{(BL)^2}{mR}\frac{dX}{dt}\,dt. \tag{2.4}$$

$v = v(t)$, $X = X(t)$ と書き直せば,これは,

$$\left[v(t)\right]_{t=0}^{t=t_1} = \left[-\frac{(BL)^2}{mR}X(t)\right]_{t=0}^{t=t_1} \tag{2.5}$$

とできて，$v(t_1) - v(0) = v_1 - v_0$，$X(t_1) - X(0) = d$ ゆえ，

$$v_1 - v_0 = -\frac{(BL)^2}{mR}d \tag{2.6}$$

である．これは，厳密な結果であり，$|v_1 - v_0|$ が小さくなくても，d が小さくなくても成り立つ．

v，X，i を時間の関数として表すことも容易である．(2.3) より，$(BL)^2/(mR) = \lambda$ とおいて，初期条件 $t = 0$ で $v = v_0$ より，

$$v = v_0 e^{-\lambda t}. \tag{2.7}$$

これを積分して，初期条件 $t = 0$ で $X = -d/2$ より，

$$X = -\frac{d}{2} + \frac{v_0}{\lambda}(1 - e^{-\lambda t}). \tag{2.8}$$

(2.1)，(2.7) より，

$$i = \frac{BLv_0}{R}e^{-\lambda t} \tag{2.9}$$

である．$X = d/2$ となる時刻 $t = t_1$ は (2.8) で $X = d/2$ として，

$$d = \frac{v_0}{\lambda}(1 - e^{-\lambda t_1}) \quad \text{i.e.} \quad e^{-\lambda t_1} = 1 - \frac{\lambda d}{v_0} \tag{2.10}$$

をみたす．(2.7) に $t = t_1$ を代入して，$v_1 = v_0 e^{-\lambda t_1}$ として，これに (2.10) を代入すれば，やはり厳密に (2.6) が成り立つことを確認できる．

コイルが磁場を通過する時間が十分小さければ，λt は 1 に比べて十分小さく，$e^{-\lambda t} \fallingdotseq 1 - \lambda t$ と近似できる．このとき，(2.7)，(2.8) は

$$v \fallingdotseq v_0(1 - \lambda t), \quad X \fallingdotseq -\frac{d}{2} + \frac{v_0}{\lambda}\cdot\lambda t = -\frac{d}{2} + v_0 t$$

であり，速度は一定加速度 λv_0 の等加速度運動としたのと同じ，座標変化はコイルが一定速度 v_0 の等速運動としたのと同じ結果になる．この近似を用いれば，$X = d/2$ となる時刻は $t_1 = d/v_0$ で，速度は $v_1 = v_0(1 - \lambda t_1) = v_0 - \lambda d$ となり，やはり (2.6) になる．解答の近似はこれとほぼ同様である．問題文に与えられたように「移動中の誘導起電力が $\overline{E}$ で一定である」と近似すれば，コイルに流れる電流は一定で，磁場が電流に及ぼす力は一定ゆえ，コイルは等加速度運動する．そう考えれば，時間 $\Delta t = d/v_a$ の間の速度変化を求めるのはたやすい．

v_1 はエネルギー保存則を用いて求めるのでもよい．運動エネルギーが設問 I (1) のイで求めたジュール熱だけ減少する．さらに $v_a = (v_1 + v_0)/2$ として，

$$\frac{1}{2}mv_1{}^2 - \frac{1}{2}mv_0{}^2 = -\frac{(BL)^2 d}{R}\cdot\frac{v_1 + v_0}{2}.$$

左辺の $v_1{}^2 - v_0{}^2 = (v_1 - v_0)(v_1 + v_0)$ とし，両辺を $v_1 + v_0$ で割れば (2.6) が得られる．これ も簡潔な解答であるが，コイルの平均速度を $v_a = (v_1 + v_0)/2$ とし，誘導起電力は BLv_a で一 定，コイルが磁場を通過する時間は $\Delta t = d/v_a$ とする，という近似が，うまい近似になってい て，そのおかげで簡単に正しい結果が得られたことはわかっていた方がよい．例えば，コイル の速さの変化は小さいので，コイルは速度 v_0 のまま運動していて，コイルが磁場を通過する時 間は d/v_0 であるとして，エネルギー保存則を

$$\frac{1}{2}mv_1{}^2 - \frac{1}{2}mv_0{}^2 = -\frac{(BLv_0)^2}{R} \cdot \frac{d}{v_0} = -\frac{(BL)^2 d}{R}v_0$$

とすると少し異なる式になる．これを $v_1 = \cdots$ と書き直し，この式の右辺が $mv_0{}^2/2$ に比べて 十分に小さいと近似すれば (2.6) になるが，幾分か遠回りになる．

　エネルギー保存則は以下のように導ける．(2.1) の両辺に i をかけて，

$$Ri^2 = BLv \cdot i. \tag{2.11}$$

(2.2) の両辺に v をかけて，

$$\frac{d}{dt}\left(\frac{1}{2}mv^2\right) = -LiB \cdot v. \tag{2.12}$$

(2.11) の右辺 $BLv \cdot i$ は誘導起電力の仕事率，(2.12) の右辺 $(-LiB) \cdot v$ は磁場がコイルに及ぼ す力の仕事率である．一定磁場中で導体が運動するタイプの電磁誘導においては，誘導起電力 の仕事率と磁場がコイルに及ぼす力の仕事率の和は必ず 0 になり，(2.11) + (2.12) として，

$$\frac{d}{dt}\left(\frac{1}{2}mv^2\right) + Ri^2 = 0 \tag{2.13}$$

が成り立つ．この両辺を $t = 0$ から $t = t_1$ まで積分すれば，

$$\int_0^{t_1} \frac{d}{dt}\left(\frac{1}{2}mv^2\right)dt + \int_0^{t_1} Ri^2\,dt = 0.$$

したがって，

$$\frac{1}{2}mv_1{}^2 - \frac{1}{2}mv_0{}^2 = -\int_0^{t_1} Ri^2\,dt \tag{2.14}$$

である．右辺に (2.9) を代入して積分計算をすれば，(2.6) になることはわかっているが，せっ かくここまでやったので計算練習と思ってやっておこう．$t = 0$ から $t = t_1$ の間に抵抗で生じ たジュール熱の総和 W は，(2.9) を用いて

$$W = \int_0^{t_1} Ri^2\,dt = \frac{(BLv_0)^2}{2R\lambda}\left(1 - e^{-2\lambda t_1}\right).$$

これに (2.10) を代入して，その結果に λ を代入して整理すれば，

$$W = \frac{(BL)^2 v_0 d}{R} - \frac{1}{2}\frac{(BL)^4 d^2}{mR^2} = \frac{1}{2}m\left\{\frac{2(BL)^2 d}{mR} \cdot v_0 - \frac{(BL)^4 d^2}{(mR)^2}\right\}.$$

これを (2.14) に代入すれば (2.6) を確認できる．

II. 台車の中心が Q_1 から Q_2 へ移動する間（右図左），コイルの右辺，図の上から下の向きに BLv_a の起電力が生じる．問題文に「台車は磁場を通過することにより減速する」とあるので，$BLv_a > V$ であり，時計回りに電流が流れる．台車の中心が Q_3 から Q_4 へ移動する間（右図右），コ

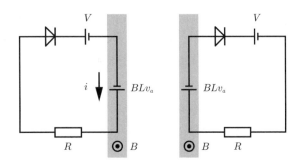

イルの左辺，図の上から下の向きに BLv_a の起電力が生じるが，ダイオードがあるため電流は流れない．

　設問 I と同様，コイルの右辺の位置を X，速度を v，コイルの右辺がはじめに $x = -d/2$ を通過する時刻を $t = 0$，$x = d/2$ を通過する時刻を $t = t_2$ とする．$0 \leqq t \leqq t_2$ の間，回路の方程式は，

$$Ri = BLv - V. \tag{2.15}$$

運動方程式は設問 I のときと同じく (2.2) である．$\lambda = (BL)^2/(mR)$ として，(2.2), (2.15), 初期条件 $t = 0$ で，$v = v_0$ より，

$$v = \frac{V}{BL} + \left(v_0 - \frac{V}{BL}\right)e^{-\lambda t}. \tag{2.16}$$

これを積分して，初期条件 $t = 0$ で，$x = -d/2$ より

$$X = -\frac{d}{2} + \frac{V}{BL}t + \frac{1}{\lambda}\left(v_0 - \frac{V}{BL}\right)(1 - e^{-\lambda t}). \tag{2.17}$$

(2.15), (2.16) より

$$i = \frac{BL}{R}\left(v_0 - \frac{V}{BL}\right)e^{-\lambda t} \tag{2.18}$$

である．台車がレールを繰り返し十分な回数回転した後は，(2.16), (2.18) で $t \to \infty$ としたときに相当し，

$$v \to \frac{V}{BL}, \quad i \to 0$$

である．(2.17) より $X = d/2$ となる時刻 $t = t_2$ を求めて，それを (2.16) に代入してそのときの速度 v_1 を求める計算はできないが，$|v_1 - v_0|$ が十分小さいと近似すれば，v_1 を求めることができる．$|v_1 - v_0|$ が十分小さいとき，λt は 1 に比べて十分小さく，$e^{-\lambda t} \fallingdotseq 1 - \lambda t$ と近似できる．(2.16) は

$$v \fallingdotseq \frac{V}{BL} + \left(v_0 - \frac{V}{BL}\right)(1 - \lambda t) = v_0 - \left(v_0 - \frac{V}{BL}\right)\lambda t. \tag{2.19}$$

(2.17) は

$$X \fallingdotseq -\frac{d}{2} + \frac{V}{BL}t + \frac{1}{\lambda}\left(v_0 - \frac{V}{BL}\right)\lambda t = -\frac{d}{2} + v_0 t. \tag{2.20}$$

(2.20) より, $X = d/2$ となる時刻は $t_2 = d/v_0$ である. これを (2.19) に代入して, $V/(BL) = v_\infty$ と書き直せば,

$$v_1 = v_0 - \frac{(BL)^2 d}{mR}\left(1 - \frac{v_\infty}{v_0}\right)$$

である. $(n-1)$ 回磁場を通過した後のコイルの速度を v_{n-1}, n 回磁場を通過した後の速度 v_n とすれば, 上の $v_1 \to v_n$, $v_0 \to v_{n-1}$ として,

$$v_n = v_{n-1} - \frac{(BL)^2 d}{mR}\left(1 - \frac{v_\infty}{v_{n-1}}\right)$$

である. v_{n-1} は減少して v_∞ に近づくので, この式の右辺第二項は 0 に近づいてゆき, $|v_n - v_{n-1}|$ も次第に減少して最後は 0 になる. よって, コイルの運動エネルギー K_n の変化を表すグラフは ③ になる.

III. 速度 v のとき, B から A に流れる電流 i_1, D から C に流れる電流 i_2 は

$$i_1 = \frac{BLv}{R_1}, \quad i_2 = \frac{BLv}{R_2}. \tag{2.21}$$

運動方程式

$$m\frac{dv}{dt} = -Li_1 B - Li_2 B = -(BL)^2\left(\frac{1}{R_1} + \frac{1}{R_2}\right)v$$

より

$$\frac{dv}{dt} = -\frac{(BL)^2}{m}\left(\frac{1}{R_1} + \frac{1}{R_2}\right)\frac{dX}{dt}.$$

(2.4), (2.5) と同様に, $X = -d/2$ から $X = d/2$ へ変化する間の速度変化は,

$$v_2 - v_0 = -\frac{(BL)^2}{m}\left(\frac{1}{R_1} + \frac{1}{R_2}\right)d$$

とするのもよい. (2.21) の $v = v_a$ として, 時間 $\Delta t = d/v_a$ の間に二つの抵抗で生じるジュール熱の和は

$$\left(R_1 i_1{}^2 + R_2 i_2{}^2\right)\frac{d}{v_a} = (BL)^2 d\left(\frac{1}{R_1} + \frac{1}{R_2}\right)v_a.$$

エネルギー保存則

$$\frac{1}{2}mv_2{}^2 - \frac{1}{2}mv_0{}^2 = -(BL)^2 d\left(\frac{1}{R_1} + \frac{1}{R_2}\right)v_a$$

において, $v_a = (v_2 + v_0)/2$ として $v_2 - v_0$ を求めるのでもよい.

第 3 問

解 答

I (1) ピストンの高さ $(V_1 + V_2)/S = L$ とする．分子が衝突したときに及ぼす力積は $2m_{\mathrm{X}}v_z$，単位時間あたりの衝突回数は $v_z/(2L)$．

$$F_1 = \sum_{\text{気体 X の全分子}} 2m_{\mathrm{X}}v_z \cdot \frac{v_z}{2L} = \frac{N_{\mathrm{A}}}{L}m_{\mathrm{X}}\overline{v_z^2} = \underline{\underline{\frac{N_{\mathrm{A}}S}{V_1 + V_2}m_{\mathrm{X}}\overline{v_z^2}}}.$$

(2) 気体 Y からの力は F_1 を求めたのと同様に，

$$F_{\mathrm{Y}} = \frac{N_{\mathrm{A}}S}{V_2}m_{\mathrm{Y}}\overline{w_z^2}.$$

F_1 にこれを加えて

$$F_2 = F_1 + F_{\mathrm{Y}} = N_{\mathrm{A}}S\left(\underline{\underline{\frac{m_{\mathrm{X}}\overline{v_z^2}}{V_1 + V_2} + \frac{m_{\mathrm{Y}}\overline{w_z^2}}{V_2}}}\right).$$

(3) 上で求めた F_1, F_2 で，$m_{\mathrm{X}}\overline{v_z^2} = m_{\mathrm{Y}}\overline{w_z^2} = kT$, $N_{\mathrm{A}}k = R$ として，圧力

$$p_1 = \frac{F_1}{S} = \underline{\underline{\frac{RT}{V_1 + V_2}}}. \quad p_2 = \frac{F_2}{S} = \underline{\underline{\frac{RT}{V_1 + V_2} + \frac{RT}{V_2}}}.$$

(4) X, Y ともに内部エネルギーは $3RT/2$. 合計は $\underline{\underline{3RT}}$.

II (1) 断熱変化ゆえ，気体 X と Y の内部エネルギーの合計の変化は，気体がされた仕事 $p_1\Delta V_1$ に等しい：

$$3R\Delta T = p_1\Delta V_1 \quad \text{i.e.} \quad \Delta T = \underline{\underline{\frac{p_1}{3R}\Delta V_1}} \cdots ①.$$

(2) 変化前後の気体 X の状態方程式

$$(p_1 + \Delta p_1)(V_1 + V_2 - \Delta V_1) = R(T + \Delta T), \quad p_1(V_1 + V_2) = RT \cdots ②$$

について，辺々割り算して，

$$\left(1 + \frac{\Delta p_1}{p_1}\right)\left(1 - \frac{\Delta V_1}{V_1 + V_2}\right) = 1 + \frac{\Delta T}{T}.$$

左辺を展開して，二次の微小量を無視して

$$\frac{\Delta p_1}{p_1} - \frac{\Delta V_1}{V_1 + V_2} = \frac{\Delta T}{T} \cdots ③.$$

① ② より

$$\Delta T = \frac{\Delta V_1}{3R} \cdot \frac{RT}{V_1 + V_2} \quad \text{i.e.} \quad \frac{\Delta T}{T} = \frac{1}{3}\frac{\Delta V_1}{V_1 + V_2}.$$

③ に代入して

$$\frac{\Delta p_1}{p_1} = \underline{\frac{4}{3}}\frac{\Delta V_1}{V_1 + V_2}.$$

III (1)　熱を加える間，領域 1 の気体 X の圧力は p_1 のまま．変化後の気体の温度を T_2 として，気体 X の状態方程式

$$p_1(2V_1 + V_2) = RT_2 \quad \cdots ④.$$

これと ② より，

$$T_2 = \frac{2V_1 + V_2}{V_1 + V_2} T \quad \cdots ⑤.$$

(2)　求める熱を Q として，熱力学第一法則より，

$$Q = 3R(T_2 - T) + p_1 V_1$$

② ④ を用いて $p_1 V_1 = R(T_2 - T)$ とし，⑤ を代入すれば，

$$Q = 3R(T_2 - T) + R(T_2 - T) = 4R(T_2 - T) = 4RT\frac{V_1}{V_1 + V_2}.$$

解説

I. 気体分子運動論に関する基本的な問題．シリンダー内の温度は一様で，気体 X と Y の温度は等しく T で，各々の気体分子について，一自由度あたりに分配されるエネルギーは等しく

$$\frac{1}{2}m_X\overline{v_x^2} = \frac{1}{2}m_X\overline{v_y^2} = \frac{1}{2}m_X\overline{v_z^2} = \frac{1}{2}kT,$$

$$\frac{1}{2}m_Y\overline{w_x^2} = \frac{1}{2}m_Y\overline{w_y^2} = \frac{1}{2}m_Y\overline{w_z^2} = \frac{1}{2}kT$$

で，気体 X，Y の内部エネルギーは等しく，

$$U_X = U_Y = \frac{3}{2}N_A kT = \frac{3}{2}RT$$

である．気体 X の圧力を p_X，気体 Y の圧力を p_Y とする．気体 X の体積は $V_1 + V_2$，気体 Y の体積は V_2．状態方程式より

$$p_X = \frac{RT}{V_1 + V_2}, \quad p_Y = \frac{RT}{V_2}.$$

設問 I (3) の領域 1 の圧力 p_1，領域 2 の圧力 p_2 はそれぞれ

$$p_1 = p_X = \frac{RT}{V_1 + V_2}, \quad p_2 = p_X + p_Y = \frac{RT}{V_1 + V_2} + \frac{RT}{V_2}$$

であることはわかっているので，これを導く過程で間違えたら気づかないといけない．

II. 領域 1 の気体の圧力は p_1 から $p_1 + \Delta p_1$ に変化するが，体積変化 ΔV_1 が微小量であるので，二次の微小量 $\Delta p_1 \Delta V_1$ を無視して，気体がされた仕事は $p_1 \Delta V_1$ とする．これが「微小量どうしの積は無視できるとする」ということである．以降は解答の通り．

III. 変化前の気体 X，気体 Y の内部エネルギーを U_{X1}，U_{Y1} とする．気体 X の圧力は p_1，気体 Y の圧力 p_Y として，気体 X，Y の状態方程式はそれぞれ

$$p_1(V_1 + V_2) = RT = \frac{2}{3}U_{X1}, \quad p_Y V_2 = RT = \frac{2}{3}U_{Y1}.$$

変化後の気体 X，気体 Y の内部エネルギーを U_{X2}，U_{Y2}，温度を T_2 とする．気体 X の圧力は p_1 のまま，気体 Y の圧力 $p_Y{}'$ として，気体 X，Y の状態方程式はそれぞれ

$$p_1(2V_1 + V_2) = RT_2 = \frac{2}{3}U_{X2}, \quad p_Y{}' V_2 = RT_2 = \frac{2}{3}U_{Y2}.$$

以上より，内部エネルギー変化は

$$\Delta U = (U_{X2} + U_{Y2}) - (U_{X1} + U_{Y1}) = 3R(T_2 - T).$$

仕事をするのは領域 1 の気体 X のみで，その仕事は $p_1 V_1$．熱力学第一法則より，

$$Q = \Delta U + p_1 V_1 = 4R(T_2 - T).$$

講評

　この数年は，一つ一つの設問は基本的な内容だが，全体に分量が多く時間内に全問解くのは難しい，という出題が続いていたが，今年は少し変わった．分量が減って，時間内に全問に取り組むことは可能な量になったが，物理の力がないと解けない設問も多く，全ての設問を解くのはやはり難しかった．第 1 問では，設問 II (3) がわからないとそれ以降の設問は全て解答できない．第 2 問も設問 I (2) から易しい設問ではない．解答は簡単に済ませたが，解説でやったような議論が自分でできないと，試験会場で正しい解答は書くのは難しい．設問 I (2) は，同様の設定の問題が 2019 年横浜市立大で出題されていて冬期講習で扱った．第 3 問の分子運動論は東大では 2006 年以来の出題．これも直前講習で分子運動論の復習をしておいたが，学生は苦手なところのようで，残念ながら第 3 問の出来はよくない．しかし，個人的にはこういう向きへの変化は好ましいと思う．これくらいの問題に立ち向かえるよう，よく鍛錬して受験に備えてください．

解答・解説

第 1 問

解 答

I ア. $-mg\ell\cos\theta_0$　イ. $\dfrac{1}{2}mu^2 - mg\ell\cos\theta$　ウ. $\sqrt{2g\ell(\cos\theta - \cos\theta_0)}$

II (1) 運動量保存則

$$m_A v_A = (m_A + m_B)v_0 \qquad \text{より} \qquad v_A = \frac{m_A + m_B}{m_A}\,v_0.$$

(2) A が飛び降りてから G' に着地するまでの時間を t として $t = \sqrt{2h/g}$. 求める距離 $\overline{GG'} = v_A t$.
$v_0 = \sqrt{2g\ell(1 - \cos\theta_0)}$ として,

$$\overline{GG'} = \frac{2(m_A + m_B)}{m_A}\sqrt{h\ell(1 - \cos\theta_0)} = \underline{1.2\,\text{m}}.$$

III (1) エネルギー保存則

$$-mg(\ell - \Delta\ell)\cos\theta'' = \frac{1}{2}m(v')^2 - mg(\ell - \Delta\ell)\cos\theta'$$

において, $\cos\theta''$, $\cos\theta'$ を与えられた近似を用いて書き直して,

$$(\theta'')^2 = (\theta')^2 + \frac{(v')^2}{g(\ell - \Delta\ell)} \quad\cdots\text{①}.$$

(2) 面積速度一定の法則

$$\frac{1}{2}(\ell - \Delta\ell)v' = \frac{1}{2}\ell v \qquad \text{より} \qquad v' = \frac{\ell}{\ell - \Delta\ell}\,v \quad\cdots\text{②}.$$

また, エネルギー保存則と与えられた近似より

$$v^2 = 2g\ell(\cos\theta' - \cos\theta_0) \fallingdotseq g\ell\big\{(\theta_0)^2 - (\theta')^2\big\} \quad\cdots\text{③}.$$

①②③より

$$(\theta'')^2 = \left(\frac{\ell}{\ell - \Delta\ell}\right)^3(\theta_0)^2 - \left\{\left(\frac{\ell}{\ell - \Delta\ell}\right)^3 - 1\right\}(\theta')^2 \quad\cdots\text{④}.$$

(3) ④より, θ'' が最大となるのは $\theta' = \underset{\sim}{0}$ のときで, θ'' の最大値は

$$(\theta'')_{\max} = \left(\frac{\ell}{\ell - \Delta\ell}\right)^{3/2}\theta_0.$$

— 30 —

(4)　$\theta_n = \left(\dfrac{\ell}{\ell - \Delta\ell}\right)^{3n/2} \theta_0.$

(5)　$\theta_N \geqq 2\theta_0$ となるのは，$\Delta\ell/\ell = 0.1$ として，

$$\left(\frac{1}{0.9}\right)^{3N/2} \geqq 2 \quad \text{i.e.} \quad -\frac{3}{2}N\log_{10}0.9 \geqq \log_{10}2$$

のとき．よって

$$N \geqq \frac{2\log_{10}2}{3(-\log_{10}0.9)} \fallingdotseq 4.3 \quad \therefore \quad N = 5.$$

【解説】

$\theta = \theta_0$ で運動を開始して，$\theta = \theta'$ で人が立ち上がり，$\theta = -\theta''$ で静止するまでの様子は下図．

(i) 運動開始　　　　　　(ii) 立ち上がる直前　　　　(iii) 立ち上がった直後　　　　(iv) 静止

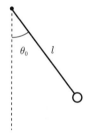
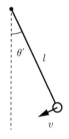
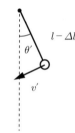
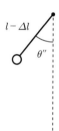

(i) から (ii) の間のエネルギー保存則

$$\frac{1}{2}mv^2 - mg\ell\cos\theta' = -mg\ell\cos\theta_0, \tag{1.1}$$

(ii) から (iii) の間の面積速度一定の法則

$$\frac{1}{2}(\ell - \Delta\ell)v' = \frac{1}{2}\ell v, \tag{1.2}$$

(iii) から (iv) の間のエネルギー保存則

$$-mg(\ell - \Delta\ell)\cos\theta'' = \frac{1}{2}m(v')^2 - mg(\ell - \Delta\ell)\cos\theta' \tag{1.3}$$

が成り立つ．加えて，

$$\cos\theta \fallingdotseq 1 - \frac{1}{2}\theta^2 \tag{1.4}$$

と近似して，(1.1) を ③，(1.3) を ① とすれば，θ'' を θ' を用いて表すことができる．その結果より，θ'' を最大とする θ' を求めることができる．(1.4) を使うとき「θ は十分小さいとして」と断りを入れているので，何かずるいことをしたという罪悪感を抱く人もいるかもしれないが，次のグラフをみれば，

θ が十分に小さくなくても (1.4) はそこ
そこよい近似であることがわかる.

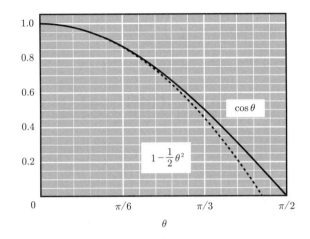

　ブランコの振動は「パラメタ励振」とい
う, 大学一年生の力学の授業で扱われる
テーマの一つである. 吉岡大二郎著『振
動と波動』(東京大学出版会, 2005 年) に
丁寧な解説がある. その中の「1.4 パラ
メタ励振：ブランコの原理」の「1.4.3 エ
ネルギーの考察」で, 振幅が大きくなる理
由を簡潔に説明してある. ネットで「パ
ラメタ励振」と検索しても, 私には吉岡
先生の解説より簡潔で明快なものは見つからなかった. 『振動と波動』の「パラメタ励振」の前のセク
ションが「減衰振動」, 後のセクションが「強制振動」, ともにここ数年の東大入試でよくみかけるテー
マである. 高校生でもすこし背伸びすれば十分理解できる記述なので, 「減衰振動」, 「強制振動」のセ
クションも含めて一読を薦める. その後, 2017 年第 2 問を解いてみるとよい.

第 2 問

解 答

I (1) $\dfrac{\varepsilon S}{d}$　(2) $\dfrac{1}{2}\dfrac{\varepsilon S}{d-x}V^2$

(3) CB 間の電気容量変化を ΔC とすれば,

$$\Delta C = \frac{\varepsilon S}{3d/4} - \frac{\varepsilon S}{d-x} = \frac{\varepsilon S}{d}\left(\frac{4}{3} - \frac{d}{d-x}\right).$$

これを用いて, 静電エネルギー変化 ΔU, 電源がした仕事 W_0 はそれぞれ

$$\Delta U = \frac{1}{2}V^2\Delta C, \quad W_0 = V^2\Delta C$$

エネルギー保存則 $\Delta U = W + W_0$ より

$$W = -\frac{1}{2}V^2\Delta C = -\frac{1}{2}\frac{\varepsilon S}{d}V^2\left(\frac{4}{3} - \frac{d}{d-x}\right), \quad \frac{W}{W_0} = -\frac{1}{2}.$$

II (1) ア. 0 イ. 2

(2) AC 間, DB 間の電気容量はそれぞれ $4C_0$, $2C_0$. AC 間, DB 間に蓄えられた電荷の大きさ
をそれぞれ $Q_1{}'$, $Q_2{}'$ として, AB 間の電位差が αV であること, および C と D の電荷保存：

$$\frac{Q_1{}'}{4C_0} + \frac{Q_2{}'}{2C_0} = \alpha V, \quad -Q_1{}' + Q_2{}' = -Q_1 + Q_2 = 2C_0V$$

より

$$Q_1' = \frac{4}{3}(\alpha - 1)C_0 V \cdots ①, \quad Q_2' = \frac{2}{3}(2\alpha + 1)C_0 V \cdots ②.$$

よって，

$$V_1 = \frac{Q_1'}{4C_0} = \frac{1}{3}(\alpha - 1)V, \quad V_2 = \frac{Q_2'}{2C_0} = \frac{1}{3}(2\alpha + 1)V.$$

III (1)　回路の方程式

$$\frac{Q_3}{4C_0} + \frac{Q_4}{2C_0} = L\frac{dI}{dt} \cdots ③, \quad -Q_3 + Q_4 = 2C_0 V, \quad I = -\frac{dQ_3}{dt}$$

より

$$\frac{d^2 Q_3}{dt^2} = -\frac{3}{4LC_0}\left(Q_3 + \frac{4}{3}C_0 V\right) \cdots ④.$$

Q_3 の単振動の角振動数は $\omega = \sqrt{3/(4LC_0)}$. よって，$I$ の単振動の周期は

$$T = \frac{2\pi}{\omega} = 4\pi\sqrt{\frac{LC_0}{3}}.$$

(2)　与えられた I より，コイルの両端の電圧は

$$L\frac{dI}{dt} = LI_0\frac{2\pi}{T}\cos\left(\frac{2\pi}{T}t\right) \cdots ⑤.$$

これは AB 間の電位差に等しく，$t = 0$ におけるその値は $2V$ ゆえ，

$$LI_0\frac{2\pi}{T} = 2V \quad より \quad I_0 = \frac{VT}{\pi L}.$$

(3)　⑤ より $t = T/4$ におけるコイルの両端の電圧は 0. このとき，③ より

$$\frac{Q_3}{4C_0} + \frac{Q_4}{2C_0} = 0 \quad \text{i.e.} \quad Q_3 = -2 \times Q_4 \cdots ⑥.$$

④ より Q_3 は $Q_3 = -4C_0 V/3$ を振動中心とした周期 T の単振動である．① の $\alpha = 2$ として，$t = 0$ における $Q_3 = 4C_0 V/3$, および $dQ_3/dt = 0$ より，

$$Q_3 = -\frac{4}{3}C_0 V + \frac{8}{3}C_0 V\cos\left(\frac{2\pi}{T}t\right) \cdots ⑦.$$

$Q_3 = 0$ となる時刻は $t' = T/6, \ 5T/6$.

(4)　① ② の $\alpha = 2$ として，$t = 0$ における $Q_3 = 4C_0 V/3$, $Q_4 = 10C_0 V/3$ より，

$$E_1 = \frac{Q_3^2}{2 \cdot 4C_0} + \frac{Q_4^2}{2 \cdot 2C_0} = 3C_0 V^2.$$

⑥ ⑦ より $t = T/4$ における $Q_3 = -4C_0 V/3$, $Q_4 = 2C_0 V/3$ より

$$E_2 = \frac{Q_3^2}{2 \cdot 4C_0} + \frac{Q_4^2}{2 \cdot 2C_0} = \frac{1}{3}C_0 V^2.$$

$t = 0$ における $I = 0$, $t = T/4$ における $I = I_0$ ゆえ，エネルギー保存則

$$E_1 = E_2 + \frac{1}{2}LI_0^2 \quad より \quad \Delta E = E_2 - E_1 = -\frac{1}{2}LI_0^2.$$

(5)　④

解説

I. 金属板に電荷がどのように帯電，分布するか，および極板の間にはたらく引力については，2018 年第 2 問の解説に詳しく書いたので，ここでは省略する．今回も「直流電圧 V を加えたところ，板 A，B にそれぞれ電荷 Q，$-Q$ が蓄えられ」とあるので，スイッチ 1 につなぐ前の A，B の電荷は 0 で，スイッチ 1 をつないだ後の A の上面と B の下面の電荷は 0 である．

この状態で金属板 C を AB 間に入れて，C と A を導線 a で接続する．このとき，A と C は等電位であることより，A と C の向かい合う面の電荷は 0 になる．C と B の向かい合う面の電荷の大きさを q とすれば，CB 間の電場は

$$E = \frac{q}{\varepsilon S} \tag{2.1}$$

で，CB 間の電位差が V であることより，

$$\frac{q}{\varepsilon S}(d-x) = V \quad \text{i.e.} \quad q = \frac{\varepsilon S}{d-x}V \tag{2.2}$$

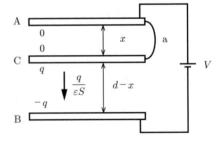

である．問題文にはじめの C の電荷がいくらであるかについての断りが無いが，C と A を導線 a で接続する前の C の電荷がいくらかあったとしても，C と A を導線 a で接続して十分時間が経った後，その電荷の半分が A の上面に，残り半分が B の下面に現れるだけで，A と C の向かい合う面の電荷が 0，C と B の向かい合う面の電荷の大きさが q であることにかわりはなく，AC 間，CB 間の電場や電位差，さらに C にはたらく力にも影響ない．

コンデンサーの静電エネルギーは極板間の電場が蓄えているエネルギーである．「電場のエネルギー」というのはイメージしづらい概念であるが，場は空間の歪みのようなものでその歪みがもつエネルギーである，と思っておけばよい．誘電率が ε の空間の単位体積あたりの電場のエネルギーは $\varepsilon E^2/2$ である．AC 間には電場はないので，A，B，C からなるコンデンサーの静電エネルギーは CB 間に蓄えらえた電場のエネルギーに等しく，CB 間の体積は $S(d-x)$ ゆえ，

$$U = \frac{1}{2}\varepsilon E^2 \cdot S(d-x) = \frac{1}{2}\frac{q^2}{\varepsilon S}(d-x) = \frac{1}{2}\frac{\varepsilon S}{d-x}V^2 \tag{2.3}$$

である．

極板 C の電荷 q は極板 B の電荷 $-q$ から，C と B が引き合う向きに力をうける．この力に逆らって C を AC 間の距離が $d/4$ になるまで引き上げるためには外力を加える必要がある．こ

のとき，この外力がした仕事は，極板 A，B，C が真空中にあるのであれば，以下のようにして求めることができる．まず，それをみてみよう．

極板 A，B，C が真空中にあり，A と C の間の距離が x のときの CB 間の電場の大きさ，C と B の向かい合う面の電荷の大きさ，静電エネルギーは，(2.1)，(2.2)，(2.3) の空気の誘電率 ε を真空の誘電率 ε_0 に置き換えて，それぞれ

$$E'(x) = \frac{q'(x)}{\varepsilon_0 S}, \quad q'(x) = \frac{\varepsilon_0 S}{d-x}V, \quad U'(x) = \frac{1}{2}\frac{\varepsilon_0 S}{d-x}V^2$$

である．A と C の間の距離が x のとき，極板 B の電荷が C の電荷に及ぼす力の大きさを $F(x)$ とする．C のつりあいを保つため加える外力の大きさ $f(x)$ は $F(x)$ に等しく

$$f(x) = F(x) = \frac{1}{2}q'(x)E'(x) = \frac{1}{2}\varepsilon_0 S\left(\frac{V}{d-x}\right)^2. \tag{2.4}$$

右図に x の増加する向きを正とした x 軸を描いたが，ここから dx だけ動かすとき，dx が符号を含む量なので $dx > 0$ のつもり，すなわち x が増える向きに動かしたつもりで，外力がする仕事は $-f(x)\,dx$ としなければならない．x を積分変数 x' に置き換えて，C を $x' = x$ から $x' = d/4$ まで動かすとき，外力がする仕事は，(2.4) を用いて，

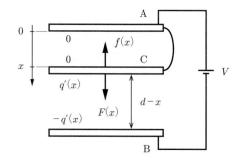

$$W' = -\int_x^{d/4} f(x')\,dx' = -\int_x^{d/4} \frac{1}{2}\varepsilon_0 S\left(\frac{V}{d-x'}\right)^2 dx'. \tag{2.5}$$

これを計算して

$$W' = \left[-\frac{1}{2}\varepsilon_0 SV^2 \frac{1}{d-x'}\right]_x^{d/4} = -\frac{1}{2}\frac{\varepsilon_0 S}{d}V^2\left(\frac{4}{3} - \frac{d}{d-x}\right) \tag{2.6}$$

である．引力に逆らって引き上げるのであるから当然 $W' > 0$ であるが，後の $\Delta U'$，$W_0{}'$ の式にあわせて，計算結果のマイナス符号はそのままにしておく．x が $d/4$ になるまで C を動かすときの静電エネルギー変化は

$$\Delta U' = U'\left(\frac{d}{4}\right) - U'(x) = \frac{1}{2}\frac{\varepsilon_0 S}{d}V^2\left(\frac{4}{3} - \frac{d}{d-x}\right). \tag{2.7}$$

x が $d/4$ になるまでの間に電源を通過した電荷は

$$\Delta q' = q'\left(\frac{d}{4}\right) - q'(x) = \frac{\varepsilon_0 S}{d}V\left(\frac{4}{3} - \frac{d}{d-x}\right)$$

で，この間に電池がした仕事は

$$W_0' = V \Delta q' = \frac{\varepsilon_0 S}{d} V^2 \left(\frac{4}{3} - \frac{d}{d-x} \right) \tag{2.8}$$

である．(2.6) と (2.8) より $W' = -W_0'/2$ であること，(2.6)，(2.7)，(2.8) より，エネルギー保存則

$$\Delta U' = W' + W_0' \tag{2.9}$$

が成り立つことがわかる．

　この問題のように極板 A，B，C が誘電率 ε の空気中にある場合，加えた外力がした仕事 W，静電エネルギー変化 ΔU，電池がした仕事 W_0 はそれぞれ (2.6)，(2.7)，(2.8) の ε_0 を ε に置き換えたもので，それらについて (2.9) と同様のエネルギー保存則

$$\Delta U = W + W_0 \tag{2.10}$$

が成り立つ．しかし，極板 A，B，C が空気中にある場合には，極板 B が C に及ぼす力を，(2.4) のように求めることができないため，外力がした仕事を (2.5) のように直接計算することができない．(2.10) は証明できる式ではなく，(2.9) を証明してこれが成り立つことを確認した経験をもとに，同様の式が成り立つだろうと信じて立てる式，すなわち基本原理である．したがって，極板 A，B，C が空気中にあるときは，静電エネルギー変化 ΔU，電池がした仕事 W_0 を求めて，これらを (2.10) に代入することより W を求めるというのでないといけない．しかし，そう考えなければならない理由を正しく理解するのは難しく，受験生が必ず理解しておくべきこととともいえない．極板間引力を表す式から，外力のする仕事を直接積分して求めるのは正しいやり方ではないが，それに全く点を与えないという無慈悲なことはないと思う．ちなみに，このことについては加藤正昭著『電磁気学』(東京大学出版会，1987 年) の第 5 章「物質中の電磁場」の「誘電体中の電荷に働く力」に丁寧な説明がある．

II. AC 間の電気容量は $4C_0$，DB 間の電気容量は $2C_0$ である．設問 I (3) の状態から板 D を差し入れて，C と D を導線 b で接続したときが次ページ左図．このとき，A，C，D は等電位で，A と C，C と D の向かい合う面の電荷は 0 である．D と B の間の電位差が V になるので，D と B の向かい合う面の電荷の大きさは $2C_0V$ である．その後，導線 a をはずしても電荷分布は変わらず，$Q_1 = 0$，$Q_2 = 2C_0V$ である．この後，電源の電圧を αV としたときが次ページ右図．

　このとき，A と C，D と B の向かい合う面の電荷の大きさをそれぞれ Q_1'，Q_2' として，AB 間の電位差が αV であること，C と D が電荷が保存することより

$$\frac{Q_1'}{4C_0} + \frac{Q_2'}{2C_0} = \alpha V, \quad -Q_1' + Q_2' = 2C_0V.$$

よって，

$$Q_1' = \frac{4}{3}(\alpha - 1)C_0V, \quad Q_2' = \frac{2}{3}(2\alpha + 1)C_0V.$$

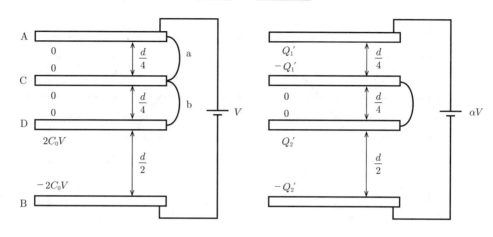

III. 設問 II (2) の状態から，スイッチを 2 につなぎ
　　かえると，コンデンサーは放電してコイルに電
　　流が流れ，コイルに起電力が生じる．このとき
　　のコンデンサーの電荷，コイルに流れる電流を
　　求めるには，回路の方程式をたてて，その解を
　　求めればよい．回路の方程式は設問 III (1) の
　　解答に書いた．直流電源の電圧が αV のとき，
　　$t = 0$ において

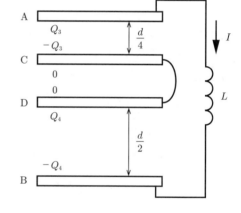

$$Q_3 = \frac{4}{3}(\alpha - 1)C_0 V, \quad I = 0$$

である．この初期条件の下に設問 III (1) の解答の式④の解を求めて，

$$Q_3 = -\frac{4}{3}C_0 V + \frac{4}{3}\alpha C_0 V \cos\omega t, \quad Q_4 = \frac{2}{3}C_0 V + \frac{4}{3}\alpha C_0 V \cos\omega t.$$

電流は

$$I = \frac{4}{3}\alpha\omega C_0 V \sin\omega t = \alpha\sqrt{\frac{4C_0}{3L}}V\sin\omega t$$

である．Q_3 と $-Q_4$ のグラフは次ページの図．Q_3 の振動中心は $-4C_0 V/3$，$-Q_4$ の振動中心
は $-2\alpha C_0 V/3$，ともに振幅が $4\alpha C_0 V/3$ である．

　　AC 間の電気容量が $4C_0$，DB 間の電気容量が $2C_0$ であることより，その直列合成容量 C を

$$\frac{1}{C} = \frac{1}{4C_0} + \frac{1}{2C_0} \quad \text{より} \quad C = \frac{4}{3}C_0$$

として，電気振動の角振動数が $\sqrt{1/LC} = \sqrt{3/(4LC_0)}$ である，というのは，結果的には正し
いが，正しい答えとはいえない．A と C，D と B からなる直列コンデンサーとみなして，合成
容量を上のように計算してよいのは，C と D の電荷の和が 0 で，A の電気量と B の電気量の
大きさが等しくその符号が逆の場合のみである．

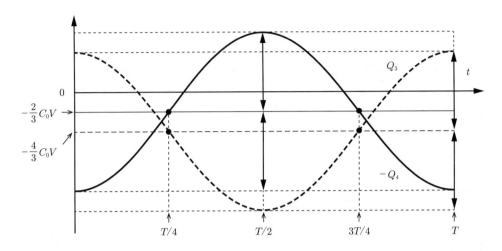

第 3 問

解 答

I (1) $\sin\theta = n\sin\phi$ …① (2) $\dfrac{Q\Delta t}{c}$

(3) $\Delta p = 2p\sin(\theta - \phi)$. 向き $\underline{C \to O}$.

(4) Δt の間の微粒子が受ける力積の大きさは，光子の運動量変化の大きさに等しいこと

$$f\Delta t = \frac{2Q\Delta t}{c}\sin(\theta - \phi) \quad \text{より} \quad f = \frac{2Q}{c}\sin(\theta - \phi) \text{…②}.$$

向きは光子の運動量変化の逆向きで $\underline{O \to C}$.

(5) ① より $\theta \fallingdotseq n\phi$. 図 3–2 より $d = r\sin\phi \fallingdotseq r\phi$. これらを用いて

$$\sin(\theta - \phi) \fallingdotseq \theta - \phi = (n-1)\phi = (n-1)\frac{d}{r}.$$

これと② より，

$$f = \frac{2Q}{c}(n-1)\frac{d}{r} \text{…③}.$$

II. (1) 力は働かない (2) 上 (3) イ

III. (1) 右図より

$$h = \Delta x\cos\alpha = r\sin\theta.$$

これと① より，

$$r = \frac{\Delta x\cos\alpha}{\sin\theta} = \frac{\Delta x\cos\alpha}{n\sin\phi}.$$

したがって，

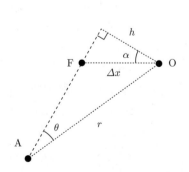

$$d = r \sin \phi = \frac{\Delta x}{n} \cos \alpha \cdots ④.$$

(2)　合力は $f' = 2f \cos \alpha$. ③ ④ を用いて

$$f' = 2 \cdot \frac{2Q}{c} (n-1) \frac{d}{r} \cos \alpha = \frac{4Q}{c} \cdot \frac{n-1}{n} \cdot \frac{\Delta x}{r} \cos^2 \alpha \cdots ⑤.$$

(3)　f_0 は f' に等しい. 与えられた数値を ⑤ に代入して, $f_0 = 1 \times 10^{-12}\,\mathrm{N}$.

解説

　問題文の「光子は運動量をもつので, 光の屈折に伴い光子の運動量が変化して, それが微粒子に力を及ぼすと考えられる. そこで以下では, 光子の運動量の変化の大きさは, その光子が微粒子に及ぼす力積の大きさに等しいとする」という部分が理解できれば, あとは光の屈折についての問題である.

　設問 I では下の図が描ければよい. $\overrightarrow{p_i}$ は入射光子の運動量, $\overrightarrow{p_f}$ は出射光子の運動量でその大きさは $|\overrightarrow{p_i}| = |\overrightarrow{p_f}| = p$ である. 光子の運動量変化は $\Delta \overrightarrow{p} = \overrightarrow{p_f} - \overrightarrow{p_i}$ で, その大きさは $\Delta p = 2p \sin \beta = 2p \sin(\theta - \phi)$ である.

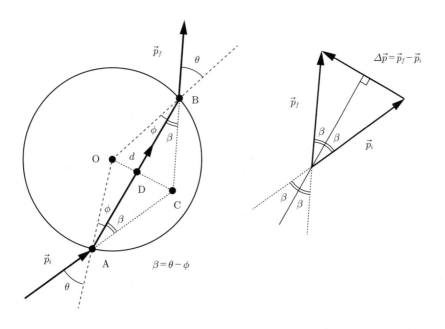

　設問 III では次の図が描ければよい．微粒子が，光線 1，光線 2 から受ける力は水平から α の向きを向くので，これらの合力は水平方向に大きさ $2f\cos\alpha$ である．設問 III (2) の結果を求めた後であれば，設問 II (3) の答えは「イ：f' は Δy に比例する」とわかるが，計算をする前に答えを選ばないといけない．Δy を大きくすれば f' が増加することはすぐにわかる．自分は，設問 III (2) の計算をする前は，Δy は十分に小さいので Δy の一次に比例するのかな，くらいにしか考えられなかった．

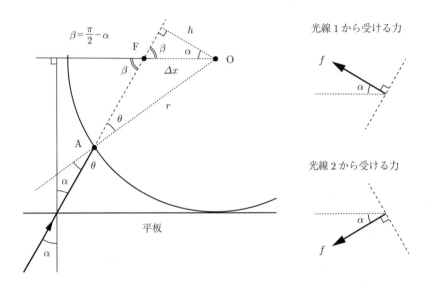

講評

　起きる事象の時間順に問いが設定されていたり，物理的な因果関係が設問の順に沿っていたり，前の設問で解いた結果を用いて次の設問に答える，となっていれば，多少難しい問題でもそれほど解きにくいとは思わないものである．第 1 問設問 III，第 2 問設問 III は，全くその逆のことやっていて，時間制限がある中で，間違いを犯すことなく解き切るのはなかなか難しい．

　第 1 問の設問 I は，III を答えるときのために位置エネルギーの基準を O にして答えさせておいたのだろうが，加えて II は III とのつながりもなく，設問 I，II はなくてもよいように思う．設問 III だけなら問題は見開き 1 ページに収まる．第 2 問も設問 III はそのままとするなら設問 I (3) はない方が，より学生の学力をみることができると思う．出題の分量が多いのは，確たる意図があってのことで，学力は適切に判定されているのは間違いないだろうが，分量が多いこと，設問の設定が複雑なことに目が向いて，道に迷う学生が増えないか心配になる．

2020年

第 1 問

解 答

I (1) （ア）v_x （イ）v_y （ウ）a_x （エ）a_y （オ）a_y （カ）a_x

(2) $\Delta A_v = 0$ より $xa_y - ya_x = 0$. および運動方程式 $ma_x = F_x$, $ma_y = F_y$ より

$$\frac{F_x}{F_y} = \frac{x}{y}.$$

(3) (2) の結果より $\vec{F}$ は $\vec{r}$ に平行. また, 小球が円周上を動くとき $\vec{v}$ は $\vec{r}$ に垂直. よって 仕事率 $\vec{F} \cdot \vec{v}$ はつねに 0 で, $\vec{F}$ が A から B までの間, A から C までの間にする仕事は ともに 0 で等しい.

II (1) 小球の運動エネルギーを K として,

$$K - K_r = \frac{1}{2}m\big(v_x{}^2 + v_y{}^2\big) - \frac{1}{2}m\left(\frac{xv_x + yv_y}{r}\right)^2$$

$$= \frac{1}{2}m \cdot \frac{r^2 v_x{}^2 + r^2 v_y{}^2 - x^2 v_x{}^2 - 2xy v_x v_y - y^2 v_y{}^2}{r^2}$$

$$= \frac{1}{2}m \cdot \frac{y^2 v_x{}^2 + x^2 v_y{}^2 - 2xy v_x v_y}{r^2} = \frac{1}{2}m\left(\frac{xv_y - yv_x}{r}\right)^2.$$

$xv_y - yv_x = 2A_v$ として,

$$K - K_r = \frac{2mA_v{}^2}{r^2}.$$

(2) $A_v = A_0$ のときの小球の力学的エネルギーを

$$E = K + U = K_r + \frac{2mA_0{}^2}{r^2} - G\frac{mM}{r} = K_r + U^*$$

とおく. r のみの関数 U^* が最小となるのは

$$\frac{dU^*}{dr} = -\frac{4mA_0{}^2}{r^3} + G\frac{mM}{r^2} = 0 \quad \text{i.e.} \quad r = \frac{4A_0{}^2}{GM}$$

のとき. この値を r_0 とすれば, E が最小となるのは, $r = r_0$ かつ $K_r = 0$, すなわち $v_r = 0$ のときで, このときの小球の運動は半径 $r = r_0$ の等速円運動. E の最小値は

$$E_{\min} = \frac{2mA_0{}^2}{r_0{}^2} - G\frac{mM}{r_0} = -\frac{1}{2}G\frac{mM}{r_0} = -\frac{1}{8}m\left(\frac{GM}{A_0}\right)^2.$$

III (1)　運動方程式，量子条件

$$m\frac{v^2}{r_n} = G\frac{mM}{r_n{}^2}, \quad 2\pi r_n = n\frac{h}{mv}$$

より

$$r_n = \frac{1}{GMm^2}\left(\frac{h}{2\pi}\right)^2 \cdot n^2.$$

(2)　$n = 1,\ r_1 = R$ として

$$R = \frac{1}{GMm^2}\left(\frac{h}{2\pi}\right)^2 \quad より \quad m = \frac{1}{\sqrt{GMR}}\cdot\frac{h}{2\pi} \fallingdotseq 10^{-61}\,\mathrm{kg}.$$

解説

　角運動量という概念は，高校で学習する項目に入ってないが，駿台ではその理解が必要と考えて授業で扱っている．I は角運動量と力のモーメントの関係，II は角運動量保存則の下での運動に関する考察．III の「ボーアの量子条件」は「角運動量の量子化」である．さらにプランク定数は角運動量の次元の量である．そういう視点から議論すれば，I から III が一つの問題になっていることが理解できる．なので，面積速度ではなく角運動量を用いて議論をさせてもらう．馴染めないようであれば，以下の L を $2mA_v$ と置き換えて目を通していただければよい．

I.　$\vec{F}$ がはたらいて，xy 平面内で運動する
　　質量 m の小球の運動方程式は

$$m\frac{d\vec{v}}{dt} = \vec{F}. \qquad (1.1)$$

これを直交座標成分表示で表せば，

$$m\frac{dv_x}{dt} = F_x, \qquad (1.2)$$

$$m\frac{dv_y}{dt} = F_y \qquad (1.3)$$

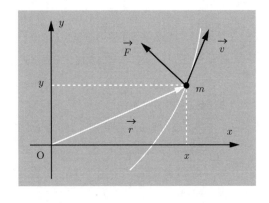

である．まず，設問 I (1)，(2) の角運動量変化と力のモーメントの関係について考える．

$$L = m(xv_y - yv_x), \quad N = xF_y - yF_x \qquad (1.4)$$

を，それぞれ z 軸まわりの角運動量，z 軸まわりの力のモーメントという．(1.4) から分かるように，L は $\vec{r}$ と $m\vec{v}$ がつくる平行四辺形の面積（次左図の斜線部分の面積）に，N は $\vec{r}$ と $\vec{F}$ がつくる平行四辺形の面積（次右図の斜線部分の面積）に，それぞれ等しい．

　$(1.3) \times x - (1.2) \times y$ とすれば，

$$m\left(x\frac{dv_y}{dt} - y\frac{dv_x}{dt}\right) = xF_y - yF_x \qquad (1.5)$$

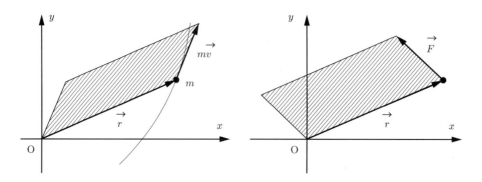

となり，右辺は N になる．L/m を時間微分すれば，

$$\frac{d}{dt}(xv_y - yv_x) = \left(x\frac{dv_y}{dt} + \frac{dx}{dt}v_y\right) - \left(y\frac{dv_x}{dt} + \frac{dy}{dt}v_x\right) = x\frac{dv_y}{dt} - y\frac{dv_x}{dt} \quad (1.6)$$

であり，(1.5) は

$$\frac{d}{dt}\{m(xv_y - yv_x)\} = xF_y - yF_x$$

とできることがわかる．このように，角運動量の時間変化率は力のモーメントに等しい：

$$\frac{dL}{dt} = N \quad (1.7)$$

である．これを角運動量の方程式という．運動方程式 (1.1) は「力 $\vec{F}$ が加えられると速度 $\vec{v}$ が変化する」という物理的な関係を表す式である．(1.7) は (1.1) から導かれた式であるが「力のモーメント N が加えられると角運動量 L が変化する」という，運動方程式とは異なる物理的な関係を表す式である．

　その力の作用線が O を通るような力を中心力という．中心力においては，$\vec{r}$ と $\vec{F}$ がつくる平行四辺形の面積は 0 で，つねに $N = 0$ ゆえ，(1.7) より，L は時間によらない定数になる．これを角運動量保存則という．万有引力は $\vec{F}$ が O の向きを向くが，たとえば，O に固定された正電荷があり，その周りを正電荷が運動する場合のように．$\vec{F}$ が O から遠ざかる向きを向いていても角運動量は保存する．O まわりの面積速度は $\vec{r}$ と $\vec{v}$ がつくる三角形の面積で，$A_v = (xv_y - yv_x)/2 = L/(2m)$ であるので，角運動量が保存すれば面積速度が保存することはいうまでもない．

　表立って微分計算しないのであれば，(1.6) に相当する計算は，以下のようにやらなければならない．任意の時刻から微小時間 Δt 後の面積速度 $A_v + \Delta A_v$ は，A_v の式の

$$x \to x + v_x\Delta t, \quad y \to y + v_y\Delta t, \quad v_x \to v_x + a_x\Delta t, \quad v_y \to v_y + a_y\Delta t$$

として，

$$A_v + \Delta A_v = \frac{1}{2}\left\{(x + v_x\Delta t)(v_y + a_y\Delta t) - (y + v_y\Delta t)(v_x + a_x\Delta t)\right\}$$

の右辺を展開して，Δt について整理した

$$A_v + \Delta A_v = \frac{1}{2}(xv_y - yv_x) + \frac{1}{2}(xa_y - ya_x)\Delta t + \frac{1}{2}(v_xa_y - v_ya_x)(\Delta t)^2$$

について，$(\Delta t)^2$ に比例した変化分を無視して，

$$\Delta A_v = \frac{1}{2}(xa_y - ya_x)\Delta t$$

としなければならないが，不合理極まりない.

　設問 I (3) は，角運動量とは関係なく仕事の計算である. 高校の教科書には，仕事は「力 F の移動方向の分力 $F\cos\theta$ と移動距離 x との積 $Fx\cos\theta$」とある. 仕事は，わりと早い段階で学習するので，はじめはこう教わるのも仕方ないが，素直にずっとこう信じたままではいけない. いまの場合のように，小球が運動する経路がまっすぐでない，小球の速度の向きや，力の向きが瞬間瞬間で変化するような場合は，仕事は仕事率を足し算したものと見る方がよい. 運動エネルギーは

$$K = \frac{1}{2}mv^2 = \frac{1}{2}m\left(v_x{}^2 + v_y{}^2\right)$$

で，この時間微分は

$$\frac{dK}{dt} = \frac{d}{dt}\left\{\frac{1}{2}m\left(v_x{}^2 + v_y{}^2\right)\right\} = m\left(v_x\frac{dv_x}{dt} + v_y\frac{dv_y}{dt}\right) = m\overrightarrow{v}\cdot\frac{d\overrightarrow{v}}{dt}$$

である. これより，運動方程式 (1.1) の両辺に $\overrightarrow{v}$ を内積すれば，

$$\frac{d}{dt}\left(\frac{1}{2}mv^2\right) = \overrightarrow{F}\cdot\overrightarrow{v} \tag{1.8}$$

となり，運動エネルギーの時間変化率は仕事率に等しいことがわかる. 点 A を通過する時刻を $t = t_1$，点 B を通過する時刻を $t = t_2$ として，小球が点 A から点 B まで移動する間に $\overrightarrow{F}$ がした仕事は

$$\int_{t_1}^{t_2} \overrightarrow{F}\cdot\overrightarrow{v}\, dt$$

である. $\overrightarrow{F}$ と $\overrightarrow{v}$ はつねに垂直で，任意の時刻において $\overrightarrow{F}\cdot\overrightarrow{v} = 0$ ゆえ，これを $t = t_1$ から t_2 まで積分したものも 0 である. 同様に，点 A から点 C まで移動する間も，任意の時刻において仕事率は 0 で仕事も 0 である.

II. 質量 m の小球が，原点 O で静止した質量 M の物体から万有引力を受けて運動するとき，一定角運動量の下で，小球の力学的エネルギーが最小になる運動は円運動であること，角運動量を L として，そのときの力学的エネルギーが $1/L^2$ に比例することを見てみよう.

　まず，速度の動径方向成分は問題と
同様 v_r とする．右図のように $\vec{r}$ が x
軸となす角を反時計回りを正として ϕ,
$\vec{r}$ に垂直で ϕ が増える向きを正とし
た速度成分を v_ϕ とする．

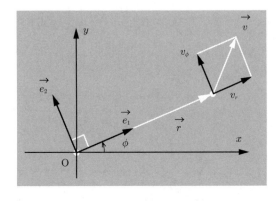

$$x = r\cos\phi, \quad y = r\sin\phi$$

より，

$$v_x = \frac{dr}{dt}\cos\phi - r\frac{d\phi}{dt}\sin\phi, \qquad v_y = \frac{dr}{dt}\sin\phi + r\frac{d\phi}{dt}\cos\phi.$$

すなわち，

$$\vec{v} = \begin{pmatrix} v_x \\ v_y \end{pmatrix} = \frac{dr}{dt}\begin{pmatrix} \cos\phi \\ \sin\phi \end{pmatrix} + r\frac{d\phi}{dt}\begin{pmatrix} -\sin\phi \\ \cos\phi \end{pmatrix} \tag{1.9}$$

である．右上図の $\vec{r}$ 方向の単位ベクトル，それに垂直な方向の単位ベクトルをそれぞれ $\vec{e_1}$,
$\vec{e_2}$ とすれば，

$$\vec{e_1} = \begin{pmatrix} \cos\phi \\ \sin\phi \end{pmatrix}, \quad \vec{e_2} = \begin{pmatrix} -\sin\phi \\ \cos\phi \end{pmatrix}.$$

$\vec{v}$ の $\vec{e_1}$ 方向成分を v_r, $\vec{e_2}$ 方向成分を v_ϕ としたので，

$$\vec{v} = v_r\,\vec{e_1} + v_\phi\,\vec{e_2} \tag{1.10}$$

であり，(1.9) と (1.10) より，

$$v_r = \frac{dr}{dt}, \quad v_\phi = r\frac{d\phi}{dt}$$

である．v_r は設問 II (1) の問題文中に与えられた式があるが，これは

$$r^2 = x^2 + y^2$$

の両辺を時間微分して，

$$2r\frac{dr}{dt} = 2x\frac{dx}{dt} + 2y\frac{dy}{dt} = 2(xv_x + yv_y) \qquad \text{より} \qquad v_r = \frac{dr}{dt} = \frac{xv_x + yv_y}{r}$$

としたものである．

　v_ϕ を使えば，$\vec{r}$ と $\vec{v}$ のつくる平行四辺形の面積は rv_ϕ と表せるので，z 軸まわりの角運動
量は mrv_ϕ である．角運動量を L とすれば，角運動量保存則

$$mrv_\phi = L \qquad \text{より} \qquad v_\phi = \frac{L}{mr} \tag{1.11}$$

と，L が与えられれば v_ϕ は r のみの関数になる．(1.11) より，小球の運動エネルギーは

$$K = \frac{1}{2}m\left(v_r{}^2 + v_\phi{}^2\right) = K_r + \frac{L^2}{2mr^2} \tag{1.12}$$

である．$K - K_r = K_\phi$ とすれば，はたらく力が万有引力であろうが，クーロン力であろうが，角運動量が一定であれば，K_ϕ は r のみの関数になり，K_r にはよらない，ということを表している．これは運動を考察する上で重要なことである．

　小球の運動方程式は

$$m\frac{d\vec{v}}{dt} = -G\frac{mM}{r^2}\vec{e_1}. \tag{1.13}$$

万有引力の仕事率は，(1.10) を用いて，

$$-G\frac{mM}{r^2}\vec{e_1} \cdot \vec{v} = -G\frac{mM}{r^2}v_r$$

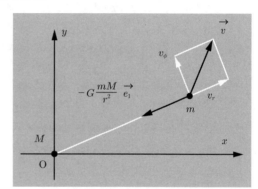

である．(1.13) の両辺に $\vec{v}$ を内積して，$v_r = dr/dt$ とすれば，

$$\frac{d}{dt}\left(\frac{1}{2}mv^2\right) = -G\frac{mM}{r^2} \cdot \frac{dr}{dt} = \frac{d}{dt}\left(G\frac{mM}{r}\right). \tag{1.14}$$

右辺を左辺に移項すれば，

$$\frac{d}{dt}\left(\frac{1}{2}mv^2 - G\frac{mM}{r}\right) = 0 \qquad \text{i.e.} \qquad \frac{1}{2}mv^2 - G\frac{mM}{r} = \text{const.}$$

力学的エネルギーを E として，(1.12) を用いれば，エネルギー保存則は

$$K_r + \frac{L^2}{2mr^2} - G\frac{mM}{r} = E \tag{1.15}$$

である．

　(1.15) をもとにして，小球の運動を考察してみよう．$K_\phi + U$ を

$$U^*(r) = \frac{L^2}{2mr^2} - G\frac{mM}{r} \tag{1.16}$$

とおけば，(1.15) は

$$K_r + U^*(r) = E \tag{1.17}$$

である．$v_r = dr/dt$ であることを思い出せば，(1.17) は，運動エネルギーが K_r，ポテンシャルエネルギーが $U^*(r)$ の，一次元の r 軸上を動く粒子についてのエネルギー保存則と考えられる．$U^*(r)$ を有効ポテンシャルという．小球が運動するのは，

$$K_r = E - U^*(r) \geqq 0 \qquad \text{i.e.} \qquad U^*(r) \leqq E \tag{1.18}$$

を満たす範囲である．$U^*(r)$ のグラフは右図の実線である．(1.18) より，$E \geqq 0$ であれば無限遠方まで運動することができる．$E < 0$ であれば r が有限の区間を運動する．$U^*(r)$ が極小値をとるときの r を r_0 とする．もし力学的エネルギーが $U^*(r_0)$ ぴったりであれば，r は r_0 しかとれないので，小球は一定な半径で円運動する．このように，力学的エネルギーの最小値 $E_{\min}$ は $U^*(r_0)$ である．

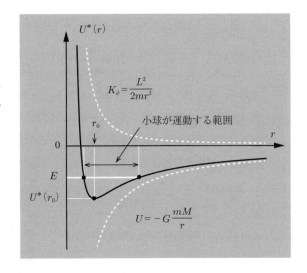

$$\frac{dU^*(r)}{dr} = -\frac{L^2}{mr^3} + G\frac{mM}{r^2} = 0 \qquad \text{より} \qquad r = \frac{L^2}{GMm^2} = r_0$$

として，

$$E_{\min} = U^*(r_0) = \frac{L^2}{2mr_0^2} - G\frac{mM}{r_0} = -\frac{1}{2}m\left(\frac{GmM}{L}\right)^2 \tag{1.19}$$

であり，$E_{\min}$ は $1/L^2$ に比例する．だからそれが何だ，というのは III の解説に続く．

　以下は，結果しか書かないが，各自確認しておくとよい．半径 r_0 で円運動するときの速さを v_0 とする．問題では角運動量 L を一定として，力学的エネルギーが最小になる場合を調べたが，初期条件として $r = r_0$ の点で $\vec{r}$ に垂直な向きに初速度 $\sqrt{1+e}\,v_0$ を与えた場合を考える．$0 < e < 1$ であれば小球の軌道は楕円になる．これを示すのは少し道のりが長いので証明はしなくてもよい．まず，エネルギー保存則と角運動量保存則を立てて，r の最大値が

$$r_{\max} = \frac{1+e}{1-e}r_0$$

になること，および e は楕円の離心率になっていることを確認する．次に，このときの (1.16) は

$$U^*(r) = \frac{GmM}{r_0}\left\{\frac{1+e}{2}\left(\frac{r_0}{r}\right)^2 - \frac{r_0}{r}\right\}$$

となることを確認する．r/r_0 を無次元の変数 ρ，$U^*(r)$ をエネルギーの次元の定数 GmM/r_0 で割った無次元の関数 $u(\rho)$ として，

$$u(\rho) = \frac{1+e}{2}\cdot\frac{1}{\rho^2} - \frac{1}{\rho}$$

とする．$e = 0$ の場合，$e = 1/2$ の場合について，$\rho = 1,\ 2,\ \cdots,\ 6$ までの $u(\rho)$ の値を求めて，方眼紙にプロットしてグラフを描き，$e = 0$ の場合は右図破線，$e = 1/2$ の場合は右図実線になること，特に ● をつけた点を通るのを確認すること．

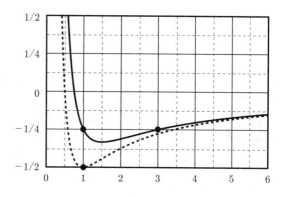

III. プランク定数 h，真空中の光速 c，電気素量 e，電子質量 m，クーロン定数 k とする．ボーアの水素原子模型では，運動方程式と，量子条件をみたすような電子の軌道半径 r_n を求めて，エネルギー準位は

$$E_n = \frac{1}{2}mv^2 - \frac{ke^2}{r_n} = -\frac{ke^2}{2r_n} = -\frac{2\pi^2 m (ke^2)^2}{h^2}\frac{1}{n^2}.$$

主量子数が m から n に遷移したときに放射する光子の波長を λ として，振動数条件

$$\frac{hc}{\lambda} = E_m - E_n \qquad より \qquad \frac{1}{\lambda} = \frac{2\pi^2 m (ke^2)^2}{h^3 c}\left(\frac{1}{n^2} - \frac{1}{m^2}\right)$$

と求めることができて，実験からわかっていた水素原子のスペクトルを再現することをボーアが発見した，と習う．

　ボーアが量子条件を発見した経緯はこの逆の順である．水素原子のスペクトルを再現するためには，まず，電子のエネルギーがとびとびの値で，リュードベリ定数 R を用いて

$$E_n = -\frac{hcR}{n^2} \tag{1.20}$$

にならないといけない．一定角運動量の下でエネルギーが最低の運動，円運動するときを考えて，その角運動量を L とすれば，電子のエネルギーは (1.19) の GmM を ke^2 として，

$$E = -\frac{1}{2}m\left(\frac{ke^2}{L}\right)^2 \tag{1.21}$$

である．(1.21) が (1.20) であるためには，角運動量はとびとびの値でなければならない，角運動量が量子化されれなければならない，としたのである．量子力学を学ぶとき，$h/(2\pi)$ を $\hbar$ と書いてこちらの方をよく使うが，その頃 $\hbar$ は使われてない．ボーアは，1913 年当時にわかっていた物理定数を用いて，上の二つの式を比較して，角運動量が

$$L = n \cdot \frac{h}{2\pi} = n\hbar$$

となることを探り当てたのだ．ド・ブロイが物質波の概念を提唱したのはこの 10 年後である．プランク定数の単位は

$$\mathrm{J\,s = kg \cdot (m/s)^2 \cdot s = kg \cdot m/s \cdot m}$$

で，角運動量の次元の量である．

第 2 問

解　答

I (1) （ア）IBd　（イ）下　（ウ）X　（エ）$V_0 = V$　（オ）$\dfrac{V_0}{Bd}$

(2) 運動方程式

$$m\frac{\Delta s}{\Delta t} = IBd \quad より \quad \Delta s = \frac{Bd}{m}I\Delta t.$$

起電力の変化量

$$\Delta V = Bd\Delta s = \frac{(Bd)^2}{m}I\Delta t.$$

(3) Δt の間に導体棒に流れる電気量を $\Delta Q = I\Delta t$ として，(2) の結果より

$$\Delta Q = \frac{m}{Bd}\Delta s \quad よって \quad Q = \frac{m}{Bd}s_0 = \frac{m}{(Bd)^2}V_0.$$

(4) (3) の結果より，対応するコンデンサーの電気容量は $C = m/(Bd)^2$．棒に生じる起電力に逆らって電荷を運ぶのに要する仕事は，電気容量 C のコンデンサーが蓄えた静電エネルギーに相当し，それは

$$U = \frac{1}{2}CV_0{}^2 = \frac{1}{2}\frac{m}{(Bd)^2}V_0{}^2 = \frac{1}{2}ms_0{}^2.$$

(5) (4) の結果より，U は到達速さに達したときの導体棒の運動エネルギーである．電池がした仕事は導体棒の運動エネルギーの変化と抵抗で生じるジュール熱の総和に変わる．$CV_0 = Q$，ジュール熱を J として，

$$U = \frac{1}{2}QV_0, \quad J = QV_0 - U = \frac{1}{2}QV_0.$$

II （カ）$\dfrac{1}{2}$　（キ）1　（ク）1　（ケ）2

III 求める導体棒 1, 2 の速さをそれぞれ s_1, s_2 とする．回路の方程式より

$$Bds_1 + B(2d)s_2 = V_0.$$

また，$s_2 = 2s_1$. 以上より，

$$s_1 = \frac{V_0}{5Bd}, \quad s_2 = \frac{2V_0}{5Bd}.$$

解説

I. 図 2–1 の紙面表から裏の向きに磁束密度 B の磁場がある. はじめ導体棒は静止している. ス
イッチを入れると, 導体棒には X から Y の向きに電流が流れて右向きに動き始める. 導体棒の
運動に伴い, 導体棒には誘導起電力が生じて, 電流, 棒の速度は変化してゆく. スイッチを入
れてから十分に時間が経った後, 導体棒の速度は一定になる. この間の導体棒の速度, 電流を
時間の関数として表せ. さらに, この間の導体棒の運動エネルギー変化, 電池がした仕事, 抵
抗で生じたジュール熱の総和をそれぞれ求め, エネルギー保存則が成り立つことを示せ. 問題
を整理すればこんなところだろうか.

スイッチを入れた時刻を $t = 0$ とする. 時刻 t において, 導体棒に流れる電流を $I(t)$, 導体
棒の速度を $s(t)$ とする. 問題で与えられた平行レールの間隔 d は, 微分記号に用いるので l に
変更する.

スイッチを入れて導体棒が動き始めると, 大きさ $Bls(t)$ の誘導起電力が Y から X の向きに
生じるため, 導体棒の速度 $s(t)$ の変化に伴って, 回路に流れる電流も時間変化する. このとき
の電流と起電力の関係は, 回路の方程式より

$$RI(t) = V_0 - Bls(t). \tag{2.1}$$

導体棒に電流が流れているため, 導体棒は磁場から大きさ $BlI(t)$ の力を右向きに受けて, その
速度が変化する. このときの導体棒の運動方程式は

$$m\frac{ds(t)}{dt} = BlI(t). \tag{2.2}$$

$I(t)$, $s(t)$ は十分時間が経った後には一定値になる. そのときの値さえわかれば設問には答え
られるが, (2.1), (2.2) を解いて, $I(t)$, $s(t)$ を求めておこう. (2.1) より

$$I(t) = \frac{V_0 - Bls(t)}{R} \tag{2.3}$$

として, これを (2.2) に代入して整理すると

$$m\frac{ds(t)}{dt} = -\frac{(Bl)^2}{R}\left(s(t) - \frac{V_0}{Bl}\right) \tag{2.4}$$

となる. ともに時間によらない定数

$$\frac{V_0}{Bl} = s_0, \quad \frac{(Bl)^2}{mR} = \lambda$$

とすれば, (2.4) は

$$\frac{ds(t)}{dt} = -\lambda\big(s(t) - s_0\big)$$

である．このままでは右辺は積分できないので，両辺を $s(t) - s_0$ でわり，変数分離すれば

$$\frac{1}{s(t) - s_0} \frac{ds(t)}{dt} = -\lambda$$

となり，左辺も右辺もそれぞれ積分することができる．積分変数を t' に変更して，両辺を $t' = 0$ から $t' = t$ まで積分すれば

$$\int_0^t \frac{1}{s(t') - s_0} \frac{ds(t')}{dt'} dt' = \int_0^t (-\lambda) dt'. \tag{2.5}$$

自然対数 $\log_e x \equiv \ln x$ と書いて，(2.5) の左辺は

$$\left[\ln \left| s(t') - s_0 \right| \right]_0^t = \ln \left| s(t) - s_0 \right| - \ln \left| s(0) - s_0 \right| = \ln \left| \frac{s(t) - s_0}{s(0) - s_0} \right|.$$

$s(t)$ は単調に s_0 に近づいてゆくため，$s(0) - s_0$ と $s(t) - s_0$ は同符号で，$\ln$ の中は正となり，絶対値を外すことができて，(2.5) は

$$\ln \frac{s(t) - s_0}{s(0) - s_0} = -\lambda t \quad \therefore \quad s(t) = s_0 + (s(0) - s_0) e^{-\lambda t}.$$

はじめ棒が静止しているとき，$s(0) = 0$ として，

$$s(t) = s_0 (1 - e^{-\lambda t}) = \frac{V_0}{Bl} (1 - e^{-\lambda t}). \tag{2.6}$$

電流は

$$I(t) = \frac{V_0 - Bls(t)}{R} = \frac{V_0}{R} e^{-\lambda t}$$

である．$t = 0$ のときの電流 $V_0/R = I_0$ として，$s(t)/s_0$，$I(t)/I_0$ のグラフは下図である．十分に時間が経つまでの間に，導体棒に流れた電気量は

$$Q = \int_0^\infty I(t) \, dt = \left[-\frac{V_0}{\lambda R} e^{-\lambda t} \right]_0^\infty = \frac{V_0}{R} \frac{mR}{(Bl)^2} = \frac{m}{(Bl)^2} \cdot V_0$$

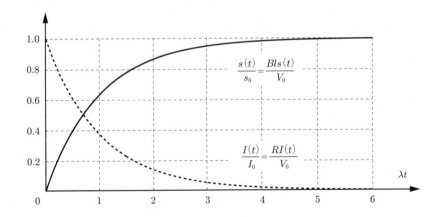

で，この現象は電気容量 $C = m/(Bl)^2$ のコンデンサーを充電する過渡現象に相当する，と考える．

　電源をいくらかの電気量が通過するとき，電源がする仕事は起電力とその電気量の積であるが，電流が時間変化している場合に仕事を求めるには，仕事率を求めてからこれを積分しないといけない．この辺の事情は第 1 問設問 I (3) の解説で述べたのと同じである．いまは $I(t)$ も $s(t)$ も時間変化しているので，エネルギーの関係は仕事率のままで議論しないといけない．起電力が V_0 の電源に $I(t)$ の電流が流れていれば，電源の仕事率は $V_0 I(t)$ である．(2.1) に $I(t)$ をかけると

$$RI(t)^2 = V_0 I(t) - Bls(t) \cdot I(t). \tag{2.7}$$

$RI(t)^2$ は抵抗で生じる単位時間あたりのジュール熱，$-Bls(t) \cdot I(t)$ は誘導起電力の仕事率である．誘導起電力の仕事率を表す項を左辺に移項して，

$$RI(t)^2 + Bls(t) \cdot I(t) = V_0 I(t) \tag{2.8}$$

とすれば，設問 I (4) の問題文中の「起電力に逆らって電荷を運ぶのに要する仕事」というのが $Bls(t) \cdot I(t)dt$ のことで，(2.8) を見れば，電池が仕事をして，その一部が棒に生じた誘導起電力に逆らって電荷を運ぶのに要する仕事に，残りが抵抗で生じるジュール熱となると考えてよいことがわかる．

　電池は，棒に生じた誘導起電力に逆らって電荷を運ぶために仕事をしたが，その仕事はどこへ行ったのか．それは，(2.2) に $s(t)$ をかけた

$$\frac{d}{dt}\left(\frac{1}{2}ms(t)^2\right) = BlI(t) \cdot s(t) \tag{2.9}$$

を見れば理解できる．$BlI(t) \cdot s(t)$ は磁場が導体棒に及ぼす力の仕事率であるが，これは棒に生じた誘導起電力に逆らって電荷を運ぶための仕事率そのもので，これは棒の運動エネルギーを増加させるのに使われていたわけだ．(2.8) と (2.9) より，

$$\frac{d}{dt}\left(\frac{1}{2}ms(t)^2\right) + RI(t)^2 = V_0 I(t) \tag{2.10}$$

である．ある瞬間の導体棒の運動エネルギーの時間変化率と単位時間あたりに抵抗で生じるジュール熱の和は，その瞬間の電池の仕事率に等しい．スイッチを閉じてから十分時間が経つまでの間の導体棒の運動エネルギー変化は

$$\int_0^\infty \frac{d}{dt}\left(\frac{1}{2}ms(t)^2\right)dt = \left[\frac{1}{2}ms(t)^2\right]_0^\infty = \frac{1}{2}m{s_0}^2.$$

スイッチを閉じてから十分時間が経つまでの間に抵抗で生じるジュール熱の総和

$$\int_0^\infty RI(t)^2 dt = J$$

として，スイッチを閉じてから十分時間が経つまでの間に電池がした仕事は

$$\int_0^\infty V_0 I(t)dt = V_0 \int_0^\infty I(t)dt = V_0 Q$$

ゆえ，(2.10) を時刻 $t = 0$ から十分時間が経つまでの間について積分して

$$\frac{1}{2}ms_0{}^2 + J = V_0 Q$$

となる．$ms_0{}^2/2 = V_0 Q/2$ ゆえ，電池が仕事をして，その半分が導体棒の運動エネルギー変化となり，残り半分が抵抗で生じたジュール熱になることがわかる．

II. 易しいので解説は省略する．

第3問

解答

I　各状態における容器 X 内の気体の内部エネルギー，体積を，U, V に添字を付けて表す．操作① は断熱変化ゆえ，熱力学第一法則より W_1 は内部エネルギー変化に等しい：

$$W_1 = U_B - U_A = -\frac{3}{2}\left(1 - \frac{1}{a^2}\right)RT_A.$$

操作② は圧力が p_A/a^5 で一定の定圧変化ゆえ，

$$W_2 = -\frac{p_A}{a^5}(V_C - V_B) = -\left(\frac{4}{5} - \frac{1}{a^2}\right)RT_A.$$

操作③ は断熱変化．操作① のときと同様に，

$$W_3 = U_D - U_C = \frac{6}{5}(a^2 - 1)RT_A.$$

II　(1)　$\Delta U_4 = \frac{3}{2}R(T_E - T_D).$

(2)　操作④ は圧力が p_A で一定の定圧変化．状態 D, E における状態方程式

$$p_A V_D = RT_D, \quad p_A V_E = RT_E$$

より

$$W_4 = -p_A(V_E - V_D) = -R(T_E - T_D).$$

(3)　熱力学第一法則より，X 内，Y 内の気体の内部エネルギー変化の和は，W_4 に等しいこと：

$$\frac{3}{2}R(T_E - T_D) + \frac{3}{2}R(T_E - T_A) = -R(T_E - T_D)$$

より

$$T_E = \frac{3T_A + 5T_D}{8}.$$

III (1)　オ

(2)　操作④で X から Y に熱が流れればよいので，

$$T_A < T_D = \frac{4}{5}a^2 T_A \qquad \text{i.e.} \qquad a > \frac{\sqrt{5}}{2}.$$

(3)　状態 A と E の間の X 内の気体の内部エネルギー変化を ΔU_X とする．状態 A と E の間の X 内，Y 内の気体の内部エネルギー変化の和は，熱力学第一法則より，

$$\Delta U_X + \Delta U_Y = W + Q_2$$

容器 X, Y 内の気体はともに 1 モルで，状態 A と E の間の温度変化は等しいので $\Delta U_X = \Delta U_Y$．以上より，

$$\Delta U_Y = \frac{1}{2}(W + Q_2).$$

(4)　操作④で X から Y に熱が流れなくなるのは，Y の温度が T_D まで上がっているとき．すなわち，

$$T_F = T_D = \frac{4}{5}a^2 T_A.$$

解説

I, II.　各状態における，容器 X 内の気体の体積，温度はそれぞれ V, T に添字をつけて表す．まず，問題に状態 A, B, C において

$$p_A, \quad T_A, \quad p_B = \frac{p_A}{a^5}, \quad T_C = \frac{4}{5}T_A$$

が与えられている．また，状態 A の状態方程式

$$p_A V_A = R T_A \qquad \text{より} \qquad V_A = \frac{R T_A}{p_A} \tag{3.1}$$

である．以上の 5 つの量が既知．未知量は V_B, T_B, V_C, V_D, T_D, V_E, T_E の 7 つである．状態 B, C, D の状態方程式より

$$p_B V_B = R T_B, \quad p_B V_C = R T_C, \quad p_A V_D = R T_D. \tag{3.2}$$

状態 A から B，状態 C から D は断熱変化ゆえ，ポアソンの公式より

$$p_A V_A{}^{5/3} = p_B V_B{}^{5/3}, \quad p_A V_D{}^{5/3} = p_B V_C{}^{5/3}. \tag{3.3}$$

(3.2) の 3 つ，(3.3) の 2 つの式より，(3.1) を用いて，

$$V_B = a^3 V_A, \quad T_B = \frac{1}{a^2}T_A, \quad V_C = \frac{4}{5}a^5 V_A, \quad V_D = \frac{4}{5}a^2 V_A, \quad T_D = \frac{4}{5}a^2 T_A.$$

これらは表 3–1 に与えてあるが, 表 3–1 が無くても自分で求められないといけない. 自分でも う一度解き直すときは表 3–1 は隠しておこう. 残る T_E, V_E は, 設問 II (2), (3) の通り, 状態 D, E の状態方程式と熱力学第一法則を用いて求めることができる.

III. 熱力学第二法則は大学で習うが, 難しい法則で少し勉強したくらいではなかなか理解できた気 がしない法則である. 熱力学第二法則にはいくつかの表現があるが, そのうちに「他に何の変 化も起こすことなく, 低温側から高温側に熱を移すことはできない」という表現がある. 別の 言い方をすれば「何もしなければ, 熱は高温側から低温側にしか流れない」と言ってもよい.

　　この問題の急所は, III の問題文の「容器 X 内の気体に対して仕事を行うことで, 低温の物体 Z から容器 Y 内の高温の気体に熱を運ぶ操作になっている」というところである. 気体に熱を 加えて仕事をさせる装置が熱機関である. p–V グラフを描いて, サイクルを時計回りに回せば 気体は正味正の仕事し, 加えた熱の一部が仕事になる. サイクルを反時計回りに回せば, 気体 が正味する仕事は負になり, 気体は外界から仕事をされて, 低温側で吸収した熱の一部を高温 側で放出することができる. これをヒートポンプという.

　　図 3–2 のうち, A→B, C→D が断熱変化, かつ B→C, D→E が定圧変化になっているのは イ, ウ, オ, カ. サイクルが反時計回りのものはウとオ. 状態 D で容器 Y 内の気体の温度は T_A, 状態 E でのその温度 T_E が T_A より上がってなければ, 容器 Y 内の気体に熱を運んだこと にならない. よって, 状態変化の図はオである. それさえがわかれば難しいところはない.

講評

はじめに問題を解いたとき, 第 1 問の I, II は知ってる人は答えを知っているし, III はそんな話し もあるのか, どっちにしろあまり面白い問題ではないな, なんて思ったが, 全くの見当違いだった. 青 本の解説を書き始めてから, 見れば見るほど, 深く考えて練られた問題であることがわかってきた. II から III へのつながりや, III が暗黒物質になっているところなど出題された方のセンスは抜群で, し きりに感心, 感動してます. 第 2 問は, 他の問題と見比べた上で意図的に易しくしたのでしょう. 第 3 問で, 気体の状態をはじめから表 3–1 に与えてあるのは面白い. これらを求めるところまで問うと 設問の量が増えて, 問いたいこと (III の設問) がぼやけるから省いたのだろうが, 気体の問題を解く ときのルーティンをわざと省いたようにも見える. 教えられた手順通りにしか問題を解けないように なっては機械と同じです. 機械になるためなら勉強する必要はない.

2019年

解答・解説

第 1 問

解 答

I (1) 台車の速度は $\underline{a_1 t_1}$. 台車が移動する距離は右図の斜線部分の面積 $\underline{a_1 t_1 t_2}$.

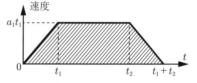

(2) 単振動の振動中心は

加速区間：$y = -\dfrac{ma_1}{k}$,

等速区間：$y = 0$,

減速区間：$y = \dfrac{ma_1}{k}$.

初期条件 $t = 0$ で $y = 0$, $\dot{y} = 0$ より, y の時間変化は右図. よって, $t = t_1 + t_2$ における

y 座標：$\underline{0}$, 相対速度：$\underline{0}$.

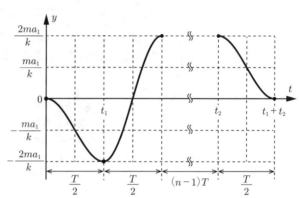

(3) 単振動の振動中心は

$$\text{加速区間：} y = -\frac{ma_2}{k}, \quad \text{減速区間：} y = \frac{ma_2}{k}.$$

$t = T/2$ での $y = y_1$ とする. 各区間の端点の中点が各区間での振動中心になること：

$$\frac{y_0 + y_1}{2} = -\frac{ma_2}{k}, \quad \frac{y_1 + 0}{2} = \frac{ma_2}{k}$$

より,

$$a_2 = -\underline{\frac{ky_0}{4m}}, \quad y_1 = -\underline{\frac{y_0}{2}}.$$

II (1) $f = mg\sin\theta - ma\cos\theta \fallingdotseq \underline{mg\theta - ma}$.

(2) グラフより, $0 \leqq t \leqq T/2$ での単振動の振動中心は $\theta = (\theta_0 + \theta_1)/2$. 振幅は $(\theta_0 - \theta_1)/2$. よって,

$$\theta = \underbrace{\frac{\theta_0 - \theta_1}{2}}_{\mathcal{7}} \cos\sqrt{\frac{g}{l}}\, t + \underbrace{\frac{\theta_0 + \theta_1}{2}}_{\mathcal{1}}.$$

これより，

$$\ddot{\theta} = -\frac{g}{l} \cdot \frac{\theta_0 - \theta_1}{2} \cos \sqrt{\frac{g}{l}}\, t = -\frac{g}{l} \left(\theta - \frac{\theta_0 + \theta_1}{2} \right).$$

質点の加速度の軌道接線方向成分は $l\ddot{\theta}$ ゆえ，

$$F = \underset{\text{ウ}}{ml\ddot{\theta}} = -mg \left(\theta - \underset{\text{イ}}{\frac{\theta_0 + \theta_1}{2}} \right).$$

$F = f$ として，a について解き，θ を代入する：

$$a = g\left(2\theta - \frac{\theta_0 + \theta_1}{2} \right) = g\left\{ \underset{\text{エ}}{(\theta_0 - \theta_1)} \cos \sqrt{\frac{g}{l}}\, t + \underset{\text{オ}}{\frac{\theta_0 + \theta_1}{2}} \right\}.$$

以上より，

ア	②	イ	①	ウ	⑩	エ	④	オ	①

$t = 0$ から $t = T/2$ までの台車の速度変化は

$$v_1 = \int_0^{T/2} a\, dt = g\left(\frac{\theta_0 + \theta_1}{2} \right) \frac{T}{2} = \underset{\text{(i)}}{\frac{\theta_0 + \theta_1}{2} \cdot \pi \sqrt{gl}}.$$

$t = T/2$ から $t = T$ までの台車の速度変化は，上の計算の $\theta_0 \to \theta_1$，$\theta_1 \to 0$ として，

$$v_2 = g\left(\frac{\theta_1}{2} \right) \frac{T}{2} = \underset{\text{(ii)}}{\frac{\theta_1}{2} \cdot \pi \sqrt{gl}}.$$

$t = T$ で台車が静止する条件は

$$v_1 + v_2 = 0 \qquad \therefore \qquad \theta_1 = \underset{\text{(iii)}}{-\frac{1}{2}} \times \theta_0.$$

解説

設定の異なる状況が 3 つ．設問は全部で 5 つある．

[**A**] 台車が一定な加速度で加速—等速—減速する．

　[**A-1**] Ⅰ(1)：台車の速度，台車の移動距離を求める．

　[**A-2**] Ⅰ(2)：台車上の物体の運動を調べる．

[**B**] 台車が一定な加速度で加速—減速する．Ⅰ(3)：台車上の物体の運動を調べる．

[**C**] 台車が一定ではない加速度で運動する．

　[**C-1**] Ⅱ(1), (2) | ア | ～ | オ | ：振子が図 1–3 の運動をするための台車の加速度を求める．

[C-2] II (2) $\boxed{\text{i}}$ ～ $\boxed{\text{iii}}$：**[C-1]** の結果から台車の速度変化を求め，振子が図 1–3 の運動をするときの θ_1 と θ_0 の関係を求める.

[A]，**[B]** はともに，慣性力と弾性力がはたらく物体について，初期条件をみたす運動方程式の解を加速区間，等速区間，減速区間で，順次求めていけばよい．**[C]** は，図 1–2 の実験装置の振子が，図 1–3 の運動をするための台車の加速度を，図 1–3 のグラフから求めていけばよい．以下，設問 I (2)，(3) について，運動方程式を解いて，各区間での座標，速度を求めておく.

I (2)　(i)　$0 \leqq t \leqq t_1$：運動方程式

$$m\ddot{y}(t) = -ky(t) - ma_1 \qquad \text{より} \qquad \ddot{y}(t) = -\frac{k}{m}\left(y(t) + \frac{ma_1}{k}\right).$$

$y(t)$ は $y = -ma_1/k$ を振動中心とした角振動数 $\sqrt{k/m}$ の単振動する．角振動数を ω，時間によらない定数 A_1，B_1 として，$y(t)$ の一般解，および速度は

$$y(t) = -\frac{ma_1}{k} + A_1\sin\omega t + B_1\cos\omega t, \quad \dot{y}(t) = \omega(A_1\cos\omega t - B_1\sin\omega t).$$

初期条件 $y(0) = 0$，$\dot{y}(0) = 0$ をみたす A_1，B_1 を求めれば，$A_1 = 0$，$B_1 = ma_1/k$. よって，

$$y(t) = -\frac{ma_1}{k}\left(1 - \cos\omega t\right), \quad \dot{y}(t) = -\frac{ma_1}{k}\omega\sin\omega t. \tag{1.1}$$

$t = t_1$ における座標，速度は (1.1) に $t = t_1 = T/2 = \pi/\omega$ を代入して，

$$y(t_1) = -\frac{2ma_1}{k}, \quad \dot{y}(t_1) = 0. \tag{1.2}$$

(ii)　$t_1 \leqq t \leqq t_2$：運動方程式

$$m\ddot{y}(t) = -ky(t).$$

定数 A_2，B_2 として，$y(t)$ の一般解は

$$y(t) = A_2\sin\{\omega(t - t_1)\} + B_2\cos\{\omega(t - t_1)\}.$$

速度は

$$\dot{y}(t) = \omega\big[A_2\cos\{\omega(t - t_1)\} - B_2\sin\{\omega(t - t_1)\}\big].$$

初期条件 (1.2) をみたす A_2，B_2 を求めれば，$A_2 = 0$，$B_2 = -2ma_1/k$. よって，

$$y(t) = -\frac{2ma_1}{k}\cos\{\omega(t - t_1)\}, \quad \dot{y}(t) = \frac{2ma_1}{k}\omega\sin\{\omega(t - t_1)\}. \tag{1.3}$$

(1.3) に $t = t_2 = nT = 2n\pi/\omega$ を代入して，$\omega(t_2 - t_1) = (2n - 1)\pi$ ゆえ，

$$y(t_2) = \frac{2ma_1}{k}, \quad \dot{y}(t_2) = 0. \tag{1.4}$$

(iii)　$t_2 \leqq t \leqq t_1 + t_2$：運動方程式

$$m\ddot{y}(t) = -ky(t) + ma_1 \qquad より \qquad \ddot{y}(t) = -\frac{k}{m}\left(y(t) - \frac{ma_1}{k}\right).$$

定数 A_3, B_3 として，$y(t)$ の一般解は

$$y(t) = \frac{ma_1}{k} + A_3 \sin\{\omega(t - t_2)\} + B_3 \cos\{\omega(t - t_2)\}.$$

速度は

$$\dot{y}(t) = \omega\big[A_3 \cos\{\omega(t - t_2)\} - B_3 \sin\{\omega(t - t_2)\}\big].$$

初期条件 (1.4) をみたす A_3, B_3 を求めれば，$A_3 = 0$, $B_3 = ma_1/k$. よって，

$$y(t) = \frac{ma_1}{k}\left[1 + \cos\{\omega(t - t_2)\}\right], \quad \dot{y}(t) = -\frac{ma_1}{k}\omega\sin\{\omega(t - t_2)\}. \tag{1.5}$$

$t_1 = T/2 = \pi/\omega$ ゆえ，$t = t_1 + t_2$ における座標，速度はそれぞれ

$$y(t_1 + t_2) = 0, \quad \dot{y}(t_1 + t_2) = 0. \tag{1.6}$$

$t = 0$ から物体の座標と速度を計算していけば以上であるが，初速度が 0 で，t_1 は $T/2$, t_2 は nT ゆえ，$t = t_1$, t_2, $t_1 + t_2$ での速度はすべて 0 である．よって，以下のように座標の変化だけを追っていくというのでもよい．加速区間での振動中心 $y = -ma_1/k$ は，$y(0)$ と $y(t_1)$ の中点ゆえ，

$$\frac{y(0) + y(t_1)}{2} = -\frac{ma_1}{k} \qquad i.e. \qquad y(t_1) = -\frac{2ma_1}{k}.$$

$t = t_1$ から半周期経った後の座標 $y(t_1 + T/2)$ と $y(t_1)$ との中点は等速区間での振動中心 $y = 0$ であること：

$$\frac{y(t_1) + y(t_1 + T/2)}{2} = 0 \qquad より \qquad y(t_1 + T/2) = \frac{2ma_1}{k}.$$

$t = t_2 = nT$ は，$t = t_1 + T/2 = T$ の $(n-1)T$ 後であるから，

$$y(t_2) = y(t_1 + T/2) = \frac{2ma_1}{k}.$$

最後の減速区間での振動中心は $y = ma_1/k$ で，この点が $y(t_2)$ と $y(t_1 + t_2)$ の中点であること：

$$\frac{y(t_2) + y(t_1 + t_2)}{2} = \frac{ma_1}{k} \qquad より \qquad y(t_1 + t_2) = -y(t_2) + \frac{2ma_1}{k} = 0$$

である．答案には，(i)〜(iii) の計算の要点を書くのでもよいし，グラフが描けたならそれもよい．ここで述べたように，$t = 0$, t_1, $t_1 + T/2$, t_2, $t_1 + t_2$ での座標と振動中心の関係に着目して求めていくのでもよい．

(3)　(i)　$0 \leqq t \leqq T/2$：運動方程式

$$m\ddot{y}(t) = -ky(t) - ma_2 \qquad より \qquad \ddot{y}(t) = -\frac{k}{m}\left(y(t) + \frac{ma_2}{k}\right).$$

定数 A_4, B_4 として，$y(t)$ の一般解，および速度は

$$y(t) = -\frac{ma_2}{k} + A_4 \sin \omega t + B_4 \cos \omega t, \quad \dot{y}(t) = \omega(A_4 \cos \omega t - B_4 \sin \omega t).$$

初期条件 $y(0) = y_0$, $\dot{y}(0) = 0$ より，

$$A_4 = 0, \quad B_4 = y_0 + \frac{ma_2}{k}.$$

よって，

$$y(t) = -\frac{ma_2}{k} + \left(y_0 + \frac{ma_2}{k}\right)\cos \omega t, \quad \dot{y}(t) = -\left(y_0 + \frac{ma_2}{k}\right)\omega \sin \omega t. \qquad (1.7)$$

$t = T/2 = \pi/\omega$ における座標と速度は (1.7) に $t = T/2 = \pi/\omega$ を代入して，

$$y(T/2) = -y_0 - \frac{2ma_2}{k}, \quad \dot{y}(T/2) = 0. \qquad (1.8)$$

(ii)　$T/2 \leqq t \leqq T$：運動方程式

$$m\ddot{y}(t) = -ky(t) + ma_2 \qquad より \qquad \ddot{y}(t) = -\frac{k}{m}\left(y(t) - \frac{ma_2}{k}\right).$$

定数 A_5, B_5 として，$y(t)$ の一般解は

$$y(t) = \frac{ma_2}{k} + A_5 \sin\left\{\omega\left(t - \frac{T}{2}\right)\right\} + B_5 \cos\left\{\omega\left(t - \frac{T}{2}\right)\right\}.$$

速度は

$$\dot{y}(t) = \omega\left[A_5 \cos\left\{\omega\left(t - \frac{T}{2}\right)\right\} - B_5 \sin\left\{\omega\left(t - \frac{T}{2}\right)\right\}\right].$$

初期条件 (1.8) をみたす A_5, B_5 を求めれば，

$$A_5 = 0, \quad B_5 = -y_0 - \frac{3ma_2}{k}.$$

よって，

$$y(t) = \frac{ma_2}{k} - \left(y_0 + \frac{3ma_2}{k}\right)\cos\left\{\omega\left(t - \frac{T}{2}\right)\right\}. \qquad (1.9)$$

$t = T = 2\pi/\omega$ における座標は，(1.9) に $t = T = 2\pi/\omega$ を代入して，

$$y(T) = y_0 + \frac{4ma_2}{k}. \qquad (1.10)$$

$y(T) = 0$ になることより a_2 を求め，その a_2 を (1.8) の $y(T/2)$ に代入して，

$$a_2 = -\frac{ky_0}{4m}, \quad y(T/2) = -y_0 - \frac{2ma_2}{k} = -\frac{y_0}{2}.$$

こんども，初速度が 0 で，時間 $T/2$ 後，T 後を考えるので，そのときの速度は 0 で，座標変化だけを追っていけばよい．その点は設問 (2) と同じである．その上で，上の計算や「解答」ように (1.8)，(1.10) を求め，$y(T) = 0$ となる a_2，$y(T/2)$ を求めればよい．

$t = 0$ で $y(0) = y_0$ から始めてグラフを描いて解こうとすると，y_0 と $-ma_2/k$ の大小関係がわかってないため描き難い．「$y(T) = 0$ になる y_0 を求めるんだから，$t = T$ から時間を遡ればよいのか」と思いつけば，答えは簡単に求められる．$0 \leqq t \leqq T/2$，$T/2 \leqq t \leqq T$ での振動中心がそれぞれ $y = -ma_2/k$，$y = ma_2/k$ であることを頭に入れて，$t = T$ から時間を逆行すれば，$y(t)$ は右図になり，順に

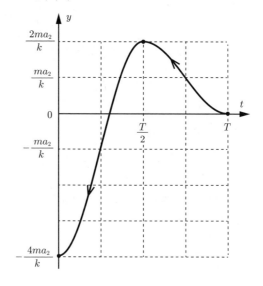

$$y(T/2) = \frac{2ma_2}{k}, \quad y_0 = -\frac{4ma_2}{k}$$

と求まる．これより，

$$a_2 = -\frac{ky_0}{4m}, \quad y(T/2) = -\frac{y_0}{2}$$

である．これは直観的で簡潔な解答である．初めてこの問題を目にしてこんな風に解けるなら，試験時間は限りなく楽しく幸せな時間だろう．

II　ア〜オは解答の通りである．振子に取り付けられた質点は，台車とともに動く座標系でみれば半径 l の円運動をする．その運動方程式の軌道接線方向成分は

$$ml\ddot{\theta} = mg\sin\theta - ma\cos\theta \fallingdotseq mg\theta - ma. \tag{1.11}$$

図 1–3 となる θ は，$\sqrt{g/l}$ を改めて ω として，

$$\theta = \frac{\theta_0 - \theta_1}{2}\cos\omega t + \frac{\theta_0 + \theta_1}{2}. \tag{1.12}$$

(1.11) と (1.12) より，(1.12) となる a を求めることができる．その a を用いて，$t = 0$ から $t = T/2$ までの台車の速度変化は

$$v_1 = \int_0^{T/2} a\,dt = g\left[\frac{\theta_0 - \theta_1}{\omega}\sin\omega t + \frac{\theta_0 + \theta_1}{2}t\right]_0^{T/2} = g\left(\frac{\theta_0 + \theta_1}{2}\right)\frac{T}{2}. \tag{1.13}$$

v_2 を求める計算は，$T/2 \leqq t \leqq T$ について，ア ～ オと同じ計算をやり直せばよい．時刻 $t = T/2$ で $\theta = \theta_1$，$t = T$ で $\theta = 0$ ゆえ，$T/2 \leqq t \leqq T$ での

$$\theta = \frac{\theta_1}{2} \cos\left\{\omega\left(t - \frac{T}{2}\right)\right\} + \frac{\theta_1}{2} \tag{1.14}$$

である．復元力は

$$F = ml\ddot{\theta} = -mg\left(\theta - \frac{\theta_1}{2}\right).$$

$f = F$ となる a を求め，(1.14) を代入すれば，

$$a = g\left(2\theta - \frac{\theta_1}{2}\right) = g\left[\theta_1 \cos\left\{\omega\left(t - \frac{T}{2}\right)\right\} + \frac{\theta_1}{2}\right].$$

これより，

$$v_2 = \int_{T/2}^{T} a\,dt = g\left[\frac{\theta_1}{\omega} \sin\left\{\omega\left(t - \frac{T}{2}\right)\right\} + \frac{\theta_1}{2}t\right]_{T/2}^{T} = g\left(\frac{\theta_1}{2}\right)\frac{T}{2}.$$

これは (1.13) の θ_0 を θ_1，θ_1 を 0 にしたものである．$\theta_1 < 0$ であることは，計算する上では特に注意する必要はない．

第 2 問

解 答

I $R = \rho\dfrac{d}{S}$，$C = \varepsilon\dfrac{S}{d}$.

II (1) 電流：$\dfrac{V_0}{NR}$，電気量：$\dfrac{CV_0}{N}$.

(2) R_0，素子 X の抵抗 NR で生じるジュール熱は $NR : R_0$ で，その和は $CV_0{}^2/(2N)$．よって，R_0 で生じるジュール熱は

$$\frac{NR}{NR + R_0} \cdot \frac{1}{2}\frac{C}{N}V_0{}^2 = \frac{R}{2(NR + R_0)}CV_0{}^2.$$

これは N の増加にたいして単調に減少する（②）．

(3) 素子 X の抵抗に流れる電流を I，電極 E に蓄えられる電気量を Q とすると，

$$I = \frac{V_1}{NR}\sin\omega t, \quad Q = \frac{C}{N}V_1\sin\omega t.$$

求める電流は

$$I + \frac{dQ}{dt} = \frac{V_1}{NR}\sin\omega t + \frac{\omega CV_1}{N}\cos\omega t.$$

III　KM 間の電圧

$$V_{\mathrm{KM}} = \frac{2}{3} V_1 \sin \omega t \quad \underset{\mathcal{7}}{\underbrace{}}.$$

LM 間を流れる電流を $i = I_0 \sin(\omega t + \phi)$（$I_0$, ϕ は定数）とおけば，C_0 の電気量は

$$q = \int i \, dt = -\frac{I_0}{\omega} \cos(\omega t + \phi).$$

$1/(\omega C_0) = R_2$ であることを用いて，LM 間の電圧は

$$R_2 i + \frac{q}{C_0} = R_2 I_0 \big\{ \sin(\omega t + \phi) - \cos(\omega t + \phi) \big\} = \sqrt{2} R_2 I_0 \sin\left(\omega t + \phi - \frac{\pi}{4} \right).$$

これが V_{KM} に等しいことより

$$\phi = \frac{\pi}{4}, \quad I_0 = \frac{\sqrt{2} V_1}{3 R_2}.$$

よって，

$$i = \frac{\sqrt{2} V_1}{3 R_2} \sin\left(\omega t + \frac{\pi}{4} \right) = \underset{\mathcal{1}}{\underbrace{\frac{V_1}{3 R_2}}} \sin \omega t + \underset{\mathcal{7}}{\underbrace{\frac{V_1}{3 R_2}}} \cos \omega t.$$

JK 間の電圧

$$V_{\mathrm{JK}} = \frac{1}{3} V_1 \sin \omega t \quad \underset{\mathcal{エ}}{\underbrace{}}.$$

JL 間を流れる電流は設問 II (3) の V_1 を $V_1/3$ としたもので，それを i' とすれば，

$$i' = \underset{\mathcal{オ}}{\underbrace{\frac{V_1}{3NR}}} \sin \omega t + \underset{\mathcal{カ}}{\underbrace{\frac{\omega C V_1}{3N}}} \cos \omega t.$$

LK 間に電流が流れないことより $i = i'$.

$$\left\{ \begin{array}{l} R_2 = NR = \rho \dfrac{Nd}{S} \\[2mm] \dfrac{1}{R_2} = \dfrac{\omega C}{N} = \omega \varepsilon \dfrac{S}{Nd} \end{array} \right. \quad \text{より} \quad \left\{ \begin{array}{l} \rho = \underset{\mathcal{ク}}{\underbrace{R_2 \cdot \dfrac{S}{Nd}}} \\[2mm] \varepsilon = \underset{\mathcal{キ}}{\underbrace{\dfrac{1}{\omega R_2} \cdot \dfrac{Nd}{S}}} \end{array} \right.$$

【解説】

設定が異なる状況は 3 つ．設問は全部で 6 つある．

[A] 過渡現象．

　[A-1] II (1)：十分時間が経った後に素子 X に流れる電流，電極 E に蓄えられる電気量を求める．

　[A-2] II (2)：続いて，スイッチを切り替えて十分時間が経つまでの間に抵抗 R_0 で生じるジュール熱を求める．

[B] 交流回路．

[**B-1**] II (3)：素子 X に流れる電流を求める.

[**C**] 交流ブリッジ回路.

   [**C-1**] III | ア | ～ | ウ |：KM 間の電圧，LM 間の R_2, C_0 の直列回路に流れる電流を求める.

   [**C-2**] III | エ | ～ | カ |：JK 間の電圧，JL 間の素子 X に流れる電流を求める.

   [**C-3**] III | キ | ～ | ク |：[**C-1**] と [**C-2**] の結果から，素子 X の ε と ρ を求める.

見慣れない素子だが，問題文の 4 行目から 6 行目にかけて「この電極と円柱の組み合わせは，図 2–1 右に示すように，並列に接続された抵抗値 R の抵抗と電気容量 C のコンデンサーによって等価的に表現できる」とある．この意味が理解できれば，[**A**]，[**B**]，[**C**]，それぞれについて，対応する等価回路に置き換えて，回路の方程式にもとづいて現象を考察していけばよいだけである.

Ⅰ　高校の物理ではコンデンサーと電気抵抗は別々に習うので，受験生の多くはこれらを別々の素子と思っているかもしれない．二枚の電極に電池を接続して，電極を真空中で離しておけば，電極は帯電して電極の間に電流は流れない．しかし，電極に接触するようになんらかの物質を挟んでおけば，電極に電荷が帯電したまま，挟んだ物質に電流が流れる．このように電極の間に物質を挟んだ素子は，電極に電荷を蓄える（コンデンサーとしての）性質と，電極の間に電流を流す（抵抗としての）性質とを持っているため，図 2–1 右の回路と等価とみなせる，というわけである.

電気容量と電気抵抗を求めておく．電極間の電場の大きさを E，電極の電気量を Q とすれば，クーロンの法則，あるいはガウスの法則により

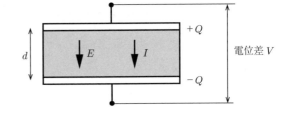

$$E = \frac{Q}{\varepsilon S}.$$

電極間の電位差を V とすれば，

$$V = Ed = \frac{Q}{\varepsilon S}d.$$

離れた二つの導体（二枚の電極）の間で，対になって蓄えられている電気量 Q と，その導体の間の電位差 V の比：

$$C = \frac{Q}{V} = \varepsilon\,\frac{S}{d} \tag{2.1}$$

を電気容量という．$Q = CV$ という式は，$C = Q/V$ として，これが電気容量の定義の式と考えるのがよい．物質中のある位置での電場を $\vec{E}$，そこを流れる電流密度を $\vec{j}$，物質の電気伝導率を σ（sigma：シグマ，Σ の小文字）とすれば，電流密度は電場に比例する：

$$\vec{j} = \sigma\vec{E}. \tag{2.2}$$

これをオームの法則という．電極に挟まれた物質に流れる電流を I とすれば，電流密度は I/S，電極間電場は $E = V/d$，電気伝導率 σ は電気抵抗率の逆数 $1/\rho$ で，(2.2) は，

$$\frac{I}{S} = \frac{1}{\rho} \cdot \frac{V}{d} \qquad \therefore \qquad I = \frac{S}{\rho d}V$$

である. 素子の端子間電圧 V と, その素子に流れる電流 I の比:

$$R = \frac{V}{I} = \rho\frac{d}{S} \tag{2.3}$$

を電気抵抗という. $V = RI$ という式は, オームの法則を表す式であるが, 同時に $R = V/I$ として, これが電気抵抗の定義の式と考えておくとよい. (2.3) と (2.1) の積

$$RC = \rho\varepsilon$$

は時間の次元をもち, 物質の形状によらない (円柱でなくても同じ結果になる), 物質に固有な定数になる.

II　以下, II, III 通じて, 素子 X の電極の間の物質に流れる電流を I とする. 電極 E に蓄えられる電気量を Q として,

$$\frac{dQ}{dt} = I_{\mathrm{C}} \tag{2.4}$$

とする. I は等価回路の抵抗を流れる電流, I_{C} は等価回路のコンデンサーの上極板に流れ込む電流, かつ下極板から流れ出す電流と考えればよい. II の (1), (2), (3), III について, I, Q, I_{C} は, それぞれの設問ごとに, すべて改めて置き直して議論する.

(1)　素子 X の電気抵抗, 電気容量は式 (2.3), 式 (2.1) の d を Nd として, それぞれ

$$\rho\frac{Nd}{S} = NR, \quad \varepsilon\frac{S}{Nd} = \frac{C}{N}$$

である. スイッチを端子 T_1 に接続したときの等価回路は右図. 回路の方程式

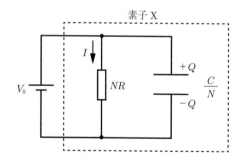

$$NRI = \frac{Q}{C/N} = V_0$$

より

$$I = \frac{V_0}{NR}, \quad Q = \frac{CV_0}{N}.$$

この Q を Q_0 としておく.

(2)　スイッチを端子 T_2 に接続したときの等価回路は右図. コンデンサーに蓄えられていた電荷が放電して, 素子 X と抵抗 R_0 に電流が流れる. 抵抗 R_0 に流れる電流を I_{R} とする. 素子 X の端子間電圧を v として,

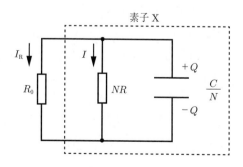

$$R_0 I_{\mathrm{R}} = NRI = v$$

より

$$I_{\mathrm{R}} = \frac{v}{R_0}, \quad I = \frac{v}{NR}$$

である．電気量 Q が設問 (1) の Q_0 から 0 まで変化する間（時刻 $t=0$ から ∞ の間）に，R_0 と素子 X で生じたジュール熱をそれぞれ J_{R}，J_{X} とすれば，

$$J_{\mathrm{R}} = \int_0^\infty R_0 I_{\mathrm{R}}{}^2\, dt = \frac{1}{R_0}\int_0^\infty v^2\, dt, \quad J_{\mathrm{X}} = \int_0^\infty NRI^2\, dt = \frac{1}{NR}\int_0^\infty v^2\, dt$$

であり，

$$J_{\mathrm{R}} : J_{\mathrm{X}} = NR : R_0.$$

さらに，この和はスイッチを端子 T_2 に接続する前に素子 X の電極間に蓄えられた静電エネルギーに等しく

$$J_{\mathrm{R}} + J_{\mathrm{X}} = \frac{1}{2}\frac{C}{N}V_0{}^2$$

である．よって，

$$J_{\mathrm{R}} = \frac{NR}{NR + R_0}\cdot\frac{1}{2}\frac{C}{N}V_0{}^2 = \frac{R}{2(NR + R_0)}CV_0{}^2.$$

(3) スイッチを端子 T_3 に接続したときの等
価回路は右図．回路の方程式

$$NRI = \frac{Q}{C/N} = V_1\sin\omega t$$

より

$$I = \frac{V_1}{NR}\sin\omega t, \quad Q = \frac{C}{N}V_1\sin\omega t.$$

Q の時間変化に伴う電流は (2.4) より

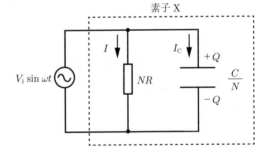

$$I_{\mathrm{C}} = \frac{dQ}{dt} = \frac{\omega C}{N}V_1\cos\omega t.$$

よって，素子 X に流れ込む電流は

$$I + I_{\mathrm{C}} = \frac{V_1}{NR}(\sin\omega t + \omega RC\cos\omega t).$$

III　L–K 間に電流が流れていないとき，J–K 間，K–M 間を
流れる電流は等しく，$V_{\mathrm{KM}} : V_{\mathrm{JK}} = 2 : 1$ となる．また，L
と K は等電位．よって，L–M 間，J–L 間の電位差はそれ
ぞれ

$$V_{\mathrm{LM}} = V_{\mathrm{KM}} = \frac{2}{3}V_1\sin\omega t,$$

$$V_{\mathrm{JL}} = V_{\mathrm{JK}} = \frac{1}{3}V_1\sin\omega t$$

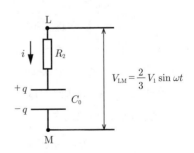

である．L–M 間に流れる電流を i とする．C_0 の電気量を q とすれば，回路の方程式より

$$R_2 i + \frac{q}{C_0} = \frac{2}{3} V_1 \sin \omega t, \quad i = \frac{dq}{dt}.$$

$C_0 = 1/(\omega R_2)$ として，これをみたす i を求めれば，それを求める計算は「解答」の通りで，

$$i = \frac{V_1}{3R_2}(\sin \omega t + \cos \omega t). \tag{2.5}$$

　続いて，J から素子 X を通り L に流れる電流は，II (3) の V_1 を $V_1/3$ としたもので，それを i' とすれば，

$$i' = \frac{V_1}{3NR}(\sin \omega t + \omega RC \cos \omega t). \tag{2.6}$$

L–K 間に電流が流れていないとき，(2.5) と (2.6) は等しくなる．そうなる R，C の条件より

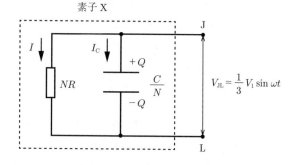

$$\rho = R_2 \cdot \frac{S}{Nd}, \quad \varepsilon = \frac{1}{\omega R_2} \cdot \frac{Nd}{S}$$

である．巨視的な量 R_2，ω，N，S，d を測定することで，物質に依存した定数 ρ，ε を求めることができる．$\rho\varepsilon$ は時間の次元の定数 $1/\omega$ になる．

第 3 問

解　答

I (1)　屈折の法則 $n_1\theta_1 = n_2\theta_2$　　より　　$\dfrac{\theta_1}{\theta_2} = \dfrac{n_2}{n_1}.$

(2)　$\theta_1 = \phi + \alpha_1$，$\theta_2 = \phi + \alpha_2.$　　　(3)　$\alpha_1 = \dfrac{h}{x_1}$，$\alpha_2 = \dfrac{h}{x_2}$，$\phi = \dfrac{h}{r}.$

(4)　$n_1\theta_1 = n_2\theta_2$ に (2)，(3) の結果を代入して h で割ると，

$$n_1\left(\frac{1}{r} + \frac{1}{x_1}\right) = n_2\left(\frac{1}{r} + \frac{1}{x_2}\right). \quad \text{よって} \quad \boxed{\quad \text{ア} \quad} = \frac{1}{x_1}, \quad \boxed{\quad \text{イ} \quad} = \frac{1}{x_2}.$$

(5)　図 3–2 (A) では，$\theta_1 = \phi - \alpha_1$，$\theta_2 = \phi - \alpha_2$，図 3–2 (B) では，$\theta_1 = \alpha_1 - \phi$，$\theta_2 = \alpha_2 - \phi$ となる．これらを $n_1\theta_1 = n_2\theta_2$ に代入して，(3) を用いて h で割れば，(A) (B) ともに，

$$n_1\left(\frac{1}{r} - \frac{1}{x_1}\right) = n_2\left(\frac{1}{r} - \frac{1}{x_2}\right). \quad (\text{(式 2) とする})$$

II (1)　境界から見かけの光源までの距離を L_1' とする．(式 1) で $r \to \infty$，$x_1 \to L_1$，$x_2 \to L_1'$ として，

$$n_1 \frac{1}{L_1} = n_2 \frac{1}{L_1{}'} \qquad \text{より} \qquad L_1{}' = \frac{n_2}{n_1} L_1.$$

観察者から見かけの光源までの距離は

$$L_2 + L_1{}' = L_2 + \frac{n_2}{n_1} L_1.$$

(2) 右図 (a) のように，屈折率 n_1 の媒質中で境界から距離 L_1 下方にある光源を，屈折率 n_f の媒質中で境界から距離 d 上方から見たときの見かけの距離は，(1) の結果の $L_2 \to d$, $n_2 \to n_f$ として，

$$d + \frac{n_f}{n_1} L_1.$$

右図 (b) のように，屈折率 n_f の媒質中で境界からこの距離下方にある光源を，屈折率 n_2 の媒質中で境界から距離 $L_2 - d$ 上方から見たときの見かけの距離は，(1) の結果の $L_2 \to L_2 - d$, $n_1 \to n_f$, $L_1 \to d + (n_f/n_1)L_1$ として，

$$L_2 - d + \frac{n_2}{n_f}\left(d + \frac{n_f}{n_1} L_1\right) = L_2 - d + \frac{n_2}{n_f} d + \frac{n_2}{n_1} L_1.$$

これが $L_2 + L_1$ になるのは，

$$\left(\frac{n_2}{n_f} - 1\right)d + \frac{n_2}{n_1} L_1 = L_1 \quad \text{i.e.} \quad d = \frac{n_f}{n_1} \cdot \frac{n_1 - n_2}{n_2 - n_f} L_1$$

のとき．$d > 0$ であるための条件は，

$$n_1 > n_2 > n_f \quad \text{または} \quad n_1 < n_2 < n_f.$$

(3) $n_1 = 1.5$, $n_2 = 1$ の場合，見かけの光源までの距離が遠くなるのは (B) の場合．(式 2) に $n_1 = 1.5$, $n_2 = 1$, $x_1 = L_1 = 1\,\text{m}$, $x_2 = 4\,\text{m} - L_2 = 2\,\text{m}$ を代入して，

$$1.5\left(\frac{1}{r} - \frac{1}{1\,\text{m}}\right) = 1\left(\frac{1}{r} - \frac{1}{2\,\text{m}}\right) \qquad \text{より} \qquad r = \underline{0.5\,\text{m}}.$$

(4) レンズからの距離 $a = 4\,\text{m}$ の位置にある光源からの虚像が，レンズからの距離 $b = 3\,\text{m}$ の位置にできるので，用いたレンズは凹レンズで，その焦点距離を f とすると，

$$\frac{1}{a} - \frac{1}{b} = -\frac{1}{f} \quad \therefore \quad f = \underline{12\,\text{m}}.$$

解説

設定が異なる状況は 3 つ．設問は全部で 6 つある．

[A] 球面による屈折．

  [A-1] I (1)〜(4)：球面での屈折による，光源と見かけの光源の位置の関係の導出．

  [A-2] I (5)：[A-1] で考えた過程を参考に，図 3–2(A)，図 3–2(B) の場合の光源と見かけの光源の位置の関係の導出．

[B] 見かけの光源の位置—境界が平面．

  [B-1] II (1)：[A-1] の結果をもとに，光源と見かけの光源の位置の関係の導出．

  [B-2] II (2)：[A-1]，[B-1] の結果をもとに，光源と見かけの光源の位置の関係の導出．

[C] 見かけの光源の位置—境界が球面．

  [C-1] II (3)：[A-2] の結果をもとに，境界の凹凸を判定し，球面の曲率半径を求める．

  [C-2] II (4)：レンズの公式．

  [A] は基本的な問題．[B] は [A] の結果を用いて考察するように誘導されている．それに沿って解答した方がよいだろうが，異なる考え方で答えを導いたなら，その考え方が伝わるように解答を書くように心がけた方がよい．[C-1] は [A] の結果を用いて考察するように誘導されている．[C-2] は独立した設問である．

  以下，設問 II (2) と (3) について，補足しておく．

II　(2)　次のように考えてもよい．光源とみかけの光源の位置関係は右図である．右図のように θ_1, θ_f, θ_2 とおけば，屈折の法則より

$$n_1\theta_1 = n_f\theta_f = n_2\theta_2.$$

板の上面からみかけの光源までの距離を $L_1{}''$ とすれば，右図より

$$L_1{}'' \tan\theta_2 = L_1 \tan\theta_1 + d \tan\theta_f.$$

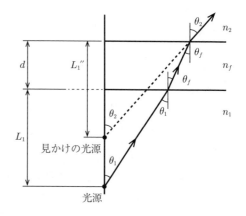

$\tan\theta_2 \fallingdotseq \theta_2$, $\tan\theta_1 \fallingdotseq \theta_1$, $\tan\theta_f \fallingdotseq \theta_f$ と近似して，屈折の法則を用いれば，

$$L_1{}'' = \frac{\theta_1}{\theta_2}L_1 + \frac{\theta_f}{\theta_2}d = \frac{n_2}{n_1}L_1 + \frac{n_2}{n_f}d.$$

媒質 2 からみた媒質 1 中のみかけの深さは L_1 の n_2/n_1 倍，媒質 2 からみた透明板のみかけの厚さは d の n_2/n_f 倍になり，$L_1{}''$ はこれらの和になる．よって，観察者からみかけの光源までの距離は

$$(L_2 - d) + L_1{}'' = L_2 - d + \frac{n_2}{n_1}L_1 + \frac{n_2}{n_f}d.$$

(3)　$L_1 = 1\,\mathrm{m}$ で曲面から見かけの光源
までの距離が $2\,\mathrm{m}$ になるから, 図 3-5 (A),
(B) のうち, 見かけの光源が曲面から遠
くに見える方を選べばよい. ここでは,
$n_1 > n_2$ であるから $\theta_1 < \theta_2$ である.
図 3-5(A) として $\theta_1 < \theta_2$ の図を描けば,
右図のように見かけの光源は, 現実の光
源より曲面の近くに見えることになる.
図 3-5 (B) の場合は, 問題の図 3-2 (A),
図 3-2 (B) の二通りがあるが, $\theta_1 < \theta_2$

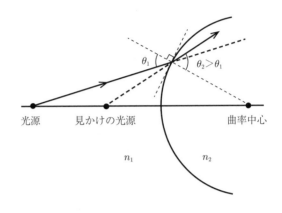

の図を描いて, 見かけの光源が, 現実の光源より曲面の遠くに見えるのは, 図 3-2 (A) のような
場合であり, 答えは図 3-5 (B) である. あるいは, (式 1) に数値を代入して,

$$1.5\left(\frac{1}{1\,\mathrm{m}} + \frac{1}{r}\right) = 1\left(\frac{1}{2\,\mathrm{m}} + \frac{1}{r}\right)$$

より, $r = -0.5\,\mathrm{m}$ となる. $r < 0$ ということは, 球面の中心が左右逆の位置にあって, 実際には
図 3-5 (B) のことである, とするのでもよい. これに続いて, (式 2) に代入すれば $r = 0.5\,\mathrm{m}$ と
求まる. $r > 0$ であるから図 3-5 (B) である, とするのでもよい.

【講評】

　東大のことではないが, 入試で出題ミスがあると, 寄って集って非難されたりするのをみると, 大
学入試の出題は大変だと思う. できるだけよい学生に入学して欲しいというのは, どこの大学でも同
じだろうから, もしも出題ミスなどあっても, その点を踏まえた上で, できるだけ不公平がないよう
に, 学生の学力を適正にみるように採点しているのではないかと思う. しかし「公正を期すため解答
を公表せよ」という世の声に応じて, このところ解答を公表する大学が増えている.

　今年度は東大が解答を公表するという. どんな解答を出すのだろう思っていたが, 「選択問題の解
答」として, 第 1 問 II (2), 第 2 問 II (2) の選択肢の答えだけ公表したのを見てホッとした. 自分は,
世論や風潮に流されなかった大学の在り方に安堵したのだが, 大学がどんな意図でそうしたのか, 確か
なことはわからない. しかし, 一つの解答を「東大の解答」と称して世に出すようなことがない方が,
この先, 物理を学ぶ学生達にとっては好ましいのでないかと思う. 物理の問題には, 多くの人が正解
と思える答えがあるが, それだけが答えといい切れないこともある. 一つの問題から一つの答えを導
くにしても, 考え方やそれを導く方法はたくさんある. 自然という神様の支配の下ではあるが, 物理
は本来自由である. さらに, 学生の「論理的で柔軟な思考力」や「物理的洞察力や発展的に対象を扱
う力」を重視して見ているのであれば, それにたいする解答はあるまい. 自分はそう考えている.

2018年

第 1 問

解 答

I (1) 小球と台の速度の x 成分を v_1, V_1 とする．運動量保存則とエネルギー保存則

$$mv_1 + MV_1 = 0, \quad \frac{1}{2}mv_1{}^2 + \frac{1}{2}MV_1{}^2 = mgL(1 - \cos\theta_0)$$

より

$$v_1 = \sqrt{\frac{M}{M+m} \, 2gL(1 - \cos\theta_0)}.$$

(2) 台からみた求める点の速度の x 成分は $l(v-V)/L$．求める速度を u として，

$$u = \frac{l}{L}(v - V) + V = \frac{lv + (L-l)V}{L}.$$

(3) 運動量保存則 $mv + MV = 0$ を用いて，(2) の結果の u を v で表せば，

$$u = \left\{ \left(1 + \frac{m}{M} \right) \frac{l}{L} - \frac{m}{M} \right\} v.$$

これが v の値によらず 0 となるような l が l_0：

$$\left(1 + \frac{m}{M} \right) \frac{l_0}{L} - \frac{m}{M} = 0 \qquad \therefore \quad l_0 = \frac{m}{M+m} L.$$

(4) Q からみた小球は長さ $L - l_0$ の振り子運動をする．よって，

$$T_1 = 2\pi \sqrt{\frac{L - l_0}{g}} = 2\pi \sqrt{\frac{M}{M+m} \frac{L}{g}}.$$

II (1) 台に固定した座標系での小球の運動は，鉛直下方から時計回りに右図の角 α だけ回転した方向を中心とした振り子運動になる．よって，最高点で糸が鉛直となす角は 2α で，求める高さは

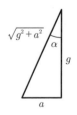

$$h + L(1 - \cos 2\alpha) = h + L \cdot 2\sin^2\alpha = h + \frac{2a^2}{g^2 + a^2} L.$$

(2) 求める仕事は，小球と台の力学的エネルギー変化に等しい：

$$\frac{1}{2}(M+m)(at_0)^2 + \frac{2a^2}{g^2 + a^2} mgL.$$

(3)　まず，$F(0) = Ma$. 加えて，$t = 0$ から t_0 の間の $F(t)$ による力積は，この間に $F(t)$ のグラフが囲む面積に，かつこの間の小球と台の運動量変化 $(M + m)at_0$ に等しい．よって，$F(t)$ を表すグラフは<u>イ</u>.

(4)　$t = t_0$ での床にたいする速度は小球，台とも at_0. よって，$t \geqq t_0$ における Q の速度の x 成分は <u>at_0</u> のまま一定．また，このとき Q とともに x 方向に速度 at_0 で動く座標系は慣性系ゆえ，Q からみた小球の振動周期は I のときと同じで，

$$T_2 = T_1 = 2\pi \sqrt{\frac{M}{M + m}\frac{L}{g}}.$$

解説

台に水平方向に力 F を加えた場合を考える．床に固定した座標系をとり，右図のように，小球の最下点を y 座標の原点，糸が鉛直線となす角を時計回りを正として θ とする．台の座標は点 P の位置とし，これを (X, L) とする．小球の座標は (x, y) とする．糸の張力を T，床が台に及ぼす垂直抗力を N として，小球と台の運動方程式は，それぞれ x 成分，y 成分の順に

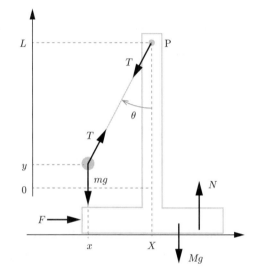

$$m\ddot{x} = T\sin\theta, \tag{1}$$

$$m\ddot{y} = T\cos\theta - mg, \tag{2}$$

$$M\ddot{X} = -T\sin\theta + F, \tag{3}$$

$$0 = -T\cos\theta - Mg + N. \tag{4}$$

糸の長さが一定であること（拘束条件）より，

$$x - X = -L\sin\theta, \quad y = L(1 - \cos\theta). \tag{5}$$

以上を解いて，x, y, X, θ, T, N を時間の関数として表すのは難しいので，系の運動量や力学的エネルギーの変化から運動を調べることにする．系の運動量の x 成分の時間変化率は系の外力の x 成分に等しい：

$$\frac{d}{dt}(m\dot{x} + M\dot{X}) = F. \tag{6}$$

また，系の力学的エネルギーの時間変化率は，台に加えた力の仕事率に等しい：

$$\frac{d}{dt}\left\{\frac{1}{2}m(\dot{x}^2+\dot{y}^2)+\frac{1}{2}M\dot{X}^2+mgy\right\}=F\dot{X}. \tag{7}$$

(6) は，(1) + (3) より導ける．(7) を導くには，(1) × $\dot{x}$ + (2) × $\dot{y}$ + (3) × $\dot{X}$ とし，

$$m(\dot{x}\ddot{x}+\dot{y}\ddot{y})+M\dot{X}\ddot{X}=\frac{d}{dt}\left\{\frac{1}{2}m(\dot{x}^2+\dot{y}^2)+\frac{1}{2}M\dot{X}^2\right\}$$

であること，および (5) を時間微分した

$$\dot{x}-\dot{X}=-L\dot{\theta}\cos\theta,\quad \dot{y}=L\dot{\theta}\sin\theta$$

を使って，張力の仕事率の和が 0 になること：

$$T\sin\theta\cdot\dot{x}+T\cos\theta\cdot\dot{y}-T\sin\theta\cdot\dot{X}=0$$

を用いる．(6)，(7) が成り立つことは，計算して確認しておくべきだが，2011 年青本の第 1 問の解説にも同様の計算を書いた．

　設問 I は $F=0$ である．このとき (6)，(7) で $F=0$ として，初期条件 $\dot{x}=\dot{y}=\dot{X}=0$，$y=L(1-\cos\theta_0)$ を用いれば，

$$m\dot{x}+M\dot{X}=0,\quad \frac{1}{2}m(\dot{x}^2+\dot{y}^2)+\frac{1}{2}M\dot{X}^2+mgy=mgL(1-\cos\theta_0)$$

が成り立つ（設問 (1)）．運動量の水平成分が 0 であるから，重心速度の水平成分は 0 である（設問 (2)，(3)，(4)）．

　設問 II は，台の加速度が一定になるような F を加えているから，台とともに動く座標系でみれば，小球には水平左向きに大きさ ma の慣性力がはたらく．これと重力との合力は，$\theta=\alpha$ の向きに大きさ $m\sqrt{g^2+a^2}$ であり，小球は $\theta=\alpha$ の位置を中心として振り子運動をする（設問 (1)）．設問 (2) は式 (7) を，設問 (3) も式 (6) を使えばよい．F の時間変化は，選択肢から選ぶだけなら解答に述べたように考えればよいが，以下で，もう少し丁寧に考察しておく．

　張力の x 成分の大きさを T_x として，台の運動方程式の x 成分

$$Ma=F(t)-T_x\quad より\quad F(t)=Ma+T_x.$$

$t=0$ と $t=t_0$ での張力は等しく，台に固定した座標系での軌道中心方向のつりあいより $T_0=mg$ である．$t=0$ における $T_x=0$ であるから，

$$F(0)=Ma.$$

$t=t_0$ における $T_x=T_0\sin 2\alpha$ ゆえ，

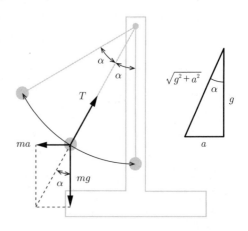

$$F(t_0) = Ma + mg \sin 2\alpha = Ma + \frac{2g^2}{g^2 + a^2} ma.$$

これより，

$$(M + m)a < F(t_0) < (M + 2m)a$$

で，$F(t)$ のグラフはイである．自信をもって「イ」と答えられるなら，理由を書く必要はないが，そうでないなら，自分が考察したことをできる限り丁寧に答案に書いておくほうがよい．どれだけ丁寧に解答を書くかは時間と相談である．こういう設問でどういう答案を書くかは，学力がものをいう．

第2問

解 答

I (1) 電源電圧が V のときの金属板の電気量を Q_0，極板間電場を E_0 として，極板間引力は $F_0 = Q_0 E_0 / 2$：

$$Q_0 = \frac{\varepsilon_0 S}{d} V, \quad E_0 = \frac{V}{d} \qquad \text{ゆえ} \qquad F_0 = \frac{1}{2} \varepsilon_0 S \left(\frac{V}{d} \right)^2.$$

(2) ばねの縮み $x_0 = \dfrac{F_0}{k}$ として，$\dfrac{1}{2} k x_0{}^2 = \dfrac{(\varepsilon_0 S)^2}{8k} \left(\dfrac{V}{d} \right)^4.$

(3) 金属板のつりあいの位置からの変位を下向き正として x とすると，金属板の運動方程式は

$$m\ddot{x} = k(x_0 - x) - \frac{1}{2} \varepsilon_0 S \left(\frac{V}{d + x} \right)^2 = k(x_0 - x) - F_0 \left(1 + \frac{x}{d} \right)^{-2} \fallingdotseq -\left(k - \frac{2F_0}{d} \right) x.$$

これより，周期は

$$2\pi \sqrt{\frac{m}{k - 2F_0/d}} = 2\pi \sqrt{\frac{m}{k - \varepsilon_0 S V^2 / d^3}}.$$

II (1) 電荷分布は右図．金属板3のつりあい

$$0 = -kx + \frac{(Q + q)^2}{2\varepsilon_0 S} - \frac{(Q - q)^2}{2\varepsilon_0 S} \quad \text{より} \quad x = \frac{2Qq}{\varepsilon_0 S k}.$$

(2) 金属板1と5の間の電位差

$$V = \frac{q}{\varepsilon_0 S} l - \frac{Q - q}{\varepsilon_0 S} (l + x) + \frac{Q + q}{\varepsilon_0 S} (l - x) + \frac{q}{\varepsilon_0 S} l$$

$$= \frac{q}{\varepsilon_0 S} \cdot 4l + \frac{Q}{\varepsilon_0 S} (-2x).$$

(1) の結果を代入して整理する：

$$V = \left\{ \frac{4l}{\varepsilon_0 S} - \frac{4}{k} \left(\frac{Q}{\varepsilon_0 S} \right)^2 \right\} q \qquad \therefore \quad \frac{q}{V} = \frac{\varepsilon_0 S}{4l} \left(1 - \frac{Q^2}{\varepsilon_0 S} \cdot \frac{1}{kl} \right)^{-1}.$$

（右図の金属板の電荷分布）

5 　　+q

　　−q

4 　　−(Q − q)

　　+(Q − q)

3 　　+(Q + q)

　　−(Q + q)

2 　　+q

　　−q

1

(3) (2) の $V = 0$ として, $q = \dfrac{x}{2l} Q$.

(4) 下向きを正として金属板 3 の運動方程式

$$m\ddot{x} = -kx + \frac{2Qq}{\varepsilon_0 S} = -\left(k - \frac{Q^2}{\varepsilon_0 Sl} \right) x.$$

よって, 周期は

$$2\pi \sqrt{\frac{m}{k - Q^2/(\varepsilon_0 Sl)}}.$$

解説

I　二枚の金属板を電池でつなぐと, 電池の起電力によって電荷が移動して, 二枚の金属板の間に電位差が生じる. その電位差が電池の起電力に等しくなると, 電荷の移動が止み, 金属板の電気量は一定値になる. 電気量が一定になるまでの時間を回路の時定数といい, 回路の抵抗を R, 二枚の金属板の間の電気容量を C とすれば, 時定数は RC である. 一方の金属板にばねを付けて振動させるとき, その振動周期に比べて時定数が十分に長ければ, 金属板に流れ込んでくる電流は 0, 金属板の電気量は一定とみなせるので, 起電力が V の電池がつながっていても, 金属板の間の電位差は V ではない. この問題の設定はその逆である. 時定数は金属板の振動周期にくらべると十分に短いので, 電荷の移動はあっという間に起きていて, 電荷の移動を考察する必要はなく, 金属板内部の電場の大きさはつねに 0, 任意の時刻で二枚の金属板の間の電位差はつねに V である, と考える.

　電源電圧 V の電池をつないだときの金属板の電荷分布を求め, 二枚の金属板の間にはたらく力を求める. 電荷は金属板の表面に, 金属板の内部の電場が 0 になるように分布する. 金属板の表面の電荷 q_i ($i = 1, 2, 3, 4$) がつくる電場の大きさは, 真空の誘電率を ε_0 として,

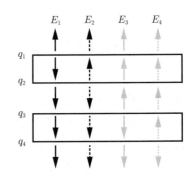

$$E_i = \frac{q_i}{2\varepsilon_0 S}$$

である. 上の金属板の上部, 上の金属板の内部, 二枚の金属板の間, 下の金属板の内部, 下の金属板の下部の電場を順に E_{I}, E_{II}, E_{III}, E_{IV}, E_{V} とする. それぞれの空間の電場は $q_1 \sim q_4$ がつくる電場の重ね合わせになる. 全て下向きを正として

$$
\begin{cases}
E_{\mathrm{I}} = \dfrac{1}{2\varepsilon_0 S} (-q_1 - q_2 - q_3 - q_4), \quad E_{\mathrm{II}} = \dfrac{1}{2\varepsilon_0 S} (q_1 - q_2 - q_3 - q_4) \\[2mm]
E_{\mathrm{III}} = \dfrac{1}{2\varepsilon_0 S} (q_1 + q_2 - q_3 - q_4), \quad E_{\mathrm{IV}} = \dfrac{1}{2\varepsilon_0 S} (q_1 + q_2 + q_3 - q_4), \\[2mm]
E_{\mathrm{V}} = \dfrac{1}{2\varepsilon_0 S} (q_1 + q_2 + q_3 + q_4).
\end{cases}
$$

金属板の内部の電場が 0，すなわち，$E_{\text{II}} = E_{\text{IV}} = 0$ ゆえ

$$\begin{cases} q_1 - q_2 - q_3 - q_4 = 0, \\ q_1 + q_2 + q_3 - q_4 = 0, \end{cases} \quad \text{i.e.} \quad \begin{cases} q_3 = -q_2, \\ q_4 = q_1. \end{cases}$$

電荷は右図のように分布し，

$$|E_{\text{I}}| = E_{\text{V}} = \frac{q_1}{\varepsilon_0 S}, \quad E_{\text{III}} = \frac{q_2}{\varepsilon_0 S}$$

となる．金属板の間の距離が X のとき，電位差

$$V = E_{\text{III}} X = \frac{q_2}{\varepsilon_0 S} X \quad \text{より} \quad q_2 = \frac{\varepsilon_0 S}{X} V$$

である．残る q_1 を求めたい．たいていの問題では問題
文に，どちらかの「金属板はアースする」と書いてあり，ならば $E_{\text{I}} = E_{\text{V}} = 0$，よって $q_1 = 0$ である．あるいは「はじめに二枚の金属板はともに帯電していない」と書いていて，その場合，二枚の金属板の全電気量が 0，よって $q_1 = 0$ である．この問題の問題文にはそういう言い方はしていないが $q_1 = 0$ である．「電源の電圧を V にしたところ，ばねは自然長からわずかに縮み」とある．電源電圧が 0 のとき $q_1 = 0$ でばねは自然長だったわけで，q_1 が 0 でなければ「ばねは自然長から $\cdots$ 縮み」とはならない．物理をわかっている人がこれを読めば，$q_1 = 0$ であることはすぐにわかる．よって，上の金属板が下の金属板の位置につくる電場 $q_2/(2\varepsilon_0 S)$ が，下の金属板の電荷 $-q_2$ に及ぼす力は上向きに，

$$F = \frac{q_2{}^2}{2\varepsilon_0 S} = \frac{1}{2}\varepsilon_0 S\left(\frac{V}{X}\right)^2.$$

よく知られている公式

$$F = \frac{1}{2} \times (\text{向かい合う面の電気量}) \times (\text{極板間の電場の大きさ}) \tag{1}$$

になる．

　設問 (1)，(2) は解答の通りである．(3) は丁寧にやらないといけない．極板間引力の近似計算に目が行ってしまい，弾性力の計算が疎かになるからである．ばねの自然長を s とおいて右のような図を描く．金属板の位置 X のときの弾性力は下向きに $k(s - X)$ である．$X = d$ のときの力のつりあいは

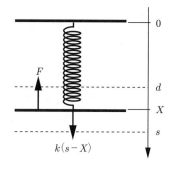

$$k(s - d) = \frac{1}{2}\varepsilon_0 S\left(\frac{V}{d}\right)^2. \tag{2}$$

金属板の運動方程式は

$$m\ddot{X} = +k(s - X) - \frac{1}{2}\varepsilon_0 S\left(\frac{V}{X}\right)^2. \tag{3}$$

つりあいの位置からの変位を下向き正として x とし，$X = d + x$ とすれば，(3) は

$$m\ddot{x} = +k(s - d - x) - \frac{1}{2}\varepsilon_0 S\left(\frac{V}{d + x}\right)^2. \tag{4}$$

つりあいの位置を中心として単振動することがわかっているわけだから，右辺が $-Kx$（K は定数）の形になるのを目指して変形してゆけばよい．極板間引力を

$$F = \frac{1}{2}\varepsilon_0 S\left(\frac{V}{d + x}\right)^2 = \frac{1}{2}\varepsilon_0 S\left(\frac{V}{d}\right)^2\left(1 + \frac{x}{d}\right)^{-2} \fallingdotseq \frac{1}{2}\varepsilon_0 S\left(\frac{V}{d}\right)^2\left(1 - \frac{2x}{d}\right)$$

として，(2) を用いて，(4) は

$$m\ddot{x} = -k\left\{1 - \varepsilon_0 S\left(\frac{V}{d}\right)^2 \cdot \frac{1}{kd}\right\}x$$

である．$\varepsilon_0 S(V/d)^2$ と kd は力の次元．

II　金属板を五枚にする．どのような電荷分布が実現されるのかを調べねばならないが，そのやり方は I と同様である．各金属板の表面の電気量を上から順に q_1, q_2, $\cdots$, q_{10} とする．

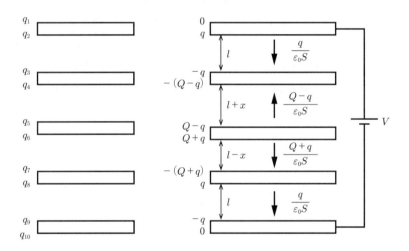

これらの電荷が金属板 1, 2, $\cdots$, 5 の内部につくる電場を求め，それを 0 とすれば，

$$q_1 = q_{10}, \quad q_3 = -q_2, \quad q_5 = -q_4, \quad q_7 = -q_6, \quad q_9 = -q_8. \tag{5}$$

スイッチ 1 を閉じて電圧を V としたとき，「金属板 1 と金属板 5 にはそれぞれ $-q$, $+q$ の電荷が蓄えられた」ことより，

$$q_2 = q, \quad q_3 = -q, \quad q_8 = q, \quad q_9 = -q, \quad q_1 = q_{10} = 0. \tag{6}$$

はじめ電圧が 0 のとき，「金属板 2, 3, 4 には，それぞれ $-Q$, $2Q$, $-Q$ の電荷が与えられて」いて，電圧を V まで変化させて金属板 3 が動いても，金属板 2, 3, 4 の電荷が保存することより，

$$q_4 = -(Q-q), \quad q_5 = Q-q, \quad q_6 = Q+q, \quad q_7 = -(Q+q). \tag{7}$$

金属板 3 にはたらく静電気力は，金属板 3 以外の金属板 5, 4, 2, 1 の電荷 q_1〜q_4, q_7〜q_{10} が，金属板 3 の位置につくる電場

$$E = \frac{1}{2\varepsilon_0 S}(q_1 + q_2 + q_3 + q_4 - q_7 - q_8 - q_9 - q_{10}) \tag{8}$$

が，金属板 3 の電荷に及ぼす力と考えればよい．(5), (7) より，(8) は

$$E = \frac{1}{2\varepsilon_0 S}(q_4 - q_7) = \frac{q}{\varepsilon_0 S}. \tag{9}$$

したがって，金属板 3 の電荷 $(Q-q)+(Q+q)=2Q$ にはたらく力は

$$F = 2QE = \frac{2Qq}{\varepsilon_0 S} \tag{10}$$

である．このように，金属板 3 の位置で，金属板 5 の上面と下面の電荷 q_1 と q_2，金属板 4 の上面の電荷 q_3，金属板 2 の下面の電荷 q_8，金属板 1 の上面と下面の電荷 q_9 と q_{10} がつくる電場の合計は 0 になるから，金属板 3 は，金属板 4 の下面の電荷 q_4 と，金属板 2 の上面の電荷 q_7 がつくる電場からのみ力を受ける．これは，(1) を用いて，金属板 3 の上面の $Q-q$ と金属板 4 の下面の $-(Q-q)$ との引力，金属板 3 の下面の $Q+q$ と金属板 2 の上面の $-(Q+q)$ との引力の和

$$F = \frac{(Q+q)^2}{2\varepsilon_0 S} - \frac{(Q-q)^2}{2\varepsilon_0 S}$$

として求めても同じことである．

第 3 問

解 答

I　液体の密度を ρ とする．A 内の高さ $5h$ の液体，B 内の高さ $2h$ の液体にはたらく力のつりあい

$$\begin{cases} p_0 S = \rho \cdot 5Shg \\ p_0 S = p_1 S + \rho \cdot 2Shg \end{cases} \quad \text{より} \quad p_1 = \rho g \cdot 3h = \frac{3}{5}p_0.$$

II (1)　A, C ともに $x/2$ だけ上昇．

(2)　$V_1 = 4Sh$, $\Delta V = Sx$ ゆえ

$$\frac{\Delta V}{V_1} = \frac{x}{4h}.$$

A と B の液面の高さの差は $3x/2$ だけ増加する．

$$\Delta p = \rho g \cdot \frac{3}{2}x = \rho g \cdot 3h \cdot \frac{x}{2h} \quad \text{よって} \quad \frac{\Delta p}{p_1} = \frac{x}{2h}.$$

(3)　$W = p_1 Sx = \dfrac{3}{5} p_0 Sx.$

(4)　B の液面付近にあった質量 ρSx の液体部分は，半分が A の液面の上に移動し，半分が C の液面の上に移動して，それぞれ高さが $3h$，$-2h$ だけ変化したとみなせるから，

$$\Delta E = \frac{1}{2}\rho Sxg \cdot 3h + \frac{1}{2}\rho Sxg \cdot (-2h) = \frac{1}{2}\rho Shg \cdot x = \frac{1}{10}p_0 Sx.$$

(5)　W は ΔE に等しくない．その差

$$W - \Delta E = p_0 S \cdot \frac{x}{2}$$

は外気圧に抗して C の液面を $x/2$ だけ上昇させるのにした仕事である．

III (1)　圧力，体積は

$$\begin{cases} p_2 = p_0 + \rho gh \\ V_2 = 6Sh \end{cases} \quad \text{より} \quad \begin{cases} \dfrac{p_2}{p_1} = 2 \\ \dfrac{V_2}{V_1} = \dfrac{3}{2} \end{cases}$$

状態方程式

$$p_1 S \cdot 4h = nRT_1, \quad p_2 S \cdot 6h = nRT_2 \quad \text{より} \quad \frac{T_2}{T_1} = \frac{p_2}{p_1} \cdot \frac{6}{4} = 3.$$

(2)　B 内の気体が液面に及ぼす力と液面の変位の関係は右図．B の気体がした仕事は

$$W = \frac{3}{2}p_1 S \cdot 2h = 3p_1 Sh = \frac{3}{4}nRT_1.$$

B 内の気体の内部エネルギー変化

$$\Delta U = \frac{3}{2}nR(T_2 - T_1) = 3nRT_1.$$

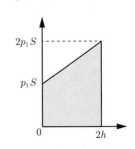

したがって，

$$Q = \Delta U + W = \frac{15}{4}nRT_1 \qquad \therefore \qquad C = \frac{Q}{T_2 - T_1} = \frac{15}{8}nR.$$

解説

I　気体や液体のことを流体という．非圧縮性の（圧力が変化しても体積，密度が変化しないような）流体中に圧力差があれば，圧力の大きい側から小さい側に流れが生じる．すなわち，流れのない非圧縮性の流体では，同じ高さでの圧力は等しくなる．

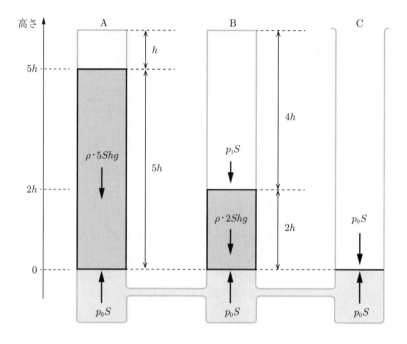

　　上図のように，はじめの容器 C の液面の位置を高さの基準（高さ 0）とする．容器 C の液面での力のつりあいより，この高さでの液体の圧力は p_0 である．容器 A 内の高さが $5h$ の液柱には，鉛直下向きに重力 $\rho \cdot 5Shg$，下部の液体から鉛直上向きに $p_0 S$ の力がはたらいて，これらがつりあっている．また，容器 B 内の高さが $2h$ の液柱には，気体から鉛直下向きに $p_1 S$ の力，鉛直下向きに重力 $\rho \cdot 2Shg$，下部の液体から鉛直上向きに $p_0 S$ の力がはたらいて，これらがつりあっている．すなわち，

$$容器 A：p_0 S = \rho \cdot 5Shg, \qquad 容器 B：p_0 S = p_1 S + \rho \cdot 2Shg.$$

これより

$$p_0 = 5\rho hg, \qquad p_1 = 3\rho hg, \qquad p_1 = \frac{3}{5}p_0 \tag{1}$$

である．

II　この状態から容器 B 内の気体に熱を加えると，B の気体の体積が増加して B の液面を押し下げ，B 内で押しのけられた液体は A，C 内に流れ込む．A 内は真空，C の外気圧は p_0 なので，B の液面の下がった長さ x がいくらであっても，A と C の液面の高さの差はつねに $5h$ のままである．したがって，A，B，C 内の液面の高さは下図である．

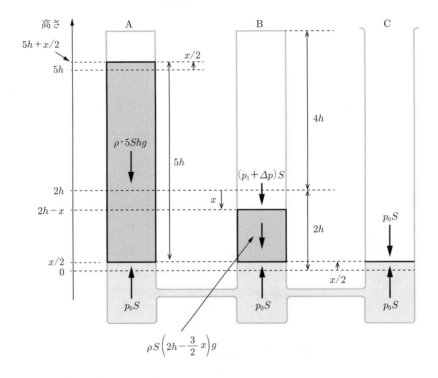

I と同様に，容器 B 内の高さが $2h - 3x/2$ の液柱にはたらく力のつりあい：

$$p_0 S = (p_1 + \Delta p)S + \rho S \left(2h - \frac{3}{2}x \right) g$$

と，(1) を用いれば，

$$\Delta p = \frac{3}{2}\rho xg \qquad \therefore \quad \frac{\Delta p}{p_1} = \frac{x}{2h}.$$

解答では，容器 A の液面から高さの差が $3h + 3x/2$ の液柱にはたらく力のつりあい（この液柱や，これにはたらく力は図に描いてないので，各自確認すること）：

$$(p_1 + \Delta p)S = \rho S \left(3h + \frac{3}{2}x \right) g \qquad より \qquad \Delta p = \frac{3}{2}\rho xg$$

と求めた．

(5) の W と ΔE が等しくない理由を答えさせる設問は，熱の問題をよく理解できているか否かを問うよい問題である．「（どちらかに）内部エネルギーの変化分が含まれるから」という間違いが多かった．この過程で，気体に加えた熱を q，気体の内部エネルギーを ΔU とする．気体がした仕事 W は，容器 B 内の気体が，気体の接している液面を，大きさ $p_1 S$ の力で x だけ押し下げるのにした力学的な仕事で，

$$W = p_1 Sx = \frac{3}{5}p_0 Sx$$

である．これらの間には，熱力学第一法則により，

$$q = \Delta U + W \tag{2}$$

の関係がある．一方，液体にはたらく重力による位置エネルギーは，液体の外界からはたらく力，すなわち容器 B 内の気体，および外気が，液体にした仕事だけ変化する．外気が C の液面にたいしてした仕事は，

$$W_{\mathrm{air}} = -p_0 S \cdot \frac{x}{2}.$$

これと，ΔE，W との間の関係は，

$$\Delta E = W + W_{\mathrm{air}} \tag{3}$$

である．(2)，(3) より，

$$\Delta U + \Delta E = q + W_{\mathrm{air}} \tag{4}$$

が成り立つ．これは，系の内界のエネルギー（容器 B 内の気体の内部エネルギーと液体の位置エネルギー）は，系の外界から流入する熱と，外界からした仕事（外気が C の液面にたいしてした仕事）だけ変化することを表している．

B 内の高さ $2h - x$ から $2h$ の間の質量 ρSx の液体（重心の高さ $2h - x/2$）のうち，半分（質量 $\rho Sx/2$）が A 内の高さ $5h$ から $5h + x/2$ の位置（重心の高さ $5h + x/4$）へ，半分が C 内の高さ 0 から $x/2$ の位置（重心の高さ $x/4$）へ移動する．したがって，液体の位置エネルギーの変化は

$$\Delta E = \left(\frac{1}{2} \rho Sx \right) g \left(5h + \frac{x}{4} \right) + \left(\frac{1}{2} \rho Sx \right) g \left(\frac{x}{4} \right) - (\rho Sx) g \left(2h - \frac{x}{2} \right)$$

である．最後の項の ρSx を $\rho Sx/2 + \rho Sx/2$ として，引き算すれば，

$$\Delta E = \left(\frac{1}{2} \rho Sx \right) g \left(3h + \frac{3}{4} x \right) + \left(\frac{1}{2} \rho Sx \right) g \left(-2h + \frac{3}{4} x \right).$$

x^2 に比例する項を無視すれば，

$$\Delta E \fallingdotseq \left(\frac{1}{2} \rho Sx \right) g \cdot 3h + \left(\frac{1}{2} \rho Sx \right) g \cdot (-2h) = \left(\frac{1}{2} \rho Sx \right) gh = \frac{1}{10} p_0 Sx.$$

III　II (4)，(5) は，III (2) で B 内の気体がした仕事を求めるためのヒントと考えてもよい．その場合には，

$$W = (液体の位置エネルギーの変化) + (C の液面が h だけ上昇するのに液体がした仕事)$$

と考えて，

$$W = \rho Shg \left(5h + \frac{h}{2} \right) + \rho Shg \left(\frac{h}{2} \right) - \rho S(2h) g \cdot h + p_0 Sh$$

$$= \rho Shg \cdot 4h + p_0 Sh$$

$$= \frac{9}{5} p_0 Sh = \frac{3}{4} nRT_1$$

と求めればよい．B 内の気体の圧力 p が B 内の液面の変位 x として

$$p = p_1 + \frac{3}{2} \rho g x$$

と x の一次で増加することを解答に書いて仕事を計算するか，そのことを断ることなく，グラフを書いてその面積を求めるか，答えの出し方も解答の書き方もいろいろある．

［講評］

　今年の二月に，駿台文庫から「東大入試詳解」として，1980 年から 2017 年までの 38 年分の東大の問題をまとめたものを出版した．その校正などあって過去に出題された問題を一通り見直したが，物理の問題としてみれば，過去の問題も古臭くなっていることはなく，どれもいまの入試問題として立派に通用する．しかし，近年の問題を昔出題された問題と比べてみると，最近の出題の特徴がよくわかる．

　昨年の青本の講評にも書いたが，近年の出題は「物理の学力考査」に加えて，もっと広い意味での学力，試験を受けるまでどう学習してきたか，新しいものに接したときにどう対応するか，「原理に基づいて論理的にかつ柔軟に思考する能力」を問う試験になっている．それも上手くつくられている．物理の問題をパターン分けして，あのときにはこの式を使う，このときはこう解く，なんてことを覚えたりするのが物理ではあるまい．第 1 問は，はじめから二体問題である．I は慣性系，II は非慣性系，II の最後はまた慣性系で考える．I (4) は 1999 年第 1 問と同じ設定だが，問題文の誘導の内容が異なる．1999 年第 1 問を解いて「この設定ならこう解く」なんて覚えていたら，その知識は問題を解く上で足かせになる．第 2 問の「電圧を V にしたところ，ばねは自然長からわずかに縮み」の一文の誘導も，そういう点で見事である．これなら，AI が東大の問題を解けるようになるのはまだまだ先だろう．人が自然を直観する，それが物理である．

2017年

第1問

解答

I (1) 運動方程式

$$M\ddot{x} = -kx + Mg \qquad \text{より} \qquad \ddot{x} = -\frac{k}{M}\left(x - \frac{Mg}{k}\right).$$

初期条件 $t=0$ で $x=0$, $\dot{x}=0$ より, $\sqrt{k/M} = \omega_1$ として,

$$x = \frac{Mg}{k}(1 - \cos\omega_1 t) \qquad \therefore \quad x_{\max} = \frac{2Mg}{k}.$$

(2) ア $-\dfrac{k}{M}$, イ $\dfrac{Mg}{k}$.

II (1) 積木1と2からなる系の運動方程式

$$2M\ddot{x} = -\frac{\mu' Mg}{3L}x + Mg\sin\theta$$

より

$$\ddot{x} = -\frac{\mu' g}{6L}\left(x - \frac{3L\sin\theta}{\mu'}\right). \quad \left(\text{ウ} \quad -\frac{\mu' g}{6L}, \quad \text{エ} \quad \frac{3L\sin\theta}{\mu'}\right)$$

初期条件 $t=0$ で $x=0$, $\dot{x}=0$ より, $\sqrt{\mu' g/(6L)} = \omega_2$ として,

$$x = \frac{3L\sin\theta}{\mu'}(1 - \cos\omega_2 t) \qquad \therefore \quad x_{\max} = \frac{6L\sin\theta}{\mu'} = x_0.$$

(2) $\dfrac{\pi}{\omega_2} = \pi\sqrt{\dfrac{6L}{\mu' g}}.$

(3) $x_0 = 3L$ より $\mu' = 2\sin\theta.$

III (1) 積木が滑り出す直前, 積木上面の静止摩擦力は $\mu_1 \cdot 2Mg$, 積木下面の静止摩擦力は $\mu_2 \cdot 3Mg$. $\mu_1 = \mu_2$ として, 積木に加えた力 $5\mu_1 Mg$.

(2) 2個の積木が滑り出す直前, 2段目真ん中の積木がその上の積木に及ぼす静止摩擦力の大きさは $\mu_1 Mg$ ゆえ, 滑り出す2個を除いた7個の積木からなる系が床から受ける静止摩擦力の大きさはこれに等しく $\mu_1 Mg$ である. また, 7個の積木からなる系が床から受ける垂直抗力の大きさは $6Mg$. したがって, 2個の積木が滑り出すときに残りの7個の積木が滑らない条件は

$$\mu_2 > \frac{\mu_1 Mg}{6Mg} = \frac{\mu_1}{6}. \qquad \left(\text{オ} \quad \frac{\mu_1}{6}\right)$$

解説

　I, II. 運動方程式を立てさせる（設問 I (2)）より先に，伸びの最大値を求めさせている（設問 I (1)）のは不自然であるが，I, II 全体を眺めてみると，I (2) と II (1)，I (1) と II (3) が対になっていて，I の結果を参考にして II の答を書け，といわれているようにも考えられる．それに従うなら，以下のように解答を書くことになる．

I (1)　伸びの最大値を $x_{\max}$ とする．エネルギー保存則

$$\frac{1}{2}kx_{\max}{}^2 = Mgx_{\max} \qquad より \qquad x_{\max} = \underline{\underline{\frac{2Mg}{k}}}.$$

　(2)　運動方程式

$$Ma = -kx + Mg \qquad より \qquad a = -\underline{\underline{\frac{k}{M}}}_{ア}\left(x - \underline{\underline{\frac{Mg}{k}}}_{イ}\right).$$

II (1)　運動方程式

$$2Ma = -\frac{\mu'Mg}{3L}x + Mg\sin\theta \qquad より \qquad a = -\underline{\underline{\frac{\mu'g}{6L}}}_{ウ}\left(x - \underline{\underline{\frac{3L\sin\theta}{\mu'}}}_{エ}\right).$$

　(2)　単振動の半周期 $\pi\underline{\underline{\sqrt{\dfrac{6L}{\mu'g}}}}.$

　(3)　I (1) のエネルギー保存則と同様に，

$$\frac{1}{2}\left(\frac{\mu'Mg}{3L}\right)x_0{}^2 = Mgx_0\sin\theta \qquad より \qquad x_0 = \frac{6L\sin\theta}{\mu'}.$$

あるいは，$x_{\max}$ が $\boxed{\quad イ \quad}$ の 2 倍であるのと同じく，x_0 は $\boxed{\quad エ \quad}$ の 2 倍で，さらにこれが $3L$ になること：

$$x_0 = \frac{6L\sin\theta}{\mu'} = 3L \qquad より \qquad \mu' = \underline{\underline{2\sin\theta}}.$$

III　前の設問とは関係ない独立した設問である．(2) で「このような状況が起きる」といわれて，滑る 2 つの積木の方だけに目が行くと，例えば「2 つの積木の間は滑ることなく，下段の積木と床の間，および中段の積木と上段の積木の間が滑る条件は？」などと考え始めてしまうが答は出ず，その先の思考，および試行の行き場を失ってしまう．これも問題文をよく見る必要がある．求めるのは「積木と床」との間の静止摩擦係数 μ_2 についてその下限の値である．「このような状況」が「2 つの積木が滑る」ことなのであれば μ_2 の上限の値を問われるはずである．これは「滑らない条件」を訊かれているのか，であれば「滑り出す 2 個以外の 7 個の積木が床にたいして滑らない条件」を求めるのか，と気付いてしまえば後は何ということはない．

第 2 問

解 答

I (1) $I_1 = \dfrac{BLv}{R}$

(2) $Q = Mgl(1 - \cos\alpha)$

(3) 抵抗を 2 倍にすると電流の振幅は小さくなり，生じるジュール熱が減少する．そのため力学的エネルギーの減少は緩やかになり，θ の振幅が半分になるまでの時間は長くなる（ア）．

II (1) 導体棒にはたらく力は右図．導線に垂直な方向の力のつりあいより

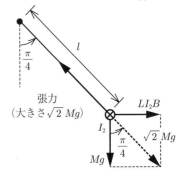

$$LI_2 B = Mg \quad \therefore \quad I_2 = \dfrac{Mg}{BL}.$$

(2) 長さ l，重力加速度 $\sqrt{2}g$ の単振り子とみなせる．周期は

$$P = 2\pi \sqrt{\dfrac{l}{\sqrt{2}g}}.$$

(3) ブランコを放した後，I と同様，振れ角の振幅が減少してゆき，十分時間が経った後，導体棒は静止する．このとき，誘導起電力は 0 で，それゆえ導体棒に流れる電流は I_2 になり，ブランコは $\theta = \pi/4$ の位置で静止する．したがって，グラフは イ．

III (1) $|\theta| \ll 1$ ゆえ $\cos\theta \fallingdotseq 1$ と近似して，導体棒の速度は $l\dot{\theta}$ より，

$$V \fallingdotseq BLl\dot{\theta} = BLl\beta \cdot \dfrac{2\pi}{T} \cos\left(\dfrac{2\pi}{T} t \right).$$

(2) V の振幅に等しい：$A = BLl\beta \cdot \dfrac{2\pi}{T}$.

(3) 交流電源の角周波数がブランコの固有角振動数に等しいとき，十分時間が経った後にブランコに流れる電流は 0 である．したがって，抵抗の大きさを変えてもブランコの振れ角の振幅は不変で $\beta' = \beta$.

解説

　磁場中でブランコに吊り下げられた導体棒が振動すると誘導起電力が生じる（ファラデイの法則）．この誘導起電力と回路につないだ電源の起電力によって電流が流れる（回路の方程式）．ブランコは重力と磁場から受ける力によって振動する（運動方程式）．I，II，III は，それぞれ「電源なし」，「直流電源をつなぐ」，「交流電源をつなぐ」場合であるが，どれも，ブランコの振れ角，導体棒の速度，電流は，回路の方程式と運動方程式の連立方程式の解で与えられる．そのとき，その連立方程式は二階線形斉次（せいじ）微分方程式，二階線形非斉次微分方程式といわれる式になる．この微分方程式の

解き方は，大学一年生一学期に，物理で「減衰振動」，「強制振動」を学習するときに習う．なのでその数学も難しいものではないが，高校では数学的なことは抜きで，「減衰振動」，「強制振動」の物理を勉強しておかねばならない．数学がわからなければ物理がわからないわけではないが，難しいテーマの物理を数学抜きでわかるのは難しいことが多い．

　そんなわけも少しあるが，この問題は，いきなり「I, II, III, それぞれの場合の物理を考察せよ」という問題ではない．問題は，I の設問で全体を通じた現象についての説明を読ませた上で，I がそのようになるのであれば，II, III の場合はどうなるか予想せよ，という作りになっている．しかし，こちらはそういう点から解説するのは，大変落ち着かないので，微分方程式を解いて θ を求めておく．

　まず，導体棒に生じる起電力を求める．右図の矢印の向きを起電力の正の向きとして，ブランコが囲む面 $A_1A_2A_3A_4$ を貫く磁束は

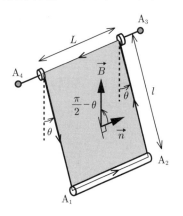

$$\Phi = (\vec{B} \cdot \vec{n})Ll = BLl\cos\left(\frac{\pi}{2} - \theta\right) = BLl\sin\theta.$$

ファラデイの法則より，誘導起電力は

$$-\frac{d\Phi}{dt} = -BLl\dot{\theta}\cos\theta$$

である．ここで，$l\dot{\theta}$ は導体棒の速度，その大きさ $l|\dot{\theta}|$ が速さ v である．以下，導体棒の速度は $l\dot{\theta}$ として議論を進める．

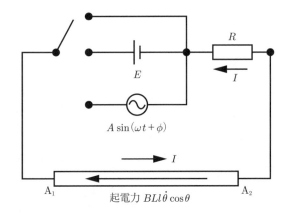

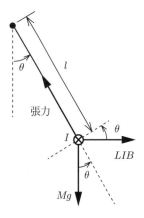

　続いて，回路の方程式をたてる．起電力が生じるのは導体棒 A_1A_2 の部分であるから，ブランコを含んだ回路は上左図の回路と等価である．直流電源の起電力を E，交流電源の起電力を $A\sin(\omega t + \phi)$ とすれば，回路の方程式は，I, II, III の場合，それぞれ

$$RI = -BLl\dot{\theta}\cos\theta, \tag{1}$$

$$RI = -BLl\dot{\theta}\cos\theta + E, \tag{2}$$

$$RI = -BLl\dot{\theta}\cos\theta + A\sin(\omega t + \phi). \tag{3}$$

最後に，導体棒の運動方程式をたてる．導体棒は半径 l の振り子運動するから，いわゆる円運動の運動方程式の接線方向成分を書けばよい．ブランコにはたらく力は前頁右図．導体棒の速度は $l\dot{\theta}$，加速度の接線方向成分は $l\ddot{\theta}$，運動方程式の接線方向成分は

$$Ml\ddot{\theta} = -Mg\sin\theta + LIB\cos\theta. \tag{4}$$

後は，I は (1) と (4)，II は (2) と (4)，III は (3) と (4)，それぞれの場合について，連立方程式の解を求めればよい．

I　最初にブランコを持ち上げたときの角 α は「正の微小量」である．電源もないのに振れ角が大きくなっていくことはないから，$|\theta| \ll 1$ である．$\sin\theta \fallingdotseq \theta$, $\cos\theta \fallingdotseq 1$ とすれば，(1), (4) はそれぞれ

$$I = -\frac{BL}{R}l\dot{\theta}, \qquad Ml\ddot{\theta} = -Mg\theta + LIB.$$

I を LIB に代入して整理すれば，

$$\ddot{\theta} + \frac{(BL)^2}{MR}\dot{\theta} + \frac{g}{l}\theta = 0 \tag{5}$$

となる．ここで時間によらない定数

$$\frac{(BL)^2}{MR} = 2\gamma, \qquad \frac{g}{l} = \omega_0{}^2$$

とおけば，(5) は，

$$\ddot{\theta} + 2\gamma\dot{\theta} + \omega_0{}^2\theta = 0 \tag{6}$$

と書き直すことができる．この形の微分方程式を二階線形斉次微分方程式という．$\ddot{\theta}$, $\dot{\theta}$, θ が足し算になっていることを「線形」，左辺に $\ddot{\theta}$, $\dot{\theta}$, θ を集めたら右辺が 0 になっていることを「斉次」という．指数関数は線形斉次微分方程式の解であることは明らかである．$\theta = e^{\lambda t}$ としてみる．$\dot{\theta} = \lambda\theta$，$\ddot{\theta} = \lambda^2\theta$ で，これらを (6) に代入すれば，二次方程式

$$\lambda^2 + 2\gamma\lambda + \omega_0{}^2 = 0 \tag{7}$$

ができる．この二次方程式の解を λ_1, λ_2 とする（重解をもつ場合はいまは関係ないので放っておく）．二階の微分方程式の一般解は，初期条件から決める未知定数が二つなければならない（θ と $\dot{\theta}$ の初期条件二つともわからないと θ は求められない）ので，時間によらない定数 A_1, A_2 として，

$$\theta = A_1 e^{\lambda_1 t} + A_2 e^{\lambda_2 t} \tag{8}$$

としてみる. $e^{\lambda_1 t}$ も $e^{\lambda_2 t}$ も (6) をみたすから, その和も (6) をみたし, (8) は (6) の一般解と考えてよさそうである.

　λ_1, λ_2 が実数であれば, (8) は 0 に近づいてゆく指数関数である. (7) の判別式が負

$$\gamma^2 - {\omega_0}^2 < 0 \qquad \text{i.e.} \qquad \omega_0 > \gamma$$

の場合には, λ_1, λ_2 は複素数になる. 虚数単位を i として,

$$\lambda_1 = -\gamma + i\sqrt{{\omega_0}^2 - \gamma^2}, \qquad \lambda_2 = -\gamma - i\sqrt{{\omega_0}^2 - \gamma^2}$$

である. オイラーの公式 (2016 年度第 2 問の解説参照) を用いれば, このときの (8) は振動しながら振幅が次第に小さくなってゆく関数になる, すなわちブランコは減衰振動することがわかる. (8) が, 初期条件 $t = 0$ で, $\theta = \alpha$, $\dot{\theta} = 0$ をみたすように, A_1, A_2 を定めれば, A_1, A_2 も複素数になるが, そのまま計算を続ければ,

$$\theta = \frac{\alpha}{\lambda_2 - \lambda_1}(\lambda_2 e^{\lambda_1 t} - \lambda_1 e^{\lambda_2 t})$$

となる. これに λ_1, λ_2 を代入して整理すれば,

$$\theta = \alpha e^{-\gamma t}\left\{\cos(\sqrt{{\omega_0}^2 - \gamma^2}\, t) + \frac{\gamma}{\sqrt{{\omega_0}^2 - \gamma^2}}\sin(\sqrt{{\omega_0}^2 - \gamma^2}\, t)\right\} \tag{9}$$

である. 問題文には, 「長い時間振動しながら次第に振幅を小さくしていき」とあるので, $\omega_0 \gg \gamma$ である. このとき, $\sqrt{{\omega_0}^2 - \gamma^2} \fallingdotseq \omega_0$ で, さらに (9) の右辺の sin の係数は十分に小さくなるため, (9) は

$$\theta \fallingdotseq \alpha e^{-\gamma t}\cos\omega_0 t \tag{10}$$

である. これを見れば減衰振動であることはすぐにわかる. 振れ角の振幅が半分になるまでの時間を τ とすれば,

$$e^{-\gamma \tau} = \frac{1}{2} \qquad \therefore \quad \tau = \frac{\ln 2}{\gamma} \fallingdotseq \frac{0.693 \times 2MR}{(BL)^2}.$$

R を 2 倍すれば, τ はほぼ厳密に 2 倍になる.

II　ブランコが静止する位置は θ_0 (問題では $\pi/4$), 導体棒に流れる電流は I_0 (問題では I_2) としておく. 右図のように,

$$\sqrt{(Mg)^2 + (LI_0 B)^2} = Mg' \tag{11}$$

とおけば,

$$Mg'\cos\theta_0 = Mg, \quad Mg'\sin\theta_0 = LI_0 B \tag{12}$$

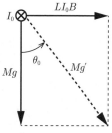

である. $\theta = \theta_0 + \delta$ の位置からブランコを放すと, ブランコは減衰振動して十分時間が経った後に静止する. このとき導体棒に生じる誘導起電力は 0 だから, (2) より電流は $E/R = I_0$, (4) よりブ

ランコは $\theta = \theta_0$ で静止する．この間，電流は I_0 を中心として，振れ角は θ_0 を中心としてともに微小振動するだろうから，

$$I = I_0 + I', \qquad \theta = \theta_0 + \phi,$$

$|I'| \ll I_0$, $|\phi| \ll 1$ とする．ここでの ϕ は交流電源の起電力 $A \sin(\omega t + \phi)$ の ϕ とは無関係な量である．(2), (4) で $I = I_0 + I'$, $\theta = \theta_0 + \phi$, $\dot{\theta} = \dot{\phi}$, $\ddot{\theta} = \ddot{\phi}$ とすれば，

$$R(I_0 + I') = E - BLl\dot{\phi}\cos(\theta_0 + \phi), \tag{13}$$

$$Ml\ddot{\phi} = -Mg\sin(\theta_0 + \phi) + L(I_0 + I')B\cos(\theta_0 + \phi). \tag{14}$$

$|\phi| \ll 1$ より，

$$\cos(\theta_0 + \phi) = \cos\theta_0 \cos\phi - \sin\theta_0 \sin\phi \fallingdotseq \cos\theta_0 - \sin\theta_0 \cdot \phi, \tag{15}$$

$$\sin(\theta_0 + \phi) = \sin\theta_0 \cos\phi + \cos\theta_0 \sin\phi \fallingdotseq \sin\theta_0 + \cos\theta_0 \cdot \phi. \tag{16}$$

(13), (14) に (15), (16) を代入し，

$$RI_0 = E, \qquad Mg\sin\theta_0 = LI_0 B\cos\theta_0$$

であることを用いて整理し，続いて二次の微小量 $BLl\dot{\phi}\phi$, $LI'B\phi$ を無視する．さらに，その式での ϕ の係数を，(11), (12) を用いて，

$$Mg\cos\theta_0 + LI_0 B\sin\theta_0 = Mg'$$

とすれば，(13), (14) はそれぞれ

$$RI' = -BLl\dot{\phi}\cos\theta_0, \qquad Ml\ddot{\phi} = -Mg'\phi + LI'B\cos\theta_0.$$

したがって，

$$\ddot{\phi} + \frac{(BL\cos\theta_0)^2}{MR}\dot{\phi} + \frac{g'}{l}\phi = 0$$

である．これが I の場合の (5) に相当する式で，これ以降の計算は I でやったのと全く同様で，ブランコの運動は，「短い時間では」角振動数 $\sqrt{g'/l}$ の単振動とみなせて，ϕ の振幅は次第に 0 に近づいてゆく減衰振動になることがわかる．

III　今度も β は「正の微小量」であるから，十分時間が経った後だけでなく，初めから終わりまで $|\theta| \ll 1$ である．したがって，(3), (4) について，I のときと同様の手順で θ の微分方程式をつくることができる．そこで $BLA/(MRl) = C$ とおけば，解くべき θ の方程式は

$$\ddot{\theta} + 2\gamma\dot{\theta} + {\omega_0}^2\theta = C\sin(\omega t + \phi) \tag{17}$$

である．右辺が 0 になっていないので非斉次微分方程式という．ここで，

$$\theta = D\sin(\omega t + \phi - \delta) \tag{18}$$

とおいて（ここの δ は II の δ とは全く無関係な量である），(17) に代入して，これをみたす D, δ を求めると，

$$D = \frac{C}{\sqrt{(\omega_0{}^2 - \omega^2)^2 + 4\gamma^2\omega^2}}, \tag{19}$$

$$\tan\delta = \frac{2\gamma\omega}{\omega_0{}^2 - \omega^2} \tag{20}$$

である．(18) の D, δ を各々 (19)，(20) としたものを (17) の特解という．非斉次微分方程式の一般解は，斉次微分方程式の一般解と特解の和になる．I のときの一般解は減衰して 0 に近づいてゆくから，十分時間が経った後の θ は (17) の特解である．

「β は正の微小量」でないと，$\sin\theta \fallingdotseq \theta$, $\cos\theta \fallingdotseq 1$ と近似できないので，微分方程式が線形にならずこんな簡潔な議論にならない．「ブランコは揺れはじめ，やがて一定振幅 β で単振動を続けるようになった」というのは，交流の問題でやるのと同じく，十分時間が経った後の θ，すなわち (17) の特解についてのみ考えればよいということである．

「電源の周期を設問 I の場合のブランコの振動の周期と同じにした」とき，「ブランコは共振」して，そのときの D が β である．ω を変えていって，D が最大になるのは分母の根号内が最小になるときで，それは $\omega = \omega_0$ のときではないが，電源の角周波数 ω をブランコの固有角振動数 ω_0 に等しくしたときを「共振時」という．固有角振動数 $\omega_0 = \sqrt{g/l}$, $\theta = \beta\sin\omega_0 t$ であれば，

$$Ml\ddot{\theta} = -Mg\sin\theta$$

である．これと (4) を見比べれば $I = 0$ である．(3) で $I = 0$ とすれば，

$$0 = -BLl\dot{\theta}\cos\theta + A\sin(\omega t + \phi)$$

である．問題文の「ブランコの運動に起因する電磁誘導の効果と，交流電源が接続されていることによる効果がちょうど打ち消し合っていると考えれば良い」はこのこと．$I = 0$ なので，抵抗値を R から $2R$ にしても振れ角の振幅は変わらず $\beta' = \beta$.

第 3 問

解 答

I (1)　図 3-2 のとき，ピストン 1 にはたらく力のつりあい

$$P_1 S = P_0 S + k\frac{L}{2} \qquad \text{より} \qquad P_1 = P_0 + \frac{kL}{2S} \cdots \text{①}.$$

A 内の気体のモル数を n，図 3-1，図 3-2 のときの気体の内部エネルギーをそれぞれ U_0, U_1 とする．図 3-1，図 3-2 のときの状態方程式はそれぞれ

$$P_0SL = nRT_0 = \frac{2}{3}U_0 \cdots ②, \qquad P_1S \cdot \frac{3}{2}L = nRT_1 = \frac{2}{3}U_1 \cdots ③.$$

③÷② として，① を代入：

$$\frac{T_1}{T_0} = \frac{3}{2}\frac{P_1}{P_0} \qquad \therefore \quad T_1 = \frac{3}{2}T_0\left(1 + \frac{kL}{2P_0S}\right).$$

(2) ①〜③ より

$$U_1 - U_0 = \frac{3}{2}\left(\frac{3}{2}P_1 - P_0\right)SL = \frac{3}{4}P_0SL + \frac{9}{8}kL^2.$$

(3) A 内の気体がピストン 1 にたいしてした仕事

$$W = P_0S \cdot \frac{L}{2} + \frac{1}{8}kL^2.$$

熱力学第一法則

$$Q_0 = U_1 - U_0 + W = \frac{5}{4}\left(P_0SL + kL^2\right).$$

II　シリンダー内の気体の内部エネルギーは不変ゆえ $T_2 = T_1$. 温度不変のまま体積が 5/3 倍になるので $P_2 = 3P_1/5$.

III　状態 X のときの気体の内部エネルギーを U_2 とする．III でピストン 1 が動き始めるとき，シリンダー内の気体の圧力は P_1. このときの気体の内部エネルギーを U_3 とする．それぞれ

$$U_2 = \frac{3}{2}P_2S \cdot \frac{5}{2}L, \qquad U_3 = \frac{3}{2}P_1S \cdot \frac{5}{2}L.$$

III の過程でシリンダー内の気体にたいして外界からした仕事は 0．熱力学第一法則より

$$Q_1 = U_3 - U_2 = \frac{3}{2}(P_1 - P_2)S \cdot \frac{5}{2}L = \frac{3}{2}P_1SL.$$

IV (1)　ピストン 1 が動き始めるとき，A，B 内の気体の圧力はともに P_1. このときの A 内と B 内の気体の内部エネルギーの和を U_4 とすれば，

$$U_4 = \frac{3}{2}P_1S \cdot \frac{5}{2}L.$$

したがって，

$$\Delta U_A + \Delta U_B = U_4 - U_2 = \frac{3}{2}(P_1 - P_2)S \cdot \frac{5}{2}L = \frac{3}{2}P_1SL.$$

(2)　$U_4 = U_3$. また，IV の過程でシリンダー内の気体にたいして外界からした仕事は 0．熱力学第一法則より

$$Q_2 = U_4 - U_2 = U_3 - U_2 \qquad \therefore \quad Q_2 = Q_1.$$

解説

単原子分子理想気体の内部エネルギーを U とする．単原子分子理想気体を扱うときは，状態方程式を

$$PV = nRT = \frac{2}{3}U$$

と書いておき，$U = 3PV/2$ と表しておけば見通しがよくなることもある．この問題はそのよい例である．状態 X（A と B の内部エネルギーの和 U_2）は圧力 P_2，体積 $5SL/2$．III でピストン 1 がストッパーから離れるとき（A と B の内部エネルギーの和 U_3），IV でピストン 1 がストッパーから離れるとき（A と B の内部エネルギーの和 U_4）はともに，気体 A，B の圧力は P_1，A と B の気体の体積の和は $5SL/2$．したがって，

$$U_2 = \frac{3}{2}P_2 S \cdot \frac{5}{2}L, \qquad U_3 = U_4 = \frac{3}{2}P_1 S \cdot \frac{5}{2}L$$

である．III，IV ともに，A，B 内の気体全体からなる系が外界からされた仕事は 0 である．A，B 内の気体全体について，熱力学第一法則を書けば，

$$U_3 - U_2 = Q_1, \qquad U_4 - U_2 = Q_2$$

で，$Q_2 = Q_1$ は当然である．

講評

昨年，一昨年と比べると随分易しくなった．第 1 問は III (2) 以外に考察を要するところがない．III (2) も設問の意味に気付くかどうかだけで，物理の内容が難しいのではない．第 2 問も解説に書いたようなことがわかってなければ解けないわけではない．強制振動，共振のことを，弦の振動，気柱の共鳴，交流を扱うときに，物理現象としてよく学習していれば，こんなに簡単でよいのかと思うくらい易しい．よく東大対策として「過去問をよく研究すること」と書いてある．入学試験を受けに行くのだから，過去問数年分を解いて研究するのは当然としても，その問題は過去のものだから，その研究結果を一途に信じて目の前の試験に臨むのはよくない．例えば，2016 年第 1 問 II (3)，2015 年第 2 問 IV (3) のグラフを選ぶ問題．表面的なことからもう一段深く考察してないと選べないグラフだった．こんな立派な問題を解いた経験があると，今年の第 2 問 II (3) のグラフを選ぶ設問なんて「こんな当たり前の答を選んで本当によいの？」，「何か裏があるに違いない」と思っても仕方ない．第 3 問も難しいところは全くない．

というように，物理の問題としてみれば易しかったが，試験そのものが簡単だったわけではない．東大は，物理の試験で物理の学力を計る面を少し弱めて，より総合的な学力の判定試験となるように意図して作問したのだろう．個人的に，こういう出題を好む，好まないはあるにせよ，しっかり学力

の判定試験になっている．第1問，第2問，ともに設問 I が続く設問のヒントとしてつくられたのだろう，と解説に書いた．第1問は，誘導が必要なほどの内容ではないので，まっすぐ運動方程式から解いた方が早く簡単に解ける．第2問は，設問 I できっちり条件を説明しておいて，その下で設問 II，III を答えさせている．こちらは上手く作られている．これらは東大のいう「持っている知識を関連づけて解を導く能力」を問うているのだろう．

2016年

解答・解説

第 1 問

解 答

I (1) $v_1{}' - v_2{}' = \underset{\sim}{2v}.$

(2) (1) の結果，および運動量保存則：

$$mv_1{}' + Mv_2{}' = -mv + Mv$$

より，

$$v_1{}' = \frac{-m + 3M}{m + M}\,v, \qquad v_2{}' = \frac{-3m + M}{m + M}\,v.$$

$M \gg m$ のとき，$v_1{}' \fallingdotseq 3v.$

$$\frac{H}{h} = \frac{v_1{}'^2/(2g)}{v^2/(2g)} = \underset{\sim}{9}.$$

II (1) $V = \underset{\sim}{\dfrac{1}{4}v_1}.$

(2) 運動量保存則，および力学的エネルギーの和は保存されること：

$$mu_1 + 3mu_2 = mv_1, \qquad \frac{1}{2}mu_1{}^2 + \frac{1}{2}\cdot 3mu_2{}^2 = \frac{1}{2}mv_1{}^2$$

より，

$$u_1 = \underset{\sim}{-\frac{1}{2}v_1}, \qquad u_2 = \underset{\sim}{\frac{1}{2}v_1}.$$

(3) イ.

III (1) $\Delta l = \underset{\sim}{\dfrac{3mg}{k}}.$

(2) エネルギー保存則

$$\frac{1}{2}mw^2 + \frac{1}{2}k\left(\Delta l\right)^2 + mg\Delta l = \frac{1}{2}mv_1{}^2 \qquad より \qquad w = \sqrt{v_1{}^2 - \frac{15mg^2}{k}}.$$

小球 2 が浮き上がる条件は w の根号内が正．すなわち，

$$k > \underset{\sim}{\frac{15mg^2}{v_1{}^2}} = k_c.$$

(3) 換算質量 $\mu = 3m/4$ として，単振動の周期は $2\pi\sqrt{\mu/k}$．求める時間は単振動の半周期．すなわ

ち，

$$T = \pi\sqrt{\frac{\mu}{k}} = \underset{\sim}{\frac{\pi}{2}\sqrt{\frac{3m}{k}}}.$$

解説

II　糸に張力が生じる前後で，小球 1 と 2 の運動量の和は保存する：

$$mu_1 + Mu_2 = mv_1. \tag{1}$$

また，小球 1 と 2 の力学的エネルギーの和は保存する：

$$\frac{1}{2}mu_1{}^2 + \frac{1}{2}Mu_2{}^2 = \frac{1}{2}mv_1{}^2. \tag{2}$$

(2)，(1) をそれぞれ

$$Mu_2{}^2 = m(v_1{}^2 - u_1{}^2), \qquad Mu_2 = m(v_1 - u_1)$$

として辺々割り算すると，

$$u_2 = v_1 + u_1 \qquad \therefore \quad u_2 - u_1 = v_1. \tag{3}$$

(1)，(3) より，u_1，u_2 を求めればよい．小球 1 と 2 の力学的エネルギーの和が保存するということは，小球 1 と 2 の運動エネルギーの和が保存すること，小球 1 と 2 が弾性衝突したのと同じである．そのときにはねかえり係数が 1 であることを表す式が (3) である．

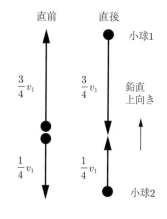

　運動量保存則より，糸に張力が生じる直前，糸がたるんだ直後の重心速度は $v_1/4$ のままである．糸に張力が生じる直前，重心系でみた小球 1, 2 の速度は $+3v_1/4$，$-v_1/4$ である．糸がたるんだ直後の相対速度の大きさは v_1 であるから，このとき，重心系でみた小球 1, 2 の速度は $-3v_1/4$，$+v_1/4$ である．したがって，

$$u_1 = \frac{1}{4}v_1 - \frac{3}{4}v_1 = -\frac{1}{2}v_1, \quad u_2 = \frac{1}{4}v_1 + \frac{1}{4}v_1 = \frac{1}{2}v_1$$

として求めるのでもよい．設問 (1) で重心速度を求めさせていることを考えると，出題者の想定してる解答はこっちだろう．重心系でみた小球 1, 2 の速度などがわかっていれば，設問 (3) でグラフを選ぶのはわけない．

III　設問 II で，「糸に張力が生じる前後で小球 1, 2 の力学的エネルギーの和は保存されるものとする」とあるが，本当に全く伸びない糸であれば，糸が張った瞬間に小球 1 と 2 の速度は等しくなり，小球 1, 2 の力学的エネルギーの和は保存されない（完全非弾性衝突と同じ）．ここはもう少し丁寧に扱う必要がある．小球 1 が高さ l に達して糸が張ると，小球 1 と 2 の間をつなぐ糸はわずかに伸びる．糸が小球 1, 2 に及ぼす力はその伸びに比例するとする，すなわち糸をゴムひものような弾性

体であるとすれば，糸が張る直前とたるんだ直後の小球 1 と 2 の力学的エネルギーは保存する．設問 III は，「ゴムひもをつないで」II と同じ実験をしたのではなく，糸を弾性体近似して，糸が張る前からたるむ直後までをもう少し詳しく調べてみよう，k が十分に大きい極限では II に帰着する，という設問である．現実の糸は，全く伸びないと考える極限と弾性体と考える極限との間にあって，どちらに近いかは糸の材質による．

床の位置を原点，鉛直上向きを正として座標軸をとり，小球 1 の座標を x_1，小球 2 の座標を x_2 とする．小球 1 が高さ l に達した時刻を $t = 0$ とする．$t = 0$ から小球 2 が浮き上がるまでの間，$x_2 = 0$ のままで，この間に小球 1，小球 2 に働く力は，床から小球 2 に働く垂直抗力を N として右図．小球 2 が床から浮き上がるのは，$N = 3mg - k(x_1 - l) = 0$，すなわち，

$$x_1 = l + \frac{3mg}{k}$$

となるときで，その時刻 $t = t_1$ とする．この間の小球 1 の運動方程式

$$m\ddot{x}_1 = -k(x_1 - l) - mg$$

より

$$\ddot{x}_1 = -\frac{k}{m}\left\{ x_1 - \left(l - \frac{mg}{k} \right) \right\}.$$

x_1 は振動中心が $x_1 = l - mg/k$ で，角振動数が $\sqrt{k/m} = \omega_1$ の単振動する．初期条件 $t = 0$ で $x_1 = l$，$\dot{x}_1 = v_1$ をみたす解は，

$$x_1 = l - \frac{mg}{k} + \frac{v_1}{\omega_1}\sin\omega_1 t + \frac{mg}{k}\cos\omega_1 t. \tag{4}$$

右図の角を ϕ_1 とすれば，

$$\tan\phi_1 = \frac{mg/k}{v_1/\omega_1},$$

$$\sqrt{\left(\frac{v_1}{\omega_1} \right)^2 + \left(\frac{mg}{k} \right)^2} = \frac{mg}{k}\frac{1}{\sin\phi_1}$$

である．このとき，(4) は

$$x_1 = l - \frac{mg}{k} + \frac{mg}{k}\frac{1}{\sin\phi_1}\sin(\omega_1 t + \phi_1)$$

と表せる．$x_1 = l + 3mg/k$ となる時刻 $t = t_1$ は，

$$\sin(\omega_1 t_1 + \phi_1) = 4\sin\phi_1$$

をみたす. 小球 2 が浮き上がるための条件は, これをみたす t_1 が存在する条件：$4\sin\phi_1 < 1$, すなわち,

$$\frac{4mg/k}{\sqrt{(v_1/\omega_1)^2 + (mg/k)^2}} < 1 \qquad \therefore \quad k > \frac{15mg^2}{v_1^2} = k_c.$$

$\sin\phi_1 = 1/8$ として x_1 の時間変化のグラフを描いたものが下図.

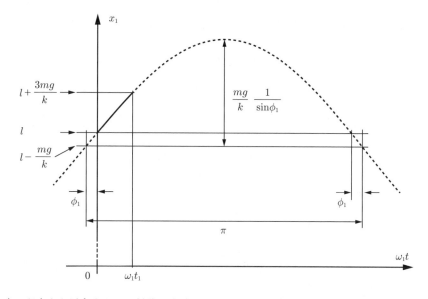

小球 2 が床から浮き上がって以降, 小球 1, 2 の運動方程式は

$$m\ddot{x}_1 = -k(x_1 - x_2 - l) - mg, \tag{5}$$

$$3m\ddot{x}_2 = k(x_1 - x_2 - l) - 3mg. \tag{6}$$

$(5) + (6)$ として, m で割れば,

$$\ddot{x}_1 + 3\ddot{x}_2 = -4g.$$

これを時間積分して, 初期条件 $t = t_1$ で $\dot{x}_1 = w$, $\dot{x}_2 = 0$ より,

$$\dot{x}_1 + 3\dot{x}_2 = w - 4g(t - t_1).$$

さらにこれを時間積分して, $t = t_1$ で $x_1 = l + 3mg/k$, $x_2 = 0$ より,

$$x_1 + 3x_2 = l + \frac{3mg}{k} + w(t - t_1) - 2g(t - t_1)^2. \tag{7}$$

小球 1, 2 の重心座標は

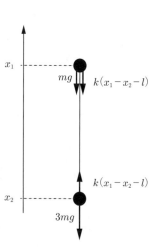

$$x_{\mathrm{C}} = \frac{x_1 + 3x_2}{4} = \frac{1}{4}l + \frac{3mg}{4k} + \frac{1}{4}w(t - t_1) - \frac{1}{2}g(t - t_1)^2. \tag{8}$$

つぎに，$(5) \div m - (6) \div 3m$ として，

$$\ddot{x}_1 - \ddot{x}_2 = -\frac{4k}{3m}(x_1 - x_2 - l).$$

$x_1 - x_2$ は，振動中心が l で角振動数 $\sqrt{4k/3m} = \omega_2$ の単振動する．一般解を

$$x_1 - x_2 = l + a\sin\omega_2(t - t_1) + b\cos\omega_2(t - t_1),$$

$$\dot{x}_1 - \dot{x}_2 = \omega_2\{a\cos\omega_2(t - t_1) - b\sin\omega_2(t - t_1)\}$$

と置いて，初期条件 $t = t_1$ で $x_1 - x_2 = l + 3mg/k$，$\dot{x}_1 - \dot{x}_2 = w$ をみたすように a，b を定めれば，

$$x_1 - x_2 = l + \frac{w}{\omega_2}\sin\{\omega_2(t - t_1)\} + \frac{3mg}{k}\cos\{\omega_2(t - t_1)\}. \tag{9}$$

右図の角 ϕ_2，単振動の振幅 A として，

$$\tan\phi_2 = \frac{3mg/k}{w/\omega_2},$$

$$A = \sqrt{\left(\frac{w}{\omega_2}\right)^2 + \left(\frac{3mg}{k}\right)^2}$$

とおけば，

$$x_1 - x_2 = l + A\sin\{\omega_2(t - t_1) + \phi_2\}. \tag{10}$$

である．(7), (10) より，

$$x_1 = l + \frac{3}{4}\frac{mg}{k} + \frac{1}{4}w(t - t_1) - \frac{1}{2}g(t - t_1)^2 + \frac{3}{4}A\sin\{\omega_2(t - t_1) + \phi_2\}, \tag{11}$$

$$x_2 = \frac{3}{4}\frac{mg}{k} + \frac{1}{4}w(t - t_1) - \frac{1}{2}g(t - t_1)^2 - \frac{1}{4}A\sin\{\omega_2(t - t_1) + \phi_2\}. \tag{12}$$

x_1，x_2，x_{C} のグラフは次図．k が十分大きい極限では ϕ_2 が十分小さくなり，糸がたるむまでの時間は π/ω_2 になる．

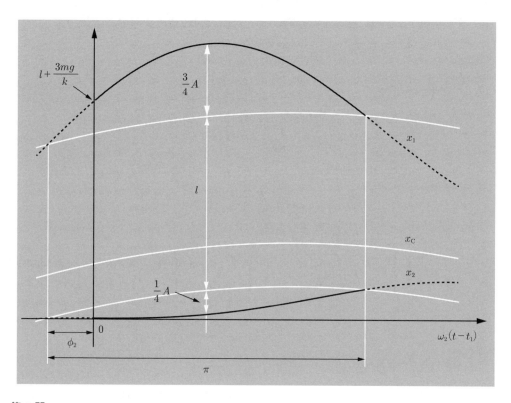

第 2 問

| 解 | 答 |

I (1)　コンデンサーの電気量を Q として，回路の方程式

$$V = RI + L\frac{dI}{dt} + \frac{Q}{C}.$$

これに，

$$I = I_0 \sin\omega t, \qquad Q = \int I_0 \sin\omega t \, dt = -\frac{I_0}{\omega}\cos\omega t$$

を代入して，三角関数の合成の公式を使う：

$$V = I_0\sqrt{R^2 + \left(\omega L - \frac{1}{\omega C}\right)^2}\,\sin(\omega t + \delta).$$

したがって，

$$I_0 = \frac{V_0}{\sqrt{R^2 + \left(\omega L - \dfrac{1}{\omega C}\right)^2}}, \qquad \tan\delta = \frac{\omega L - \dfrac{1}{\omega C}}{R}.$$

(2)　$\overline{P} = \overline{RI^2} = RI_0{}^2\overline{\sin^2\omega t} = \dfrac{RV_0{}^2}{2\left\{R^2 + \left(\omega L - \dfrac{1}{\omega C}\right)^2\right\}}.$

(3) $\overline{P}$ が最大になるのは $\omega L - 1/(\omega C) = 0$ のときで，このときの $\overline{P} = P_0$：

$$P_0 = \frac{V_0{}^2}{2R} \qquad \therefore \quad R = \frac{V_0{}^2}{2P_0}.$$

(4) $\overline{P}$ が $P_0/2$ になるのは，

$$\frac{\overline{P}}{P_0} = \frac{R^2}{R^2 + \left(\omega L - \dfrac{1}{\omega C}\right)^2} = \frac{1}{2} \quad \text{i.e.} \quad \omega L - \frac{1}{\omega C} = \pm R$$

のとき．ω について整理すれば，

$$\omega^2 \pm \frac{R}{L}\omega - \frac{1}{LC} = 0.$$

この二つの二次方程式の解のうち正の二つが ω_1 と ω_2：

$$\omega_1 = \frac{1}{2}\left\{-\frac{R}{L} + \sqrt{\left(\frac{R}{L}\right)^2 + \frac{4}{LC}}\right\}, \quad \omega_2 = \frac{1}{2}\left\{\frac{R}{L} + \sqrt{\left(\frac{R}{L}\right)^2 + \frac{4}{LC}}\right\}.$$

したがって，

$$\Delta\omega = \omega_2 - \omega_1 = \frac{R}{L} \qquad \therefore \quad L = \frac{R}{\Delta\omega} = \frac{V_0{}^2}{2P_0\Delta\omega}.$$

II (1) 運動方程式の軌道接線方向成分，曲率中心方向成分

$$0 = qE\cos\delta - kv, \qquad m\omega v = qE\sin\delta + qvB.$$

(2) (1) の結果より

$$qE\cos\delta = kv \quad \cdots ①, \qquad qE\sin\delta = (m\omega - qB)v \quad \cdots ②.$$

$①^2 + ②^2$ として δ を消去：

$$(qE)^2 = v^2\left\{k^2 + (m\omega - qB)^2\right\} \qquad \therefore \quad v = \frac{qE}{\sqrt{k^2 + (m\omega - qB)^2}}.$$

$② \div ①$ として v を消去：

$$\tan\delta = \frac{m\omega - qB}{k}.$$

(3) $P = qE\cos\delta \cdot v = kv^2 = \frac{k(qE)^2}{k^2 + (m\omega - qB)^2}.$

(4) P が最大になるときの $\omega = \omega_0$，このときの $P = P_0$：

$$\omega_0 = \frac{qB}{m} \quad \cdots ③, \qquad P_0 = \frac{(qE)^2}{k} \quad \cdots ④.$$

P が $P_0/2$ となるのは，

$$\frac{P}{P_0} = \frac{k^2}{k^2 + (m\omega - qB)^2} = \frac{1}{2} \quad \text{i.e.} \quad m\omega - qB = \pm k$$

のとき. したがって,

$$\omega_1 = \frac{qB}{m} - \frac{k}{m}, \quad \omega_2 = \frac{qB}{m} + \frac{k}{m}, \quad \Delta\omega = \omega_2 - \omega_1 = \frac{2k}{m}.$$

これと, ③, ④より,

$$m = \frac{2k}{\Delta\omega} = \underset{\wavy}{\frac{P_0 \Delta\omega}{2} \left(\frac{B}{E\omega_0}\right)^2}.$$

解説

I　前回の数学の指導要領の改定時に複素平面が復活した. そこで習うことの少し先に,

$$e^{i\theta} = \cos\theta + i\sin\theta \tag{1}$$

という式がある. i は虚数単位で, これをオイラーの公式という. これを用いれば,

$$\cos\theta = \frac{e^{i\theta} + e^{-i\theta}}{2}, \qquad \sin\theta = \frac{e^{i\theta} - e^{-i\theta}}{2i} \tag{2}$$

というように三角関数と指数関数の往き来ができる. 本来はいろいろ考察すべきこともあるが, ここでは割り切ってこれを使ってみることにする.

　三角関数を使っての計算を復習しておく. RLC 直列回路の回路の方程式は

$$V = RI + L\frac{dI}{dt} + \frac{Q}{C}. \tag{3}$$

右辺に $I = I_0 \sin\omega t$ を代入すれば,

$$V = I_0 \left\{ R\sin\omega t + \left(\omega L - \frac{1}{\omega C}\right)\cos\omega t \right\}. \tag{4}$$

続き, 左辺は $V = V_0 \sin(\omega t + \delta)$ とし, 右辺は三角関数の合成の公式を用いて,

$$V_0 \sin(\omega t + \delta) = I_0 \sqrt{R^2 + \left(\omega L - \frac{1}{\omega C}\right)^2}\sin(\omega t + \alpha), \quad \left(\tan\alpha = \frac{\omega L - 1/\omega C}{R}\right). \tag{5}$$

回路の方程式は任意の時刻 t で成り立つから,

$$V_0 = I_0 \sqrt{R^2 + \left(\omega L - \frac{1}{\omega C}\right)^2}, \qquad \tan\delta = \tan\alpha. \tag{6}$$

すなわち,

$$I_0 = \frac{V_0}{\sqrt{R^2 + (\omega L - 1/\omega C)^2}}, \qquad \tan\delta = \frac{\omega L - 1/\omega C}{R}. \tag{7}$$

　今度は, $I = I_0 e^{i\omega t}$ としてみる. このとき,

$$\frac{dI}{dt} = i\omega \cdot I_0 e^{i\omega t}, \qquad Q = \int I\,dt = \frac{1}{i\omega} \cdot I_0 e^{i\omega t}$$

である. これを (3) に代入すれば,

$$V = I_0 \left\{ R + i \left(\omega L - \frac{1}{\omega C} \right) \right\} e^{i\omega t}. \tag{8}$$

右辺の複素数

$$Z = R + i \left(\omega L - \frac{1}{\omega C} \right) \tag{9}$$

をインピーダンス，Z の虚数部分

$$\omega L - \frac{1}{\omega C}$$

をリアクタンスという．また，

$$|Z| = \sqrt{R^2 + \left(\omega L - \frac{1}{\omega C} \right)^2},$$

$$\arg Z = \alpha, \qquad \tan \alpha = \frac{\omega L - 1/\omega C}{R}$$

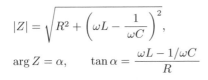

である．これらを用いて，

$$Z = |Z| \left(\frac{R}{|Z|} + i \, \frac{\omega L - 1/\omega C}{|Z|} \right) = |Z|(\cos \alpha + i \sin \alpha) = |Z| e^{i\alpha}$$

と表せる．したがって，左辺を $V = V_0 e^{i(\omega t + \delta)}$ として，(8) は

$$V_0 e^{i(\omega t + \delta)} = I_0 |Z| e^{i(\omega t + \alpha)}. \tag{10}$$

この両辺を比較すれば，

$$V_0 = I_0 |Z|, \qquad \tan \delta = \tan \alpha. \tag{11}$$

これより，(7) が導ける．(4) と (8)，(5) と (10)，(6) と (11) は表していることは同じである．

II　運動方程式をたてて，荷電粒子の運動を調べてみる．
粒子が運動する平面内に x, y 軸をとる．z 軸は紙面の
裏から表向きである．

電場 : $\overrightarrow{E} = (E \cos \omega t, \, E \sin \omega t, \, 0)$

磁束密度 : $\overrightarrow{B} = (0, \, 0, \, -B)$

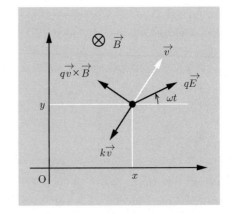

とする．荷電粒子はこの電磁場からの力と，まわりの中
性ガスからの抵抗力を受けて運動する．運動方程式は

$$m \frac{d\overrightarrow{v}}{dt} = q \left(\overrightarrow{E} + \overrightarrow{v} \times \overrightarrow{B} \right) - k \overrightarrow{v}. \tag{12}$$

これを直交座標成分表示すれば，

$$m\ddot{x} = qE\cos\omega t - q\dot{y}B - k\dot{x}, \tag{13}$$

$$m\ddot{y} = qE\sin\omega t + q\dot{x}B - k\dot{y} \tag{14}$$

である．もちろん，この微分方程式の一般解を求めて，それと初期条件から，x, y を時間の関数として表し，粒子が運動を始めてから時間の経過とともにどのように運動が変化していくかを調べることもできる．しかし，それは少しややこしいため，この先の計算では，粒子が運動を始めてから十分に時間が経った後，すなわち，定常的な状態で運動しているときの x, y を求めることにする．十分に時間が経った後，x, y はきっと電場の角振動数と同じ角振動数 ω で単振動するはずである，と考えることにする（きちんと計算してもそうなる）．そのとき，電場の角振動数 ω をゆっくり変えていくと，粒子の運動はどう応答するか，それを調べるのが以下の計算の目的である．この辺は設問 I の RLC 直列共振回路についても同様である．交流の問題も過渡現象は扱わないで，スイッチを入れてから十分時間が経って，電流が電源電圧と同じ角周波数で単振動しているときのみを考える．その上で，電源電圧の角周波数 ω をゆっくり変えていくと，電流振幅 I_0 はどう変化するかを調べたのである．

　計算の道筋は以下．関数の引数や，係数に複素数が現れるが，構わず計算を進めてみる．(13)+(14)×i をつくる：

$$m(\ddot{x} + i\ddot{y}) = iqB(\dot{x} + i\dot{y}) - k(\dot{x} + i\dot{y}) + qE(\cos\omega t + i\sin\omega t). \tag{15}$$

ここで，

$$z = x + iy, \quad \dot{z} = \dot{x} + i\dot{y}, \quad \ddot{z} = \ddot{x} + i\ddot{y}, \quad e^{i\omega t} = \cos\omega t + i\sin\omega t,$$

および，定数係数を

$$\lambda = \frac{k}{m}, \qquad \omega_0 = \frac{qB}{m}, \qquad \tilde{E} = \frac{qE}{m}$$

とおけば，(15) は

$$\ddot{z} + (\lambda - i\omega_0)\dot{z} = \tilde{E}e^{i\omega t} \tag{16}$$

と書き直せる．定数 A（複素数でもよい）として，

$$\dot{z} = Ae^{i\omega t}, \qquad \ddot{z} = i\omega Ae^{i\omega t}$$

を (16) に代入して A を求めると，

$$A = \frac{\tilde{E}}{\lambda + i(\omega - \omega_0)} = \tilde{E}\,\frac{\lambda - i(\omega - \omega_0)}{\lambda^2 + (\omega - \omega_0)^2}. \tag{17}$$

A の偏角を δ とする．すなわち，

$$\frac{\lambda}{\sqrt{\lambda^2 + (\omega - \omega_0)^2}} = \cos\delta, \qquad \frac{\omega - \omega_0}{\sqrt{\lambda^2 + (\omega - \omega_0)^2}} = \sin\delta$$

とすれば, (17) は

$$A = \frac{\tilde{E}}{\sqrt{\lambda^2 + (\omega - \omega_0)^2}}(\cos\delta - i\sin\delta) = \frac{\tilde{E}}{\sqrt{\lambda^2 + (\omega - \omega_0)^2}}e^{-i\delta}.$$

したがって,

$$\dot{z} = Ae^{i\omega t} = \frac{\tilde{E}}{\sqrt{\lambda^2 + (\omega - \omega_0)^2}}e^{i(\omega t - \delta)} \tag{18}$$

である.

$$v = \frac{\tilde{E}}{\sqrt{\lambda^2 + (\omega - \omega_0)^2}} = \frac{qE}{m}\cdot\frac{1}{\sqrt{(k/m)^2 + (\omega - qB/m)^2}} \tag{19}$$

として, (18) より,

$$\dot{x} = v\cos(\omega t - \delta),$$
$$\dot{y} = v\sin(\omega t - \delta).$$

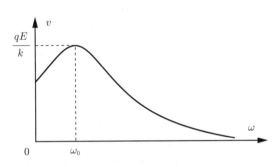

ω にたいする v の変化は, (19) より右図で,
共振時 $\omega = \omega_0$ に最大になる. $\dot{x}$, $\dot{y}$ を積分
して, x, y を求める. 座標の原点は任意で
あるから, $t = 0$ で $x = y = 0$ を通るもの
とすれば,

$$x = \frac{v}{\omega}\{\sin\delta + \sin(\omega t - \delta)\},$$
$$y = \frac{v}{\omega}\{\cos\delta - \cos(\omega t - \delta)\}$$

である. 軌道半径 v/ω を r とおけば,

$$r = \frac{qE}{m}\cdot\frac{1}{\omega\sqrt{(k/m)^2 + (\omega - qB/m)^2}}.$$

軌道は

$$(x - r\sin\delta)^2 + (y - r\cos\delta)^2 = r^2$$

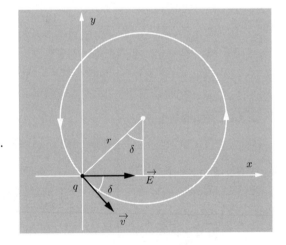

である. ω を大きくしていくと r は単調に
減少する. 共振時は $\delta = 0$ である.

第 3 問

解 答

I (1)　領域 A での波長を λ_A, 波源の振動数を f_0, 領域 B での波長を λ_B として,

$$\lambda_A = \frac{d}{2}, \qquad f_0 = \frac{V}{\lambda_A} = \underline{\underline{\frac{2V}{d}}}, \qquad \lambda_B = \frac{V/2}{f_0} = \underline{\underline{\frac{d}{4}}}.$$

(2)　$a = b = \underline{1/2}$. 領域 A, B の水深を h_A, h_B として,

$$V = \sqrt{gh_A}, \quad \frac{V}{2} = \sqrt{gh_B} \quad \text{より} \quad \frac{h_A}{h_B} = \frac{V^2}{(V/2)^2} = \underset{\sim}{4}.$$

(3) 右図より,

$$\overline{PQ} + \overline{QR} = \overline{P'R} = \underline{\underline{\sqrt{x^2 + (y+d)^2}}}.$$

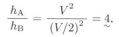

(4) $n = 1, 2, 3, \cdots$ として, 弱め合う条件

$$\underline{\underline{\sqrt{x^2 + 4d^2} - |x| = \left(n - \frac{1}{2}\right)\frac{d}{2}}}.$$

OP 間に節が 4 個あるので, 節線と直線 $y = d$ と
の交点は $\underline{\underline{8}}$ 個.

(5) S, T は右図の点. すなわち,

$$\underline{\underline{S\left(0, -\frac{d}{4}\right)}}, \quad \underline{\underline{T\left(\frac{\sqrt{5}}{2}d, 0\right)}}.$$

T での入射角を ϕ として, 右図より

$$\sin\phi = \frac{\sqrt{5}}{3}.$$

これと屈折の法則

$$\frac{\sin\theta}{\sin\phi} = \frac{V/2}{V} \quad \text{より} \quad \sin\theta = \underline{\underline{\frac{\sqrt{5}}{6}}}.$$

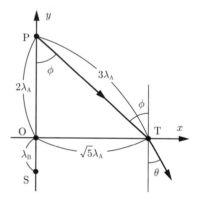

II (1) 点 O に到達した波の振動数は $f^* = \dfrac{V}{V+u}f_0$.

波源の位置で観測される波の振動数を f_1, 領域 B の動く点で観測される波の振動数を f_2 と
して, それぞれ

$$f_1 = \frac{V-u}{V}f^* = \underline{\underline{\frac{V-u}{V+u} \cdot \frac{2V}{d}}}, \quad f_2 = \frac{(V/2)-w}{V/2}f^* = \underline{\underline{\frac{V-2w}{V+u} \cdot \frac{2V}{d}}}.$$

(2) 求める時間を t とすると,

$$(ut)^2 + (2d)^2 = (Vt)^2.$$

すなわち,

$$t = \underline{\underline{\frac{2d}{\sqrt{V^2 - u^2}}}}.$$

(3) $m = 1, 2, 3, \cdots$ として, 逆位相になる条件は

$$t = \left(m - \frac{1}{2}\right)\frac{1}{f_0}$$

$$\therefore \quad \underline{\underline{\frac{4V}{\sqrt{V^2 - u^2}} = m - \frac{1}{2}}}.$$

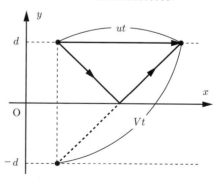

u について解くと,

$$u = V\sqrt{1 - \frac{16}{(m-1/2)^2}}.$$

$0 < u < V/2$ となるのは $m = 5$ のみで, $u = \dfrac{\sqrt{17}}{9}V$.

解説

　設問 I (1) と (2) は基本的な問題. (3) と (4) は P からの波と境界で反射した波との干渉で, 2003 年に同じ問題が出題されている. (5) は力学的波動の屈折で, 2013 年に類題が出題されている. 2013 年は事細かな誘導がついていたが今回は全くない. 設問 II (1) はドップラー効果. 覚えておいた公式を使って結果を求める問題. (2), (3) は再び干渉であるが, 時間 t についての干渉の条件を考える点において, 設問 I (3), (4) とは趣向が異なる. 一つ一つの話題は易しい.

　I (3), (4) の干渉でできる腹線, 節線の方程式を求める. 領域 A での波長 λ_A は λ にあらためて, $d = 2\lambda$ である. 右図より,

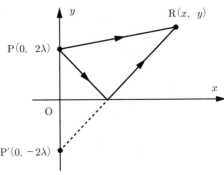

$$\overline{\text{PR}} = \sqrt{x^2 + (y-2\lambda)^2}, \qquad (1)$$

$$\overline{\text{P}'\text{R}} = \sqrt{x^2 + (y+2\lambda)^2}. \qquad (2)$$

波源から直接 R に伝わる波と, 境界で反射してから R に伝わる波とが強め合う条件は, 整数 n として,

$$\overline{\text{P}'\text{R}} - \overline{\text{PR}} = n\lambda. \qquad (3)$$

$\overline{\text{PP}'} = 4\lambda$ であるから, $\overline{\text{P}'\text{R}} - \overline{\text{PR}}$ は 4λ 以下で, n は 0, 1, 2, 3, 4 の 5 つである. $\overline{\text{PR}}$ を右辺に移項して, (1), (2) を代入し, 両辺を 2 乗して整理すれば,

$$8\lambda y - (n\lambda)^2 = 2n\lambda\sqrt{x^2 + (y-2\lambda)^2}$$

となる. さらにこれを 2 乗して整理すれば,

$$-\frac{4}{16-n^2}\left(\frac{x}{\lambda}\right)^2 + \frac{4}{n^2}\left(\frac{y}{\lambda}\right)^2 = 1 \qquad (4)$$

である. (3) をみたす $n = 0$ の腹線は境界 $y = 0$ の直線, $n = 4$ の腹線は $x = 0$, $y \geqq 2\lambda$ の半直線である. (4) に $n = 1, 2, 3$ を代入したものは以下である.

$$n = 1 : -\frac{4}{15}\left(\frac{x}{\lambda}\right)^2 + \frac{4}{1}\left(\frac{y}{\lambda}\right)^2 = 1, \qquad n = 2 : -\frac{4}{12}\left(\frac{x}{\lambda}\right)^2 + \frac{4}{4}\left(\frac{y}{\lambda}\right)^2 = 1,$$

$$n = 3 : -\frac{4}{7}\left(\frac{x}{\lambda}\right)^2 + \frac{4}{9}\left(\frac{y}{\lambda}\right)^2 = 1.$$

続いて, 弱め合う条件は,

$$\overline{\mathrm{P'R}} - \overline{\mathrm{PR}} = \left(n' - \frac{1}{2}\right)\lambda \qquad (5)$$

である．これをみたす n' は 1, 2, 3, 4 の 4 つである．しかし，(5) は (3) の n を $n' - 1/2$ としただけであるから，節線の方程式は (4) の n に $n = 1/2, 3/2, 5/2, 7/2$ を代入したものである．

$$n = \frac{1}{2} : -\frac{16}{63}\left(\frac{x}{\lambda}\right)^2 + \frac{16}{1}\left(\frac{y}{\lambda}\right)^2 = 1, \quad n = \frac{3}{2} : -\frac{16}{55}\left(\frac{x}{\lambda}\right)^2 + \frac{16}{9}\left(\frac{y}{\lambda}\right)^2 = 1,$$

$$n = \frac{5}{2} : -\frac{16}{39}\left(\frac{x}{\lambda}\right)^2 + \frac{16}{25}\left(\frac{y}{\lambda}\right)^2 = 1, \quad n = \frac{7}{2} : -\frac{16}{15}\left(\frac{x}{\lambda}\right)^2 + \frac{16}{49}\left(\frac{y}{\lambda}\right)^2 = 1$$

　下図の破線が腹線，実線が節線である．$y \leqq 0$ の領域には存在しないが薄く描いた．手で描くなら，まず円の交点を繋げて腹線を描く．腹線と腹線の間に節線を描けばよい．

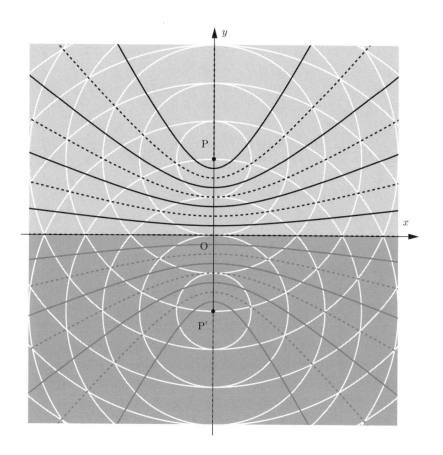

【講評】

　第 1 問 I と II (2) までは訳無いが，ページをめくって II (3)，III はぐっと問題レベルが上がる．第 2 問 I はごく基本的な交流の問題．意外にできがよくないのは「東大は交流の出題が少ない」なんて

教室で言ってしまったこちらの責任かも．そういう品の無いことはなるべく言わないように心がけているが，つい言ってしまうこともある．それを真に受けて本当に交流のことを忘れてしまっているようではいけない．Ⅱの荷電粒子の運動は前半とは無関係で最初から解かねばならない．そこそこ時間がかかる．第 3 問はテーマが四つもあって一つ一つ片付けていくと，これも結構時間がかかる．というわけで 75 分で全問解答するのは難しい．もう少し時間かけたら全部解けるかも，いや，やっぱり…，と物理の学力ともう一科目の学力を秤にかけて，自分にとって最善の道筋を見通す力も試されている．これだけ本質的な学力を正確に測る問題，東大が世界に誇れる試験問題だと思う．新しい入試制度なんて言っているが，そんなのほんとうに必要なんですかね．

2015年

解答・解説

第1問

解 答

I (1) $\sqrt{2gl\sin\theta}$.

(2) 最下点での速さを v_0, 張力を T_0 とする. $v_0 = \sqrt{2gl}$. 運動方程式

$$m\frac{v_0{}^2}{l} = T_0 - mg \qquad より \qquad T_0 = 3mg.$$

(3) 加速度の大きさは $v_0{}^2/l = 2g$, 向きは鉛直上向き.

II (1) B を放した後, A と B からなる系に働く外力は A, B に働く重力のみであるゆえ, 重心 G の加速度の大きさは g, 向きは鉛直下向き.

(2) $t = 0$ における G の速度は水平右向きに $v_0/2$. G にたいする相対速度の大きさは A, B ともに

$$\frac{v_0}{2} = \sqrt{\frac{gl}{2}}.$$

A の相対速度の向きは水平右向き, B は水平左向き.

(3) 重心系でみると, A, B は重心まわりに速さ $v_0/2$, 半径 $l/2$ で等速円運動する. 張力を $T_0{}'$ として, A, B の運動方程式

$$m\frac{(v_0/2)^2}{l/2} = T_0{}' \qquad より \qquad T_0{}' = mg.$$

(4) 重心系でみた A, B の加速度の大きさは $(v_0/2)^2/(l/2) = g$ で, A の加速度の向きは鉛直上向き, B のそれは鉛直下向き. 静止した座標系でみた重心の加速度は鉛直下向きに g であるゆえ, A, B の加速度はそれぞれ

$$A : 0, \qquad B : \quad 鉛直下向きに大きさ 2g.$$

(5) 重心系でみた A, B の重心まわりの角速度を ω とすれば,

$$\omega = \frac{v_0/2}{l/2} = \sqrt{\frac{2g}{l}}.$$

求める時刻 $t = t_1$ とする. t_1 は A, B が重心まわりに $\pi/2$ だけ回転するのに要する時間に等しい.

$$\omega t_1 = \frac{\pi}{2} \qquad \therefore \quad t_1 = \frac{\pi}{2}\sqrt{\frac{l}{2g}}.$$

(6)　重心の水平方向への変位と重心系での A の水平方向への変位の和

$$\frac{1}{2}v_0 t + \frac{l}{2}\sin\omega t = \sqrt{\frac{gl}{2}}\,t + \frac{l}{2}\sin\left(\sqrt{\frac{2g}{l}}\,t\right).$$

解説

I　B の位置を原点 O として，水平方向左向きに x 軸，鉛直方向下向きに y 軸をとる．半径 l の円軌道を描くから，A の座標 $(x,\,y)$ は

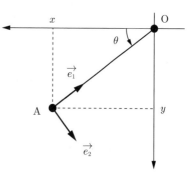

$$x = l\cos\theta, \qquad y = l\sin\theta \tag{1}$$

をみたす．速度，加速度の定義はそれぞれ

$$\vec{v} = \begin{pmatrix} \dot{x} \\ \dot{y} \end{pmatrix}, \qquad \vec{a} = \begin{pmatrix} \ddot{x} \\ \ddot{y} \end{pmatrix} \tag{2}$$

である．A から O の向きの単位ベクトルを $\vec{e}_1$，それに垂直で角の増える向きの単位ベクトルを $\vec{e}_2$ として，これらをそれぞれ直交座標成分で表せば，

$$\vec{e}_1 = \begin{pmatrix} -\cos\theta \\ -\sin\theta \end{pmatrix}, \quad \vec{e}_2 = \begin{pmatrix} -\sin\theta \\ \cos\theta \end{pmatrix}$$

である．(1) の $x,\,y$ をそれぞれ時間微分すれば，

$$\vec{v} = \begin{pmatrix} \dot{x} \\ \dot{y} \end{pmatrix} = \begin{pmatrix} -l\dot{\theta}\sin\theta \\ l\dot{\theta}\cos\theta \end{pmatrix} = l\dot{\theta}\begin{pmatrix} -\sin\theta \\ \cos\theta \end{pmatrix} = l\dot{\theta}\,\vec{e}_2$$

と表せる．すなわち，$\vec{v}$ は $\vec{e}_2$ 方向を向き，$\vec{v}$ の $\vec{e}_2$ 方向成分は $v = l\dot{\theta}$ である．さらに，これを時間微分して，

$$\vec{a} = \begin{pmatrix} \ddot{x} \\ \ddot{y} \end{pmatrix} = \begin{pmatrix} -l\dot{\theta}^2\cos\theta - l\ddot{\theta}\sin\theta \\ -l\dot{\theta}^2\sin\theta + l\ddot{\theta}\cos\theta \end{pmatrix}$$

である．$\vec{e}_1,\,\vec{e}_2$ を用いて表せば，

$$\vec{a} = l\dot{\theta}^2\begin{pmatrix} -\cos\theta \\ -\sin\theta \end{pmatrix} + l\ddot{\theta}\begin{pmatrix} -\sin\theta \\ \cos\theta \end{pmatrix} = l\dot{\theta}^2\,\vec{e}_1 + l\ddot{\theta}\,\vec{e}_2 \tag{3}$$

と表せて，加速度の $\vec{e}_1$ 方向成分（中心方向成分）は $l\dot{\theta}^2$，$\vec{e}_2$ 方向成分（接線方向成分）は $l\ddot{\theta}$ である．

　以上は, (1) を満たす, すなわち円運動しているときの速度, 加速度をその定義 (2) にもとづいて計算しただけであって, 物理は一切含まない. すなわち, 拘束条件 (1) の下で, 運動方程式を直交座標成分で表して (張力は T とする),

$$m\ddot{x} = -T\cos\theta \qquad (4)$$

$$m\ddot{y} = mg - T\sin\theta \qquad (5)$$

とするのと, 運動方程式を中心方向成分, 接線方向成分で表して,

$$ml\dot{\theta}^2 = T - mg\sin\theta \qquad (6)$$

$$ml\ddot{\theta} = mg\cos\theta \qquad (7)$$

とするのは全く同じことである.

　(7) は θ のみの方程式なので, これをみたす関数を見つけて, 初期条件 $t=0$ で $\theta = 0$, $\dot{\theta} = 0$ とすれば, θ を時間の関数として表すことができる. しかし, (7) の一般解は高校では習わない関数になるため, エネルギー保存則

$$\frac{1}{2}mv^2 = mgl\sin\theta \qquad (8)$$

の形で用いる. (8) の両辺を時間微分して,

$$\frac{d}{dt}\left(\frac{1}{2}mv^2\right) = mv\frac{dv}{dt}, \qquad v = l\dot{\theta}$$

であることを用いれば (8) は (7) の積分形であることはすぐにわかる. (8) より $v^2 = 2gl\sin\theta$ である. (6) の左辺の $l\dot{\theta}^2 = v^2/l$ として, これを代入すれば,

$$T = m\frac{v^2}{l} + mg\sin\theta = 3mg\sin\theta$$

である.

II　改めて, $t=0$ における B の位置を原点 O として, 水平方向右向きに x 軸, 鉛直方向下向きに y 軸をとる. 時刻 t における A の座標を $(x_{\mathrm{A}}, y_{\mathrm{A}})$, B の座標を $(x_{\mathrm{B}}, y_{\mathrm{B}})$, ひもが鉛直となす角を ϕ とする. 運動方程式

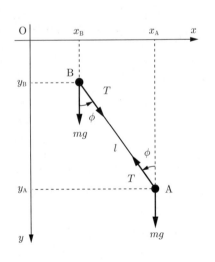

$$m\ddot{x}_{\mathrm{A}} = -T\sin\phi \qquad (9)$$

$$m\ddot{y}_{\mathrm{A}} = mg - T\cos\phi \qquad (10)$$

$$m\ddot{x}_{\mathrm{B}} = T\sin\phi \qquad (11)$$

$$m\ddot{y}_{\mathrm{B}} = mg + T\cos\phi \qquad (12)$$

と，拘束条件

$$x_A - x_B = l \sin\phi \tag{13}$$

$$y_A - y_B = l \cos\phi \tag{14}$$

が成り立つ．未知量 x_A, y_A, x_B, y_B, ϕ, T の 6 つにたいして，式が 6 つだから，B を放した後の A，B の運動は原理的にはもう解けていて，残っているのは，数学的作業だけである．

(9) + (11)，(10) + (12) より，

$$\ddot{x}_A + \ddot{x}_B = 0, \qquad \ddot{y}_A + \ddot{y}_B = 2g. \tag{15}$$

$\sqrt{2gl} = v_0$ として，初期条件 $t = 0$ で，

$$x_A + x_B = 0, \quad \dot{x}_A + \dot{x}_B = v_0, \quad y_A + y_B = l, \quad \dot{y}_A + \dot{y}_B = 0$$

を満たす (15) の解は，

$$x_A + x_B = v_0 t, \qquad y_A + y_B = l + gt^2. \tag{16}$$

つぎに，(9) − (11)，(10) − (12) より，

$$m(\ddot{x}_A - \ddot{x}_B) = -2T \sin\phi, \qquad m(\ddot{y}_A - \ddot{y}_B) = -2T \cos\phi. \tag{17}$$

(13)，(14) より，

$$\ddot{x}_A - \ddot{x}_B = -l\dot{\phi}^2 \sin\phi + l\ddot{\phi} \cos\phi, \qquad \ddot{y}_A - \ddot{y}_B = -l\dot{\phi}^2 \cos\phi - l\ddot{\phi} \sin\phi.$$

これを (17) に代入すれば，

$$m(-l\dot{\phi}^2 \sin\phi + l\ddot{\phi} \cos\phi) = -2T \sin\phi \tag{18}$$

$$m(-l\dot{\phi}^2 \cos\phi - l\ddot{\phi} \sin\phi) = -2T \cos\phi \tag{19}$$

である．(18) × $\sin\phi$ + (19) × $\cos\phi$，(18) × $\cos\phi$ − (19) × $\sin\phi$ より

$$ml\dot{\phi}^2 = 2T, \qquad \ddot{\phi} = 0.$$

これと，初期条件 $t = 0$ で $\phi = 0$, $\dot{\phi} = v_0/l$ より，

$$\dot{\phi} = \frac{v_0}{l}, \qquad \phi = \frac{v_0}{l}t, \qquad T = \frac{mv_0{}^2}{2l} = mg$$

である．一定な角速度 $\dot{\phi} = v_0/l = \omega$ とし，(13)，(14) に代入すれば，

$$x_A - x_B = l \sin\omega t, \qquad y_A - y_B = l \cos\omega t. \tag{20}$$

(16), (20) より,

$$
\begin{cases}
x_{\mathrm{A}} = \dfrac{1}{2}v_0 t + \dfrac{l}{2}\sin\omega t \\[2ex]
y_{\mathrm{A}} = \dfrac{l}{2} + \dfrac{1}{2}gt^2 + \dfrac{l}{2}\cos\omega t
\end{cases}
\qquad
\begin{cases}
x_{\mathrm{B}} = \dfrac{1}{2}v_0 t - \dfrac{l}{2}\sin\omega t \\[2ex]
y_{\mathrm{B}} = \dfrac{l}{2} + \dfrac{1}{2}gt^2 - \dfrac{l}{2}\cos\omega t
\end{cases}
\tag{21}
$$

である.

　以上は, A と B の重心 G の運動と, 重心系でみた A, B の運動にわけて考えるとずっと見通しがよい. 重心 G の座標

$$
\begin{cases}
x_{\mathrm{G}} = \dfrac{x_{\mathrm{A}} + x_{\mathrm{B}}}{2} \\[2ex]
y_{\mathrm{G}} = \dfrac{y_{\mathrm{A}} + y_{\mathrm{B}}}{2}
\end{cases}
$$

として, 重心の運動方程式 ((15) を書き直したもの)

$$
\begin{cases}
2m\ddot{x}_{\mathrm{G}} = 0 \\[1ex]
2m\ddot{y}_{\mathrm{G}} = 2mg
\end{cases}
$$

より, G は水平方向に等速運動, 鉛直下向きに加速度 g で等加速度運動する. 初期条件 $t=0$ で, $x_{\mathrm{G}}=0$, $y_{\mathrm{G}}=l/2$, $\dot{x}_{\mathrm{G}}=v_0/2$, $\dot{y}_{\mathrm{G}}=0$ より,

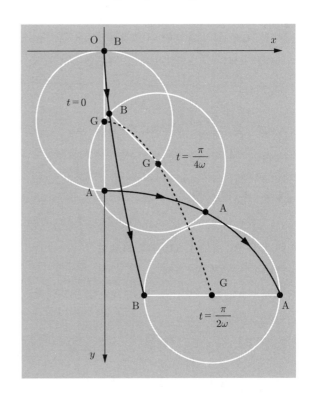

$$
x_{\mathrm{G}} = \frac{v_0}{2}t, \qquad y_{\mathrm{G}} = \frac{l}{2} + \frac{1}{2}gt^2
\tag{22}
$$

である. 重心は加速度 g で鉛直下向きに運動しているため, 重心系でみれば, A, B には鉛直上向きに大きさ mg の慣性力が働く. この慣性力は重力と相殺され, A, B はひもの張力のみで G のまわりを等速円運動する.

第2問

解 答

I (1)　棒 $2, 3, \cdots, N$ に流れる電流は $I/(N-1)$. 回路の方程式

$$
RI + R\left(\frac{I}{N-1}\right) = uBL\cos\theta \qquad \text{より} \qquad I = \frac{N-1}{N}\frac{BL\cos\theta}{R}u.
$$

(2) (1) の結果と，棒 1 の運動方程式

$$0 = mg\sin\theta - LIB\cos\theta \qquad より \qquad u = \frac{N}{N-1}\frac{mgR\sin\theta}{(BL\cos\theta)^2}.$$

II　Q から P に向かって棒 1 を流れる電流を i として，回路の方程式，棒 $2, 3, \cdots, N$ の運動方程式

$$Ri + R\left(\frac{i}{N-1}\right) = wBL\cos\theta, \quad 0 = mg\sin\theta - L\left(\frac{i}{N-1}\right)B\cos\theta$$

より

$$w = N\frac{mgR\sin\theta}{(BL\cos\theta)^2}.$$

III　Q から P に向かって棒 N を流れる電流を I' として，回路の方程式，棒 $1, 2, \cdots, N-1$ の運動方程式

$$R\left(\frac{I'}{N-1}\right) + RI' = u'BL\cos\theta, \quad 0 = mg\sin\theta - L\left(\frac{I'}{N-1}\right)B\cos\theta$$

より

$$u' = N\frac{mgR\sin\theta}{(BL\cos\theta)^2}.$$

IV (1)　P から Q に向かって棒 n を流れる電流を I_n として，棒 n の運動方程式は

$$ma_n = mg\sin\theta - LI_nB\cos\theta.$$

これについて，$n=1$ から N まで和をとり $I_1 + I_2 + I_3 + \cdots + I_N = 0$ を用いれば，

$$a_1 + a_2 + a_3 + \cdots + a_N = Ng\sin\theta.$$

(2) 棒 n と棒 $n+1$ の運動方程式の差をとれば

$$m(a_{n+1} - a_n) = -(I_{n+1} - I_n)BL\cos\theta.$$

回路の方程式より

$$R(I_n - I_{n+1}) = BL\cos\theta(v_n - v_{n+1}).$$

以上より，

$$a_{n+1} - a_n = -\frac{(BL\cos\theta)^2}{mR}(v_{n+1} - v_n) \qquad \therefore \quad k = \frac{(BL\cos\theta)^2}{mR}.$$

(3) (2) より，十分に時間が経過すると，$v_{n+1} - v_n$ は全て 0 に近づくので，

$$v_1 = v_2 = \cdots = v_N \qquad \therefore \quad a_1 = a_2 = \cdots = a_N.$$

これと (1) の結果より

$$a_1 = a_2 = \cdots = a_N = g\sin\theta.$$

よって，グラフは　ア．

(4)　十分に時間が経過すると，$v_1 = v_N$ ゆえ，イ．

解説

I

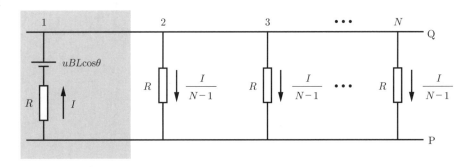

　磁場中で運動する棒 1 に起電力が生じる（ファラデイの法則）．この起電力により棒 1, 2, $\cdots$, N には電流が流れる（回路の方程式）．棒 1 に電流が流れるため棒 1 の速度は変化していき，次第に一定な値 u に近づいていく（運動方程式）．そのとき，棒 1 に生じる起電力は P から Q の向きに大きさ $uBL\cos\theta$．また，棒 2, 3, $\cdots$, N の抵抗はすべて R であるから，棒 2, 3, $\cdots$, N に流れる電流は全て等しく $I/(N-1)$ で，等価回路は上図である．力がつりあっている棒は目立つように網カケしている．棒 1 と棒 2, 3, $\cdots$, N のいずれかを通るループ一周についての回路の方程式と棒 1 に働く力のつりあい

$$\begin{cases} RI + \left(R\dfrac{I}{N-1} \right) = uBL\cos\theta \\ 0 = mg\sin\theta - LIB\cos\theta \end{cases} \qquad \text{より} \qquad u = \frac{N}{N-1}\frac{mgR\sin\theta}{(BL\cos\theta)^2}$$

である．以下，II, III は全く同様．

II

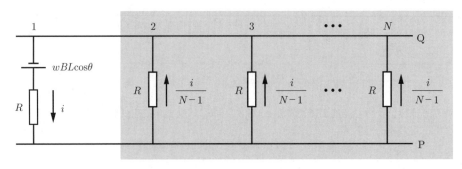

　今度は，棒 1 に外力を加えて一定速度で動かすと，固定をはずした棒 2, 3, $\cdots$, N が静止したままになる．等価回路は上図．棒 1 と棒 2, 3, $\cdots$, N のいずれかを通るループ一周についての回路の

方程式と，棒 $2, 3, \cdots, N$ のいずれかに働く力のつりあいの式を書く.

III

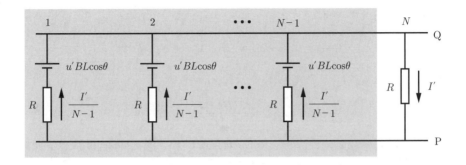

　棒 N が固定されていて，棒 $1, 2, \cdots, N-1$ が速さが u' のときの等価回路は上図．棒 N と棒 $1, 2, \cdots, N-1$ のいずれかを通るループ一周についての回路の方程式と，棒 $1, 2, \cdots, N-1$ のいずれかに働く力のつりあいの式を書く.

IV

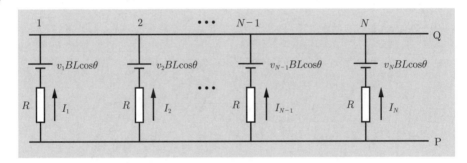

　P から Q に向かって棒 n を流れる電流を I_n とする．棒 $n, n+1$ を通るループ一周についての回路の方程式

$$R(I_n - I_{n+1}) = BL\cos\theta(v_n - v_{n+1}). \tag{1}$$

電流の保存の式

$$I_1 + I_2 + \cdots + I_N = 0. \tag{2}$$

棒 n の運動方程式

$$m\frac{dv_n}{dt} = mg\sin\theta - LI_nB\cos\theta. \tag{3}$$

初期条件 $t = 0$ で

$$v_1 = v_2 = v_{N-1} = u', \qquad v_N = 0. \tag{4}$$

(1), (2), (3), (4) を満たす $v_1, v_2, \cdots, v_N$ を求めればよい．まず，(3) を $n=1$ から $n=N$ までたして，(2) を用いれば

$$\frac{d}{dt}(v_1 + v_2 + \cdots + v_N) = Ng\sin\theta.$$

これを積分して (4) を用いれば,

$$v_1 + v_2 + \cdots + v_N = (N-1)u' + Ng\sin\theta \cdot t. \tag{5}$$

(3) から (3) の n を $n+1$ とした式を引いて, (1) を用いれば,

$$\frac{d}{dt}(v_n - v_{n+1}) = -\frac{(BL\cos\theta)^2}{mR}(v_n - v_{n+1}).$$

定数 $(BL\cos\theta)^2/(mR)$ を λ とすれば, 棒 N の固定をはずした時刻を $t=0$ として, 時刻 t における棒 n と $n+1$ の相対速度は時間によらない定数 C として

$$v_n - v_{n+1} = Ce^{-\lambda t}$$

である. 初期条件 (4) より,

$$v_1 = v_2 = \cdots = v_{N-1}, \qquad v_{N-1} - v_N = u'e^{-\lambda t} \tag{6}$$

(5), (6) より

$$v_1 = v_2 = \cdots = v_{N-1} = gt\sin\theta + \frac{N-1}{N}u'\left(1 + \frac{1}{N-1}e^{-\lambda t}\right) \tag{7}$$

$$v_N = gt\sin\theta + \frac{N-1}{N}u'(1 - e^{-\lambda t}) \tag{8}$$

(7), (8) のグラフは下図.

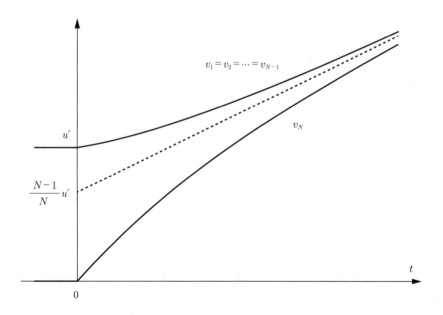

第 3 問

解 答

I (1)　気体の圧力は $p = P + \rho g d$. 容器に働く力のつりあい

$$(P + \rho g d)S = PS + mg \qquad \text{より} \qquad d = \frac{m}{\rho S}.$$

(2)　気体の圧力は P. もとの状態の体積を V として，状態方程式より

$$P \cdot rV = (P + \rho g d)V \qquad \therefore \quad r = 1 + \frac{\rho g d}{P}.$$

II (1)　容器に働く力のつりあいより，気体の圧力は p のまま．状態方程式 $pV = RT$ を用いて，

$$W = p \times \frac{V}{5} = \frac{1}{5}RT.$$

(2)　温度は $6T/5$ になる．内部エネルギー変化は

$$\Delta U = \frac{3}{2}R \times \frac{T}{5} = \frac{3}{10}RT.$$

熱力学第一法則より

$$Q = \Delta U + W = \frac{1}{2}RT.$$

III (1)　容器上面の深さを x とする．容器のつりあいと状態方程式は

$$(P + \rho g h)S = (P + \rho g x)S + mg, \qquad (P + \rho g h)S(h - x) = RT.$$

これらより

$$h = \left(1 - \frac{mP}{\rho RT}\right)\frac{RT}{mg}.$$

(2)　前問の結果より P が増加するとつりあいの深さは減少する．また，P の値を増やすと深さ h での水圧が増加し，気体の圧力が増加するので，気体の体積が減少し，浮力が減少するから容器は下降する．よって，エ.

IV (1)　温度が T_2 になったとして，

$$T_2 V_2{}^{2/3} = T_1 V_1{}^{2/3} \qquad \text{より} \qquad T_2 = T_1\left(\frac{V_1}{V_2}\right)^{2/3}.$$

よって，

$$\Delta U = \frac{3}{2}R(T_2 - T_1) = \frac{3}{2}RT_1\left\{\left(\frac{V_1}{V_2}\right)^{2/3} - 1\right\}.$$

(2)　$W' - \Delta U$ は容器上面が水にたいしてする仕事，仕切りが水にたいしてする仕事，および重力による位置エネルギー変化を含む．

解説

I, II　図 3–1 のときの容器内の気体の圧力を p とする．容器に働く力は大気からの力，重力，容器内の気体 (以下，気体) からの力である．また，容器内の水面 (以下，水面) での水圧は $P+\rho g d$ である．

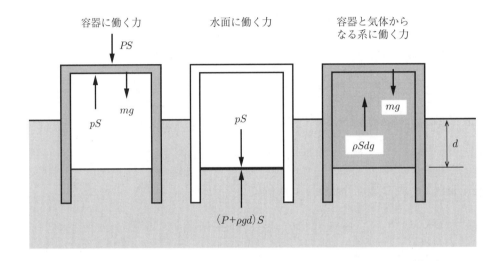

容器に働く力のつりあい，および水面での力のつりあい (水面に質量の無視できる仮想的な板があると思えばよい)

$$0 = PS + mg - pS, \qquad 0 = pS - (P+\rho g d)S.$$

これらの辺々を足すと，

$$0 = mg - \rho dgS \quad \text{i.e.} \quad d = \frac{m}{\rho S}$$

である．容器上面に大気が及ぼす力は下向きに PS，水面で水が気体に及ぼす力は上向きに $(P+\rho g d)S$ で，この和が浮力 $\rho S d g$ である．この設問では，容器と気体からなる系には，重力 mg と浮力 $\rho S d g$ が働いていて，それらがつりあっていると考えても同じである．

I (2) では，容器に力を加えて引き上げているので容器に働く力はつりあっていない．水面での力のつりあいより，気体の圧力は大気圧 P である．II では，気体に熱を加え容器が上昇している間，容器に働く力のつりあい，水面で力のつりあいは変わらないので，水面の深さは d のまま，すなわち，気体の圧力は $P+\rho g d$ のまま，容器底面が上昇していく．気体の圧力が一定であることさえわかれば，あとは状態方程式と熱力学第一法則を用いて熱を求めるだけである．

III　容器上面の深さを x，水面の深さを y，このときの気体の圧力を p とする．解答での x は容器に働く力がつりあっているときの容器上面の深さ，ここでの x はそれとは異なる．解答では図 3–1 のときの気体の圧力を p としたが，ここでの p はそれとは異なる．気体の圧力 p は，水面での力のつりあいより

$$p = P + \rho g y. \tag{1}$$

容器が動くと気体の体積や温度は変化する．そのと
き，容器に熱が流入するか否かによって，気体の体積
や温度の変化は異なるが，いまは，等温変化する場合
を考える．気体の温度が T のままであれば，状態方
程式は

$$pS(y - x) = RT. \tag{2}$$

一方，容器がいかに運動するかは容器に働く力が決め
る．容器に働く力は x, y が増える向き，すなわち，
鉛直方向下向きを正として，

$$F = (P + \rho g x)S + mg - (P + \rho g y)S$$
$$= mg - \rho g(y - x)S \tag{3}$$

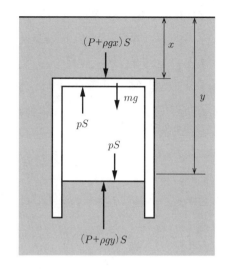

である．変数 x, y, p について 2 つの関係式 (1), (2) があるので，これらはこのうち 1 つの変数
で表すことができる．(1), (2) より，x, p を消去して (3) を y を用いて表すと，

$$F = mg - \rho g \cdot \frac{RT}{P + \rho g y} \tag{4}$$

である．もちろん，この F が 0 となる y が h である．

(4) の変化は右図の実線である．$y < h$ で $F <$
0, $y > h$ で $F > 0$ であるから，つりあいの位置
$y = h$ から上にずれると，容器には鉛直上向きに
力が働き，そのまま上向きに動いていく．$y = h$
から下にずれると，容器には鉛直下向きに力が働
き，やはりそのまま下向きに動いていく．つりあ
いの位置からずれたときに，つりあいの位置から
離れる向きに力が働き，つりあいの位置に戻って
こないようなつりあいを，不安定なつりあいとい
う．いまは，等温変化の場合について考えたが，気

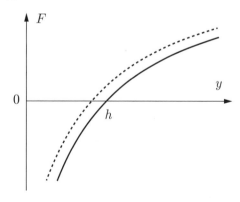

体に熱の流入出がない，すなわち断熱変化であると仮定しても $y = h$ が不安定なつりあいで，F が
他に安定なつりあい点を持たないことに変わりはない．現実は，等温変化と断熱変化の間にある．

　III は浮沈子というおもちゃの模型である．ペットボトルの中に浮きを入れて浮かしておき，ペッ
トボトルの側面を押して内部の圧力を大きくすると浮きが沈んでいく，側面を押すのを止めると浮
きはまた浮き上がっていく，というやつである．III (2) で大気の圧力 P を大きくすると (4) のグ

ラフは破線のように左にずれる．はじめのつりあいの位置 $y = h$ に固定していた容器を放すと，容器には $F > 0$ の力が働き，下向きに沈んでいく．

IV　前ページ右上の図に仕切り板と容器上面に加えた外力 f を追加する．外力 f を加えて dx だけ沈めたとき，仕切り板は dy 動いたとする．このとき，外力がした仕事は fdx，容器に働く重力がした仕事は $mgdx$，水が容器上面に及ぼす力がした仕事は $(P + \rho gx)Sdx$，水が仕切りに及ぼす力がした仕事は $-(P + \rho gy)Sdy$ である．熱力学第一法則—気体の内部エネルギーは系の外界からされた仕事だけ変化する—より，

$$dU = fdx + mgdx + (P + \rho gx)Sdx - (P + \rho gy)Sdy \tag{5}$$

である．外力がした仕事と気体の内部エネルギーの差は

$$fdx - dU = -mgdx - (P + \rho gx)Sdx + (P + \rho gy)Sdy$$

である．$-mgdx$ は容器に働く重力による位置エネルギーの変化分である．右辺第 2 項と第 3 項は，符号が異なるがそれぞれ水が容器上面に及ぼす力がした仕事，水が仕切りに及ぼす力がした仕事である．dx と dy が等しくないので，これらをまとめて浮力がした仕事というのは適切ではない．

[講評]

　昨年，「物理を『こう考えなさい，あーしなさい』と押し付けられると，大人は嫌気がさしてくる」なんて失礼なことを書いてしまった．それが伝わったわけではないでしょうが，第 1 問，問題の設定，設問はともに簡潔，たいして問いの内容は物理の本質的な基礎をビシッと訊いてくる．入試問題だからといって，「重心とともに落下する観測者からみると…」とか，「加速度は静止した観測者からみたものとする」とか，つまらないことを一切書いてない．そもそも，問題文に書いていないことの考察こそが学力です．最近の多くの入試問題のように，何でも書いておけばよいというわけではない．秀逸です．

　第 2 問．I, II, III は，回路の方程式と運動方程式を連立して解く，という繰り返しだけど，ちょっとずつ設定が変わる．それに応じて，回路の方程式と運動方程式もちょっとずつ変わる．最近の学生達は，美味しいものを食べ慣れているせいか，同じものばかり出すとすぐに飽きて集中力を失っていく傾向がありますが，こういう繰り返しに正確に対応できるのは，物理に限らず大事な学力です．

　第 3 問．III (2) は浮沈子の話を知っていれば，容器が下降することはすぐにわかりますが，気体への熱の出入りについての記述がないので，定量的に考察しようとすると難しい問題になってしまう．きちんと定量的な考察するのは大事なことですが，物理です，何が起きるか直観的な考察の方が先．

2014年

第 1 問

解 答

I (1) $x_0 = \dfrac{mg\sin\theta}{k}$ (2) $x > \dfrac{2mg\sin\theta}{k}$ (3) $\dfrac{2\pi}{3}\sqrt{\dfrac{m}{k}}$

(4) エネルギー保存則

$$\frac{1}{2}mv^2 = \frac{1}{2}kx^2 - mgx\sin\theta \quad \text{より} \quad v = \sqrt{\frac{kx}{m}\left(x - \frac{2mg\sin\theta}{k}\right)}.$$

θ を小さくすれば v は大きくなるため，$\theta = 45^\circ$ のときに比べて水平距離 s が大きくなることがある．したがって，s が最大となる θ は 45° より小さい．

(5) 小球が，点 A で投げ出されてから水平面に落下するまでの時間は $2v\sin\theta/g$．したがって，

$$s = v\cos\theta \cdot \frac{2v\sin\theta}{g} = \frac{kx}{mg}\left(x - \frac{2mg\sin\theta}{k}\right)\sin 2\theta.$$

(6) $x = 2mg/k$ のとき，

$$s = \frac{4mg}{k}(1 - \sin\theta)\sin 2\theta.$$

$f(\theta) = (1 - \sin\theta)\sin 2\theta$ とおいて，表 1–1 の数値を代入すれば，

$$f(30^\circ) \fallingdotseq 0.435, \quad f(25^\circ) \fallingdotseq 0.447, \quad f(20^\circ) \fallingdotseq 0.422.$$

このうち，s が最も大きくなるのは $\theta = 25^\circ$．

(7) x が mg/k にくらべて十分大きいとき，(5) の結果より

$$s \fallingdotseq \frac{kx^2}{mg}\sin 2\theta.$$

よって，s が最大になる θ は 45° に近づく．

解説

点 A を原点として，斜面に沿って下向きに X 軸をとる．小球の運動方程式

$$m\ddot{X} = -kX + mg\sin\theta = -k(X - x_0)$$

と初期条件 $t = 0$ で $X = x$, $\dot{X} = 0$ より

$$X = x_0 + (x - x_0)\cos\omega t. \tag{1}$$

小球が斜面から投げ出されるための条件は，

$$X_{\min} = -x + 2x_0 < 0 \qquad \therefore \quad x > \frac{2mg\sin\theta}{k}.$$

$x = 3x_0$ のとき，$X = x_0 + 2x_0\cos\omega t$. これが 0 になるのは，

$$\cos\omega t = -\frac{1}{2} \qquad \therefore \quad t = \frac{2\pi}{3}\sqrt{\frac{m}{k}}.$$

設問 (1) から (3) まで，答に経過を書くな
ら以上の通り．しかし，X が式 (1) であ
ることはすぐにわかる．X のグラフを描
けば，設問 (2)，(3) で計算の必要はない．
$x = 3x_0$ なら振幅は $2x_0$ である．横軸に
ωt，$\pi/6$ 刻みに X のグラフを描けば右図
である．$X = 0$ になるのは，横軸 4 目盛
りのところで，

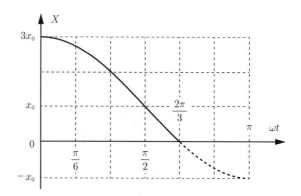

$$\omega t = \frac{\pi}{6}\times 4 = \frac{2\pi}{3}$$

である．なので「解 答」には答しか書かなかった．

　点 A から投げ出された後，落下地点までの距離 s は，設問 (5) で求めた

$$s = \frac{kx}{mg}\left(x - \frac{2mg\sin\theta}{k}\right)\sin 2\theta \tag{2}$$

である．s が最大になる θ を求めるのは数学の問題，さあ計算しよう，というのではなく，設問 (4) で
θ が 45° より小さいことを物理的考察から判断させて，(5) で s を求め，(6) で 45° より小さい範囲の
$\sin\theta$，$\cos\theta$ の値を s の式に代入して泥臭く計算し，s が最大となる θ に一番近いものを選べ，という
問題です．物理の計算っぽくてよい．

　設問はともかく，θ に対する s の変化を調べておく．s, x を長さの次元の定数 mg/k でわり算して，

$$\tilde{s}(\theta) = \frac{s}{mg/k}, \qquad \eta = \frac{x}{mg/k}$$

とおく．ただし，$\eta > 2\sin\theta$ である．$\tilde{s}$ は「s チルダ」，η は「エータ」と読む．式 (2) は

$$\tilde{s}(\theta) = \eta\,(\eta - 2\sin\theta)\sin 2\theta \tag{3}$$

である．設問 (6) では，$\eta = 2$（$x = 2mg/k$）で，このとき，

$$\tilde{s}(\theta) = 4\,(1 - \sin\theta)\sin 2\theta.$$

この $\tilde{s}(\theta)$ について，$\tilde{s}(\theta)/4 = f(\theta)$ とする．この関数の最大値を与える θ が大体どれくらいであるか見積もるだけなら，グラフを描けばわかる．まず，$(1 - \sin\theta)$ のグラフ（白い実線）を描く．$\sin 2\theta$（白い破線）は 1 より小さいから，$f(\theta)$ は $(1 - \sin\theta)$ の下にしか出てこない．さらに，$\sin 2\theta$ は $\theta = 0°$ で 0，$\theta = 45°$ で 1，$90°$ で 0 なること，および $\theta = 45°$ 付近では変化が緩やかになることなどから，$f(\theta)$ のグラフは，0 からスタートして $\theta = 45°$ で $(1 - \sin\theta)$ の下側で接して，白い実線の下側で段々 0 に近づいていく．$f(\theta)$ が最大になるのは $\theta = 20°$ から $30°$ くらいの範囲かな，とやる．一般の η でも同じ要領でグラフを描けば，$\tilde{s}(\theta)$ の極大を与える θ は $45°$ より小さいことはわかる．

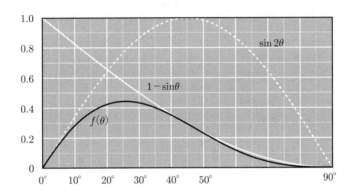

一般の η について，$\tilde{s}(\theta)$ を θ で微分して，$d\tilde{s}(\theta)/d\theta = 0$ を与える $\sin\theta$ の方程式は

$$6\sin^3\theta - 2\eta\sin^2\theta - 4\sin\theta + \eta = 0 \tag{4}$$

である．$\tilde{s}(\theta)$ の最大値を与える θ を求めるには，3 次方程式の解の公式と関数電卓が必要である．$\eta = 2$ のとき，式 (4) は幸い因数分解できて，

$$(\sin\theta - 1)(3\sin^2\theta + \sin\theta - 1) = 0.$$

左辺にある $\sin\theta$ の 2 次式が 0 になる $\sin\theta$ を求めれば，

$$\sin\theta = \frac{-1 + \sqrt{13}}{6} = 0.4342\cdots \qquad \therefore \quad \theta \fallingdotseq 25.73°$$

である．設問 (7) の x を大きくしていった極限というのは，$\eta \gg 1$ のときのことで，

$$\tilde{s}(\theta) \fallingdotseq \eta^2 \sin 2\theta.$$

これが最大となる θ は $45°$ である．

第 2 問

解答

I (1) 時刻 $t = t_1$ に $V = V_0$ に達して，コンデンサーの電荷は CV_0 になる．この間の電流は sP_0 で一定ゆえ，

$$sP_0 \cdot t_1 = CV_0 \qquad \therefore \quad t_1 = \frac{CV_0}{sP_0}.$$

(2) 十分時間が経過した後，$I = 0$ となる．このとき，特性方程式

$$0 = sP_0 - \frac{1}{r}(V - V_0) \qquad より \qquad V = V_0 + rsP_0.$$

したがって，コンデンサーの電荷は $C(V_0 + rsP_0)$.

II (1) $R = R_0$ のとき，$I = sP_0$, $V = V_0$. 回路方程式

$$V_0 = R_0 \cdot sP_0 \qquad より \qquad R_0 = \frac{V_0}{sP_0}.$$

(2) $R > R_0$ のとき，特性方程式は

$$I = sP_0 - \frac{1}{r}(V - V_0).$$

これと，回路の方程式 $V = RI$ より，

$$I = \frac{V_0}{R+r}\left(1 + \frac{rsP_0}{V_0}\right) = \frac{V_0}{R+r}\left(1 + \frac{r}{R_0}\right).$$

(3) 抵抗での消費電力を J とする．$R \leqq R_0$ のとき，

$$J = RI^2 = R(sP_0)^2 \leqq R_0(sP_0)^2 = V_0 sP_0.$$

$R > R_0 \gg r$ のとき，

$$J = RI^2 = \frac{V_0{}^2}{R}\left(1 + \frac{r}{R}\right)^{-2}\left(1 + \frac{r}{R_0}\right)^2 \fallingdotseq \frac{V_0{}^2}{R} < \frac{V_0{}^2}{R_0} = V_0 sP_0.$$

以上より，J は $R = R_0$ のときに最大で，その最大値は $V_0 sP_0$.

III (1) $I = sP_0/2$ ゆえ，2 つの太陽電池の特性方程式より，

$$\frac{1}{2}sP_0 = sP_0 - \frac{1}{r}(V_1 - V_0) = s \cdot 2P_0 - \frac{1}{r}(V_2 - V_0).$$

したがって，

$$V_1 = V_0 + \frac{1}{2}rsP_0 = \frac{3}{2}V_0, \quad V_2 = V_0 + \frac{3}{2}rsP_0 = \frac{5}{2}V_0.$$

(2) III (1) の結果，および回路の方程式

$$V_1 + V_2 = RI \qquad より \qquad \frac{R}{r} = 8.$$

(3)　$V_2 \leqq V_0$ であると，太陽電池 2 に流れる電流は $I = s \cdot 2P_0$ で一定となるが，太陽電池 1 に流れる電流がこれに等しくなることはないため，$V_2 > V_0$ でなければならない．つぎに，$V_1 > V_0$ と仮定すると，特性方程式

$$I = sP_0 - \frac{1}{r}(V_1 - V_0) = s \cdot 2P_0 - \frac{1}{r}(V_2 - V_0)$$

と回路の方程式

$$V_1 + V_2 = rI$$

より，

$$V_1 = \frac{V_0}{3}, \qquad V_2 = \frac{4}{3}V_0$$

となり，仮定に矛盾する．したがって，$V_1 \leqq V_0$ で，選択肢は　イ．

(4)　$V_1 \leqq V_0$ ゆえ，$I = \underset{\sim\sim}{sP_0}$ である．太陽電池 2 の特性方程式

$$sP_0 = s \cdot 2P_0 - \frac{1}{r}(V_2 - V_0) \qquad より \qquad V_2 = V_0 + rsP_0 = \underset{\sim\sim}{2V_0}.$$

回路の方程式

$$V_1 + V_2 = r \cdot sP_0 = V_0 \qquad より \qquad V_1 = \underset{\sim\sim}{-V_0}.$$

解説

　起電力 V の電池と，電気容量 C のコンデンサー，あるいは抵抗値 R の電気抵抗を接続する．抵抗に流れる電流を I，コンデンサーの上極板の帯電量を Q とすれば，

$$I = \frac{V}{R}, \quad Q = CV$$

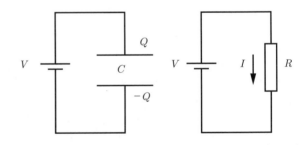

である，なんてよくやるけど，簡単で，見慣れていて，わかっているつもりの話ほど，よく考えておく必要がある．

　「電池は電位を上げるはたらきがあって，そのはたらきを起電力という」と習う．これはよいが，このためか「電池の両端の電位差が起電力である」と勘違いしている人は多い．化学的な電池に抵抗のみを接続した回路（前のページの右図）に定常的な電流が流れているとき，電池内部での化学的な反応により，定常的に電流を流そうとする力が生じている．起電力とは，その力が単位電気量あたりにする仕事である．これこれの起電力がある回路に，どれだけの電流が流れるかは，回路の方程式——回路を一周したとき，コンデンサーや抵抗での電圧降下の総和と電池による起電力の総和は等しい：

$$\sum_{一周}(電圧降下) = \sum_{一周}(起電力)$$

により定まる.

　電池の起電力を $\mathcal{E}$, 電池の内部抵抗を r, これらはともに一定として, いまの例題を考察してみる. まずは, 右図のようにコンデンサーを接続した場合について考える. 回路の方程式は

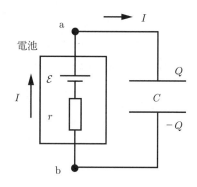

$$rI + \frac{Q}{C} = \mathcal{E} \qquad (1)$$

および

$$I = \frac{dQ}{dt} \qquad (2)$$

である. これを解いて, 初期条件 $t = 0$ で $Q = 0$ とすれば,

$$Q = C\mathcal{E}(1 - e^{-t/rC}), \qquad I = \frac{\mathcal{E}}{r}e^{-t/rC}$$

である. 端子 b に対する端子 a の電位, すなわち電池の両端の電位差（電極電位という）を V とする. この結果と式 (1) より,

$$V = \mathcal{E} - rI = \frac{Q}{C} = \mathcal{E}(1 - e^{-t/rC})$$

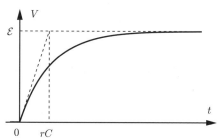

と時間変化して, 十分時間が経った後, $I = 0$, $V = \mathcal{E}$ になる. このように, 電池に電流が流れていないとき電極電位は電池の起電力に等しくなる.

こんどは, 電池の起電力を $\mathcal{E}$, 電池の内部抵抗を r として, 抵抗を接続した場合について考える.

　回路の方程式

$$\mathcal{E} = rI + RI \qquad より \qquad I = \frac{\mathcal{E}}{R + r}.$$

電極電位は

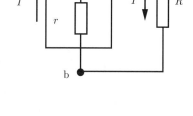

$$V = \mathcal{E} - rI = RI = \frac{R}{R + r}\mathcal{E}$$

である. 電池の内部抵抗 r が R に比べて十分小さいとき, $V = \mathcal{E}$ となる.

　V と I の関係

$$I = \frac{\mathcal{E} - V}{r} \qquad (3)$$

をグラフにすれば次頁上図である. 流れる電流は電池の特性方程式 (3) と, $V = RI$ のグラフの交点を求めたと考えても同じである.

これまで考えていた電池と，太陽電池の違いは，その V–I の特性だけである．太陽電池の特性が問題の図 2–2 で与えられることを理解するのは，固体の量子論を勉強しなければならないが，簡単に触れておく．

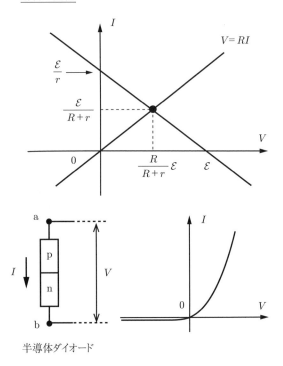

もっとも簡単な太陽電池は，p 型半導体と n 型半導体を接合した半導体ダイオードである．図のように a から b に流れる電流を I，b に対する a の電位を V とすれば，半導体ダイオードの特性が右図のようになるのは見たことがあると思う．

半導体ダイオードに光を照射すると，光電効果によって，半導体内で電子–正孔（ホール）の対が生じる．光を照射し続けると，半導体内部の電子や正孔の密度が増して，電子は n 側に，正孔は p 側に掃き出されて行く．n 側の電極に達した電子は導線，抵抗を通って，p 側の電極に達する．光を照射しているとき，n 側から p 側に向かって電流を流そうとする力—起電力が生じて，半導体内で電流は b から a の向きに流れる．半導体ダイオードでは，a から b に流れる電流を正としたが，太陽電池については，b から a に流れる電流を正とする．したがって，まず，光が照射されていないときの太陽電池の特性として，さっきの半導体ダイオードの特性を直線 $I = 0$ を軸に上下にひっくり返しておく（下右図破線）．一定な光を照射することで，流れる電流は一定な正の値だけ増えるので，太陽電池の特性はこのグラフを，そのまま上にずらしたもの（下右図実線）になる．正の電流を流して，電池から正の仕事率（下図グラフ網カケ部分）を取り出して利用するのが

半導体ダイオード

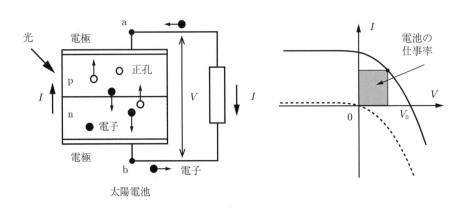

太陽電池

太陽電池である．これくらいわかっておけば，問題は理解できると思う．

設問の解き方を少し．設問 III (3), (4) は，$V = V_1 + V_2$ の特性曲線のグラフをつくり，それと $V = RI(= rI)$ との交点を求めるのでもよい．$R = r$ なのでグラフは簡単に描ける．太陽電池 1, 2 に流れる電流は共通．その電流 I に対する，太陽電池 1, 2 の出力電圧の和 $V = V_1 + V_2$ は下図の実線である．

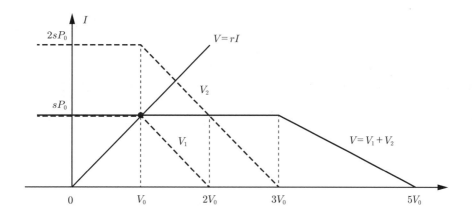

これと回路の方程式 $V = rI$ との交点は，

$$V = V_0, \qquad I = sP_0.$$

$I = sP_0$ のとき，$V_2 = 2V_0$ であるから，

$$V_1 = V - V_2 = -V_0.$$

以上より，(3) の選択肢をイと選んでもよい．こちらの方が簡潔だが，こちらを「解答」にしなかったのは，(3) で $V_1 \leqq V_0$, $V_2 > V_0$ の範囲であることを考察，判断させておいてから，(4) で I, V_1, V_2 を具体的に求めさせる，という趣旨の設問と理解したから．

第 3 問

解 答

(1)　明線．

理由：S_0 と S_1 で光は同位相である．かつ，距離 S_0T と S_1T が等しいので，T における，S_0 からの光と S_1 からの光は同位相で互いに強め合う．

(2)　いま，

$$S_0R = \sqrt{d^2 + z_0{}^2} \fallingdotseq d + \frac{z_0{}^2}{2d}, \quad S_1R = \sqrt{d^2 + z_1{}^2} \fallingdotseq d + \frac{z_1{}^2}{2d}.$$

R は 1 次の回折光であることより，$S_1R - S_0R = \lambda$. すなわち，

$$\frac{z_1{}^2 - z_0{}^2}{2d} = \lambda \quad \therefore \quad d = \frac{z_1{}^2 - z_0{}^2}{2\lambda}.$$

(3) すべての隣り合うスリット同士の 1 次回折光が R で強め合う条件は

$$\frac{z_n{}^2 - z_{n-1}{}^2}{2d} = \lambda \quad \cdots ①$$

すなわち，

$$\frac{z_n{}^2 - z_0{}^2}{2d} = n\lambda \qquad \therefore \quad z_n = \sqrt{z_0{}^2 + 2nd\lambda}.$$

(4) スクリーン B の位置を $x = d'$ とする．すべての隣り合うスリット同士の回折光が R で強め合う条件は，$k = 1,\ 2,\ 3,\ \cdots$ として，

$$\frac{z_n{}^2 - z_{n-1}{}^2}{2d'} = k\lambda.$$

① を用いると，

$$\frac{d}{d'} = k \qquad \therefore \quad d' = \frac{d}{k}.$$

R に近い方から順に

$$d' = \frac{d}{2},\quad \frac{d}{3}.$$

(5) $a > d,\ b > d$ より，$P \to S_n \to R'$ と $P \to S_{n-1} \to R'$ を通る光が強め合う条件は，その経路差

$$\frac{z_n{}^2 - z_{n-1}{}^2}{2}\left(\frac{1}{a} + \frac{1}{b}\right) = d\lambda\left(\frac{1}{a} + \frac{1}{b}\right) = \lambda \quad \text{すなわち} \quad \frac{1}{a} + \frac{1}{b} = \frac{1}{d}$$

のとき．したがって，

$$b = \frac{ad}{a - d}.$$

(6) ア　2,　　イ　2,　　ウ　$\frac{1}{2}$.

解説

　光の干渉に関する基本的な問題である．(6) について少しだけ解説する．スリットの数が 2 倍になると，重ね合わせの原理により光の振幅は 2 倍になる．光の強度は振幅の 2 乗に比例するから，強度は 4 倍になる．しかし，光のエネルギーは 2 倍しかない．光の強度と z で囲まれたグラフの面積が，単位時間にそこに達する光のエネルギーである．明線のピークの高さが 4 倍で，面積が 2 倍なら，幅は 1/2 倍になる．スリット数が増えるとピークが鋭く，かつ明線の幅が狭くなって，明線がはっきりする．

　回折レンズは 2007 年福井大で出題されている．そちらは，明線が最も明るくなるようなスリットの開きまで求めるので，もう一段難しい．今回の問題とほぼ同じ問題が 2009 年上智大で出題されていた．

講評

　物理の内容は難しいわけではない．しかし，これを試験会場で解くには馬力がいる．こちらは外野なので，受験生が感じるところとは比べようないが，問題は目新しい，計算は（ここの解答みたいに）すっきりとは片付かない，問題の意図はどうなのか，解答に何を書くか，などその場で判断すべきことが多い．さらに，物理を「こう考えなさい，あーしなさい」と押し付けられると，大人は嫌気がさしてくるが，純粋で若々しい気持ちがあれば，そんなこと気になるまい．大学はよく「タフな東大生」と言っていることを思い出した．入学前から相当「タフ」でないといけないようである．

解答・解説

第 1 問

解答

I (1) 衝突直前の小球 1 の速さを v_0 とする.エネルギー保存則

$$\frac{1}{2}mv_0{}^2 + \frac{1}{2}kd^2 = \frac{1}{2}ks^2 \qquad より \qquad v_0 = \sqrt{\frac{k}{m}(s^2 - d^2)}.$$

(2) 小球 1 と 2 は速度交換する.衝突直後の速さは,それぞれ

$$小球 1 : \underset{\sim}{0}, \qquad 小球 2 : \sqrt{\frac{k}{m}(s^2 - d^2)}.$$

(3) 小球 1 側のばねの縮みの最大値は $\underset{\sim}{d}$. 小球 2 側のばねの縮みの最大値を A とする.エネルギー保存則

$$\frac{1}{2}kA^2 = \frac{1}{2}mv_0{}^2 \qquad より \qquad A = \sqrt{s^2 - d^2}.$$

(4) 衝突する位置を座標の原点として,右向きに x 軸をとる.小球 1, 2 の振動中心はそれぞれ $x = -d$, $x = 0$, 最初の衝突の後,小球 1, 2 ともに振幅 d, 角振動数 $\sqrt{k/m}$ の単振動する.最初に衝突した時刻を $t = 0$ として,小球 1, 2 の位置の時間変化は右図.これより,再衝突するまでの時間は

$$\frac{3\pi}{2}\sqrt{\frac{m}{k}}.$$

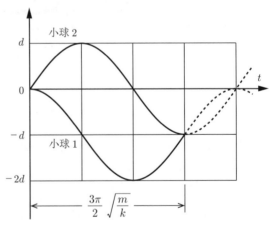

II (1) $\underset{\sim}{s > \dfrac{\mu mg}{k}}$.

(2) s が最小値のとき,小球 1 は小球 2 に衝突する瞬間に静止する.エネルギー保存則

$$\frac{1}{2}kd^2 - \frac{1}{2}ks^2 = -\mu' mg(s + d) \qquad より \qquad s = d + \frac{2\mu' mg}{k}.$$

— 142 —

[解説]

　力学の問題の解き方は，運動方程式を解いて位置や速度を時間の関数として表す（時間追跡する）か，運動方程式の積分形を用いて有限時間後の位置や速度を求める（保存則を用いる）か，のいずれかしかない．単振動する物体の運動について考える際には，運動方程式を解いて時間追跡するか，エネルギー保存則を用いるか，のどちらかである．設問 I の (1) から (3) まで，および設問 II の (2) はどちらの方法でも解けるが，設問 I の (4) だけは，二球の座標の時間変化がわからないと解けない．入試問題では，エネルギー保存則だけで答が求まる問題が多い中，東大では，2005 年第 1 問（地球貫通トンネル中での二球の衝突），2007 年第 1 問（バイオリンの弦を弓でこする），2009 年第 1 問（鉛直ばね付き台の上に物体を載せる）など，どれも，計算が必要か否かはともかく，時間変化の様子をグラフに，それも正確に描けないと解けないものが多い．

　設問 I では，最初に小球 2 が静止していた位置を座標原点として右向きに x 軸をとることにする．小球 1 の振動中心は $x = -d$，小球 2 の振動中心は $x = 0$ である．小球 1, 2 の単振動の角振動数 $\sqrt{k/m}$ を ω とする．最初，$x = -d - s$ の位置から速度 0 で動き始めた小球 1 は，$x = 0$ の位置に静止していた小球 2 に，速度 $v_0 = \omega\sqrt{s^2 - d^2}$ で衝突して小球 2 と速度交換する．小球 1 は振動中心から d だけ離れた位置でいったん静止し，小球 2 は振動中心から速度 v_0 で動き始める．小球 1 の単振動の振幅が d であることはすぐにわかる．小球 2 の振幅はエネルギー保存則より $\sqrt{s^2 - d^2}$ と求められる．

　小球 1 と 2 が最初に衝突した時刻を $t = 0$ として，その後の小球 1, 2 の位置を，それぞれ座標 x_1，x_2 で表せば，

$$x_1 = -d + d\cos\omega t, \quad x_2 = \sqrt{s^2 - d^2}\sin\omega t$$

である．小球 1 と 2 が再衝突するまでの時間は，$s = \sqrt{2}d$ のとき，すなわち，x_2 の振幅も d のときの，x_1，x_2 のグラフを描いて，$t > 0$ で初めて $x_1 = x_2$ になる時刻をグラフから求めればよい．

　s は s のままにして衝突する時刻を計算で求めてみる．$x_1 = x_2$ となるのは，

$$-d + d\cos\omega t = \sqrt{s^2 - d^2}\sin\omega t$$

すなわち，

$$d = d\cos\omega t - \sqrt{s^2 - d^2}\sin\omega t \qquad (1)$$

となるときである．右図の角 ϕ，すなわち，

$$\tan\phi = \frac{\sqrt{s^2 - d^2}}{d}$$

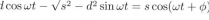

として，三角関数の合成の公式を用いれば，式 (1) の右辺は，

$$d\cos\omega t - \sqrt{s^2 - d^2}\sin\omega t = s\cos(\omega t + \phi)$$

である．式 (1) は，

$$d = s\cos(\omega t + \phi) \qquad \text{i.e.} \qquad \cos(\omega t + \phi) = \frac{d}{s} = \cos\phi.$$

$t > 0$ で最小の t を求めれば，二度目に衝突する時刻は，

$$\omega t + \phi = 2\pi - \phi \qquad \therefore \quad t = \frac{2}{\omega}(\pi - \phi)$$

である．s が $2d$ のとき，$\sqrt{2}\,d$ のとき，$2d/\sqrt{3}$ のとき，それぞれの場合の，x_2 の振幅，ϕ の値，二度目に衝突する時刻（ωt のままにしておく）をまとめると，以下の表になる．

s	$\sqrt{s^2 - d^2}$	$\phi = \tan^{-1}\left(\dfrac{\sqrt{s^2 - d^2}}{d}\right)$	$\omega t = 2(\pi - \phi)$
$2d$	$\sqrt{3}\,d$	$\dfrac{\pi}{3}$	$\dfrac{4}{3}\pi \left(= \dfrac{8}{6}\pi\right)$
$\sqrt{2}\,d$	d	$\dfrac{\pi}{4}$	$\dfrac{3}{2}\pi \left(= \dfrac{9}{6}\pi\right)$
$\dfrac{2}{\sqrt{3}}\,d$	$\dfrac{d}{\sqrt{3}}$	$\dfrac{\pi}{6}$	$\dfrac{5}{3}\pi \left(= \dfrac{10}{6}\pi\right)$

　下のグラフは，縦軸に x_1/d と x_2/d を，横軸に ωt をとって，縦軸一目盛り 0.5，横軸一目盛り $\pi/6$ で描いたものである．$x = 0$ を中心とした三角関数のグラフのうち，振幅の大きいものから順に，$s = 2d$，$s = \sqrt{2}\,d$，$s = 2d/\sqrt{3}$ の場合の x_2/d のグラフである．

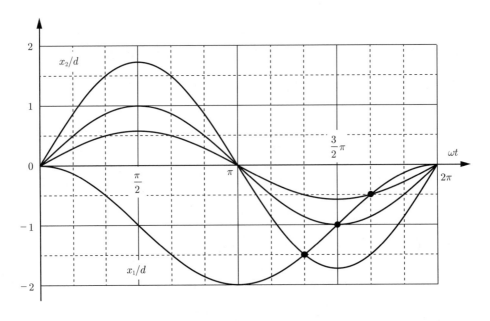

設問 II では，小球 1 の運動を考察するだけなので，改めて，小球 1 の自然長の位置を座標原点として右向きに x 軸をとる．小球 1 が $+x$ 方向に運動している間，動摩擦力の向きは $-x$ 方向であるから，運動方程式は

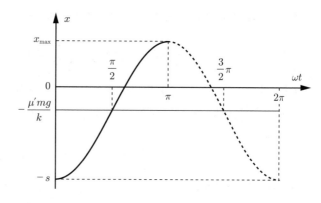

$$m\ddot{x} = -kx - \mu' mg \qquad (2)$$

である．式 (2) を

$$\ddot{x} = -\frac{k}{m}\left(x + \frac{\mu' mg}{k}\right)$$

とすれば，x の振動中心は $x = -\mu' mg/k$，角振動数は $\sqrt{k/m} = \omega$ であることがわかる．小球 1 を放した時刻を $t = 0$ とする．初期条件 $t = 0$ で $x = -s$，$\dot{x} = 0$ より，x を時間の関数で表せば

$$x = -\frac{\mu' mg}{k} - \left(s - \frac{\mu' mg}{k}\right)\cos\omega t$$

である．x の時間変化は右上のグラフのようになる．かりに，小球 1 が小球 2 に衝突しないとしたときの x の最大値は

$$x_{\max} = -\frac{\mu' mg}{k} + \left(s - \frac{\mu' mg}{k}\right) = s - \frac{2\mu' mg}{k}$$

であるから，小球 1 と座標 $x = d$ で静止している小球 2 が衝突する条件は

$$x_{\max} \geqq d \qquad \therefore \quad s \geqq d + \frac{2\mu' mg}{k}$$

と求められる．上のようにやってもよいが，$x_{\max}$ を求めるだけなら，$x = -s$ と $x = x_{\max}$ の中点が $x = -\mu' mg/k$ になること：

$$\frac{-s + x_{\max}}{2} = -\frac{\mu' mg}{k} \qquad \text{より} \qquad x_{\max} = s - \frac{2\mu' mg}{k}$$

とすれば，計算も簡単でよい．

最後に，設問 II (2) の解答のエネルギー保存則を導いておく．式 (2) の両辺に $\dot{x}$ をかけて，

$$m\dot{x}\ddot{x} = -kx\dot{x} - \mu' mg\dot{x} \qquad (3)$$

とし，

$$\frac{d}{dt}\left(\frac{1}{2}m\dot{x}^2\right) = m\dot{x}\ddot{x}, \qquad \frac{d}{dt}\left(\frac{1}{2}kx^2\right) = kx\dot{x}$$

であることを用いれば，式 (3) は

$$\frac{d}{dt}\left(\frac{1}{2}m\dot{x}^2 + \frac{1}{2}kx^2\right) = -\mu' mg\dot{x}$$

である．これを，時刻 $t = 0$ から，小球 1 が最初に静止するまでの間の任意の時刻 t まで積分すれば，

$$\left(\frac{1}{2}m\dot{x}^2 + \frac{1}{2}kx^2\right) - \left(\frac{1}{2}ks^2\right) = -\mu'mg(x+s) \tag{4}$$

である．小球 1 の力学的エネルギーは動摩擦力のする仕事分だけ減少することがわかっていれば，計算抜きでいきなり式 (4) を書き下すのは難しくない．s が最小のときには，$x = d$ で $\dot{x} = 0$ であるから，式 (4) より，

$$\frac{1}{2}kd^2 - \frac{1}{2}ks^2 = -\mu'mg(d+s). \tag{5}$$

これをみたす s が求める s の最小値である．受験した学生の中には「最後の二次方程式が…」とか言っていた人が（それも少数でなく）いたが，s を求めるのに二次方程式の解の公式を持ち出す必要はない．

$$d^2 - s^2 = (d-s)(d+s)$$

は中学生でも知っている公式で，s を求めるには，式 (5) の両辺を $d+s$ で割り算すればよいだけである．「後は計算」となったら，場合によっては猪突猛進の必要もあるが，できるだけ簡単に計算する，計算しないですむものは計算しないですませる方がよい．やっぱり学力がないと，最後の最後でボロが出るのかなあ，などと思った次第．

第 2 問

解答

I (1)　粒子 P は磁場中で円運動する．その半径を r とする．

　　　　運動方程式

$$m\frac{v^2}{r} = qvB \quad \text{より} \quad r = \frac{mv}{qB}.$$

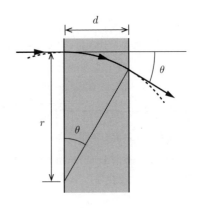

　　　　右図より，

$$d = r\sin\theta \fallingdotseq r\theta \quad \therefore \quad \theta = \frac{d}{r} = \underline{\underline{\frac{qBd}{mv}}}.$$

(2)　$\theta = \dfrac{qbd}{mv}y.$　　$\therefore$　$f = \dfrac{y}{\tan\theta} \fallingdotseq \dfrac{y}{\theta} = \underline{\underline{\dfrac{mv}{qbd}}}.$

(3)　$\underline{I_1 > 0}, \quad \underline{I_2 < 0}.$

II (1)　$\underline{2m}.$

(2) 領域 A_1 を通過して，領域 A_2 に入射するまでの粒子 P，Q の軌跡は右図．$x = 3f/2$ における粒子 P，粒子 Q の y 座標を y_P，y_Q とすれば，

$$\frac{y_P}{y_0} = -\frac{1}{2}, \quad \frac{y_Q}{y_0} = \frac{1}{4}.$$

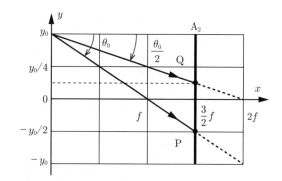

(3) 粒子 P，Q の領域 A_2 での偏向角は，それぞれ $-k\theta_0/2$，$k\theta_0/8$．粒子 P，Q について，求める角度をそれぞれ θ_P，θ_Q とすれば，

$$\theta_P = \left(1 - \frac{k}{2}\right)\theta_0, \quad \theta_Q = \left(\frac{1}{2} + \frac{k}{8}\right)\theta_0.$$

(4) 右図より $-\theta_P = 2\theta_Q$ であればよい．すなわち，

$$\frac{k}{2} - 1 = 2\left(\frac{1}{2} + \frac{k}{8}\right) \quad \therefore \quad k = 8.$$

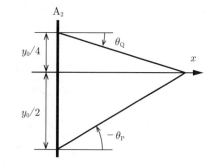

解説

　設問 I (3) の電流が鉄芯中につくる磁場の話を除けば，第 2 問も中身は力学の問題．一様な磁場中で荷電粒子は等速円運動する．磁場領域に入射した荷電粒子は，速さは不変のまま，速度の向きだけを変える．磁束密度が $B = by$ となるように実験装置を設計しておけば，入射した位置の y 座標によらず，荷電粒子が x 軸上のある一点を通るようにすることができる．もちろん磁場の向きは逆にする必要があるが，ここでの荷電粒子を電子に換えて実験すれば，電子銃から拡がって入射してきた電子線を一点に収束させることができる．電子顕微鏡などで用いられる磁気（磁界）レンズとよばれるものは，この実験装置とまったく同様の原理で動作している．設問 II は，さらに，磁場の大きさが異なる磁場領域 A_2 を加えて，電気量は等しく質量の異なる粒子を x 軸上の一点に収束させる，という設定であるが，物理的な考察は設問 I で尽きていて，II は I での計算結果を利用して，適当な図を描くだけで答は求められる．

　設問 I. 最初に設問 I (3) に触れておく．「鉄，コバルト，ニッケルなどの強磁性体は，外部から磁場を加えるとその向きに磁化される．」と高校教科書にも書いてあるが，その理由を理解するには量子論が必要．結果だけを覚えておくしかない．導線に電流を流したときに真空中ならどんな磁場ができ

るのかは，理由も含めてしっかり理解しておく必要がある．ともかく，鉄芯に巻いた導線に電流を流せば，電流がつくる磁場の向きに鉄が磁化されて，鉄芯があるところでの磁束線はほとんどが鉄芯中を通るようになる，ということをわからないといけない．$I_1 > 0$ とすれば図の左の鉄芯中の磁束線は図の時計回りに，$I_2 < 0$ とすれば右の鉄芯中の磁束線も時計回りになり，無事に，$y > 0$ の領域の磁場は $+z$ 方向を向き，$y < 0$ の領域の磁場は $-z$ 方向を向くことになる．

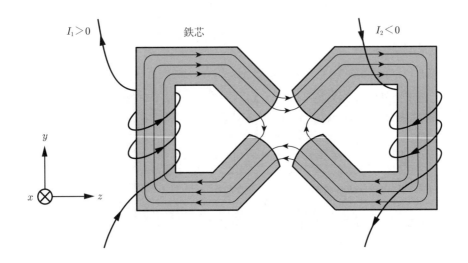

　続いて，設問 I の (1)．「粒子の y 座標の変化は小さく，粒子にはたらく磁束密度 B はその間一定としてよいとする．」とあるので，解答のように，荷電粒子の円運動の運動方程式から軌道の曲率半径を求め，領域 A_1 に入射したときの偏向角 θ を求めればよい．θ は微小であるから，$|x| \leqq d/2$ でローレンツ力は $-y$ 方向に一定で，x 方向は等速運動，y 方向は加速度が負の等加速度運動すると考えてもよい．その場合，運動方程式は

$$m\ddot{x} = 0, \qquad m\ddot{y} = -qvB$$

である．領域 A_1 に入射してからの時間を t とする．運動方程式を積分して，初期条件 $t = 0$ で $\dot{x} = v$，$\dot{y} = 0$ を用いれば，

$$\dot{x} = v, \qquad \dot{y} = -\frac{qvB}{m}t$$

である．領域 A_1 を通過するのにかかる時間は d/v であるから，領域 A_1 から出ていくときの速度の y 成分は，

$$\dot{y} = -\frac{qvB}{m} \cdot \frac{d}{v} = -\frac{qBd}{m}$$

である．この大きさを v_1 として，

$$\theta \fallingdotseq \tan\theta = \frac{v_1}{v} = \frac{qBd}{mv}$$

である.

　最後に，設問 II. 粒子 P は領域 A_1 に入射して θ_0 だけ曲げられる. 同じ位置に入射した粒子 Q が $\theta_0/2$ だけ曲げられる. θ は m に反比例するから，粒子 Q の質量は粒子 P の質量の 2 倍である. 粒子 P, Q はまっすぐに進んで領域 A_2 に入射する. 角 θ_0 は微小であるから，ともに速度の x 成分は v のままとしてよい. 粒子 P が A_2 に入射したときの y 座標は $y = -y_0/2$ であるから，磁場の大きさは，はじめ A_1 に入射したときの $k/2$ 倍である. 磁場の向きが逆になるので，偏向角は θ_0 の $-k/2$ 倍になる. 粒子 Q が領域 A_2 に入射したときの y 座標は $y = +y_0/4$ である. 磁場の大きさは $k/4$ 倍，粒子 Q の質量が 2 倍であるから，偏向角は θ_0 の $k/8$ 倍になる. まとめれば，

$$\begin{cases} \text{粒子 P} \quad : \quad \text{入射位置} \;\; y = -\dfrac{y_0}{2}, \quad \text{偏向角} \quad -\dfrac{qkbd}{mv} \cdot \dfrac{y_0}{2} = -\dfrac{k}{2}\theta_0 \\[3mm] \text{粒子 Q} \quad : \quad \text{入射位置} \;\; y = +\dfrac{y_0}{4}, \quad \text{偏向角} \quad +\dfrac{qkbd}{2mv} \cdot \dfrac{y_0}{4} = +\dfrac{k}{8}\theta_0 \end{cases}$$

である. 後は解答の通り.

第 3 問

解　答

I (1)　$f_0 = \dfrac{V_A}{2h_A}$.

　(2)　基本振動数は 1.0×10^6 Hz. これが f_0 に等しい. したがって，

$$h_A = \frac{V_A}{2f_0} = 2.5\,\text{mm}.$$

II (1)　ア　QS,　イ　PR,　ウ　QPS,　エ　RSP.

　(2)　R に相当する点を R' とする. 右図で，

$$\begin{cases} PR' = SP \sin\theta' = \dfrac{V_A}{k}T \\[2mm] QS = SP \sin\alpha = V_A T \end{cases}$$

したがって，

$$\sin\theta' = \frac{1}{k}\sin\alpha.$$

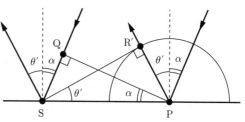

(3)　波面が P, Q を通過してから時間 T 後の
屈折波の波面は右図の TS. 縦波の場合,

$$\begin{cases} \mathrm{PT} = \mathrm{SP}\sin\phi = V_{\mathrm B}T \\ \mathrm{QS} = \mathrm{SP}\sin\alpha = V_{\mathrm A}T \end{cases}$$

より

$$\sin\phi = \frac{V_{\mathrm B}}{V_{\mathrm A}}\sin\alpha.$$

横波の場合, 右図の ϕ を ϕ' として,

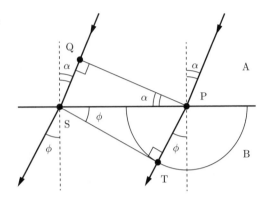

$$\begin{cases} \mathrm{PT} = \mathrm{SP}\sin\phi' = \dfrac{V_{\mathrm B}}{k}T \\ \mathrm{QS} = \mathrm{SP}\sin\alpha = V_{\mathrm A}T \end{cases}$$
より
$$\sin\phi' = \frac{V_{\mathrm B}}{kV_{\mathrm A}}\sin\alpha.$$

III (1)　板 A と B の境界面で縦波のみ全反射すればよい.

$$\frac{V_{\mathrm B}}{kV_{\mathrm A}}\sin\alpha < 1 < \frac{V_{\mathrm B}}{V_{\mathrm A}}\sin\alpha \qquad \therefore\quad \frac{V_{\mathrm A}}{V_{\mathrm B}} < \sin\alpha < \frac{kV_{\mathrm A}}{V_{\mathrm B}}.$$

(2)　同じ経路をたどるので, 波は O→Y→X→Y→O を, 縦波 → 横波 → 横波 → 縦波で伝わる.
したがって,

$$t = 2\left(\frac{h_{\mathrm A}}{V_{\mathrm A}\cos\alpha} + \frac{kh}{V_{\mathrm B}\cos\phi'}\right).$$

解説

　波の進行方向に垂直な方向の変位が伝わっていくのが横波で, 波の進行方向の変位が伝わっていく
のが縦波である. 気体や液体などの流体は外部から力を加えたときに, その密度が変化して, 力を加
えた方向に密度変化や圧力変化が伝わっていく. それに対して, 固体に外部から力を加えると, 固体
に歪み (元の位置からのずれ) が生じて元の形に戻ろうとする. このとき, 力を加えた方向の歪みだ
けでなく, それに垂直な方向の歪みも一緒に固体の中を伝わっていく. 気体や液体などの「流体」中
では縦波しか伝わらないが, 固体のような「弾性体」中では縦波も横波も伝わる理由は, 簡単に言え
ばそんなところである.

　しかし, これ以上の問題, 例えば, 弾性体中を伝わる縦波や横波の速さはいくらになるのか, 異な
る二層の固体が接した境界に, 縦波だけ, あるいは横波だけが入射したときに, 縦波から横波が, 逆
に横波から縦波が生じるのは何故か, といった物理的な問いに対して, 高校で学習した物理ではまっ
たく歯が立たず, 大学で弾性体や流体を扱う方法を学ぶしかない.

　設問はすべて平易で, 解答以上に話すことがない. 設問 II の「… 縦波を入射した. すると, 境界
面で縦波の反射波, 屈折波のみならず, 横波の反射波と屈折波も発生した.」という一文が読めないと,
設問 II, III はお手上げになる. 知人に, 「固体中で縦波だけを生じさせるには, どんな装置を使って

実験すればよいのか？」と訊ねたところ，「ピエゾ素子（電圧を加えると変形する素子）などを使って，超音波の進行方向に小さなカナヅチでカンカンと叩くイメージ.」と教えてもらった.

[講評]

　今年は学生達が「易しかった」というわりに，ポツポツとわかった開示結果の点数は意外に辛いものが多かった．第1問ではI (4)，II (2)，第2問はI，第3問のII以降，問題の物理が捉えられているかどうか，答案用紙を見ればすぐにわかる．こういうところできっちりと学力の判定しているのだろう．

第 1 問

解 答

I (1)　衝突前後での相対速度の大きさは不変ゆえ $2v$.

(2)　運動量保存則
$$m(-v) + Mv = m \cdot 2v \qquad \text{より} \qquad \frac{M}{m} = 3.$$

II (1)　L 面の高さを重力による位置エネルギーの基準とする. エネルギー保存則
$$\frac{1}{2}mv_A{}^2 + mgx = \frac{1}{2}mv_0{}^2 + mgh \cdots ①, \qquad \frac{1}{2}Mv_B{}^2 + Mgx = \frac{1}{2}Mv_0{}^2 + Mgh$$

より,
$$v_A = v_B \qquad \text{i.e.} \qquad \frac{v_A}{v_B} = 1.$$

(2)　衝突直後の A の速さは $2v_A$. エネルギー保存則
$$\frac{1}{2}m(2v_A)^2 + mgx = \frac{1}{2}mv_f{}^2 + mgh \cdots ②.$$

① $\times 4 - ②$ として, v_A を消去すれば,
$$3mgx = \frac{1}{2}m(4v_0{}^2 - v_f{}^2) + 3mgh \qquad \therefore \qquad x = h - \frac{v_f{}^2 - 4v_0{}^2}{6g}.$$

III (1)　H 面での B の速度の東西方向成分, 南北方向成分の大きさをそれぞれ v_1, v_2 とする. 右図より
$$v_1 = \sqrt{3gh}, \qquad v_2 = \frac{2}{\sqrt{5}}\sqrt{gh}.$$

L 面での B の速度の南北方向成分は v_2. 東西方向成分の大きさを $v_1{}'$ とする. エネルギー保存則より
$$v_1{}' = \sqrt{v_1{}^2 + 2gh} = \sqrt{5gh}.$$

したがって,
$$\tan\beta = \frac{v_2}{v_1{}'} = \frac{2}{5}.$$

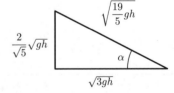

(2)　H 面と L 面での B と C の軌跡の南北方向の距離は同じ.
$$l\tan\alpha = 2d\tan\beta \qquad \therefore \qquad d = \frac{\sqrt{15}}{6}l.$$

(3) はじめの B と C の力学的エネルギーの和と，最後の B と C の力学的エネルギーの和は等しい．すなわち，

$$\left(\frac{1}{2} \cdot \frac{M}{2} V^2 + \frac{M}{2} gh \right) + Mg \cdot \frac{h}{10} = \frac{1}{2} \left(M + \frac{M}{2} \right) \left(\sqrt{\frac{19}{5} gh} \right)^2 + \left(M + \frac{M}{2} \right) gh$$

より

$$V = \sqrt{15gh}.$$

(4) B と C の衝突時の運動量保存則の南北方向成分

$$Mv_2 + \frac{M}{2} v_2 = \frac{M}{2} V \sin\theta \qquad \text{より} \qquad \sin\theta = \frac{2\sqrt{3}}{5}.$$

解説

I. A と B が衝突して，B は静止するので，A の速度は東から西に向かう向き（図の左向き）．衝突後の A の速さを u として，運動量保存則

$$mu = m(-v) + Mv \qquad \text{より} \qquad u = \frac{M-m}{m} v.$$

こう答えた人もいるだろうが，これは答えではない．物理の学習を始めた頃に，「衝突の問題は運動量保存則とはね返り係数の式を連立して解く」と習う．そのせいか，運動量保存則とはね返り係数の式，各々は独立した，同じ重みのある式と思っている人もいる．そう考えるなら，M, m, v が与えられているのだから，運動量保存則から決まるこの式も正しい答えではないか，というかもしれない．「衝突」は力学の最重要テーマの一つである．単に「運動量保存則とはね返り係数の式を連立する」というところから，その先のさらに深い理解の段階に進んでおく方がよい．

　速度は東から西に向かう向きを正とする．衝突後の A の速度を u_A，B の速度を u_B とおく．運動量保存則は

$$mu_A + Mu_B = m(-v) + Mv \tag{1.1}$$

である．一般に，衝突前後の運動量の和は保存するが，運動エネルギーの和は保存しない．衝突前と衝突後の運動エネルギーの和が等しくなるような，特別な場合を弾性衝突という．すなわち，弾性衝突の場合，

$$\frac{1}{2} m{u_A}^2 + \frac{1}{2} M{u_B}^2 = \frac{1}{2} mv^2 + \frac{1}{2} Mv^2 \tag{1.2}$$

が成り立つ．A と B の重心速度を u_C とすれば，(1.1) より，

$$u_C = \frac{mu_A + Mu_B}{m+M} = \frac{m(-v) + Mv}{m+M} \tag{1.3}$$

で，重心速度は衝突前後で不変である．二体の運動エネルギーの和は，重心の運動エネルギーと相対運動の運動エネルギーに分けられる[1]．衝突時には (1.3) のように，重心速度は一定，重心の運動エネルギーは不変である．したがって，運動エネルギーの和が保存しないような衝突では，相対運動の運動エネルギーが変化するだけである．だから，

$$(\text{はね返り係数}) = \frac{(\text{衝突後の相対速度の大きさ})}{(\text{衝突前の相対速度の大きさ})}$$

と定義するのである．弾性衝突で (1.2) が成り立つ場合，相対運動の運動エネルギーは不変になる．すなわち，換算質量を $\mu = mM/(m+M)$ として，

$$\frac{1}{2}\mu(u_{\mathrm{A}} - u_{\mathrm{B}})^2 = \frac{1}{2}\mu(2v)^2$$

である．$u_{\mathrm{A}} > u_{\mathrm{B}}$ ゆえ，$u_{\mathrm{A}} - u_{\mathrm{B}} > 0$ で，$u_{\mathrm{A}} - u_{\mathrm{B}} = 2v$ である．衝突の問題を，重心運動と相対運動に分離して見れば，弾性衝突の場合に相対速度の大きさが不変であることは自明なことである．「衝突前後で相対速度の大きさは不変ゆえ，衝突後の A の速さは $2v$ になる」と答えるべきだろう．

II. 解答の通り．

III. 各設問ごとに解説を追加しておく．

(1)　東西方向に x 軸（西から東に向かう向きを正の向き），南北方向に y 軸（南から北に向かう向きを正の向き）をとる．H 面での B の速度の x 成分を $-v_1$，y 成分を v_2 とする．問題に与えられた条件

$$v_1{}^2 + v_2{}^2 = \frac{19}{5}gh, \qquad \sin\alpha = \frac{2}{\sqrt{19}}$$

より，

$$v_1 = \sqrt{3gh}, \qquad v_2 = \frac{2}{\sqrt{5}}\sqrt{gh}$$

である．B が L 面から斜面を上がっていくとき，B に働く力（重力と垂直抗力）の y 成分は 0 であるから，この間の B の速度の y 成分は一定のまま，L 面での B の速度の y 成分も v_2 である．一方，L 面での B の速度の x 成分の大きさを $v_1{}'$ とすれば，エネルギー保存則

$$\frac{1}{2}M\left(v_1{}'^2 + v_2{}^2\right) = \frac{1}{2}M\left(v_1{}^2 + v_2{}^2\right) + Mgh$$

---

[1]質量 m_1，m_2，速度 v_1，v_2 の二粒子について，この運動エネルギーの和は，重心速度 v_{C}，換算質量 μ として，

$$\frac{1}{2}m_1v_1{}^2 + \frac{1}{2}m_2v_2{}^2 = \frac{1}{2}(m_1 + m_2)v_{\mathrm{C}}{}^2 + \frac{1}{2}\mu(v_1 - v_2)^2$$

である．右辺第一項が重心の運動エネルギー，第二項が相対運動の運動エネルギーである．右辺に

$$v_{\mathrm{C}} = \frac{m_1v_1 + m_2v_2}{m_1 + m_2}, \qquad \mu = \frac{m_1m_2}{m_1 + m_2}$$

を代入して，左辺と等しくなることを確認できる．

より,

$$v_1' = \sqrt{v_1{}^2 + 2gh} = \sqrt{5gh}$$

である. したがって,

$$\tan\beta = \frac{v_2}{v_1'} = \frac{2}{5}$$

である.

(2) B が衝突した L 面の東壁は y 軸に平行であるから, B が受ける力積の y 成分は 0, 速度の y 成分は不変である. さらに, B と壁との衝突は弾性衝突なので, B の速さは不変である. したがって, C と衝突してから壁に衝突するまでの間の B の速度は (v_1', v_2) である. また, C は H 面で B と同じ速度で運動することより, B と衝突した後の L 面での C の速度は, L 面で東壁に衝突した後の B の速度 $(-v_1', v_2)$ に等しい. このように, B と C が衝突した後, B と C の速度の y 成分は等しく一定のまま運動し続ける. B と C は L 面上の一点で衝突するから, その後の B と C の y 座標は同じ値のまま, 東西方向横に並んだまま運動する.

以上より, B と C の x 座標の変化は右のグラフになる. 衝突した位置を x 軸の原点, 衝突した瞬間を時間 t の原点とした. B は東壁に衝突して $2d$ だけ遠回りしている. L 面での B の x 座標は, L 面での C の x 座標より時間 $2d/v_1'$ だけ遅れて同じ値をとる. 斜面を上がっていく間の速度の時間変化は B, C とも同じであるから, B, C が H 面に達した後も, B は C より時間 $2d/v_1'$ だけ遅れて同じ値をとる. したがって, H 面での B と C の x 座標の開きは

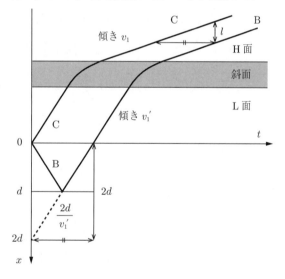

$$l = v_1 \cdot \frac{2d}{v_1'}.$$

すなわち

$$d = \frac{v_1'}{2v_1} l = \frac{\sqrt{15}}{6} l$$

である.

(3), (4) B と C の衝突, B と壁の衝突がともに弾性衝突である. また, B, C がそれぞれ単独に運動しているとき, それぞれの力学的エネルギーは保存する. したがって, C を打ち出し

たときの C の力学的エネルギーと B が高さ $h/10$ の地点と壁との間を東西方向に往復しているときの力学的エネルギーの和と, H 面で B, C が速さ $\sqrt{19gh/5}$ で運動しているときの力学的エネルギーの和は等しい. このように考えれば, 直接 V を求めることができるが, それに気付くのはなかなか難しい.

　少し計算する手間が増えるが, 以下のように考えて V を求めることもできる. H 面で小球 C に与えた初速度の大きさは V, 速度の向きが x 軸となす角は θ であるから, C の初速度は $\vec{V} = (V\cos\theta, V\sin\theta)$ と表せる. C が L 面に達したとき速度を $\vec{V_{\mathrm{C}}} = (V_1, V_2)$ とおけば, エネルギー保存則より

$$\frac{1}{2} \cdot \frac{M}{2}(V_1{}^2 + V_2{}^2) = \frac{1}{2} \cdot \frac{M}{2} V^2 + \frac{M}{2} gh \tag{1.4}$$

が成り立つ. C が斜面を降りていくとき, y 方向に力が働かないから, 速度の y 成分は不変, すなわち $V_2 = V\sin\theta$ である.

　一方, C と衝突するまで, B は x 軸方向を行ったり来たりしている. このときの小球 B の速さを v_0 とすれば, エネルギー保存則

$$\frac{1}{2} Mv_0{}^2 = Mg \cdot \frac{h}{10} \qquad より \qquad v_0 = \sqrt{\frac{gh}{5}}.$$

次の計算のため, 設問 (1) の結果をまとめておくと

$$v_1 = \sqrt{3gh}, \qquad v_1{}' = \sqrt{v_1{}^2 + 2gh} = \sqrt{5gh}, \qquad v_2 = \frac{2}{\sqrt{5}}\sqrt{gh}$$

である.

　衝突直前の B, C の速度をそれぞれ $\vec{V_{\mathrm{B}}}$, $\vec{V_{\mathrm{C}}}$ とすれば,

$$\vec{V_{\mathrm{B}}} = (-v_0,\ 0), \quad \vec{V_{\mathrm{C}}} = (V_1,\ V_2),$$

衝突直後の B, C の速度をそれぞれ $\vec{V_{\mathrm{B}}}'$, $\vec{V_{\mathrm{C}}}'$ とすれば,

$$\vec{V_{\mathrm{B}}}' = (v_1{}',\ v_2), \quad \vec{V_{\mathrm{C}}}' = (-v_1{}',\ v_2)$$

である. 運動量保存則

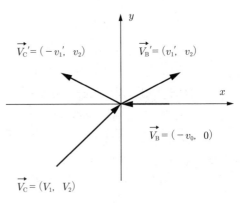

$$M\vec{V_{\mathrm{B}}}' + \frac{M}{2} \cdot \vec{V_{\mathrm{C}}}' = M\vec{V_{\mathrm{B}}} + \frac{M}{2} \cdot \vec{V_{\mathrm{C}}}$$

を成分で表示すれば,

$$\begin{cases} x\ 成分 & : \quad Mv_1{}' + \dfrac{M}{2}(-v_1{}') = M(-v_0) + \dfrac{M}{2} V_1 \\[2mm] y\ 成分 & : \quad Mv_2 + \dfrac{M}{2} v_2 = \dfrac{M}{2} V_2 \end{cases}$$

である．これと，v_0，$v_1{}'$，v_2 の値より

$$V_1 = \frac{7}{\sqrt{5}}\sqrt{gh}, \qquad V_2 = \frac{6}{\sqrt{5}}\sqrt{gh}$$

である．式 (1.4) にこれらを代入して

$$V = \sqrt{(V_1{}^2 + V_2{}^2) - 2gh} = \sqrt{15gh}.$$

また，

$$\sin\theta = \frac{V_2}{V} = \frac{2\sqrt{3}}{5}$$

である．

第 2 問

解答

I (1)　回路に生じる起電力は時計回りに BXv．その向きを正として，電流は

$$I = \frac{BX}{R}v.$$

(2)　$F_x = -XIB = -\dfrac{B^2X^2}{R}v.$

(3)　回路に生じる起電力は時計回りに $B(4a - X)v$．その向きを正として，電流は $I = B(4a - X)v/R$．求める力は

$$F_x = -2aIB + (X - 2a)IB = -\frac{B^2(4a - X)^2}{R}v.$$

II　各辺に流れる電流を右図のように定める．$a < X < 2a$ のとき，ABQP 回りの起電力は BXv．CDQP 回りの起電力は Bav．

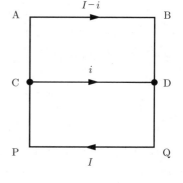

(1)　回路の方程式

$$\begin{cases} \text{ABQP 回り} & : & R(I - i) = BXv \\ \text{CDQP 回り} & : & Ri = Bav \end{cases}$$

より

$$I = \frac{B(X + a)}{R}v.$$

(2)　回路の方程式

$$\begin{cases} \text{ABQP 回り} & : & R(I - i) + RI = BXv \\ \text{CDQP 回り} & : & Ri + RI = Bav \end{cases} \qquad \text{より} \quad I = \frac{B(X + a)}{3R}v.$$

III　コンデンサーの P 側の極板の電気量を Q とする．電流 I は時計回りを正とする．

(1)　起電力は BXv．$Q = CBXv$ より

$$I = \frac{dQ}{dt} = CBv^2.$$

(2)　起電力は $B(4a - X)v$．$Q = CB(4a - X)v$ より

$$I = \frac{dQ}{dt} = -CBv^2.$$

　　求める力は

$$F_x = -2aIB + (X - 2a)IB = CB^2(4a - X)v^2.$$

解説

　$0 < X < 2a$ のとき，磁場領域中にある回路の面積は $X^2/2$ である．時計回りに右ねじを回してねじが進む向きを正として，回路を貫く磁束は

$$\Phi = -\frac{1}{2}BX^2.$$

回路に生じる起電力を $\mathcal{E}$ とすれば，ファラデイの法則より

$$\mathcal{E} = -\frac{d\Phi}{dt} = BX\frac{dX}{dt} = BXv.$$

したがって，回路に流れる電流は時計回りの向きに

$$I = \frac{\mathcal{E}}{R} = \frac{BX}{R}v.$$

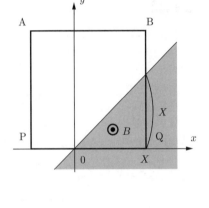

である．続いて，$2a < X < 4a$ のとき，磁場領域中にある回路の面積は

$$4a^2 - \frac{1}{2}(4a - X)^2.$$

$0 < X < 2a$ のときと同じく，時計回りに右ねじを回してねじが進む向きを正として，回路を貫く磁束は

$$\Phi = -B\left\{4a^2 - \frac{1}{2}(4a - X)^2\right\}.$$

ファラデイの法則より

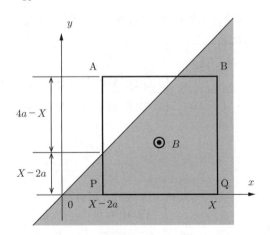

$$\mathcal{E} = -\frac{d\Phi}{dt} = B(4a - X)\frac{dX}{dt} = B(4a - X)v.$$

したがって，回路に流れる電流は時計回りの向きに

$$I = \frac{\mathcal{E}}{R} = \frac{B(4a - X)}{R}v$$

である．長さ $2a$ の辺 BQ には，B から Q の向きに電流 I が流れているので，この部分に働く力は $-x$ 方向に大きさ $2aIB$ である．辺 AP には P から A の向きに電流 I が流れている．辺 AP の磁場中にある長さ $X - 2a$ の部分に働く力は，$+x$ 方向に大きさ $(X - 2a)IB$ である．したがって，求める力は

$$F_x = -2aIB + (X - 2a)IB = -\frac{B^2(4a - X)^2}{R}v.$$

コイルを一定な速さで動かすために加える力の x 成分を f とすれば，

$$F_x + f = 0 \quad \text{すなわち} \quad f = -F_x = \frac{B^2(4a - X)^2}{R}v$$

である．当然，エネルギー保存則

$$fv = RI^2$$

が成り立っていなければならない．設問 II, III はほぼ同じことの繰り返しである．

第 3 問

解　答

I (1) $\dfrac{a|X|}{L}$.　　(2) $X = m\dfrac{\lambda L}{a}$.

II (1) 状態方程式より $\rho = \dfrac{p}{kT}$.

(2) 正方向に移動する．

理由：C_1 内の気体の屈折率を n' とする．点 P における S_1, S_2 からの光の位相差は

$$\frac{2\pi}{\lambda}(d + l_2) - \left(\frac{2\pi}{\lambda/n'}d + \frac{2\pi}{\lambda}l_1\right) = \frac{2\pi}{\lambda}\left\{\frac{aX}{L} - (n' - 1)d\right\}.$$

整数 m として，これが $2m\pi$ となるときに点 P は明線になる．すなわち，明線の位置は，

$$X = m\frac{\lambda L}{a} + \frac{(n' - 1)dL}{a} \quad \cdots ①.$$

C_1 内の圧力を上げると屈折率 n' が増加するので，明線は x 軸の正方向に移動する．

III (1) 明線の移動距離は ① の n' を n として，

$$\Delta X = \frac{(n - 1)dL}{a} \quad \text{i.e.} \quad n = 1 + \frac{a\Delta X}{dL}.$$

(2)　このとき, $X = 0$ は $m = -N$ の明線. ① の n' を n, $X = 0$, $m = -N$ として,

$$0 = -N\frac{\lambda L}{a} + \frac{(n-1)dL}{a} \qquad \therefore \quad n = 1 + \frac{N\lambda}{d}.$$

(3)　(2) の方が精度がよい.

理由：物理量 q の誤差を δq と表す. (1) (2) で求めた n をそれぞれ n_1, n_2 とおいて,

$$\delta n_1 = \frac{a}{dL}\delta(\Delta X), \qquad \delta n_2 = \frac{\lambda}{d}\delta(\Delta N).$$

$\delta(\Delta X) = 0.1\,\mathrm{mm}$, $\delta(\Delta N) = 1$ として数値計算すれば,

$$\delta n_1 = 4.0 \times 10^{-6} > \delta n_2 = 2.0 \times 10^{-6}.$$

解説

I.　$|l_2 - l_1|$ の計算, 続いて明線の位置を求めるのは基本的な問題なので, 答案用紙には結果だけ書けば十分である. 光の干渉について少し解説しておく. スリット S_1, S_2 での光が同位相であれば, スクリーン上の点 P におけるスリット S_1, S_2 からの光は, 角周波数を ω, 振幅を A として, それぞれ

$$\Psi_1 = A\sin\left(\omega t - \frac{2\pi}{\lambda}l_1\right), \quad \Psi_2 = A\sin\left(\omega t - \frac{2\pi}{\lambda}l_2\right)$$

である. Ψ_1 と Ψ_2 の位相差を

$$\delta = \frac{2\pi}{\lambda}(l_2 - l_1) \tag{3.1}$$

とする. P における光 Ψ はこれらの重ね合わせである. 三角関数の公式

$$\sin\alpha + \sin\beta = 2\sin\left(\frac{\alpha+\beta}{2}\right)\cos\left(\frac{\alpha-\beta}{2}\right)$$

を用いれば,

$$\Psi = \Psi_1 + \Psi_2 = 2A\cos\left(\frac{\delta}{2}\right)\sin\left\{\omega t - \frac{\pi}{\lambda}(l_1 + l_2)\right\}$$

である. 光の強度は振幅の二乗に比例するので, A^2 に比例する強度の次元の定数 I_0 として, スクリーン上の光の強度は[*2]

$$I = I_0\cos^2\left(\frac{\delta}{2}\right) = \frac{I_0}{2}(1 + \cos\delta)$$

で, I のグラフは次ページの図になる.

[*2]スクリーン上の光の強度は, 単位時間, 単位時間あたりの光のエネルギーの時間平均である. 光は電磁波であるから, Ψ, A は電場の次元の量である. 電場のエネルギーは電場の大きさの二乗に比例する. A は求めていないので, I は強度の分布, すなわち, δ により強度がいかに変化するかを表す式である. I_0 の値に意味があるわけではなく, I の最大値を I_0 としただけである.

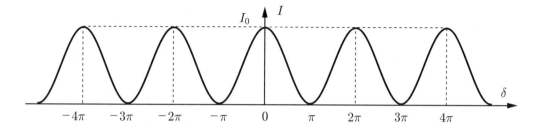

このように，整数 m として，P が

$$\text{明るくなる条件：} \delta = 2m\pi, \qquad \text{暗くなる条件：} \delta = (2m+1)\pi \tag{3.2}$$

である.

　設問 I では，スリット S_1，S_2 から P までの経路長の差により位相差が生じる．経路差 $l_2 - l_1$ は以下のように求めればよい．スリット S_1，S_2 から点 P までの距離は，三平方の定理より，それぞれ

$$l_1 = \sqrt{L^2 + \left(X - \frac{a}{2}\right)^2}, \qquad l_2 = \sqrt{L^2 + \left(X + \frac{a}{2}\right)^2}.$$

$|X \pm (a/2)|$ が L に比べて十分小さいので，

$$\sqrt{L^2 + \left(X \pm \frac{a}{2}\right)^2} = L\left\{1 + \left(\frac{X \pm a/2}{L}\right)^2\right\}^{1/2} \fallingdotseq L\left\{1 + \frac{1}{2}\left(\frac{X \pm a/2}{L}\right)^2\right\}$$

と近似して，

$$l_2 - l_1 \fallingdotseq L \cdot \frac{1}{2}\left\{\left(\frac{X + a/2}{L}\right)^2 - \left(\frac{X - a/2}{L}\right)^2\right\} = \frac{aX}{L} \tag{3.3}$$

である．P に明線があるときの X は，(3.1)，(3.2)，(3.3) より，

$$\delta = \frac{2\pi}{\lambda}(l_2 - l_1) = \frac{2\pi}{\lambda} \cdot \frac{aX}{L} = 2m\pi \quad \text{i.e.} \quad X = m\underset{\sim\sim\sim\sim}{\frac{\lambda L}{a}}$$

と求めることができる．III (3) で与えられた数値を代入すると，明線間隔は

$$\frac{\lambda L}{a} = \frac{5 \times 10^{-4}\,\text{mm} \times 5 \times 10^2\,\text{mm}}{5\,\text{mm}} = 0.05\,\text{mm}$$

と，非常に狭い．1 mm の間に 20 本の明線，暗線が交互に並ぶのだから，肉眼で見ればスクリーン上は一様な明るさにしか見えない．なので，実際の実験では，干渉縞は顕微鏡を用いて観察するのである.

II, III. 設問 I では，容器 C_1，C_2 内が真空だったので，スリット S_1，S_2 での光は同位相で，P における位相差は経路差のみに依存して (3.1) であった．設問 II，III では C_2 内は真空に保ったまま，C_1 内に気体をゆっくりと入れてゆく．このとき，C_1 での光の波長が真空中の値から連続

的に変化するため，スリット S_1, S_2 における位相差も連続的に変化する．C_1 内の圧力をゆっくり上げてゆくと，S_1, S_2 での光の位相差がゆっくりと変化してゆき，スクリーン上の明線が x 軸上をゆっくりと動いてゆく．この明線の移動を観測することにより，C_1 内の気体に屈折率を求めよう，という実験である．

説明しておく必要があることがいくつかある．真空中の光速を c_0，媒質中の光速を c としたとき，$n = c_0/c$ を絶対屈折率という．一般に $c < c_0$ ゆえ，$n > 1$ で，「真空の屈折率」は厳密に 1 である．絶対屈折率が n_1 の媒質中での光速は $c_1 = c_0/n_1$，n_2 の媒質中での光速は $c_2 = c_0/n_2$ で，$c_1/c_2 = n_2/n_1$ を媒質 1 に対する媒質 2 の相対屈折率という．絶対屈折率 n は光の波長により値がわずかに異なるが，$0\,^\circ$C，1 気圧の空気の屈折率は大体 1.0003 である．空気に限らず，気体の屈折率はほぼ 1 である．「気体の屈折率」は絶対屈折率である．対して，液体や固体の屈折率は，1 気圧の空気に対する相対屈折率をその媒質の「屈折率」という．

気体の屈折率はほぼ 1 で，1 よりわずかに大きいことは覚えておく必要がある．問題文に，「気体の屈折率と真空の屈折率との差は，その気体の数密度 ρ に比例する」とある．状態方程式 $p = \rho k T$ より[*3]，温度が一定であれば，気体の屈折率と真空の屈折率との差は，その気体の圧力に比例する．問題文には，この実験が 1 気圧の空気中で行われているとは書いてないが，そう考えれば，問題で与えられた λ は 1 気圧の空気中での波長で，真空中でのこの光の波長を λ_0 とすれば，$\lambda \fallingdotseq \lambda_0/(1.0003)$ である．

以上より，S_1, S_2 を通る光の位相差を少し丁寧に計算しておく．C_1 内の気体の屈折率が n' のとき，C_1 内での光の波長は λ_0/n' である．P におけるスリット S_1, S_2 からの光の位相差は，

$$\delta' = \left\{ (\text{C_2 を通るときの位相のずれ}) + \frac{2\pi}{\lambda}(l_2 - l_1) \right\} - (\text{C_1 を通るときの位相のずれ})$$

すなわち，

$$\delta' = \left\{ \frac{2\pi}{\lambda_0}d + \frac{2\pi}{\lambda} \cdot \frac{aX}{L} \right\} - \frac{2\pi}{\lambda_0/n'}d = \frac{2\pi}{\lambda} \cdot \frac{aX}{L} - \frac{2\pi}{\lambda_0}(n'-1)d. \qquad (3.4)$$

与えられているのは λ なので，$2\pi/\lambda$ でくくり，$\lambda/\lambda_0 \fallingdotseq 1$ として，

$$\delta' = \frac{2\pi}{\lambda}\left\{ \frac{aX}{L} - (n'-1)d \cdot \frac{\lambda}{\lambda_0} \right\} \fallingdotseq \frac{2\pi}{\lambda}\left\{ \frac{aX}{L} - (n'-1)d \right\}$$

である．明線の位置は $\delta' = 2m\pi$ となる X を求めればよい．解答では，(3.4) で，はじめから $\lambda_0 \fallingdotseq \lambda$ として δ' を求めた．設問 II (2) で「どちらに移動するか．理由を付けて答えよ．」とあ

[*3]体積 V の気体の分子数 N，物質量 n として，ボルツマン定数 k，アヴォガドロ数 N_A，気体定数 $R = N_A k$ ゆえ，$nR = nN_A k = Nk$ である．気体の圧力を p，温度を T，分子数 N，物質量 n として，

$$pV = nRT = NkT \qquad \text{より} \qquad p = \frac{N}{V}kT = \rho kT.$$

るが，どっちみち設問 III (1) で ΔX を求めるのだから，計算で示す方がよい．正方向に移動することを定性的に説明するのは難しい．

　明線間隔が非常に狭いので，干渉縞は顕微鏡を用いて観測するのだ，と述べた．C_1 内の気体の屈折率が空気と同じくらいで $n = 1.0003$ として，与えられた数値を代入すると，

$$\Delta X = \frac{(n-1)dL}{a} = 7.5\,\mathrm{mm}, \qquad N = \frac{(n-1)d}{\lambda} = 1.5 \times 10^2$$

である．C_1 内の気体の圧力を 1 気圧にするのなら，ΔX を顕微鏡で直接測定することはできないので[*4]，設問 III (2) のように暗線が原点を通過する本数を数えるしかなく，実験は「(2) の方法」で行うことになる．また，設問 III (3) に付け足したような設問があるが，この数値計算による実験精度の比較は意味がない．

$$n_1 = 1 + \frac{a\Delta X}{dL}, \qquad n_2 = 1 + \frac{N\lambda}{d}.$$

として，n_1 は測定誤差を含む量が a, ΔX, d, L の四つある．n_2 の方は，光の波長 λ は事前に非常に正確な値がわかっているので，測定誤差を含む量は N, d の二つのみ．どちらの方が精度良く求められるか，議論の余地はない．

講評

　第 1 問は最後の設問 III が少々面倒なので，そちらに目を奪われるかもしれないが，本当に大事なのは設問 I (1) である．これを即座に「$2v$」と答えられるかどうか，そこが物理の学力である．これができないと，設問 II (2) の「衝突後の A の速さが $2v_A$」がわからず，この辺りでつまずいてしまう．それでは物足りない．第 2 問は電磁誘導の基本が身についているかを問う良い問題である．出題者が第 1 問，第 2 問を解くのに時間がかかることを考慮してくれたのだろうか，第 3 問は，干渉の基本が身についていればさっと片付く．はじめに解いたときは気付かなかったが，実験は一気圧の大気中で行われていること，λ は一気圧の大気中での光の波長であることなどが書いてない．こちらは，一気圧の大気中で実験していること，λ は真空中の光の波長とほぼ等しいことを知っているので，考えることなく解答のような答えを書いたが，そのことも含めて問うているのか，作問した方が書き忘れたのかはわからない．前者であれば少し不親切だと思う．解説に書いたが，最後の設問 III (3) は中途半端な設問で東大らしくない．この実験は，光の干渉を利用して屈折率を測定する実験として有名なもので，駒場で行われていた学生実験そのものである．

[*4] 7.5 mm も動いた明線は顕微鏡の視野の範囲内にない．

第 1 問

解 答

I (1) (2) エネルギー保存則，運動方程式の中心方向成分

$$\begin{cases} \dfrac{1}{2}mv^2 + mgl\cos\theta = mgl \\[2mm] m\dfrac{v^2}{l} = mg\cos\theta - F \end{cases} \quad \text{より} \quad \begin{cases} v = \sqrt{2gl(1-\cos\theta)} \\[2mm] F = mg(3\cos\theta - 2) \end{cases}$$

(3) $F = 0$ となるとき．すなわち，

$$\cos\alpha = \frac{2}{3}.$$

(4) $\theta = \alpha$ のとき，B の速さは $\sqrt{2gl/3}$.

$$P = m\sqrt{\frac{2}{3}gl}\cos\alpha = \frac{2}{3}m\sqrt{\frac{2}{3}gl}.$$

(5) 運動量保存則

$$(m + M)V = P \quad \text{より} \quad V = \frac{P}{m+M}.$$

(6) $\theta = \beta$ のとき，A と B の速さは V．エネルギー保存則

$$\frac{1}{2}(m+M)V^2 + mgl\cos\beta = mgl \quad \text{より} \quad \cos\beta = 1 - \frac{P^2}{2(M+m)mgl}.$$

II $\theta = 60°$ のとき，$|F| = mg/2$．A に床が及ぼす垂直抗力を N，静止摩擦力を R として，

$$N = Mg - |F|\cos 60° = Mg - \frac{1}{4}mg, \quad R = |F|\sin 60° = \frac{\sqrt{3}}{4}mg.$$

静止摩擦係数

$$\mu = \frac{R}{N} = \frac{\sqrt{3}m}{4M - m}.$$

解説

A が壁に接している間，A，B に働く力は図 1 である．N は A が床から受ける垂直抗力，N' は A が壁から受ける抗力である．B の速さは

$$v = \sqrt{2gl(1-\cos\theta)} \tag{1}$$

である．F は B の軌道円の中心から遠ざかる向きを正の向きとして，

$$F = mg(3\cos\theta - 2) \qquad (2)$$

である．θ が小さいうちは F は正であるが，$\theta = \alpha$ を境に符号を変える．A が壁から受ける抗力

$$N' = F\sin\theta \qquad (3)$$

だから，F の符号が変わる瞬間に A は壁から離れて，その後の B の速さは (1) ではなくなり，F は (2) ではなくなる．このときの B の速さは (1) に $\theta = \alpha\,(\cos\theta = 2/3)$ を代入して，

$$\sqrt{\frac{2}{3}gl}$$

である．これを v_0 とする．当然，

$$\frac{1}{2}m{v_0}^2 + mgl\cos\alpha = mgl \qquad (4)$$

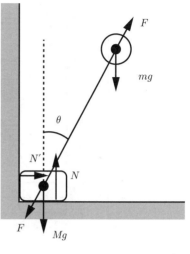

図 1

である．また，このときの A の速度は 0 である．

A は壁から離れた後，A は床上を水平方向に運動し，B は A から見れば半径 l の非等速円運動する．A の座標を $(X, 0)$，B の座標を (x, y) とする．A, B がそれぞれ棒から受ける力は f とする．A, B の運動方程式（上から順に B の水平成分，鉛直成分，A の水平成分）は

$$m\ddot{x} = -f\sin\theta \qquad (5)$$
$$m\ddot{y} = -f\cos\theta - mg \qquad (6)$$
$$M\ddot{X} = f\sin\theta \qquad (7)$$

である．また，棒の長さが l であることから

$$x - X = l\sin\theta, \qquad y = l\cos\theta \qquad (8)$$

である．

物理の問題の解き方は，基礎方程式を解いて求める物理量を時間の関数として表す（時間追跡する）か，その積分形を用いる（保存則をたてる）しかない．いまの場合，有限時間後の物理量を求める方法は後者しかない．A と B からなる系に働く外力（重力，床が A に及ぼす力）の水平成分は 0 であるから，系の運動量の水平成分は保存する（運動量保存則）：

$$m\dot{x} + M\dot{X} = mv_0\cos\alpha. \qquad (9)$$

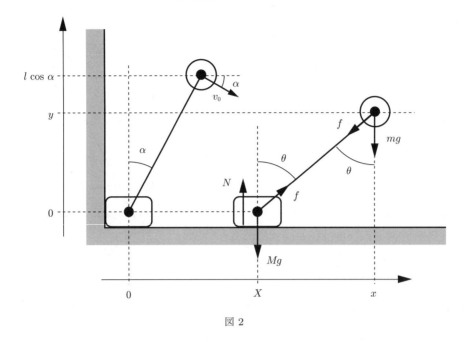

図 2

また，棒が A にする仕事と B にする仕事の和は常に 0 になること，および，A と B からなる系に働く外力のうち仕事をするのは B に働く重力のみであるから，系の力学的エネルギーは保存する（エネルギー保存則）：

$$\frac{1}{2}m\left(\dot{x}^2 + \dot{y}^2\right) + \frac{1}{2}M\dot{X}^2 + mgy = mgl. \tag{10}$$

B が床と衝突するとき，$\dot{x} = \dot{X}$ であるから，(9) より

$$\dot{x} = \dot{X} = \frac{mv_0 \cos\alpha}{m + M} = V$$

である．B が床と衝突したときに，床から受ける力の向きは鉛直上向きであるから，その後も (9) はそのまま成り立つ．B は床と弾性衝突するから (10) もそのまま成り立つ．B が最高点に達したとき，B は A から見て静止するから (10) で $\dot{x} = \dot{X} = V$，$\dot{y} = 0$ とすれば

$$\frac{1}{2}(m + M)V^2 + mgl\cos\beta = mgl$$

である．

　　運動量保存則とエネルギー保存則を証明しておく．まず，運動量保存則．(5) + (7) として

$$m\ddot{x} + M\ddot{X} = 0. \quad \text{すなわち，} \quad m\dot{x} + M\dot{X} = (一定)$$

である．右辺の一定値は，左辺に A が壁から離れるときの $\dot{x} = v_0\cos\alpha$，$\dot{X} = 0$ を代入すれば (9) になる．続いて，エネルギー保存則を示す．微分公式

$$\frac{d}{dt}\left\{\frac{1}{2}m\left(\dot{x}^2+\dot{y}^2\right)\right\}=m\dot{x}\ddot{x}+m\dot{y}\ddot{y},\qquad \frac{d}{dt}\left(\frac{1}{2}M\dot{X}^2\right)=M\dot{X}\ddot{X}$$

を使うと，$(5)\times\dot{x}+(6)\times\dot{y}+(7)\times\dot{X}$ は

$$\frac{d}{dt}\left\{\frac{1}{2}m\left(\dot{x}^2+\dot{y}^2\right)+\frac{1}{2}M\dot{X}^2\right\}=-f\left\{\left(\dot{x}-\dot{X}\right)\sin\theta+\dot{y}\cos\theta\right\}-mg\dot{y}\qquad(11)$$

である．(8) を時間微分すれば，

$$\dot{x}-\dot{X}=l\dot{\theta}\cos\theta,\qquad \dot{y}=-l\dot{\theta}\sin\theta$$

であるから，(11) の右辺の $-f\{\cdots\}$ は 0 （「棒が A にする仕事と B にする仕事の和は常に 0」）になり，単位時間あたりの系の運動エネルギー変化分は，B に働く重力の仕事率に等しく，(11) は

$$\frac{d}{dt}\left\{\frac{1}{2}m\left(\dot{x}^2+\dot{y}^2\right)+\frac{1}{2}M\dot{X}^2\right\}=-mg\dot{y}\qquad(12)$$

となる．(12) の右辺の $\dot{y}$ を dy/dt と書き直して，左辺に移項して時間微分の中に入れると，

$$\frac{d}{dt}\left\{\frac{1}{2}m\left(\dot{x}^2+\dot{y}^2\right)+\frac{1}{2}M\dot{X}^2+mgy\right\}=0.$$

すなわち，

$$\frac{1}{2}m\left(\dot{x}^2+\dot{y}^2\right)+\frac{1}{2}M\dot{X}^2+mgy=（\text{一定}）\qquad(13)$$

が成り立つことがわかる．左辺に A が壁から離れるときのそれぞれの値

$$\dot{x}=v_0\cos\alpha,\quad \dot{y}=-v_0\sin\alpha,\quad \dot{X}=0,\quad y=l\cos\alpha$$

を代入したものが右辺の一定値である．(4) を思い出せば，(13) は (10) になる．

第 2 問

解　答

I (1)　G の電位は 0，P_0 の電位 V_0 である．また，コンデンサー 1, 2 の電気量はともに 0 であるから，コンデンサー 1, 2 の電圧はともに 0．したがって，P_1 の電位は G の電位に，P_2 の電位は P_0 の電位に，それぞれ等しく

$$V_1=\underset{\sim}{0},\qquad V_2=\underset{\sim}{V_0}.$$

(2)　(1) のとき，P_0 は P_1 より高電位であるから，その後，P_0 から P_1 に電流が流れ，十分に時間が経った後，P_0 と P_1 の電位は等しくなる．また，P_1 から P_2 には電流は流れないので，P_2 の電位は (1) のときのまま．したがって，P_0, P_1, P_2 はすべて等電位で，

$$V_1 = V_2 = V_0.$$

このとき，コンデンサー 1，2 の電圧はそれぞれ V_0，0 であるから，コンデンサー 1，2 の電気量はそれぞれ CV_0，0．これより，電源を通過した電気量は CV_0 である．したがって，

$$U = \frac{1}{2}CV_0{}^2, \qquad W = CV_0{}^2.$$

(3)　G の電位は 0，P_0 の電位 $-V_0$ である．また，コンデンサー 1，2 の電圧はそれぞれ V_0，0 であるから，

$$V_1 = V_0, \qquad V_2 = -V_0.$$

(4)　(3) のとき，P_1 は，P_0，P_2 より高電位であるから，その後，コンデンサー 1 の P_1 側極板からコンデンサー 2 の P_2 側極板に電流が流れ，十分時間が経った後，P_1 と P_2 は等電位になる．このとき，コンデンサー 1，2 の電圧はそれぞれ 0，V_0．したがって，

$$V_1 = V_2 = 0.$$

II　S を $+V_0$ 側に接続したとき，P_1G 間のコンデンサーの電圧は V_0．S を切り替えても電荷の移動が無いことから，その他のコンデンサーの電圧はすべて $2V_0$ である．したがって，

$$\begin{cases} V_{2N-1} = V_0 + (N-1) \cdot 2V_0 = (2N-1)V_0 \\ V_{2N} = V_{2N-1} + 2V_0 = (2N+1)V_0. \end{cases}$$

解説

　電気容量 C のコンデンサー，抵抗値 R の抵抗，直流電源，スイッチを直列に接続する．スイッチを接続した直後，コンデンサーの電気量はスイッチを接続する前の電気量のままである．スイッチを接続してから時定数 RC の数倍の時間が経った後には，コンデンサーの電気量はほぼ一定とみなせるようになり，コンデンサーに流れ込む，あるいはコンデンサーから流れ出す電流はほぼ 0 になる．以上のことは御存知と思う．

　設問 I の場合について考察する．最初にスイッチ S を $+V_0$ 側に接続した直後から，コンデンサーの電気量が一定になるまでの間の，コンデンサー 1（C_1），コンデンサー 2（C_2）の電気量の変化，P_0，P_1，P_2 の各点の電位（括弧内の値）の変化を描いたものが図 1 である．(a) は S を $+V_0$ 側に接続した直後，(c) は S を $+V_0$ 側に接続して十分時間が経った後，(b) がその間である．

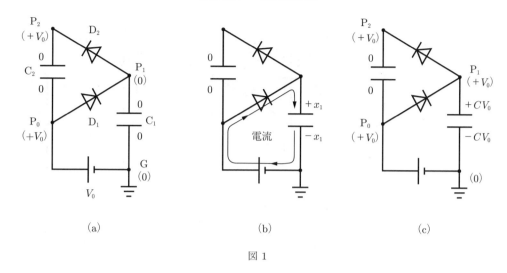

図 1

　最初，S を $+V_0$ 側に接続した直後，C_1，C_2 の電気量は 0 であるから，C_1，C_2 の端子間電圧は 0 である．したがって，このときの P_1，P_2 の電位はそれぞれ

$$V_1 = 0, \qquad V_2 = +V_0$$

である．P_0 は P_1 より高電位であるから，この後，D_1 を通じて，P_0 から P_1 の向きに電流が流れて，C_1 の電気量は変化する．一方，このとき，P_2 は P_1 より高電位であるから，D_2 を通じて電流が流れることはなく，C_2 の電気量は 0 のままである．C_1 の電気量を x_1 とすると，電荷の移動が止んだとき，

$$\frac{x_1}{C} = V_0 \qquad \text{すなわち，} \qquad x_1 = CV_0$$

である．したがって，S を $+V_0$ 側に接続して十分時間が経った後の，P_1，P_2 の電位は

$$V_1 = V_2 = +V_0$$

になる．図 1 (a) から (c) の間に，電源を通過した電気量は CV_0 であるから，電源のした仕事は

$$W = CV_0{}^2$$

である．

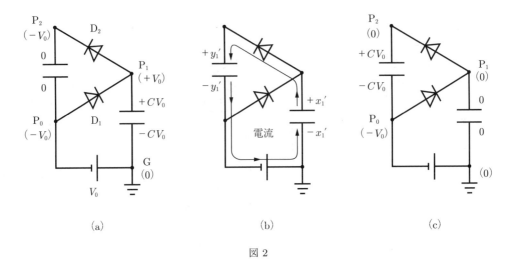

図 2

続いて，S を $-V_0$ 側に接続した直後から，コンデンサーの電気量が一定になるまでの間を考える．この間の電気量の変化，各点の電位の変化を描いたものが図 2 である．図 1 のときと同じく，(a) は S を $-V_0$ 側に接続した直後，(c) は S を $-V_0$ 側に接続して十分時間が経った後，(b) がその間である．

S を $-V_0$ 側に接続した直後，C_1，C_2 の電気量は図 1 (c) のときに等しく，それぞれ CV_0，0 であるから，C_1 の端子間電圧は V_0，C_2 の端子間電圧は 0 である．したがって，P_1，P_2 の電位はそれぞれ

$$V_1 = +V_0, \qquad V_2 = -V_0$$

である．このときは，P_1 は P_2 より高電位であるから，D_2 に電流が流れて C_1，C_2 の電気量は変化する．一方，P_1 は P_0 より高電位であるから，D_1 には電流は流れない．C_1，C_2 の電気量をそれぞれ $x_1{}'$，$y_1{}'$ とする．D_2 に流れる電流が 0 になったとき，

$$\frac{x_1{}'}{C} + V_0 = \frac{y_1{}'}{C}, \qquad x_1{}' + y_1{}' = CV_0$$

である．これより，

$$x_1{}' = 0, \qquad y_1{}' = CV_0$$

である．C_1，C_2 の端子間電圧は 0，V_0 となるから，S を $-V_0$ 側に接続してから十分に時間が経った後の P_1，P_2 の電位は，

$$V_1 = V_2 = 0$$

である．

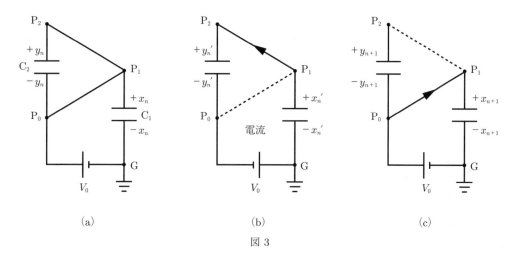

(a)　　　　　　　　　　　(b)　　　　　　　　　　　(c)

図 3

設問は，S を $+V_0$ 側に接続して，$-V_0$ 側に接続したところで終わりにしているが，これを繰り返したときの C_1，C_2 の電気量は簡単に求めることができる．図 3 (a) のように，n 回目に S を $+V_0$ 側に接続して，十分に時間が経った後の C_1，C_2 の電気量を，それぞれ x_n，y_n とする．$n = 1, 2, \cdots$ である．当然，$x_n = CV_0$ である．図 3 (a) の状態から S を $-V_0$ 側に接続する．P_0 より P_1 の方が電位が高いので P_0P_1 間に電流は流れない．一方，P_2 は P_1 より電位が低いはずであるから，P_1 と P_2 の電位が等しくなるまで P_1 から P_2 に電流が流れる．S を $-V_0$ 側に接続して，十分に時間が経った後のコンデンサーの電気量を，それぞれ $x_n{}'$，$y_n{}'$ とする．この状態が図 3 (b) である．図 3 (b) の矢印は，S を $-V_0$ 側に接続した後に電流の流れた向きである．点線部分には電流は流れない．P_1 と P_2 の電位が等しいこと，C_1 と C_2 の上極板（あるいは下極板）の電気量の和が保存することより，

$$\frac{x_n{}'}{C} + V_0 = \frac{y_n{}'}{C}, \qquad x_n{}' + y_n{}' = x_n + y_n$$

である．これより，

$$x_n{}' = \frac{1}{2}(x_n + y_n - CV_0), \quad y_n{}' = \frac{1}{2}(x_n + y_n + CV_0)$$

である．続いて，$n+1$ 回目に，S を $+V_0$ 側に接続して十分時間が経った後（図 3 (c)），P_1 の電位は V_0 になる．また，P_2 は P_1 より高電位になり D_2 には電流が流れないため，C_2 の電気量は保存する．以上より

$$x_{n+1} = CV_0, \qquad y_{n+1} = y_n{}' = \frac{1}{2}(x_n + y_n + CV_0)$$

である．$x_n = CV_0$ とすれば，

$$y_{n+1} = \frac{1}{2}y_n + CV_0$$

である．$y_1 = 0$ であることを用いれば，

$$y_n = 2CV_0\left(1 - \frac{1}{2^{n-1}}\right)$$

である．$n \to \infty$ とすれば，$y_n \to 2CV_0$ である．

コンデンサーを $2N$ 個，ダイオードを $2N$ 個用いて，問題図 2–3 の回路を作って，S を $+V_0$ 側に接続する，$-V_0$ 側に切り替える，という操作を何度も繰り返した後，S が $+V_0$ 側に接続された状態での P_{2N} を求めよ，というのが設問 II である．

I は II の誘導になっている．I でやったことを理解できていれば，II の問題文を手がかりに以下のように考えることができる．S が $+V_0$ 側に接続されたとき，GP_1 間のコンデンサーの端子間電圧は V_0 である．S を $-V_0$ 側に接続したとき，GP_1 間のコンデンサーの電気量が変化しないためには，P_0P_2 間のコンデンサーの端子間電圧は $2V_0$ でなければならない．どのコンデンサーについても，S を切り替えても電荷の移動が起きないのだから，P_1P_3 間のコンデンサーの端子間電圧も $2V_0$，P_2P_4 間のコンデンサーの端子間電圧も $2V_0$，$\cdots$．GP_1 間以外は全て $2V_0$ である．それさえわかれば，V_{2N-1} も V_N も簡単に求められる．入試の答案としてならこれで十分であるが，もう少し突っ込んで調べてみよう．

コンデンサーが四個ある場合について，各コンデンサーの電気量についての漸化式を作りそれを解く．図 4 のように，各コンデンサーを下から順に C_1，C_2，C_3，C_4 とする．図 4 の (a)，(b)，(c) はそれぞれ n 回目に S を $+V_0$ 側に接続して十分に時間が経った後，n 回目に S を $-V_0$ 側に接続して十分に時間が経った後，$n+1$ 回目に S を $+V_0$ 側に接続して十分に時間が経った後である．$n = 1, 2, 3,$ $\cdots$ である．問題文中にも n があるが同じ文字を使わせてもらう．

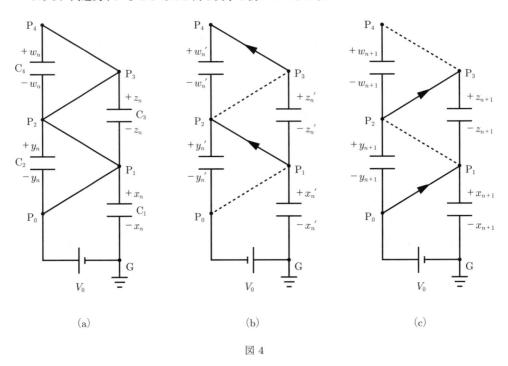

(a)　　　　　　　　　　(b)　　　　　　　　　　(c)

図 4

図 4 (a) の状態から S を $-V_0$ 側に接続したとき，P_1P_2 間，P_3P_4 間には電流が流れる（図 4 (b) の矢印）が，P_0P_1 間，P_2P_3 間には電流は流れない（図 4 (b) の点線）．P_1 と P_2 の電位が等しい，および，P_3 と P_4 の電位が等しいことより，

$$\frac{x_n{}'}{C} + V_0 = \frac{y_n{}'}{C}, \qquad \frac{z_n{}'}{C} = \frac{w_n{}'}{C} \tag{1}$$

である．また，図 4 (a) のときと図 4 (b) のときの，C_1 の上極板，C_2 の上極板，C_3 の下極板，C_4 の下極板の電気量の和が等しいこと，および，C_3 の上極板と C_4 の上極板の電気量の和が等しいことより，

$$x_n{}' + y_n{}' - z_n{}' - w_n{}' = x_n + y_n - z_n - w_n, \quad z_n{}' + w_n{}' = z_n + w_n.$$

すなわち，

$$x_n{}' + y_n{}' = x_n + y_n, \qquad z_n{}' + w_n{}' = z_n + w_n \tag{2}$$

である．(1), (2) より，

$$x_n{}' = \frac{1}{2}(x_n + y_n - CV_0), \quad y_n{}' = \frac{1}{2}(x_n + y_n + CV_0), \quad z_n{}' = w_n{}' = \frac{1}{2}(z_n + w_n) \tag{3}$$

である．続いて，図 4 (c) のとき，P_0 と P_1 の電位が等しい，および，P_2 と P_3 の電位が等しいことより，

$$\frac{x_{n+1}}{C} = V_0, \qquad \frac{y_{n+1}}{C} = \frac{z_{n+1}}{C}. \tag{4}$$

また，図 4 (b) のときと図 4 (c) のときの，C_2 の上極板と C_3 の上極板の電気量の和が等しいこと，および，$P_3 P_4$ 間には電流が流れないので C_4 の上極板の電気量が保存することより，

$$y_{n+1} + z_{n+1} = y_n{}' + z_n{}', \qquad w_{n+1} = w_n{}' \tag{5}$$

である．(4), (5) より，

$$x_{n+1} = CV_0, \quad y_{n+1} = z_{n+1} = \frac{1}{2}(y_n{}' + z_n{}'), \quad w_{n+1} = w_n{}'. \tag{6}$$

(3), (6) より

$$x_{n+1} = CV_0 \tag{7}$$

$$y_{n+1} = z_{n+1} = \frac{1}{2}y_n + \frac{1}{4}w_n + \frac{1}{2}CV_0 \tag{8}$$

$$w_{n+1} = \frac{1}{2}(y_n + w_n) \tag{9}$$

である．$n = 1$ のとき，

$$x_1 = CV_0, \quad y_1 = z_1 = w_1 = 0 \tag{10}$$

である．(7), (8), (9) より，$n = 2$ のとき，

$$x_2 = CV_0, \quad y_2 = z_2 = \frac{1}{2}CV_0, \quad w_2 = 0 \tag{11}$$

である．

　後は (8), (9) を解けばよい．まず，$n \to \infty$ のとき，$y_{n+1} = y_n$，$w_{n+1} = w_n$ となるので，(8), (9) で $y_{n+1} = y_n = y_\infty$，$w_{n+1} = w_n = w_\infty$ として，y_∞ と w_∞ を求めれば，

$$y_\infty = w_\infty = 2CV_0$$

である．

$$Y_n = y_n - 2CV_0, \qquad W_n = w_n - 2CV_0$$

として，(8)，(9) を書き直せば，

$$Y_{n+1} = \frac{1}{2}Y_n + \frac{1}{4}W_n \tag{12}$$

$$W_{n+1} = \frac{1}{2}Y_n + \frac{1}{2}W_n \tag{13}$$

である．(12) より

$$W_n = 4Y_{n+1} - 2Y_n, \qquad W_{n+1} = 4Y_{n+2} - 2Y_{n+1}$$

これを (13) に代入すれば，

$$Y_{n+2} - Y_{n+1} + \frac{1}{8}Y_n = 0 \tag{14}$$

この三項間漸化式の特性方程式の解を

$$\alpha = \frac{2-\sqrt{2}}{4}, \qquad \beta = \frac{2+\sqrt{2}}{4}$$

とおけば，(14) は二通りに変形できて

$$\begin{cases} Y_{n+2} - \alpha Y_{n+1} = \beta(Y_{n+1} - \alpha Y_n) = \cdots = \beta^n(Y_2 - \alpha Y_1) \\ Y_{n+2} - \beta Y_{n+1} = \alpha(Y_{n+1} - \beta Y_n) = \cdots = \alpha^n(Y_2 - \beta Y_1) \end{cases}$$

である．これを辺々引き算して，

$$Y_{n+1} = \frac{(\beta^n - \alpha^n)Y_2 - \alpha\beta(\beta^{n-1} - \alpha^{n-1})Y_1}{\beta - \alpha} \tag{15}$$

である．(10)，(11) より，$y_1 = 0$，$y_2 = CV_0/2$ であるから，

$$Y_1 = y_1 - 2CV_0 = -2CV_0, \quad Y_2 = y_2 - 2CV_0 = -\frac{3}{2}CV_0$$

である．これを代入し，n を一つ下げて，$y_n = Y_n + 2CV_0$ より，

$$y_n = 2CV_0\left[1 - \frac{\sqrt{2}}{8}\left\{6(\beta^{n-1} - \alpha^{n-1}) - (\beta^{n-2} - \alpha^{n-2})\right\}\right] \tag{16}$$

である．w_n も同様である．W_n の漸化式は

$$W_{n+2} - W_{n+1} + \frac{1}{8}W_n = 0$$

である．これは (14) の Y が W であるだけなので，この解は (15) の Y を W とすればよい．(10)，(11) より，$W_1 = W_2 = -2CV_0$ であるから，

$$w_n = 2CV_0\left[1 - \frac{\sqrt{2}}{8}\left\{8(\beta^{n-1} - \alpha^{n-1}) - (\beta^{n-2} - \alpha^{n-2})\right\}\right] \tag{17}$$

である．(16) と (17) より，

$$
\begin{cases}
n=3 \text{ のとき,} & x_3 = CV_0, \quad y_3 = z_3 = \dfrac{3}{4}CV_0, \quad w_3 = \dfrac{1}{4}CV_0. \\[2mm]
n=4 \text{ のとき,} & x_4 = CV_0, \quad y_4 = z_4 = \dfrac{15}{16}CV_0, \quad w_4 = \dfrac{1}{2}CV_0 \\[2mm]
n=5 \text{ のとき,} & x_5 = CV_0, \quad y_5 = z_5 = \dfrac{35}{32}CV_0, \quad w_5 = \dfrac{23}{32}CV_0
\end{cases}
$$

である. 当然, C_1 以外のコンデンサーの端子間電圧は, 次第に増加して $2CV_0$ に近づいていく.

第 3 問

解 答

I (1) 密度を ρ として, 液体とピストンに働く力のつりあい

$$
\rho S \frac{h}{2} g = P_0 S \qquad \text{より} \qquad \rho = \frac{2P_0}{gh}.
$$

(2) $P_0 S \dfrac{h}{2}$. (3) $\dfrac{5}{4} P_0 Sh.$

II (1) 断面積 $2S$ の部分の液体の高さは $x/2$. 液体とピストンに働く力のつりあい

$$
PS = \rho S \left(\frac{h}{2} - x + \frac{x}{2} \right) g \qquad \text{より} \qquad P = P_0 \left(1 - \frac{x}{h} \right).
$$

(2) 状態方程式より

$$
T = T_1 \frac{P(h+x)}{P_0 h} = T_1 \left\{ 1 - \left(\frac{x}{h} \right)^2 \right\}.
$$

(3) 右図の面積

$$
\begin{aligned}
W &= \frac{1}{2} \left\{ P_0 S + P_0 S \left(1 - \frac{x}{h} \right) \right\} x \\
&= P_0 Sh \left(1 - \frac{x}{2h} \right) \frac{x}{h}.
\end{aligned}
$$

(4) 物質量を n, 気体定数を R として, 状態方程式より

$$
P_0 Sh = nRT_1.
$$

これを用いて, 気体の高さが h から $h+x$ になる間の気体の内部エネルギー変化分は,

$$
\Delta U = \frac{3}{2} nR(T - T_1) = -\frac{3}{2} P_0 Sh \left(\frac{x}{h} \right)^2.
$$

この間に気体が吸収した熱量は,

$$
Q = \Delta U + W = P_0 Sh \left(1 - \frac{2x}{h} \right) \frac{x}{h}.
$$

$x = X$ のとき, Q は最大になるので

$$
X = \frac{1}{4} h.
$$

解説

II (4) 以外は解説の必要はあるまい．2002 年前期にも気体が液体を押し上げる問題が出題されている．II (4) では，問題文に「… ある高さ $h+X$ に達すると，ピストンをさらに上昇させるために必要な熱量が 0 になり，…」と書いてある．これを読めば，気体部分の高さが h から $h+X$ になる間の熱 Q が 0 になるのではなく，「さらに」上昇させるために必要な熱量 dQ が 0 になる x を求めればよいことがわかる．解答のように Q を求めてから，Q が極大になる x を求めた方がすっきりするが，次のようにして求める手もある．x のときの気体の圧力，温度は

$$P = P_0\left(1-\frac{x}{h}\right), \qquad T = T_1\left\{1-\left(\frac{x}{h}\right)^2\right\}$$

である．無次元変数 $y = x/h$ とすれば，

$$P = P_0(1-y), \qquad T = T_1(1-y^2)$$

と表せる．まず，

$$dT = T_1(-2y)dy$$

である．y から dy だけ変化する間の内部エネルギー変化は $nRT_1 = P_0Sh$ と書き変えて，

$$dU = \frac{3}{2}nRdT = \frac{3}{2}nRT_1(-2y)dy = \frac{3}{2}P_0Sh(-2y)dy.$$

である．また，仕事は $dx = hdy$ として，

$$dW = PSdx = PShdy = P_0Sh(1-y)dy$$

である．したがって，気体に加えた熱は

$$dQ = dU + dW = P_0Sh(1-4y)dy$$

である．$dQ = 0$ となるのは $y = 1/4$ のとき，すなわち，$x = h/4$ のときである．

講評

第 1 問は，その出来を見れば物理の学力がそのままわかる良問．2002 年九州大で似た実験装置の問題があったが，壁に立てかけておいて放すようにすると，俄然面白い問題になる．第 2 問は 2001 年に神戸大でコンデンサーが三つの同様な回路が出題されている．前半は易しいが，設問 II は分かるか分からないかのどちらかしかない．分からなければ答案には何も書けないという意味では難しい．第 3 問はよくある問題で類題は多数出題されている．これも第 2 問と同じく，間違えそうなところは最後の設問だけしかない．今年は，物理の問題としては去年より面白かったが，標準偏差は去年より小さくなって，物理の得点は去年ほど差が開かなかったのではないかと思う．

解答・解説

第1問

解 答

I 円軌道最下点での A の速さを v_0, 最高点での速さを v_1, 最高点で A がレールから受ける垂直抗力を N_1 とする. エネルギー保存則と運動方程式の中心方向成分

$$
\begin{cases}
\dfrac{1}{2}m_1{v_1}^2 + m_1 g \cdot 2R = \dfrac{1}{2}m_1{v_0}^2 \\
m_1 \dfrac{{v_1}^2}{R} = m_1 g + N_1
\end{cases}
\quad \text{より} \quad N_1 = m_1 g\left(\dfrac{{v_0}^2}{gR} - 5\right).
$$

$N_1 \geqq 0$ となる条件は $v_0 \geqq \sqrt{5gR}$. 最下点での A の速さは $\sqrt{2gh_1}$. したがって, 求める条件は

$$
\sqrt{2gh_1} \geqq \sqrt{5gR} \qquad \therefore \quad \underset{\sim\sim\sim\sim\sim\sim}{h_1 \geqq \dfrac{5}{2}R.}
$$

II 衝突直前の A の速さは $\sqrt{2gh_2}$. 衝突直後の A と B の速さを v_2 とする. 運動量保存則

$$
(m_1 + m_2)v_2 = m_1\sqrt{2gh_2} \qquad \text{より} \qquad v_2 = \dfrac{m_1}{m_1 + m_2}\sqrt{2gh_2}.
$$

求める条件は

$$
v_2 \geqq \sqrt{5gR} \qquad \therefore \quad \underset{\sim\sim\sim\sim\sim\sim\sim\sim\sim\sim\sim}{h_2 \geqq \dfrac{5}{2}R\left(\dfrac{m_1 + m_2}{m_1}\right)^2.}
$$

III (1) 衝突直前の A の速さは $\sqrt{2gh_3}$. 衝突直後の車両 A, B の速度（右向きを正とする）をそれぞれ v_3, v_4 とする. 運動量保存則とはね返り係数が 1 であること

$$
\begin{cases}
m_1 v_3 + m_2 v_4 = m_1\sqrt{2gh_3} \\
v_4 - v_3 = \sqrt{2gh_3}
\end{cases}
\quad \text{より} \quad v_4 = \dfrac{2m_1}{m_1 + m_2}\sqrt{2gh_3}.
$$

求める条件は

$$
v_4 \geqq \sqrt{5gR} \qquad \therefore \quad \underset{\sim\sim\sim\sim\sim\sim\sim\sim\sim\sim}{h_3 \geqq \dfrac{5}{2}R\left(\dfrac{m_1 + m_2}{2m_1}\right)^2.}
$$

(2) エネルギー保存則

$$
m_2 g h_4 = \dfrac{1}{2}m_2{v_4}^2 - \mu m_2 g \cos\theta \times \dfrac{h_4 - R}{\sin\theta}
$$

に, $\mu = \tan\theta$ と v_4 を代入して

$$
\underset{\sim\sim\sim\sim\sim\sim\sim\sim\sim\sim\sim\sim\sim}{h_4 = \dfrac{R}{2} + 2h_3\left(\dfrac{m_1}{m_1 + m_2}\right)^2.}
$$

静止摩擦係数を $\mu_0 = \tan\theta_0$ とする．斜面の傾き θ が θ_0 より小さければ，B は静止し続ける．一般に $\mu < \mu_0$ であるから $\theta < \theta_0$ である．したがって，最高点到達後，B は静止したままである．

解説

　I, II, III (1) はすべて，円軌道レールに沿って動く車両が途中でレールから離れずに，宙返りして右側の線路に入る条件を求める，という設問である．この手の問題は毎年多くの大学で出題されていて，受験生なら一度や二度と言わず解いたことがあるはずである．何度か解いているうちに，普通は，軌道途中でレールから離れることなく円運動する条件は最下点での速さが $\sqrt{5gR}$ 以上であることは自然と覚えてしまう．計算結果を覚えることを勧めているのではないが，この程度のことは覚えるくらいは勉強しておいた方がよい．以下，この $\sqrt{5gR}$ について議論する．

　車両の質量を m，最下点での車両の速さを v_0 とする．車両が上昇していけば，当然，速さは減少するから，宙返りして右側の線路に入るためには，最高点での速さ（解答の v_1）が 0 より大きくなければならない．かりに車両がレールに束縛されていて，レールから離れることを心配しないでよければ，最高点を通過する条件は

$$\frac{1}{2}mv_0{}^2 > mg \cdot 2R \quad \text{すなわち} \quad v_0 > \sqrt{4gR}$$

である．$v_0 = \sqrt{4gR}$ であれば最高点での速さは 0 になり車両は静止する．このとき，車両がレールから受ける垂直抗力の向きは鉛直上向きである．これは，最初に最下点から動き始めたときには垂直抗力は軌道中心方向を向いているのだから，v_0 が $\sqrt{4gR}$ よりわずかに大きくて最高点を越えるような速さであっても，最下点から最高点に達するまでの間のある位置で垂直抗力はいったん 0 になりその向きを変えたことを意味している．問題のように車両がレールに束縛されていない場合には，v_0 が $\sqrt{4gR}$ よりわずかに大きいくらいなら，最高点に達する前に車両はレールから離れて落下してしまうことになる．したがって，車両がレールから離れないで宙返りするための条件は，v_0 が $\sqrt{4gR}$ より大きいというだけではダメで，最高点での垂直抗力（解答の N_1）が 0 以上が必要である．

　以上を計算で確認する．円の中心と最下点を結ぶ鉛直線と角 ϕ をなす位置での車両の速さを v，この位置での垂直抗力を N とする．エネルギー保存則

$$\frac{1}{2}mv^2 + mgR(1 - \cos\phi) = \frac{1}{2}mv_0{}^2$$

から

$$v^2 = gR\left(2\cos\phi + \frac{v_0{}^2}{gR} - 2\right) \tag{1}$$

である．式 (1) と，運動方程式の中心方向成分

$$m\frac{v^2}{R} = N - mg\cos\phi$$

から

$$N = mg\left(3\cos\phi + \frac{v_0{}^2}{gR} - 2\right) \quad (2)$$

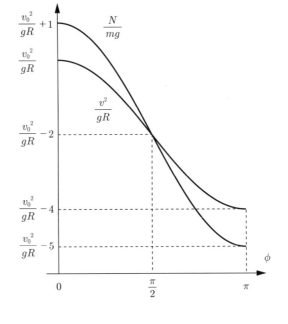

である. 式 (1), (2) のままでは次元が異なるので, ともに無次元の関数 v^2/gR, N/mg として, $0 \leqq \phi \leqq \pi$ での変化をグラフにしたものが右図である. $0 \leqq \phi \leqq \pi$ ではともに単調減少で, さらに $\pi/2 \leqq \phi \leqq \pi$ では $N/mg \leqq v^2/gR$ であるから, $\phi = \pi$ での N の値が 0 以上:

$$N = mg\left(\frac{v_0{}^2}{gR} - 5\right) \geqq 0$$

$$\therefore \quad v_0 \geqq \sqrt{5gR}$$

であれば v^2 も必ず正である. したがって, 車両はレールから離れることなく最高点を通過する.

　III (2) の「最高点到達後の車両のふるまいを述べよ」という設問について. まず, 物体同士が接触したときに働く抗力の, 接触面に垂直な成分を垂直抗力, 平行な成分を摩擦力という. したがって, 下図のように, 傾き θ の斜面上に質量 m の物体を置き, その物体が静止しているとき, 垂直抗力の大きさを N, 静止摩擦力の大きさを R として,

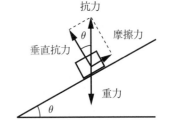

$$\tan\theta = \frac{R}{N}$$

である. 斜面の傾き θ を 0 から次第に大きくしていき, 物体が滑り出す角 (摩擦角) θ_0 を測定する. 静止摩擦係数は $\mu_0 = \tan\theta_0$ である. 物体が斜面上で静止しているときは $\theta < \theta_0$ であるから,

$$\tan\theta < \tan\theta_0 \quad \therefore \quad \frac{R}{N} < \mu_0$$

が成り立つ. 問題の斜面の傾き θ は $\mu = \tan\theta$ を満たす角である. $\mu < \mu_0$ であれば $\theta < \theta_0$ であり, 車両は静止したままになることは自明である.

　高校教科書には「静止摩擦係数は動摩擦係数より大きい」と書いてある. 出題者は, これを知っているかどうかを問いたいのだろうか, あるいは, このことは既知として議論させたいのだろうか, 判然としない. 静止摩擦係数は動摩擦係数より大きいこと, 摩擦係数が N によらないこと, 動摩擦係数

が相対速度によらないことなど，Amonton–Coulomb の法則と呼ばれる摩擦力に関する性質は，厳密な意味での法則による結果ではなく，粗い近似的な経験則である．ものによってはこれらが成り立たないこともある．例えば，テフロンとテフロンの静止摩擦係数と動摩擦係数はほぼ等しい．また，摩擦係数の値は全く同じ状況下で実験をしても 10%以上違う値になる場合もあるため「通常物理定数として挙げられていない」(物理学辞典，培風館)．すっきり解答するには，問題文に「静止摩擦係数は動摩擦係数より大きいとする」としてくれた方が良かった．

第 2 問

解 答

I (1)　電池 → 抵抗 1 → 棒 → 電池をまわるループを考えて，$I_1 = \dfrac{V}{2R}$.

(2)　抵抗 1, 2 を流れる電流を i_1, i_2 とする．回路の方程式

$$\begin{cases} \text{電池} \to \text{抵抗} 1 \to \text{棒} \to \text{電池} & : \quad Ri_1 + RI_2 = V \\ \text{電池} \to \text{抵抗} 2 \to \text{抵抗} 4 \to \text{電池} & : \quad Ri_2 + 3R(i_1 + i_2 - I_2) = V \\ \text{抵抗} 1 \to \text{抵抗} 3 \to \text{抵抗} 2 \to \text{抵抗} 1 & : \quad Ri_1 + R(i_1 - I_2) - Ri_2 = 0 \end{cases}$$

より

$$I_2 = \frac{5V}{9R}.$$

(3)　大きさ $lI_2B = \dfrac{5BlV}{9R}$.　　向き (ロ).

II (1)　抵抗 1, 2 の抵抗値は等しいので，抵抗 3 に流れる電流が 0 になるとき，抵抗 1→ 棒を流れる電流，抵抗 2 → 抵抗 4 を流れる電流は等しい．これらを I とする．回路の方程式

$$\begin{cases} \text{電池} \to \text{抵抗} 1 \to \text{棒} \to \text{電池} & : \quad 2RI = V - Blv_1 \\ \text{電池} \to \text{抵抗} 2 \to \text{抵抗} 4 \to \text{電池} & : \quad 4RI = V \end{cases}$$

より

$$v_1 = \frac{V}{2Bl}.$$

(2)　棒が等速運動しているとき，棒に働く力は 0．したがって，棒に流れる電流は 0．抵抗 1→ 抵抗 3 と流れる電流を i とすれば，抵抗 1→3→2→1 をまわるループの電圧降下の和が 0 になることより，抵抗 2 を流れる電流は $2i$ である．回路の方程式

$$\begin{cases} \text{電池} \to \text{抵抗} 1 \to \text{棒} \to \text{電池} & : \quad Ri = V - Blv_2 \\ \text{電池} \to \text{抵抗} 2 \to \text{抵抗} 4 \to \text{電池} & : \quad R \cdot 2i + 3R \cdot 3i = V \end{cases}$$

より

$$v_2 = \frac{10V}{11Bl}.$$

解説

I　図 2 の回路に流れる電流を求めるのに，使う物理法則は回路の方程式だけである．設問 (1) は解答の通りなので省略する．設問 (2) でスイッチを閉じたときに，抵抗 1，2 を流れる電流を i_1，i_2，棒に流れる電流を I_2 とする．下図の A 点，B 点において，

$$\sum(\text{流入する電流}) = \sum(\text{流出する電流})$$

であることを用いれば，抵抗 3 に流れる電流は A から B の向きを正の向きとして $i_1 - I_2$，抵抗 4 に流れる電流は B から C の向きを正の向きとして $i_1 + i_2 - I_2$ である．各抵抗を流れる電流は下図のようになる．

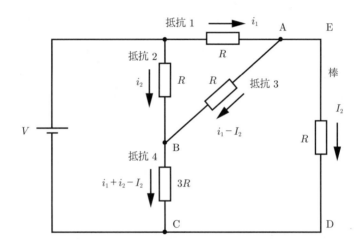

回路内の任意の閉じたループについて，その正の向きを決めてループを一まわりしたときに

$$\sum(\text{電圧降下}) = \sum(\text{起電力})$$

の関係が成り立つ．この関係を書き下して連立方程式を解けば I_2 が求まる（設問 (2) の解答）．

II　I (2) で求めた I_2 は正であるから棒は問題文図 2 の右向きに力を受けている．棒を自由に動けるようにすれば，棒は右向きに動き出す．磁場中で導体棒が動けば誘導起電力が生じる．それを考慮に入れて回路の方程式を書けばよい．

　棒の速さが v のとき，棒に流れる電流を I，抵抗 1，2 を流れる電流を i_1，i_2 とする．棒が右向きに速さ v で動いているとき，棒に生じる誘導起電力は前ページの図の D → E の向きに Blv である．したがって，電池 → 抵抗 1 → 棒 → 電池まわりの起電力は $V - Blv$ である．回路の方程式

$$\begin{cases} \text{電池} \to \text{抵抗1} \to \text{棒} \to \text{電池} & : \quad Ri_1 + RI = V - Blv \qquad (1) \\ \text{電池} \to \text{抵抗2} \to \text{抵抗4} \to \text{電池} & : \quad Ri_2 + 3R(i_1 + i_2 - I) = V \qquad (2) \\ \text{抵抗1} \to \text{抵抗3} \to \text{抵抗2} \to \text{抵抗1} & : \quad Ri_1 + R(i_1 - I) - Ri_2 = 0 \qquad (3) \end{cases}$$

より

$$i_1 = \frac{8V - 7Blv}{18R}, \quad i_2 = \frac{2V - Blv}{6R}, \quad I = \frac{10V - 11Blv}{18R}$$

である．また，抵抗 3 を流れる電流は

$$i_1 - I = \frac{-V + 2Blv}{9R}$$

である．以上から，抵抗 3 に流れる電流 $i_1 - I = 0$ になるときの $v = v_1$，棒に流れる電流 $I = 0$ になるときの $v = v_2$ は，それぞれ

$$v_1 = \frac{V}{2Bl}, \qquad v_2 = \frac{10V}{11Bl}$$

と求めることができる．

「解答」はもう少しすっきり済ませた．設問 (1) のように，抵抗 3 に流れる電流が 0 になるのは $i_1 = I$ のときである．このとき，式 (3) より $i_2 = i_1$ である．したがって，式 (1)，(2) で $i_1 = i_2 = I$，$v = v_1$ とすればよい．また，設問 (2) のように，棒を流れる電流 0 となるとき，式 (3) から $i_2 = 2i_1$ である．このとき，式 (1)，(2) で $I = 0$，$i_1 = i$，$i_2 = 2i$，$v = v_2$ とすればよい．

回路に流れる電流は棒の速度とともに時間変化する．棒の速度の時間変化について調べておく．棒の質量を m とすると，棒の運動方程式

$$m\frac{dv}{dt} = lIB \qquad \text{より} \qquad \frac{dv}{dt} = -\frac{11(Bl)^2}{18mR}\left(v - \frac{10V}{11Bl}\right).$$

棒が初速 0 で動き始めた瞬間を時刻 $t = 0$，および，(1/時間) の次元の定数 $\lambda = 11(Bl)^2/18mR$ として，この微分方程式を解けば，

$$v = \frac{10V}{11Bl}\left(1 - e^{-\lambda t}\right)$$

である．v のグラフは右図である．棒を自由にして，時定数 $1/\lambda$ の $\ln(20/9) = 0.798$ 倍の時間が経ったとき，棒の速度は $V/2Bl = v_1$ になり抵抗 3 に流れる電流が一瞬だけ 0 になる．さらに，棒を自由にして時定数 $1/\lambda$ の数倍の時間が経つと，それ以降一定速度 $10V/11Bl = v_2$ のまま運動し続ける．

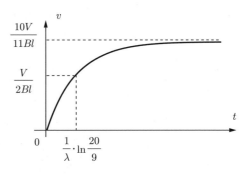

第 3 問

解 答

I (1) 両端とも開口端ゆえ，両端が腹の定常波になる．波長は $\lambda = 2L,\ L,\ 2L/3$．固有振動数は

$$\frac{V}{\lambda} = \underline{\frac{V}{2L}},\ \ \underline{\frac{V}{L}},\ \ \underline{\frac{3V}{2L}}.$$

(2) 開口端は腹，閉口端は節の定常波になる．波長は $\lambda = 4L,\ 4L/3,\ 4L/5$．固有振動数は

$$\frac{V}{\lambda} = \underline{\frac{V}{4L}},\ \ \underline{\frac{3V}{4L}},\ \ \underline{\frac{5V}{4L}}.$$

II (1) 左端の膜の振動は微小ゆえ両端とも節の定常波になる．$L = 1.0\,\mathrm{m}$，正の整数 n として，共鳴するときの波長は $\lambda = 2L/n$，固有振動数は $V/\lambda = nV/2L$ である．

$$\frac{692\,\mathrm{Hz}}{519\,\mathrm{Hz}} = \frac{4}{3}$$

より，$692\,\mathrm{Hz}$ の共鳴は $n = 4$（4 倍振動）のとき．このとき波長は $L/2 = 0.5\,\mathrm{m}$ である．したがって，節の位置は

$$\underline{0\,\mathrm{m}},\ \ \underline{0.25\,\mathrm{m}},\ \ \underline{0.5\,\mathrm{m}},\ \ \underline{0.75\,\mathrm{m}},\ \ \underline{1\,\mathrm{m}}.$$

(2) $V = 692\,\mathrm{Hz} \times 0.5\,\mathrm{m} = \underline{346\,\mathrm{m/s}}.$

III I (2) の場合である．n 番目の固有振動（$(2n-1)$ 倍振動）の振動数は

$$(2n-1) \times \frac{V}{4L} = (2n-1) \times 86.5\,\mathrm{Hz}.$$

このうち $400\,\mathrm{Hz}$ から $700\,\mathrm{Hz}$ の間に含まれるのは $n = 3,\ 4$ の場合で，

$$f_1 = \underline{432.5\,\mathrm{Hz}}, \qquad f_2 = \underline{605.5\,\mathrm{Hz}}.$$

IV (1) B 点からの音，C 点からの音の振動数はそれぞれ

$$f_\mathrm{B} = \frac{V}{V - v/2} f_1, \qquad f_\mathrm{C} = \frac{V}{V - v} f_1.$$

うなりの振動数は

$$\Delta f = f_\mathrm{C} - f_\mathrm{B} = \frac{Vv}{2(V-v)(V-v/2)} f_1.$$

(2) Δf は f_1 に比べて十分小さいので $v \ll V$．このとき，

$$\Delta f \fallingdotseq \frac{v}{2V} f_1 \qquad \therefore \quad v \fallingdotseq \frac{2\Delta f}{f_1} V \fallingdotseq \underline{3\,\mathrm{m/s}}.$$

解説

I, II, III は両側が開いた管 (I (1))，片側だけ開いた管 (I (2) と III)，両側が閉じた管 (II) について，それぞれ共鳴する振動数がいくらかを答えるだけの初歩的な問題である．両側が開いた管を開管，片側だけ開いた管を閉管という．小学校の音楽の授業で使ったリコーダーは開管楽器，クラリネットは閉管楽器の一つである．開管の固有振動数は基本振動数の整数倍であるのに対し，閉管の固有振動数は基本振動数の奇数倍であるため，開管楽器と閉管楽器の音色は異なったものになる．同じ長さの管であれば，閉管の基本振動数は開管の基本振動数の半分であるため，閉管の方が開管より 1 オクターヴ低い音まで出せる．

II の場合について数学的に考察する．左端での膜の振動によって管内を右向きに進む音波が生じる．この音波は右端で反射して左向きに進む音波が生じる．左向きに進む音波は左端で反射して右向きに進む音波が生じる．このようにして，管内には右向きの進行波と左向きの進行波が生じ，管内の音波はこれらの重ね合わせになる（重ね合わせの原理）．一方あるいは両方の端が開口端であっても，音波は一部反射して進行方向が逆向きの音波が生じるのは同じである．

時刻 t，左端から x だけ離れた位置での右向き進行波による空気の変位（変位は右向きを正とする）を

$$\Psi_1(x,t) = A \sin\left\{2\pi\left(ft - \frac{x}{\lambda}\right) + \phi_1\right\},$$

時刻 t，左端から x だけ離れた位置での左向き進行波による空気の変位を

$$\Psi_2(x,t) = A \sin\left\{2\pi\left(ft + \frac{x}{\lambda}\right) + \phi_2\right\}$$

とする．実際の空気の変位は $\Psi(x,t) = \Psi_1(x,t) + \Psi_2(x,t)$ である．三角関数の公式

$$\sin\alpha + \sin\beta = 2\sin\left(\frac{\alpha+\beta}{2}\right)\cos\left(\frac{\alpha-\beta}{2}\right)$$

を用いれば，

$$\Psi(x,t) = 2A\cos\left\{2\pi\left(\frac{x}{\lambda}\right) - \frac{\phi_1-\phi_2}{2}\right\}\sin\left(2\pi ft + \frac{\phi_1+\phi_2}{2}\right)$$

と表せる．これは管内の音波が定常波になることを表している．

管内の音波の波長は境界条件によって制限を受ける．II では，両端が閉じられているので，両端での空気の変位は常に 0 でなければならず，管内の音波の波長は，管の長さに応じた特定の値だけしか許されない．その波長を求めてみる．任意の時刻で $x=0$，$x=L$ における空気の変位が 0，すなわち $\Psi(0,t) = \Psi(L,t) = 0$ であることから

$$\cos\left(\frac{\phi_1-\phi_2}{2}\right) = 0, \quad \cos\left\{2\pi\left(\frac{L}{\lambda}\right) - \frac{\phi_1-\phi_2}{2}\right\} = 0.$$

$|\phi_1-\phi_2|$ は 2π より小さい値としておけば，$\phi_1 - \phi_2 = \pm\pi$ である．したがって，

$$\cos\left\{2\pi\left(\frac{L}{\lambda}\right) - \frac{\phi_1 - \phi_2}{2}\right\} = \pm\sin\left\{2\pi\left(\frac{L}{\lambda}\right)\right\} = 0$$

である．正の整数 n として，両端が閉口端の管内の音波の波長は

$$2\pi\left(\frac{L}{\lambda}\right) = n\pi \qquad \therefore \quad \lambda = \frac{2L}{n}$$

のみであることがわかる．$x = 0$ が閉口端，$x = L$ が開口端の場合には，境界条件が $\Psi(0, t) = 0$（節），$\Psi(L, t) = A$（腹）になる．ちなみに，管内にコルクの粉をまいておくと，コルクの粉は軽いため空気変位の腹で舞い，空気変位の節に溜まる．

講評

　問題が易しいと点差がつかない，と言う人もいるが一概にそういうものでもない．再現答案を見る限り，例年に比べて随分易しくなった今年の方が，上から下まで裾野が広がったきれいな分布を示し学力考査には適した問題だったと言える．今年は「さすが東大」と思わせるような面白い問題ではなかったが，こういう問題の方が，どれだけ学習して来たか，学生の実力がはっきりと結果に出るという事実は，改めてこちらも考えさせられた．

解答・解説

第 1 問

解 答

I (1) 振動中心の座標を x_C とする. $x_C = h - \dfrac{2mg}{k}$.

(2) $ma_1 = k(h-x) - mg - N, \qquad ma_2 = N - mg.$

(3) (2) の 2 式から

$$N = \frac{1}{2}k(h-x).$$

分離の瞬間 $N=0$ となるから, 分離する位置は $x = h$.

(4) $x=h$ で分離するときの物体 1, 2 の速度を v_1 とする. エネルギー保存則

$$\frac{1}{2} \cdot 2mv_1{}^2 + \frac{1}{2}k(h-x_C)^2 = \frac{1}{2}k(x_C - x_A)^2$$

より,

$$v_1 = \sqrt{\frac{k}{2m}(h-x_A)\left(h - \frac{4mg}{k} - x_A\right)}.$$

分離が起きるためには, v_1 の根号内が正であればよい. すなわち,

$$h - \frac{4mg}{k} - x_A > 0 \qquad \therefore \quad x_A < h - \frac{4mg}{k}.$$

II (1) 物体 1 のみで単振動するときの周期は

$$T = 2\pi\sqrt{\frac{m}{k}}.$$

分離してから T だけ後の物体 1 の座標は, 分離したときと同じ位置であるから $x = h$.

(2) 分離した後, 物体 2 が最高点に達するまでの時間は $T/2$ であるから,

$$V - g\left(\frac{T}{2}\right) = 0 \qquad \therefore \quad V = \frac{1}{2}gT.$$

(3) 時刻 T_1 で衝突したとき, 物体 1, 2 の速度は入れ替わり, それぞれの運動を表すグラフは時刻 T_1 について対称になる. したがって, 再び接触する時刻は $T_2 = T_1 + T$, このときの座標は $x = h$. グラフは次頁図のようになる.

(4) I (4) の v_1 と II (2) の V について, $v_1 = V$ とし, これを x_A について解けば

$$x_A = h - \frac{2mg}{k}\left(1 + \sqrt{1 + \frac{\pi^2}{2}}\right).$$

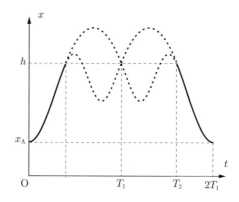

解説

I　物体 2 が物体 1 から離れる位置は，初期条件によらず，ばねの自然長の位置 $x = h$ である（設問 (3)）．$x = x_\mathrm{A}$ で手を放した後の物体 1, 2 の速度は，エネルギー保存則を用いて求める．エネルギー保存則の書き方は二通りある．座標 x での速度を v として，一つは

$$\frac{1}{2} \cdot 2mv^2 + \frac{1}{2}k(h-x)^2 + 2mgx = \frac{1}{2}k(h-x_\mathrm{A})^2 + 2mgx_\mathrm{A}, \tag{1}$$

もう一つは

$$\frac{1}{2} \cdot 2mv^2 + \frac{1}{2}k(x-x_\mathrm{C})^2 = \frac{1}{2}k(x_\mathrm{C}-x_\mathrm{A})^2 \tag{2}$$

である．式 (1) は，弾性エネルギーと重力によるポテンシャルエネルギーを別々に書いた式である．ばねの弾性エネルギーはばねの縮みの 2 乗に比例する．自然長の位置は $x = h$ であるから，弾性エネルギーは $k(h-x)^2/2$ である．重力によるポテンシャルエネルギーの基準はどこにとってもよい．式 (2) は弾性エネルギーと重力によるポテンシャルエネルギーの和が，

$$\frac{1}{2}k \times (振動中心からのずれ)^2 + (定数)$$

と表せることを用いた式である．どちらを使ってもよい．解答では式 (2) の方を用いた．式 (1) を使うなら，式 (1) で $x = h$，$v = v_1$ として，重力によるポテンシャルエネルギーを右辺に移項した式

$$\frac{1}{2} \cdot 2m{v_1}^2 = \frac{1}{2}k(h-x_\mathrm{A})^2 - 2mg(h-x_\mathrm{A})$$

から v_1 を求めればよい．

　解答では，「分離が起きる条件」は「v_1 の式の根号内が正」としたが，次のように考えてもよい．振動中心の座標は $x = x_\mathrm{C}$ であるから，初期条件より，単振動の振幅は $x_\mathrm{C} - x_\mathrm{A}$ である．仮に，物体 1 と 2 が分離することなく運動するとしたとき，最高点の座標は

$$x_{\max} = x_{\mathrm{C}} + (x_{\mathrm{C}} - x_{\mathrm{A}}) = 2h - \frac{4mg}{k} - x_{\mathrm{A}}$$

である．これが h よりも大きければ，物体 1 と 2 は分離する．したがって，求める条件は

$$x_{\max} > h, \qquad \therefore \quad x_{\mathrm{A}} < h - \frac{4mg}{k}.$$

II　分離した後，物体 1 の運動は $x = h - mg/k$ を振動中心とした周期 $2\pi\sqrt{m/k}$ の単振動になり，物体 2 の運動は初速 $V\,(=v_1)$ の鉛直投げ上げ運動になる．「分離から衝突までの時間が，物体 1 が単独で単振動する際の周期 T に等しくなる」という設定なので，最初の衝突直前，物体 1, 2 の座標は $x = h$，物体 1, 2 の速度はそれぞれ V，$-V$ である．衝突は弾性衝突で，1, 2 の質量は等しいから，物体 1 と 2 の速度は入れ替わり，衝突直後の物体 1 の速度は $-V$，物体 2 の速度は V となる．その後，物体 1 は単独で単振動，物体 2 は初速 V の鉛直投げ上げ運動をする．このとき，それぞれの座標の時間変化を表すグラフが $t = T_1$ について対称になることに気付けばよい．設問 (3) でグラフを描くときに「横軸，縦軸共に値や式を記入する必要はない」と指示があるが，h, x_{A}, T_1, $2T_1$ くらい書かないと，手描きではグラフがわかりづらい．

第 2 問

解　答

I　(1)　$t_1 = \sqrt{\dfrac{2h}{g}}, \qquad v_1 = \sqrt{2gh}.$

(2)　辺 AB を流れる電流は B から A の向きに大きさ $I = Bbv/R$．磁場がコイルに及ぼす力は x 軸の負の向きに bIB．コイルにはたらく合力は，

$$F_x = mg - bIB = mg - \frac{(Bb)^2}{R}v.$$

(3)　$F_x = 0$ となる v の値は

$$0 = mg - \frac{(Bb)^2}{R}v, \qquad \text{すなわち} \qquad v = \frac{mgR}{(Bb)^2}$$

である．この値を v_{C} とする．時刻 $t_1 < t < t_2$ で v は v_{C} に漸近的に近づいていくから，$t = t_1$ での速度 v_1 が v_{C} より小さいときには，t_1 から t_2 の間，加速され，大きいときには減速される．したがって，

$$\text{加速する場合：} v_1 < \frac{mgR}{(Bb)^2}, \qquad \text{減速する場合：} v_1 > \frac{mgR}{(Bb)^2}$$

である．

II (1) $t = t_1$ での速度 $v_1 = v_C$ であれば，t_1 から t_2 の間，コイルは等速度で落下する．すなわち，

$$\frac{mgR}{(Bb)^2} = \sqrt{2gh}, \qquad \therefore \quad h = \frac{g(mR)^2}{2(Bb)^4}.$$

辺 AB が磁場を通過する間，コイルの速度は一定であるから，

$$t_2 - t_1 = \frac{a}{v_C} = \frac{(Bb)^2 a}{mgR}.$$

(2) $F_x = 0$ のとき，電流は $I = mg/Bb$．したがって，

$$P = RI^2 = R\left(\frac{mg}{Bb}\right)^2, \qquad W = P(t_2 - t_1) = mga.$$

(3) $t_2 < t < t_3$ のとき，コイルに生じる起電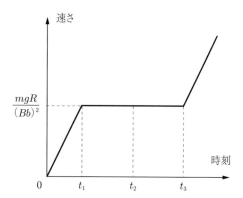
力，コイルを流れる電流は，$t_1 < t < t_2$ の
ときと同じ大きさで逆向きになるが，F_x は
変わらない．よって，

$$t_3 - t_2 = t_2 - t_1 = \frac{(Bb)^2 a}{mgR}.$$

$t > t_3$ では，コイルにはたらく力は重力の
みであり，加速度 g の等加速度運動をする．
グラフは右図のようになる．

解説

I 設問 (1) (2) は基本的な設問であるが，設問 (3) は難しい．問われているのは「時刻 t_1 から t_2 の
間に」加速される，あるいは減速される条件である．厳密には，$t = t_1$ での速度（初期条件）が与
えられた後の v の時間変化を求め，結果，$t_1 < t < t_2$ で加速されるとか，減速されるとかを議論し
なければならない．コイルの運動方程式は

$$m\frac{dv}{dt} = mg - \frac{(Bb)^2}{R}v = -\frac{(Bb)^2}{R}\left\{v - \frac{mgR}{(Bb)^2}\right\} \tag{1}$$

である．

$$\frac{mgR}{(Bb)^2} = v_C, \qquad \frac{(Bb)^2}{mR} = \lambda$$

としておく．v_C は終端速度という．λ は時間の逆数の次元をもつ定数で $1/\lambda$ をこの現象の時定数
という．解の求め方は解説しないが，初期条件 $t = t_1$ で $v = v_1$ のとき，$t_1 < t < t_2$ での v は

$$v = v_C + (v_1 - v_C)e^{-\lambda(t - t_1)}$$

である．$v_1 = 0.5v_C$，$v_1 = v_C$，$v_1 = 2v_C$ の 3 つの場合，v のグラフは次図のようになる．

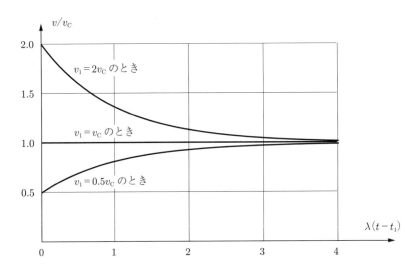

　v_1 の値がいくらであっても，t_1 から時定数の 4 倍程度の時間が経てば，v はほぼ終端速度 v_C になる．それまでの間，v が増加するか，減少するかを決定するのは $e^{-\lambda(t-t_1)}$ の係数 $v_1 - v_C$ である．$v_1 - v_C$ が負であれば v は単調に増加し，逆に，$v_1 - v_C$ が正であれば v は単調に減少する．答えるときには，計算すればすっきりするが，解答程度に定性的に述べておく方がよい．

II　設問 (2) について解説する．II では $v = v_C$ で一定のままであるが，より一般的に v が一定とは限らない場合について考察する．

　コイルの辺 AB が磁場中を運動すると，辺 AB の B から A の向きに起電力が誘導され（大きさ Bbv），A → D → C → B → A の向きに電流が流れる．電流の大きさを I とすると，回路の方程式は

$$RI = Bbv \tag{2}$$

である．一方，コイルの運動方程式は式 (1) である．いまは，磁場から及ぼされる力の項は I を用いて，

$$m\frac{dv}{dt} = mg - bIB \tag{3}$$

としておく．エネルギー保存則は式 (2) (3) から導くことができる．

　まず，式 (2) の両辺に I をかけると，

$$RI^2 = BbvI \tag{4}$$

である．これは，コイルでの消費電力は誘導起電力の仕事率に等しいことを表している．次に，式 (3) の両辺に v をかけて，運動エネルギーの時間変化率と仕事率の関係をつくれば，

$$\frac{d}{dt}\left(\frac{1}{2}mv^2\right) = mgv - bIBv \tag{5}$$

である．こちらは，コイルの運動エネルギーの時間変化率は重力の仕事率，ローレンツ力（磁場が
コイルに及ぼす力）の仕事率の和に等しい，という意味である．重力の仕事率は常に正，ローレン
ツ力の仕事率は常に負である．式 (4) と (5) をたしたとき，誘導起電力の仕事率とローレンツ力の
仕事率の和が 0 となるため，エネルギー保存則は

$$\frac{d}{dt}\left(\frac{1}{2}mv^2\right) + RI^2 = mgv \tag{6}$$

となる．磁場がなければ左辺の RI^2 の項はない．$v = v_C$ で一定のとき，式 (6) は

$$RI^2 = mgv_C$$

となり，これが P である．また，時刻 t_1 から t_2 の間にコイルで発生する熱 W は

$$RI^2(t_2 - t_1) = mgv_C(t_2 - t_1) = mga$$

である．P は（エネルギー/時間）の次元の量，W はエネルギーの次元の量である．

第 3 問

解 答

I　おもりをのせていないときのピストンのつりあい

$$p_1 A = m_1 g \qquad \text{より} \qquad m_1 = \underline{\frac{p_1 A}{g}}.$$

おもりをのせたときのピストンのつりあい

$$p_2 A = (m_1 + m_2)g \qquad \text{より} \qquad m_2 = \frac{p_2 A}{g} - m_1 = \underline{\frac{(p_2 - p_1)A}{g}}.$$

II　$d = \underline{\dfrac{nv_1}{A}}$

III　$Q_1 = \underline{nc \times 10\,\text{K}}$

IV　水の体積 $(n-x)v_2$ と水蒸気の体積 xv_3 を合わせて AL であるから

$$(n-x)v_2 + xv_3 = AL, \qquad \therefore \quad x = \underline{\frac{AL - nv_2}{v_3 - v_2}}.$$

V　$Q_2 = xq = \underline{\dfrac{(AL - nv_2)q}{v_3 - v_2}}$

VI (1)　温度の低下とともに，共存線に沿って圧力は下がり，温度が 20°C になったときに圧力は p_1
になる．その後，圧力は p_1 で一定となる．

(2)　温度が 20°C に低下して C 点に達するまでの間，水蒸気の圧力は p_1 より高いので，ピストンはストッパーに接したままである．C 点に達すると，IV の過程で B 点において水がゆっくりと水蒸気に変化したのと同じく，こんどは水蒸気がゆっくりと水に変化してゆく．そのため，ピストンはつりあいを保ったままゆっくりと降下し，水面と接する位置まで動く．その後，水の温度が 18°C に低下するまで，ピストンは水面に接したままとなる．

解説

I から IV は易しいので，特に解説すべきことはない．

V. 蒸発熱について高校では詳しく習わないが，問題文をよく読めば答えられるようになっている．問題文に「単位物質量の水を水蒸気に変化させるために必要なエネルギーを蒸発熱を呼ぶ」とあるが，この一文だけでは，求める熱 Q_2 は，蒸発熱 q に水蒸気の物質量 x をかけるだけでよいのか，xq に水蒸気がする仕事を加える必要があるのか判断できない．しかし，この文の直前に「一定の圧力で共存している水と水蒸気に熱を与えると，温度は変わらずに，熱に比例する量の水が水蒸気に変わり，全体の体積は膨張する」とある．よって，$Q_2 = xq$ である．

VI. 圧力 p_2，温度 30°C の水蒸気と水が入った容器を，温度 18°C の室内に置く．容器から室内に熱が流出して，水蒸気は冷えて水になり，最後は圧力 p_1，温度 18°C の水になる．この途中，水蒸気と水の圧力，温度がどのように変化し，ピストンがどう動くかを考察せよ，という設問である．

問題文には「装置全体がゆっくり冷えるのを待つ」とあるから，容器から室内に「熱がゆっくり」流出することは間違いないが，だからといって「ピストンがゆっくり」動くかはわからない．装置の熱容量がいくらか，容器から室内に単位時間あたりに流出する熱がいくらか，問題に与えられているわけではないので，そういう点から，ピストンの運動方程式や，気体の状態方程式などを持ち出して考察するのではなさそうである．こういうときはもう一度問題文を読み直して，問題をつくっている人が，この問題の物理をどうに捉えているかを汲みとるようにするのがよい．

III は，圧力 p_2 の水に，熱を加えて水の温度が 20°C から 30°C に変化する過程（右図の A 点 → B 点）である．IV は，圧力 p_2，温度 30°C の水に，熱を加えて，水の一部が水蒸気に変化して，ピストンが上昇していく過程であった（B 点）．VI は「ゆっくり冷える」過程で，III，IV はともに「ゆっくりと加熱する」過程である．であれば，VI では，III，IV で起きたことの逆のことが起こると考えればよい．

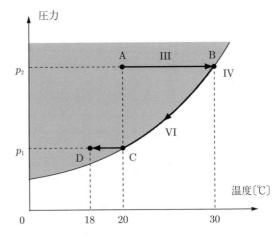

Ⅵ でシリンダー内の圧力が p_2 から p_1 になるまでの間，ピストンはストッパーに接したままであるから，水蒸気と水は共存したまま，すなわち共存線に沿ったまま温度と圧力はゆっくり下がる（前ページ右下図の B 点 → C 点）．続き，C 点において，熱がゆっくりと流出するときに何が起きるかは，Ⅳ において，

　　　「30°C の水をさらにヒーターでゆっくりと加熱する．このときの温度と圧力は B 点に留まり，

　　　　水は少しずつ水蒸気に変化していく」

とあることから，

　　　「温度と圧力は C 点に留まり，水蒸気は少しずつ水に変化していく」

と考えればよい．したがって，温度 20°C，圧力 p_1 のまま，水蒸気はゆっくりと水に変化し，ピストンはゆっくりと降下してゆく．水蒸気が全て水になった後，ピストンは水面に接したまま，圧力は p_1 のまま，温度は 20°C から 18°C に下がり，状態は C 点 → D 点に移る．

講評

　駿台では，東大入試の翌日に駿台生にお願いして再現答案を書いてもらっている．再現答案は，年度ごと，大問ごとの難易度を見ることも目的の一つであるから，易しい設問，難しい設問，内容を問うことなく，ほぼ均等に配点して採点している．また，正解に達していない答についても適宜部分点を与えている．

　今年の物理の再現答案を書いてくれたのは 37 人．その結果によると，理科一類，二類の合格者平均点は 44.1 点，理科三類の合格者平均点は 47.6 点であった．また，参加者全員について，各大問ごとの平均点は第 1 問 11.4 点，第 2 問 14.1 点，第 3 問 12.0 点であった．今年の採点結果で特徴的だったのは，物理の得点が 36 点以下で合格した人はいなかったこと（例年はそう単純な結果にはならない），および，得点が 36 点以下のその人達の大半が第 3 問での得点が 10 点以下であったことである．また，各大問ごとの得点が各大問の平均点より上か下かを分ける設問が，はっきりしていたことも大きな特徴であった．以上は，37 人分と少数の答案ではあるが，現実を元にした話である．

　しかし，東大が実際にはどのような基準で採点しているかはわからない．大学部外者は成績開示の結果と再現答案の結果を比べるなどして推測するしかない．過去何年かに遡ると，成績開示の結果と再現答案の結果が大体同じである年度もあったが，大きくずれている年度もあった．そういうことから考えるに，実際の採点では，各設問ごとに配点を均等に定めて機械的に加点減点しているわけではなく，年度ごと，大問ごとに，学生の物理の学力に応じた得点になるよう柔軟に採点基準を定めているのだろうと思っている．

　そういうわけで「ここが合否の分かれ目」などと口にしても，それが当を得ている保証はないが，採点して感じた範囲での個人的な意見を言っておく．

　全体に「今年の問題は易しかった」という感想が多かった．第 1 問，第 2 問が標準的な問題集に似

たような問題が載っているため，一通り学習してきた学生はそういう印象を持ったものと思われる．しかし，そうは言っても，考えさせられる設問もいくつかあって，実際の試験会場で時間内に解いて，合格できる答案を書いて帰ってくるには，それなりの学習をしておく必要があろう．

　第1問 I (1)～(3) は易しい．I (4) の鉛直方向に単振動する場合のエネルギー保存則は，弾性エネルギーと重力によるポテンシャルエネルギーを別々に書いても，これらの和をつりあいの位置からのずれの2乗に比例する形に書いてもよい，と何度も習っていることだが，試験では意外と点差がつくようである．I (4) ができている人は，II (1)～(3) までそこそこ出来ていた．II (4) を最後まで計算して正解した人は合格者の中でもごくわずかだろう．

　第2問の I (3) は解説で「難しい」と言ったが，それは「時刻 t_1 から t_2 の間に $\cdots$」とあるからで，これが「時刻 t_1 直後に $\cdots$」なら何ということはない．どちらにしても答えは同じだし，時刻 t_1 から t_2 の間についての考察を，短時間で答案に書き表すのは難しい．したがって，時刻 t_1 直後に加速（減速）される条件を正しく書いてあれば正解にするしかないだろう．第2問の要（かなめ）は II (2) である．この問題で誘導起電力と電流を求めることは難しくない．磁場中を導体が運動する場合の電磁誘導は，導体の運動について正しく考察できるか（運動方程式を書けるか），エネルギー保存則を正しく書けるかが，最も重要なテーマである．

　見たことのない設定の問題を与えてその場で考えさせる，というのが東大の一貫した出題傾向である．そういう意味では，今年の3題のうち，第3問が最も東大らしい出題だったように思う．「第3問の出来不出来が得点を分けた」というようなことを言ったが，そうあって然るべきだろう．

解答・解説

第 1 問

解 答

I　Cの場合の T は単振動の周期の 1/4.

$$T = \frac{\pi}{2}\sqrt{\frac{m}{k}} \qquad \text{より} \qquad k = \frac{\pi^2}{4}\,\frac{m}{T^2}.$$

II　Aの場合の加速度を α, Bの場合は時刻 τ までの加速度を β とする. 各場合の $v(T)$ の値を v_A, v_B, v_C とする.

　　Aの場合:

$$\frac{1}{2}\alpha T^2 = L \qquad \text{より} \qquad \alpha = \frac{2L}{T^2}, \quad v_A = \alpha T = 2\,\frac{L}{T}.$$

Bの場合:

$$\frac{1}{2}\beta\tau^2 = \frac{1}{2}L, \quad \beta\tau(T-\tau) = \frac{1}{2}L \quad \text{より} \quad \tau = \frac{2T}{3}, \quad \beta = \frac{9L}{4T^2}, \quad v_B = \beta\tau = \frac{3}{2}\,\frac{L}{T}.$$

Cの場合:

$$x = L\left(1 - \cos\frac{\pi t}{2T}\right), \quad \dot{x} = \frac{\pi}{2}\,\frac{L}{T}\sin\frac{\pi t}{2T} \qquad \text{より} \qquad v_C = \frac{\pi}{2}\,\frac{L}{T}.$$

$v(t)$ のグラフは下図.

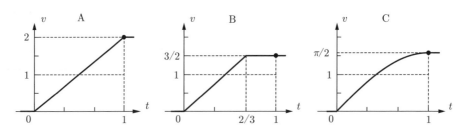

横軸目盛の単位は T, 縦軸目盛の単位は L/T.

III　どの場合でも, 仕事 W は運動エネルギーの増加になる:

$$W = \frac{1}{2}mv(T)^2.$$

　A, B, C 各場合について箱にした仕事を W_A, W_B, W_C とする:

$$W_{\mathrm{A}} = m\alpha \times L \quad = 4 \cdot \frac{mL^2}{2T^2} \qquad \left(= \frac{1}{2}mv_{\mathrm{A}}{}^2\right)$$

$$W_{\mathrm{B}} = m\beta \times \frac{L}{2} = \frac{9}{4} \cdot \frac{mL^2}{2T^2} \qquad \left(= \frac{1}{2}mv_{\mathrm{B}}{}^2\right) \qquad \text{B の場合が最小.}$$

$$W_{\mathrm{C}} = \frac{1}{2}kL^2 \quad = \frac{\pi^2}{4} \cdot \frac{mL^2}{2T^2} \qquad \left(= \frac{1}{2}mv_{\mathrm{C}}{}^2\right)$$

IV　一定の力 F_0 を適当な時間 τ だけ作用させて，後は力を
　　0 とする.

$$\frac{1}{2}\frac{F_0}{m}\tau^2 + \frac{F_0}{m}\tau(T - \tau) = L$$

　より

$$\tau = T\left(1 - \sqrt{1 - \frac{2mL}{F_0 T^2}}\right).$$

　仕事は

$$W = \frac{(F_0\tau)^2}{2m} = \frac{(F_0 T)^2}{2m}\left(1 - \sqrt{1 - \frac{2mL}{F_0 T^2}}\right)^2.$$

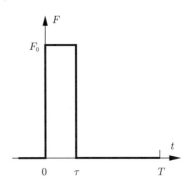

解説

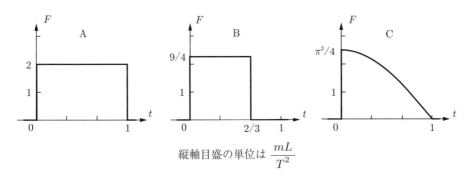

縦軸目盛の単位は $\dfrac{mL}{T^2}$

　A，B，C の各場合に，箱に作用させた力 $F(t)$ のグラフを上に示す. その上の $v(t)$ グラフと対比し易いように，速度グラフをこちらに移したのです. $F(t)$ を変えれば，それに応じて $v(t)$ が変わる.

　いまは時間 T の間に距離 L だけ変位させることが至上命令ですから，$v(t)$ がどう変わろうとも，その平均値は L/T です（$v(t)$ グラフの縦軸目盛 1 のところに点線を描き入れました，これが平均値）.

　$F(t) \geqq 0$ の条件があるから $v(t)$ が途中で減少することはないので，最終速度 $v(T)$ の値は平均速度 L/T より必ず大きい.

　$F(t)$ が箱にする仕事 W を計算するのに，［力］×［変位］の積分をする必要はない. 滑らかな水平面上でのことですからね.

$$W = \frac{1}{2}mv(T)^2 - \frac{1}{2}mv(0)^2$$

にきまってる．いまは $v(0) = 0$ です．

　したがって，仕事 W を最小にしたいなら，$v(T)$ を最小にすればいい．いくら小さくしたいといっても，下限がある：

$$v(T) > \frac{L}{T} \quad \text{だから} \quad W > \frac{mL^2}{2T^2}$$

要はこの下限値にどこまで近づけるかということ（設問 III の解答で，仕事をこの下限値の何倍かで答えたのはそのため）．

　さて，仕事 W を最小にする力 $F(t)$ を求めよ．ここで関数 $F(t)$ の形をあれこれ思い悩んではいけない．$v(T)$ を最小にする増加関数 $v(t)$ の形を考える．条件は

$$\int_0^T v(t)dt = L$$

です．前半の速度が小さいと，この積分値を L にするために，後半の速度を大きくしなければならない．そうすると $v(T)$ が大きくなってしまう．

　これで見当が付いたでしょう．$t = 0$ 直後に思いっきり加速して，速度を L/T をちょっと超えるまで引き上げ，後は加速しなければいい．力の最大値 F_0 が指定されている，つまり加速度の最大値は指定されている．これで関数 $F(t)$ の形は，設問 IV の解答に描いたものにきまり．あとは加速時間 τ を，上の積分値が L になるように調節する．

　こうして $v(t)$ グラフの形がきまりました．$v(T) = (1+\epsilon)L/T$ とおきましょう．$\epsilon(> 0)$ は小さいほど望ましい．

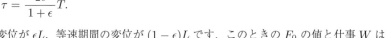

$$\frac{1}{2}(1+\epsilon)\frac{L}{T}\tau + (1+\epsilon)\frac{L}{T}(T-\tau) = L$$

より

$$\tau = \frac{2\epsilon}{1+\epsilon}T.$$

よって加速期間の変位が ϵL，等速期間の変位が $(1-\epsilon)L$ です．このときの F_0 の値と仕事 W は

$$F_0 = \frac{(1+\epsilon)^2}{2\epsilon}\frac{mL}{T^2}, \quad W = (1+\epsilon)^2\frac{mL^2}{2T^2}$$

F_0 は $F_0\tau = m(1+\epsilon)\dfrac{L}{T}$ により直ちに，W は $F_0 \times \epsilon L$ でも $\dfrac{1}{2}mv(T)^2$ でも結構．$\epsilon \to 0$ で $F_0 \to \infty$，$\tau \to 0$ ですが，力積と仕事は有限で

$$F_0\tau \to \frac{mL}{T}, \quad W \to \frac{mL^2}{2T^2}$$

となる．

ϵ の値をいくらにしましょうか．A さんは $\epsilon = 1$，B さんは $\epsilon = 0.5$ にしました．

$$\epsilon = 0.2 : \quad \tau = \frac{1}{3}T, \quad F_0 = 3.60 \cdot \frac{mL}{T^2}, \quad W = 1.44 \cdot \frac{mL^2}{2T^2}$$

$$\epsilon = 0.1 : \quad \tau = \frac{2}{11}T, \quad F_0 = 6.05 \cdot \frac{mL}{T^2}, \quad W = 1.21 \cdot \frac{mL^2}{2T^2}$$

あまり ϵ を小さくすると F_0 が大きくなりすぎて，それでは箱を移動させるのでなく，箱を壊してしまう．それで問題文では，箱が壊れない範囲で大きい力の値を F_0 としたのです．

　設問 IV の答に

$$\tau = T\left(1 - \sqrt{1 - 2\eta}\right), \quad W = \frac{(F_0 T)^2}{2m}\left(1 - \sqrt{1 - 2\eta}\right)^2$$

ただし

$$\eta = \frac{mL}{F_0 T^2}$$

が出てきます．$F_0 > 2 \cdot mL/T^2$（A の場合の F_0 の値）ですので，$2\eta < 1$ です．τ はともかく，このままでは W が下限値にどれほど接近したのかわかりません．少し変形しましょう．

$$\sqrt{1 - 2\eta} = 1 - \eta - \frac{1}{2}\eta^2 - \frac{1}{2}\eta^3 + \cdots$$

$$1 - \sqrt{1 - 2\eta} = \eta\left(1 + \frac{1}{2}\eta + \frac{1}{2}\eta^2 + \cdots\right)$$

$$\left(1 - \sqrt{1 - 2\eta}\right)^2 = \eta^2\left(1 + \eta + \frac{5}{4}\eta^2 + \cdots\right)$$

よって

$$W = \frac{mL^2}{2T^2}\left(1 + \eta + \frac{5}{4}\eta^2 + \cdots\right)$$

となります．

第 2 問

解　答

I (1) 　$-C_A V_{\mathrm{on}} + C_B(V_1 - V_{\mathrm{on}}) = 0$　　より　　$V_1 = \left(1 + \dfrac{C_A}{C_B}\right)V_{\mathrm{on}}$．

(2) 　$\Delta W_A = \dfrac{1}{2}C_A V_{\mathrm{off}}{}^2 - \dfrac{1}{2}C_A V_{\mathrm{on}}{}^2 = -\dfrac{1}{2}C_A(V_{\mathrm{on}}{}^2 - V_{\mathrm{off}}{}^2)$．

$\Delta W_B = \dfrac{1}{2}C_B(V_1 - V_{\mathrm{off}})^2 - \dfrac{1}{2}C_B(V_1 - V_{\mathrm{on}})^2 = C_B V_1(V_{\mathrm{on}} - V_{\mathrm{off}}) - \dfrac{1}{2}C_B(V_{\mathrm{on}}{}^2 - V_{\mathrm{off}}{}^2)$

$\qquad = (C_A + C_B)V_{\mathrm{on}}(V_{\mathrm{on}} - V_{\mathrm{off}}) - \dfrac{1}{2}C_B(V_{\mathrm{on}}{}^2 - V_{\mathrm{off}}{}^2)$

(3) 　電源を通過する電気量はコンデンサー B の帯電量の変化：

$\Delta Q_B = C_B(V_1 - V_{\mathrm{off}}) - C_B(V_1 - V_{\mathrm{on}}) = C_B(V_{\mathrm{on}} - V_{\mathrm{off}})$．

$$W_E = V_1 \Delta Q_B = (C_A + C_B)V_{on}(V_{on} - V_{off}).$$

(4) $\displaystyle W_N = W_E - \Delta W_A - \Delta W_B = \frac{1}{2}(C_A + C_B)\left(V_{on}{}^2 - V_{off}{}^2\right).$

II (1) $\displaystyle -C_A V_A + C_B(V - V_A) = Q$ より $\displaystyle V_A = \frac{C_B V - Q}{C_A + C_B}.$

むしろ (2) のためには $\displaystyle V = \left(1 + \frac{C_A}{C_B}\right) V_A + \frac{Q}{C_B}.$

(2) $\displaystyle \Delta Q_A = C_A V_{off} - C_A V_{on} = -C_A(V_{on} - V_{off}),$

$$Q = -\Delta Q_A + \Delta Q_B = (C_A + C_B)(V_{on} - V_{off}).$$

これを (1) の式に代入して $\displaystyle V = \left(1 + \frac{C_A}{C_B}\right)(V_A + V_{on} - V_{off}).$

$V = V_2$ で $V_A = V_{on}$: $\displaystyle V = \left(1 + \frac{C_A}{C_B}\right)(2V_{on} - V_{off}).$

解説

可変電源電圧 V の値が V_1 以下の場合，コンデンサー A の下の極板の帯電量 $-Q_A$ とコンデンサー B の上の極板の帯電量 Q_B の和は 0 です．コンデンサー A の電圧を V_A とすると，コンデンサー B の電圧は $(V - V_A)$ としてよいから

$$-C_A V_A + C_B(V - V_A) = 0 \tag{1}$$

これより

$$V = \left(1 + \frac{C_A}{C_B}\right) V_A \tag{2}$$

V をゆっくり上げていくと V_A も大きくなり，$V_A = V_{on}$ になるとネオンランプが点灯する．そうなったときの V の値 V_1 は

$$V_1 = \left(1 + \frac{C_A}{C_B}\right) V_{on} \tag{3}$$

ネオンランプに流れる電流 I は点 P で，A の下極板に流れ込む電流 i_A と，B の上極板に流れ込む電流 i_B とに分かれる．

$$i_A = -\frac{dQ_A}{dt}, \quad i_B = +\frac{dQ_B}{dt}$$

$$i_A + i_B = I$$

コンデンサー A は部分的に放電され，コンデンサー B はさらに充電される．Q_A は減少して V_A は下がる．そして $V_A = V_{off}$ になるとネオンランプは消灯する．

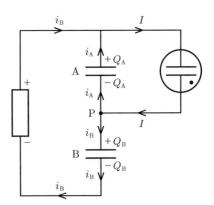

A の下極板の帯電量 $-Q_A$ と B の上極板の帯電量 $+Q_B$，および両者の和が，ランプ点灯直前と消灯直後とで，どう変わるか．その間，電源電圧は V_1 です．

	点灯直前	消灯直後
$-Q_A$	$-C_A V_{on}$	$-C_A V_{off}$
$+Q_B$	$+C_B(V_1 - V_{on})$	$+C_B(V_1 - V_{off})$
$-Q_A + Q_B$	0	Q

それぞれの変化量は

$$\Delta(-Q_A) = C_A(V_{on} - V_{off}) \tag{4}$$

$$\Delta Q_B = C_B(V_{on} - V_{off}) \tag{5}$$

$$\Delta(-Q_A + Q_B) = Q - 0 \tag{6}$$

したがって

$$Q = \Delta(-Q_A) + \Delta Q_B = (C_A + C_B)(V_{on} - V_{off}) \tag{7}$$

あるいは

$$Q = (-Q_A) + Q_B = (-C_A V_{off}) + C_B(V_1 - V_{off})$$

に，(3) を入れても同じです．$(-Q_A + Q_B)$ は，点灯前なら直前でなくても 0（初期条件），消灯後なら直後でなくても Q．この Q はランプを通過した全電気量（電流 I の積分値）です．式 (4) (5) (7) により

$$\Delta(-Q_A) = \frac{C_A}{C_A + C_B} Q, \quad \Delta Q_B = \frac{C_B}{C_A + C_B} Q$$

点 P に流れ込んだ電気量 Q は，そこで上下に $C_A : C_B$ の比に分かれました．

ΔQ_B は，ランプの点灯中に電源を通過した電気量（電流 i_B の積分値）．その間，電源電圧は V_1 ですから，電源の外部にした仕事 W_E は

$$W_E = V_1 \Delta Q_B = C_B V_1(V_{on} - V_{off}) \tag{8}$$

コンデンサー A，B の静電エネルギーの変化量

$$\Delta W_A = \frac{1}{2} C_A V_{off}^2 - \frac{1}{2} C_A V_{on}^2 = -\frac{1}{2} C_A(V_{on}^2 - V_{off}^2) \tag{9}$$

$$\Delta W_B = \frac{1}{2} C_B(V_1 - V_{off})^2 - \frac{1}{2} C_B(V_1 - V_{on})^2$$

$$= C_B V_1(V_{on} - V_{off}) - \frac{1}{2} C_B(V_{on}^2 - V_{off}^2) \tag{10}$$

エネルギー保存則：
$$\Delta W_A + \Delta W_B + W_N = W_E \tag{11}$$

以上より，ネオンランプで消費されるエネルギー W_N

$$W_N = \frac{1}{2}(C_A + C_B)(V_{on}{}^2 - V_{off}{}^2) \tag{12}$$

が求まりました. (8) と (10) で, V_1 に (3) を代入する必要なかったですね.

ランプ消灯後, 電源電圧 V を V_1 からさらに上げて行くときは, (1) (2) の代わりに

$$-C_A V_A + C_B(V - V_A) = Q \tag{13}$$

$$V = \left(1 + \frac{C_A}{C_B}\right)V_A + \frac{Q}{C_B} \tag{14}$$

これに (7) を代入して

$$V = \left(1 + \frac{C_A}{C_B}\right)(V_A + V_{on} - V_{off}) \tag{15}$$

$V = V_2$ で再び $V_A = V_{on}$ に回復して, ランプが点灯します:

$$V_2 = \left(1 + \frac{C_A}{C_B}\right)(2V_{on} - V_{off}) \tag{16}$$

第 3 問

解 答

I (1)　$p(z) = c(z)RT$　　　(2) $0 = -p(z + \Delta z)S + p(z)S - c(z)mgS\Delta z$

　(3)　(1) と問題文の式 $(*)$ により, (2) は

$$0 = \alpha \Delta z c(z)RTS - c(z)mgS\Delta z \qquad \text{よって} \qquad \alpha = \frac{mg}{RT}.$$

　(4)　$\Delta z = -\dfrac{1}{\alpha}\dfrac{c(z + \Delta z) - c(z)}{c(z)} = -\dfrac{RT}{mg} \times (-0.1\%)$

$$= \frac{8.3\,\text{J/(mol} \cdot \text{K)} \times 286\,\text{K}}{0.13\,\text{kg/mol} \times 9.8\,\text{m/s}^2} \times 0.001 = 1.9\,\text{m}.$$

　(5)　気体全体のつり合い:

$$0 = -p(L)S + p(0)S - nmg$$

　より

$$p(0) - p(L) = \frac{nmg}{S} \qquad \text{よって} \qquad c(0) - c(L) = \frac{nmg}{SRT}.$$

II (1)　物体のつり合い : $0 = c(z_0)mvg - Mg$ より $c(z_0) = \dfrac{M}{mv}.$

　(2)　$F = c(z_0 + \Delta z)mvg - Mg = -\alpha c(z_0)mvg\Delta z = -\alpha Mg\Delta z.$

　　　F の大きさは $\alpha Mg\Delta z$, 向きは鉛直下向き.

解説

　ニュートン力学に，温度という物理量は存在しない．温度とは何か，大学で統計力学を学ぶまでお あずけです．さしあたり，分子の運動エネルギーの平均値を

$$\left\langle \frac{1}{2}\mu v^2 \right\rangle = \frac{3}{2}kT \tag{1}$$

と表すもの，というふうに思うことにしましょう．μ は分子 1 個の質量，v は分子の速さ，$\langle\ \rangle$ は平均 を意味します．k を Boltzmann 定数という．

　一方，気体の圧力 p は，分子数密度（単位体積あたりの分子の個数）を ν として

$$p = \frac{1}{3}\nu\langle\mu v^2\rangle \tag{2}$$

となることは，簡単な分子運動論の結論です．よって $p = \nu kT$ ですが，単位体積あたりのモル数 $c = \nu/N_A$，気体定数 $R = N_A k$ を用いて（N_A は Avogadro 定数）

$$p = cRT \tag{3}$$

とする．p は c, T を変数とする 2 変数関数です．

　この問題では，T は定数扱い，c は高さ z のみの関数，それで p も z のみの関数．

〔単位体積あたりの質量〕＝〔単位体積あたりのモル数〕×〔1 モルあたりの質量〕＝ cm

ですから，高さ z と $z + dz$ の間にある気体の質量は $cmSdz$，気体のこの部分についてのつり合いの 式は

$$0 = -p(z+dz)S + p(z)S - cmSgdz \tag{4}$$

ただし　$p(z+dz) - p(z) = \dfrac{dp}{dz}dz$　と書けば済むことですから，これは

$$\frac{dp}{dz} = -mgc \tag{5}$$

と整理される．さらにいまは，T は z によらないとしているので

$$\frac{dc}{dz} = -\alpha c, \quad \text{ただし} \quad \alpha = \frac{mg}{RT} \tag{6}$$

よって

$$c(z) = c(0)e^{-\alpha z}, \quad \text{すなわち} \quad p(z) = p(0)e^{-\alpha z} \tag{7}$$

　上空へ行くほど圧力が下がるというのは重力効果ですから，数値例をつくるなら重い気体がよく， Xe（キセノン）なら $m = 131\,\mathrm{g/mol}$．温度は 13°C として

$$\alpha = \frac{131\,\mathrm{g/mol} \times 9.8\,\mathrm{N/kg}}{8.3\,\mathrm{J/mol\cdot K} \times 286\,\mathrm{K}} = 0.54\,/\mathrm{km}, \quad \frac{1}{\alpha} = 1.85\,\mathrm{km}$$

いつものことながら，厳密な微分式 (6) を微小量についての近似式として使う：

$$\Delta c(z) \fallingdotseq -\alpha c(z) \Delta z$$

任意の z のところで，$\Delta c = -c(z) \times 0.1\%$ となる Δz を求めよ．

$$\Delta z \fallingdotseq \frac{1}{\alpha} \times 0.1\% = 1.85 \,\mathrm{m}$$

$p(0) = 1.000$ 気圧とすると，$z = 1.85\,\mathrm{m}$ で $p = 0.999$ 気圧，$z = 3.70\,\mathrm{m}$ で $p = 0.998$ 気圧，$z = 5.55\,\mathrm{m}$ で $p = 0.997$ 気圧 $\cdots$．あの，$1.85\,\mathrm{m}$ 上がるごとに 0.001 気圧下がるんではありませんよ（もしそうなら $z = 1.85\,\mathrm{km}$ で $p = 0$ になってしまう）．$z = n\Delta z$ での圧力は，この近似計算では

$$p \fallingdotseq p(0)\left(1 - \frac{1}{1000}\right)^n \tag{8}$$

厳密な式 (7) では

$$p = p(0)e^{-n/1000} \tag{9}$$

例えば $n = 100$（$z = 185\,\mathrm{m}$）で

$$(8): \quad p/p(0) = 0.904792\cdots$$

$$(9): \quad p/p(0) = 0.904837\cdots$$

(8) は (9) において

$$e^{-1} \fallingdotseq \left(1 - \frac{1}{1000}\right)^{1000}$$

とする近似です．

$$e^{-1} = \lim_{N \to \infty}\left(1 - \frac{1}{N}\right)^N$$

は知ってますね．

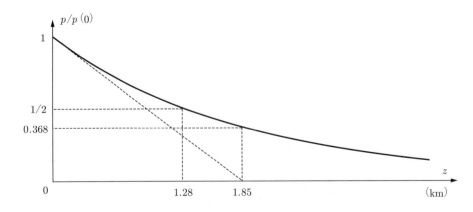

[講評]

　第1問　I II III まで初等．IV で，はたと手が止まってしまったかも．仕事を最小にしたい，つまりラクしたい，とは誰しも思うこと．ラクしたいから学問するんですよね．気楽に考えて，なんだ，ハンマーでコンと叩けばいいんだ．これ無理かな．日常生活的直観とニュートン力学的直観とのギャップは埋まりっこないか．

　第2問　ランプに通電中の電源電圧は一定，と念を押しても，電源の内部抵抗を無視してよい，とは何処にも書いてない．W_N は，ランプの消費電力とジュール熱の和です．かといって，ジュール熱を計算する気にはまるきりなれません．

　第3問　微分を使えば見通しよくずっとラクなのに，わざわざ苦労すること多いようです（2007 年度千葉大前期第 4 問など）．講習で，一体誰が微分使用を禁止したんだ，と怒鳴ってしまった．上昇志向の努力ならいい，下降志向の努力なんて．

解答・解説

第 1 問

解 答

I (1) 復元力の大きさは $F\sin\theta \times 2 \fallingdotseq 2F\theta$

$$\theta \fallingdotseq \tan\theta = \frac{|x|}{L/2} \quad \text{を代入して} \quad \frac{4F}{L}|x|$$

(2) $m\ddot{x} = -\dfrac{4F}{L}x$ より 角振動数 $\omega = \sqrt{\dfrac{4F}{mL}}$, $T = \dfrac{2\pi}{\omega} = \pi\sqrt{\dfrac{mL}{F}}$

II (1) (a) (エ)　　(b) (オ)　　(c) (ア)　　(d) (イ)

(2) $0 = -\dfrac{4F}{L}s + \mu N$ より $s = \dfrac{\mu L}{4F}N$

(3) $\dfrac{1}{2}mV^2 + \dfrac{1}{2}\dfrac{4F}{L}s^2 = \dfrac{1}{2}\dfrac{4F}{L}A^2$ より $A = \sqrt{\left(\dfrac{\mu L}{4F}\right)^2 N^2 + \dfrac{mL}{4F}V^2}$

(4) N を大きくすると (3) により A は大きくなる.

　　　　　　(2) により s は大きくなるが ϕ (図参照) は小さくなる.

$$T' = \frac{\pi + 2\phi}{\omega} + \frac{2s}{V} \quad \text{より} \quad dT' = \frac{2d\phi}{\omega} + \frac{2ds}{V} = \frac{2ds}{V}\left(1 + \frac{V}{\omega}\frac{d\phi}{ds}\right)$$

$$s = \frac{V}{\omega}\cot\phi \quad \text{より} \quad \frac{ds}{d\phi} = -\frac{V}{\omega}\frac{1}{\sin^2\phi} \quad \text{これを上に代入して}$$

$$dT' = \frac{2ds}{V}(1 - \sin^2\phi) = \frac{2ds}{V}\cos^2\phi \quad \text{よって } N \text{ を大きくすると } T' \text{ は大きくなる}^*.$$

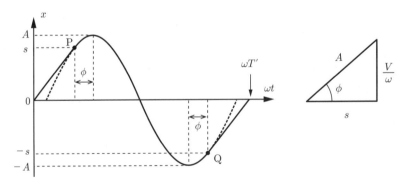

解説

張力 F で張った長さ L の糸は, 質量 m の箱にとって, ばね定数

$$k = \frac{4F}{L} \tag{1}$$

のばねと同じ作用をする．箱がベルトに引きずられて等速 V で動いているとき，ベルトが箱に作用する静止摩擦力を R として

$$0 = -kx + R \tag{2}$$

この等速運動は条件：$\mu > R/N$ により，$x < s$ までしか続かない．ここに

$$s = \frac{\mu}{k}N \tag{3}$$

$x = s$ で箱がベルトに対してすべり出した後は

$$m\ddot{x} = -kx + \mu'N \tag{4}$$

これは $x = \mu'N/k$ を振動の中心とする角振動数

$$\omega = \sqrt{\frac{k}{m}} = \sqrt{\frac{4F}{mL}} \tag{5}$$

の単振動である．ただし，この例題では $\mu' = 0$ と近似している．$\mu' = 0$ と近似したこの単振動をひとまず

$$x = a\cos\omega t + b\sin\omega t$$

$$\dot{x} = -\omega a\sin\omega t + \omega b\cos\omega t$$

と書く．未定定数 a, b は初期条件が定める．時間原点を取り直して，すべり出した時刻 $t = 0$ に $x = s$，$\dot{x} = V$ より $a = s$，$b = V/\omega$ を得る．よって

$$x = s\cos\omega t + \frac{V}{\omega}\sin\omega t = A\cos(\omega t - \phi) \tag{6}$$

$$A = \sqrt{s^2 + \left(\frac{V}{\omega}\right)^2}, \qquad \tan\phi = \frac{V}{\omega s} \tag{7}$$

$^{*}N$ を大きくしたときに滑り出す位置を $x = s'$ とすれば $s' > s$ である．$x = s$，$x = s'$ での傾きはともに V で等しいので，$s' > s$ のときの物体の座標変化のグラフは右図になる．このグラフより，N が大きいときの方が，滑っている時間は短くなるがその短くなった分より，滑らないで等速運動している時間が長くなる分

$$\frac{s'}{V} - \frac{s}{V}$$

の方が大きいことがわかる．したがって，N が大きいときの方が，T' は大きくなる．

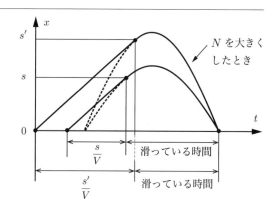

この単振動も長続きしない．速度

$$\dot{x} = -\omega A \sin(\omega t - \phi) \tag{8}$$

が $\omega t = \pi + 2\phi$ に $\dot{x} = V$，ベルトの速度と一致する．すべり摩擦（$\fallingdotseq 0$）が静止摩擦に切り替わる．箱は $x = -s$ から $x = s$ まで，ベルトとともに等速 V で動く．単振動時間が $(\pi + 2\phi)/\omega$，等速時間が $2s/V$．運動周期 T' は

$$T' = \frac{\pi + 2\phi}{\omega} + \frac{2s}{V} \tag{9}$$

　この第 1 問の書き出しは「ヴァイオリンの弦は弓でこすることにより振動する」です．質量 m の箱を付けた軽い糸は弦の代わり，ベルトは弓の代わり．弓をあてる力 N や弓を動かす速さ V の影響を考えよう，というのがテーマですが，何に対する影響ですか．もちろん音の大きさや振動数に対する影響です．例えば G 線[*5]の開放弦を弾くときめれば m, F, L は定数，したがって (5) の ω は定数．ピチカット[*6]のときの振動数は $\frac{1}{T} = \frac{\omega}{2\pi}$ でいいが，弓でこするときの振動数は $\frac{1}{T'}$ でしょう．

　数学的には (9) の T' を変数 N, V の関数として調べることになるが，s と N は比例関係 (3) だから，変数としては s, V のままにしておく．その前に，音の大きさは (7) の振幅 A が大きければ大きい．N を大きくしても V を大きくしても，音は大きくなる．さて，式 (9) には 3 つの変数 ϕ, s, V がある．それらが微小変化したときの T' の微小変化は

$$dT' = \frac{2d\phi}{\omega} + \frac{2ds}{V} - \frac{2s}{V^2} dV$$

この 3 変数は独立でなく，(7) の第 2 式の関係がある．上式は

$$\omega dT' = 2d\phi + 2\left(\frac{ds}{s} - \frac{dV}{V}\right) \cot \phi \tag{10}$$

と書くと見易い．その (7) の第 2 式を微分して

$$\frac{d\phi}{\cos^2 \phi} = \frac{dV}{\omega s} - \frac{V ds}{\omega s^2}$$

これも

$$d\phi = \left(\frac{dV}{V} - \frac{ds}{s}\right) \sin \phi \cos \phi \tag{11}$$

ときれいになる．(11) を (10) に代入して

$$\omega dT' = 2\left(\frac{ds}{s} - \frac{dV}{V}\right) \cot \phi \cos^2 \phi \tag{12}$$

　弓をおしつける力だけ大きくすると周期は大きくなり，音程は下がる．弓をひく速さだけ大きくすると周期は小さく，音程は上がる．

[*5] G 線はバイオリンの四弦のうち最も音の低い，太い弦のこと．「開放」は弦を押さえないで弾くこと．
[*6] ピチカット（pizzicato）．弓で引くのではなく，指で弦をはじいて音を出す奏法．

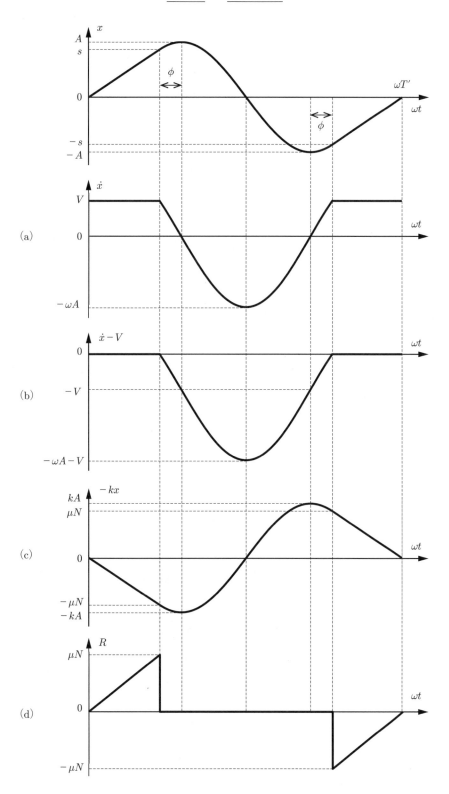

第 2 問

[解][答]

I (1)　近づくとき　：電流の向き 負，　力の向き $+z$ 方向

　　　　遠ざかるとき：電流の向き 正，　力の向き $+z$ 方向

(2)
$$\Delta\Phi = \Phi_0, \quad \Delta t = \frac{b-a}{v} \quad \text{ゆえ}$$
$$\frac{\Delta\Phi}{\Delta t} = \frac{\Phi_0 v}{b-a}, \quad I_0 = \frac{\Phi_0 v}{R(b-a)}$$

(3)

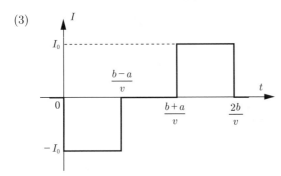

II (1)　磁石の座標が z のとき，区間 $[z-b, z-a]$ と区間 $[z+a, z+b]$ にあるリングに電流が流れる．ある瞬間に電流の流れるリングの数は　$2(b-a)n$

$$Q = RI_0{}^2 \times 2(b-a)n = \frac{2n\Phi_0{}^2 v^2}{R(b-a)}$$

(2)　$Q = Mgv$　より　$v = \dfrac{MgR(b-a)}{2n\Phi_0{}^2}$

III　リングに流れる電流の向きは逆になるが，磁石に作用する力の向きは前と同じく $+z$ 方向．よって磁石の運動は前と同じ．

[解説]

　磁石は速さ v で落下中である．$z=0$ にあるリングを貫く磁束 $\Phi(z)$ を，磁石の座標 z の関数として図 2-3 のように近似する．そのリングに流れる電流 I は

$$RI = -\frac{d\Phi}{dt} = -\frac{d\Phi}{dz}\cdot\frac{dz}{dt} = \begin{cases} -\left(-\dfrac{\Phi_0}{b-a}\right)(-v) & a < z < b \\[2ex] -\left(+\dfrac{\Phi_0}{b-a}\right)(-v) & -b < z < -a \end{cases}$$

より

$$I = \begin{cases} -\dfrac{\Phi_0 v}{R(b-a)} & \text{近づくとき} \\[2ex] +\dfrac{\Phi_0 v}{R(b-a)} & \text{遠ざかるとき} \end{cases}$$

　向きについてはもうわかったから，今後は符号なしに電流の大きさを I とする．磁石から上下に，距離 a と b の間にあるリングすべてに同じ大きさの電流が流れる．

　リングに流れる電流が磁石に作用する磁気力を知りたいのであるが，逆に，磁石がリングに作用する磁気力を調べることにする．その方が少し楽そう．

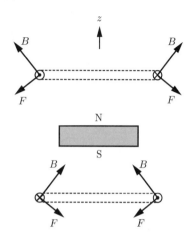

　右図で磁石は落下中である．磁石の上のリングの電流の向きは正，下のリングの電流の向きは負である．リングの微小部分のところに，磁石がつくる磁場 B のおよその向きと，その微小部分に作用する力 F の向きを，矢印で示した．この F の z 成分（すべてマイナス）を，$2n(b-a)$ 個のリングについて和をとる．

　和をとるなんてできないよ．しかし，F は，したがってその z 成分も，電流の大きさ I に比例し，そしてすべてのリングに同じ大きさの電流が流れているからその和も I に比例する．その比例係数を k とすれば，磁石がリングすべてに作用する力の大きさは kI，向きは $-z$ 方向．したがって，すべての電流が磁石に作用する力の大きさは kI，向きは $+z$ 方向．

　比例係数 k はまともには出ないから，からめてから攻める．磁石は落下して行くだけだから，下向きを正にして

$$M\frac{dv}{dt} = Mg - kI \tag{1}$$

$$RI = \frac{\Phi_0}{b-a}v \tag{2}$$

(1) の両辺に v，(2) の両辺に I と電流の流れるリング数 $2n(b-a)$ をかけて

$$\frac{d}{dt}\left\{\frac{1}{2}Mv^2\right\} = Mgv - kIv \tag{3}$$

$$2n(b-a)RI^2 = 2n\Phi_0 Iv \tag{4}$$

しかしエネルギー保存則は

$$\frac{d}{dt}\left(\frac{1}{2}Mv^2\right) + 2n(b-a)RI^2 = Mgv \tag{5}$$

のはずだから

$$k = 2n\Phi_0 \tag{6}$$

(2) (6) を (1) に代入して

$$\frac{dv}{dt} = g - \frac{v}{\tau}, \quad \tau = \frac{MR(b-a)}{2n\Phi_0{}^2} \tag{7}$$

よって v も I も，時定数 τ の指数関数的に最終値に接近して行く．

$$t \to \infty : v \to g\tau = \frac{MgR(b-a)}{2n\Phi_0{}^2}, \quad I \to \frac{Mg}{2n\Phi_0}$$

　前頁の図に戻って，磁石の上下をひっくり返すと，右図のようになる．磁場の向きと電流の向きとがそれぞれ逆になるので，力の向きは前と同じ．したがって磁石の落下の仕方も前と同じ．

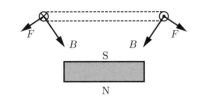

第 3 問

解 答

I (1)　A，B からの波の位相差が π になったということ．

$$\frac{2\pi}{\lambda} b \sin\theta = \pi \quad より \quad b = \frac{\lambda}{2\sin\theta}$$

(2)　C，D からの波の位相差を π にすればよい（CD 間距離が b）．

$$x = c + b$$

II (1)　$x_1 \sin\theta$

(2)　$\dfrac{2\pi}{\lambda} x_1 \sin\theta < \dfrac{2\pi}{\lambda} w \sin\theta < \pi$ ならば，各点からの波の P 点での変位がその瞬間に同符号である．よって　　$w < \dfrac{\lambda}{2\sin\theta} = b$

(3)　前設問 (2) により $w = 0$ から $w = b$ までは各点からの波はすべて強め合うから，振幅は 0 から単調増加．w がそれ以上になると，打ち消し合う波も入ってくるので，振幅は単調減少．$w = 2b$ で振幅は 0 になる．そのとき，ある点に対して距離 b 離れた点が存在するので，その 2 点からの波が完全に打ち消し合うからである．

III　前問 II での考察から，中央からの波と一方の端からの波の位相差が π 以下のとき，各点からの波がすべて強め合うことがわかる．振幅を最大にするには

$$\frac{2\pi}{\lambda} (\sqrt{r^2 + L^2} - L) = \pi \quad より \quad r = \sqrt{L\lambda + (\lambda/2)^2}$$

解説

壁にすき間が 2 つある場合．すき間の幅 h は波長 λ に比べて小さい．

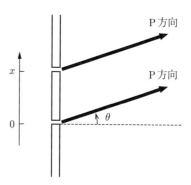

右図で，$x = 0$ と $x = h$ の間から出た円形波の，無限遠点 P での変位を

$$\psi_{\mathrm{A}} = Ah \sin \omega t$$

とすると，x と $x + h$ の間から出た円形波の点 P での変位は

$$\psi_{\mathrm{B}} = Ah \sin \left(\omega t + \frac{2\pi}{\lambda} x \sin \theta \right)$$

であり，この 2 つを重ね合わせて

$$\psi_{\mathrm{A}} + \psi_{\mathrm{B}} = 2Ah \cos \left(\frac{\pi}{\lambda} x \sin \theta \right) \sin \left(\omega t + \frac{\pi}{\lambda} x \sin \theta \right) \tag{1}$$

が点 P の実際の変位である．第 2 のすき間 B の位置 x を少しずつ大きくしていって，$x = b$ になったとき，初めて点 P での水面が動かなくなった．すなわち

$$\frac{\pi}{\lambda} b \sin \theta = \frac{\pi}{2} \quad \text{より} \quad b = \frac{\lambda}{2 \sin \theta} \tag{2}$$

次にすき間が 1 つだが，すき間の幅 w が広い場合．これは，上と同じ幅 h のすき間が連続して N 個あると思えばよい．$w = Nh$ とする．

右図で，$x = (n-1)h$ と $x = nh$ の間から出た円形波の，無限遠点 P での変位を ψ_n として，実際の変位 ψ は

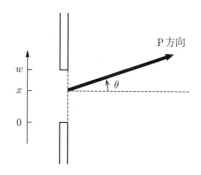

$$\psi = \sum_{n=1}^{N} \psi_n \tag{3}$$

$$\psi_n = Ah \sin(\omega t + (n-1)\phi) \tag{4}$$

$$\phi = \frac{2\pi}{\lambda} h \sin \theta \tag{5}$$

問題文の「$x = 0$ から出た円形波の変位が点 P でゼロの瞬間」とは，$\psi_1 = 0$，$\omega t = 0$ のこと．そのとき (3) の和は

$$\psi = 0 + Ah \sin \phi + Ah \sin 2\phi + \cdots + Ah \sin(N-1)\phi \tag{6}$$

この各項が正であるためには

$$(N-1)\phi < \pi \quad \text{i.e.} \quad \frac{2\pi}{\lambda}(N-1)h \sin \theta < \pi$$

であればよい．

これは何に対する条件か．いま，λ, h, θ は定数としていて，これは N すなわち w に対する条件です．h は小さく，N は大きい数を想定しているので，$(N-1)h \fallingdotseq Nh = w$ としてよく，よって

$$w < \frac{\lambda}{2 \sin \theta} = b \tag{7}$$

　ところで，(6) の各項が正であっても，この ψ の値は時刻 $t=0$ の変位でしかなく，一般には変位の最大値（振幅）ではない．けれど，上の不等号条件が等号 $w=b$ の場合，(6) の値が点 P での振幅であり，かつ $w<b$ あるいは $w>b$ の場合の点 P での振幅より大きい．そのことは，(6) の最後の項の位相が π 以下あるいは π 以上の数値例で，ωt を少しずつ大きくしていけばわかることですが，それをここで文章にするのはつらい．それより (3) の和をとってしまう方が楽．さらにこういう和を楽にとる方法を積分という（すき間は連続なんだから積分の方が実情にも合っている）．

　(3) (4) (5) で $(n-1)h=x$，$h=dx$ のすり替えにより直ちに

$$\psi = A \int_0^w \sin\left(\omega t + \frac{2\pi}{\lambda} x \sin\theta\right) dx \tag{8}$$

この積分は簡単．三角公式　$\cos\alpha - \cos\beta = -2\sin\dfrac{\alpha+\beta}{2}\sin\dfrac{\alpha-\beta}{2}$　も使って

$$\psi = \frac{A\lambda}{\pi \sin\theta} \sin\left(\frac{\pi}{\lambda} w \sin\theta\right) \sin\left(\omega t + \frac{\pi}{\lambda} w \sin\theta\right) \tag{9}$$

よって点 P での振幅 B は

$$B = \frac{A\lambda}{\pi \sin\theta} \sin\left(\frac{\pi}{\lambda} w \sin\theta\right) \tag{10}$$

$$= \frac{2}{\pi} Ab \sin\left(\frac{\pi}{2b} w\right) \tag{11}$$

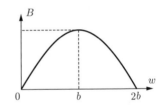

　これまで θ 方向の無限遠点 P を固定して考えてきた．$\theta=0$ の方向の無限遠点での振幅はどうなるのでしょう．式 (10) で $\theta \to 0$ としても，式 (11) で $b \to \infty$ としても，$B=Aw$ です．$\theta=0$ 方向なら，すき間に並んだ仮想波源のどれからも同位相で届くので，波源の数に比例，つまりすき間の幅 w に比例するのは当然です．w を固定して B を θ の関数と見るときは

$$B = Aw\frac{\sin z}{z}, \quad z = \frac{\pi}{\lambda} w \sin\theta \tag{12}$$

の方が見易い．光の問題で，明るさは振幅の 2 乗に比例する．Aw の 2 乗に比例する明るさを I_0 として，θ 方向の明るさ I は

$$I = I_0 \left(\frac{\sin z}{z}\right)^2$$

このグラフは見たことありますね．1 スリットによる回折の範囲は $\sin\theta = \dfrac{\lambda}{w}$ までという常識と，$w = \dfrac{\lambda}{\sin\theta} = 2b$ で振幅 0 が，この例題との接点です．

【講評】

　第 1 問　出題者はたぶんヴァイオリンかチェロをお弾きになる方ですね．ベルトコンベア（1988 年立教大が初見，東京大でも 1994 年）でなくて新鮮です．この問題は，まぁ学力テストには使えるな

というようなものでなく，学習効果抜群の最高の演習問題の 1 つと評価しています．装いを新たにときどき姿を見せてください．

　ところで，音程が上がるだの下がるだのと書いてしまって，心配です．数値的解析をサボッているのではっきりしませんが，実験しても認められませんでした．もちろんわたしのボウイングでは心許ないので，世界の第一線で活躍している専門家にお願いしたのですが，弾き方による音色の千変万化に眩惑されただけでした．

　第 2 問　鉛直に立てた導体円筒の中に磁石を落とす．円筒に流れる誘導電流のために，落下速度はやがて一定になる．装置，現象，原理，どれも簡素でありそれでいて，これを解析しろといわれても手がつかない．どうすればいいかを教える．物理の方法の典型を教える．これが入試問題だなんてなんと贅沢な．

　第 3 問　すき間の幅を少しずつ大きくしていく，というのは初めて見ました．年寄りのわたしは楽（ラク）していいと思うけど，ここはしっかり考えないと，計算にだけ頼るひとは設問 III はできない．前設問はそこに至るための優れた誘導になっている．1997 年の第 3 問と，雰囲気が似ている．

2006年

解答・解説

第 1 問

解 答

I (1) 恒星と惑星を結ぶ線分を $m:M$ に内分する点が C 点. 運動量保存則により, 2 粒子系の質量中心 (C 点) は等速運動する. いまは, 質量中心が静止して見える座標系を用いている.

(2) 恒星と点 C との距離 $b = (m/M)a$.

$$m\frac{v^2}{a} = G\frac{Mm}{(a+b)^2} \qquad \text{より} \qquad v = \frac{M}{M+m}\sqrt{\frac{GM}{a}}.$$

また,

$$V = \frac{m}{M}v = \frac{m}{M+m}\sqrt{\frac{GM}{a}}.$$

(3) $v_\mathrm{r} = v\sin\theta$.

(4) $v_\mathrm{r} = v\sin\left(\frac{2\pi}{T}t\right)$,

$$V_\mathrm{r} = -V\sin\left(\frac{2\pi}{T}t\right).$$

グラフは右図.

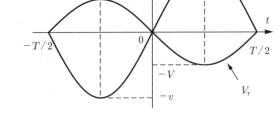

II (1) $\lambda = \left(1 + \frac{V_\mathrm{r}}{c}\right)\lambda_0$ より $\Delta\lambda = \frac{V_r}{c}\lambda_0 = -\frac{V}{c}\lambda_0\sin\theta$.

(2) $|\Delta\lambda/\lambda_0|$ の最大値

$$\frac{V}{c} = \frac{m}{M+m}\sqrt{\frac{GM}{a}}\cdot\frac{1}{c} > 10^{-7} \qquad \therefore \quad a < \frac{GM}{c^2}\left(\frac{m}{M+m}\right)^2 \times 10^{14}.$$

(3) 惑星の公転周期

$$T = \frac{2\pi a}{v} = \left(1 + \frac{m}{M}\right)\frac{2\pi}{\sqrt{GM}}a^{3/2}.$$

a が (2) の条件を満たすとき,

$$T < \frac{2\pi G(M+m)}{c^3}\left(\frac{m}{M+m}\right)^3 \times 10^{21} = T_\mathrm{C}.$$

$M = M_\mathrm{S},\ m = 10^{-3}M_\mathrm{S}$ のとき,

$$T_\mathrm{C} \fallingdotseq \frac{2\pi GM_\mathrm{S}}{c^3} \times 10^{-9} \times 10^{21} = 3 \times 10^7\,\mathrm{s} \qquad \text{よって} \qquad T < 3 \times 10^7\,\mathrm{s}.$$

解説

　一般に，粒子系（粒子の集まり）の運動は，その粒子系の質量中心の運動と，各粒子の質量中心に対する相対運動とに，分けて考えることができる（このことを質量中心運動の分離という）．特に，2粒子系の場合には，さらに簡単になる．質量中心に対する第1粒子と第2粒子の相対運動を，それぞれ扱う必要はない．第1粒子の第2粒子に対する相対運動（あるいは，第2粒子の第1粒子に対する相対運動）を調べるだけで済む．

　質量 m_2 の粒子が質量 m_1 の粒子に力 $\overrightarrow{F}$ を作用させているだけのとき，第1粒子の加速度 $\overrightarrow{a_1} = \overrightarrow{F}/m_1$，第2粒子の加速度 $\overrightarrow{a_2} = -\overrightarrow{F}/m_2$ ですから，第2粒子に対する第1粒子の相対加速度は

$$\overrightarrow{a_1} - \overrightarrow{a_2} = \left(\frac{1}{m_1} + \frac{1}{m_2} \right) \overrightarrow{F}$$

あるいは

$$\frac{m_1 m_2}{m_1 + m_2} (\overrightarrow{a_1} - \overrightarrow{a_2}) = \overrightarrow{F}$$

これが2粒子系の相対運動方程式で，ここに出てきた $\dfrac{m_1 m_2}{m_1 + m_2}$ を，m_1 と m_2 の換算質量という．

　恒星に対する惑星の相対運動が半径 r の円運動の場合の相対運動方程式は，相対速度の大きさを u として

$$\frac{Mm}{M + m} \frac{u^2}{r} = G \frac{Mm}{r^2} \quad より \quad u = \sqrt{\frac{G(M + m)}{r}} \qquad ①$$

よって周期 T は

$$T = \frac{2\pi r}{u} = \frac{2\pi}{\sqrt{G(M + m)}} r^{3/2} \qquad ②$$

この例題では r の代わりに a を使って答えさせています．

$$a = \frac{M}{M + m} r$$
$$b = \frac{m}{M + m} r$$

　恒星からの光のドップラー効果を考えるときは，質量中心 C に対する恒星の相対速度 V を使わないといけない．$V = \dfrac{b}{r} u = \dfrac{m}{M + m} u$ ですので，ドップラー効果が観測できる条件は

$$\left(\frac{\Delta\lambda}{\lambda_0} \right)_{\max} = \frac{V}{c} = \frac{m}{M + m} \sqrt{\frac{G(M + m)}{rc^2}} > 10^{-7} \qquad ③$$

これより

$$r < \frac{G(M + m)}{c^2} \left(\frac{m}{M + m} \right)^2 \times 10^{14} \qquad ④$$

ここで $m = 10^{-3} M$ とすると

$$r < \frac{GM}{c^2} \times 10^{-6} \times 10^{14}$$

$M = 2 \times 10^{30}$ kg なら

$$r < \frac{14}{9} \times 10^{11}\,\text{m} = 1.55 \times 10^{11}\,\text{m} \fallingdotseq 1\,\text{天文単位}$$

天文単位とは太陽と地球間距離で 1.4959787×10^{11} m のこと.

　r の上限値がちょうど地球の軌道半径だから，周期 T についての条件は計算するまでもなく $T < 1$ 年です．やってみますか．② に ④ を代入して

$$T < 2\pi \frac{G(M+m)}{c^3} \left(\frac{m}{M+m} \right)^3 \times 10^{21} \qquad\qquad ⑤$$

これを

$$T < 2\pi \frac{GM}{c^3} \times 10^{-9} \times 10^{21}$$

と近似して

$$T < \frac{28}{27} \pi \times 10^7\,\text{s} = 3.25 \times 10^7\,\text{s} \fallingdotseq 1\,\text{年}$$

1 年 $= 365.25$ 日 $= 3.15576 \times 10^7$ s です.

第 2 問

解 答

　$E = 9.0\,\text{V}$, $R = 35\,\Omega$, $r = 10\,\Omega$ として

$$V_{\text{A}} = L\frac{di}{dt} + Ri, \quad V_{\text{A}} + ri = E$$

I (1)　直後はまだ $i = 0$　だから　　　　　　　　　$V_{\text{A}} = E = 9.0\,\text{V}$

　(2)　$\dfrac{di}{dt} = 0$　になるから　$i = \dfrac{E}{R+r} = 0.20\,\text{A}$,　$V_{\text{A}} = Ri = 7.0\,\text{V}$, 正

II (1)　直後はまだ I (2) のまま　　　　　　　　　　　$i = 0.20\,\text{A}$

　(2)　図 2–1 により　　　　　　　　　　　　　　　$V_{\text{A}} = -103\,\text{V}$, 負

　(3)　直後　$-L\dfrac{di}{dt} = Ri - V_{\text{A}} = 7.0\,\text{V} + 103\,\text{V} = 110\,\text{V}$

　　　　直前　$-L\dfrac{di}{dt} = Ri - V_{\text{A}} = 0\,\text{V} + 80\,\text{V} = 80\,\text{V}$

III (1)　$-L\dfrac{di}{dt} = V_1$（一定）と近似すれば　$i = I_1 - \dfrac{V_1}{L}(t - t_1)$

　　　　$t = t_1 + T$　に　$i = 0$　になるとして　$T = \dfrac{LI_1}{V_1}$

　(2)　$V_1 = 100\,\text{V}$　とみなして　$T = \dfrac{1.0\,\text{H} \times 0.20\,\text{A}}{100\,\text{V}} = 0.002\,\text{s}$

解説

　ネオンランプなんて知らないよ，というひともいるでしょうが，まずは容量 C の小さいコンデンサーだと思ってください．スイッチを入れると，先ずコンデンサーが $V_A = E = 9.0\,\text{V}$ に充電します．かりに $C = 10^{-12}\,\text{F}$ として時定数 $rC = 10^{-11}\,\text{s}$，スイッチを入れたとたんにコンデンサーの充電は完了し，それからコイルに電流が流れ始めるとしてかまいません．

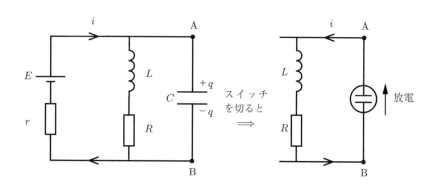

　コイルに電流が流れ出してからの方程式は

$$L\frac{di}{dt} + (R+r)i = E \qquad\qquad ①$$

$t = 0$ にスイッチを入れたとして

$$i = \frac{E}{R+r}(1 - e^{-t/\tau}), \quad \tau = \frac{L}{R+r} \qquad\qquad ②$$

時定数 $\tau = \dfrac{1.0\,\text{H}}{45\,\Omega} = 0.022\,\text{s}$ だから，スイッチを入れて 0.2 秒も経てば定常電流 $i = \dfrac{9.0\,\text{V}}{45\,\Omega} = 0.20\,\text{A}$ になる．その間，コンデンサーの電圧 V_A は

$$V_A = L\frac{di}{dt} + Ri \qquad\qquad ③$$

に②を代入して

$$V_A = \frac{R}{R+r}E + \frac{r}{R+r}Ee^{-t/\tau} \qquad\qquad ④$$

初めの $V_A = E = 9.0\,\text{V}$ から最終値 $V_A = \dfrac{R}{R+r}E = 7.0\,\text{V}$ まで下がる．その間，コンデンサーの極板に流れ込む（流れ出る）極微電流は無視しました．

　次にスイッチを切る．それまでコイルに流れていた電流 $i = 0.20\,\text{A}$ はコンデンサーの負極に流れ込み，V_A の値を $+7.0\,\text{V}$ から 0 を経由してたちまち負の大きな値にする．そして $V_A = -80\,\text{V}$ を超えると，コンデンサーとしては絶縁破壊，ネオンランプとしては正常な放電を始める，というわけ．

　放電電流の初期値は $i = 0.20\,\text{A}$ なので，そのときのネオンランプの電圧は，特性曲線により 103 V

であることがわかる．ただし，いま電流はランプの B 端子から A 端子の向きに流れていて，B の電位が A の電位より高い．記号 V_A の定義により，$V_A = -103\,\text{V}$ です．与えられた特性曲線の，横軸の電圧は $(-V_A)$ の値，縦軸の電流はランプを $B \to A$ の向きに流れる電流 i の値と見ればよい．

以後，回路の方程式は

$$V_A = L\frac{di}{dt} + Ri \quad と \quad (i, V_A)\,特性曲線$$

との連立方程式になる．これは数値的に解くしかない．電流は初期値 $i = 0.20\,\text{A}$ から下がっていく．その時間変化率は

$$\frac{di}{dt} = -\frac{Ri - V_A}{L} \quad (R = 35\,\Omega,\ L = 1.0\,\text{H})$$

です．i が小さくなると $(-V_A)$ も小さくなって，変化率の大きさは小さくなる．$\Delta i = -0.05\,\text{A}$ 刻みに調べてみましょう．

$$i = 0.20\,\text{A}, \quad V_A = -103\,\text{V}: \quad \frac{di}{dt} = -110.00\,\text{A/s}$$
$$\rangle \quad -107.625\,\text{A/s}$$
$$i = 0.15\,\text{A}, \quad V_A = -100\,\text{V}: \quad \frac{di}{dt} = -105.25\,\text{A/s}$$
$$\rangle \quad -102.375\,\text{A/s}$$
$$i = 0.10\,\text{A}, \quad V_A = -96\,\text{V}: \quad \frac{di}{dt} = -99.50\,\text{A/s}$$
$$\rangle \quad -96.125\,\text{A/s}$$
$$i = 0.05\,\text{A}, \quad V_A = -91\,\text{V}: \quad \frac{di}{dt} = -92.75\,\text{A/s}$$
$$\rangle \quad -86.375\,\text{A/s}$$
$$i = 0.00\,\text{A}, \quad V_A = -80\,\text{V}: \quad \frac{di}{dt} = -80.00\,\text{A/s}$$

右端の列は，その区間の平均変化率です．

電流が $0.05\,\text{A}$ 減るのに要する時間 Δt は少しずつ長くなる．各区間の所要時間は，$\Delta i = -0.05\,\text{A}$ をその区間の平均変化率で割る．例えば $i = 0.20\,\text{A}$ から $i = 0.15\,\text{A}$ になるまでの所要時間は $\Delta t_1 = \dfrac{0.05\,\text{A}}{107.623\,\text{A/s}}$．各区間ごとの計算値は

$$i = 0.02\,\text{A} \to 0.15\,\text{A}: \quad \Delta t_1 = 0.000465\,\text{s}$$
$$i = 0.15\,\text{A} \to 0.10\,\text{A}: \quad \Delta t_2 = 0.000488\,\text{s}$$
$$i = 0.10\,\text{A} \to 0.05\,\text{A}: \quad \Delta t_3 = 0.000520\,\text{s}$$
$$i = 0.05\,\text{A} \to 0.00\,\text{A}: \quad \Delta t_4 = 0.000579\,\text{s}$$

よって，ネオンランプの点灯時間は

$$T = \Delta t_1 + \Delta t_2 + \Delta t_3 + \Delta t_4 = 0.002052\,\text{s}$$

もっとおおまかに，$i = 0.20\,\text{A} \to 0$ の全区間の平均変化率を $\dfrac{di}{dt} \fallingdotseq -100\,\text{A/s}$ と近似しても

$$T = \frac{0.20\,\text{A}}{100\,\text{A/s}} = 0.002\,\text{s}$$

これで充分ですね．

第 3 問

解 **答**

I (1)　電子の運動量の大きさを p として　$\dfrac{p^2}{2m} = e\phi,\ p = \sqrt{2me\phi}$

(2)　単位時間あたり板に衝突$\Bigg\}$　$I = N_e e,\quad F = N_e p = I\sqrt{\dfrac{2m\phi}{e}}$
する電子数を N_e として

II (1)　それを N_g として　$N_g = \dfrac{1}{2} \cdot \dfrac{1}{3} \cdot \dfrac{nN_A}{V} Sv = \dfrac{nN_A}{6V} Sv$

(2)　$P = \dfrac{N_g}{S} \cdot 2Mv = \dfrac{nN_A}{3V} Mv^2$

(3)　一方　$P = \dfrac{nRT}{V}$,　よって　$v = \sqrt{\dfrac{3RT}{N_A M}}$

(4)　$P' = \dfrac{N_g}{S}(Mv + Mv')$　であるが

　　　$T' = T$　なら　$v' = v$,　よって　$P' = \dfrac{nN_A}{3V} Mv^2$

III (1)　分子 1 個あたり金属板が受ける力積は，左の面で $M(v + v_1)$，右の面で $-M(v + v_2)$，差し引き右向きに $M(v_1 - v_2)$

　　　いまは $T_1 > T_2 (= T)$ だから $v_1 > v_2 (= v)$，よって f は右向き．

(2)　III (1) と II (2) により　$f = N_g \cdot M(v_1 - v) = \dfrac{1}{2} PS\left(\dfrac{v_1}{v} - 1\right)$

　　　$\dfrac{v_1}{v} = \sqrt{\dfrac{T_1}{T}} = \sqrt{1 + \dfrac{\Delta T}{T}} \fallingdotseq 1 + \dfrac{\Delta T}{2T}$,　よって　$f = \dfrac{1}{4} PS \dfrac{\Delta T}{T}$

解説

　風のない空気中で金属板を金属線で吊るす．金属線は鉛直になって静止する．金属板の左の面に電子線を照射する．金属板は先ほどの鉛直線の位置から右へずれる．どれだけずれるかは，電子線から受ける力積で定まる．··· と思ったら，それ以上にずれてしまった．何を考え落としたのか．

　物理の考え方の基本は，運動量保存とエネルギー保存で，たいていのことはそれで片付きます．運動量保存は考えたけれど，まだエネルギー保存を考えてなかった．電子銃とは金属の小片で，それをヒーターで暖める．蒸発してくる電子を電圧 ϕ で加速する．加速された電子は金属板に飛び込んで静止する．飛び込む直前の電子の運動量 p と運動エネルギー $e\phi$ が，金属板左側表面の原子に与えられる．金属板の左の片面だけ温度が上昇する．そうすると空気の圧力が左右の面で異なってくる··· らしい．

　というわけで，気体の圧力とは何かを，再考することになった．

　気体を扱うとき最初に必要となる物理量は，単位体積あたりの分子数（分子数密度）ν です．例え

ばいまあなたが呼吸している空気のそれは

$$\nu \fallingdotseq 10^{25} \text{ 個/m}^3$$

ぐらい．これがパッと出てこなくてはいけない．

　面積 S の金属板を底面として，長さ $v\Delta t$ の角柱を描く．v は分子の平均的速さ，Δt は適当な微小時間．この空間内に $\nu \cdot Sv\Delta t$ 個の気体分子が存在するが，その $1/3$ が x 軸に平行，さらにその $1/2$ が $+x$ 方向へ動くとする．時間 Δt の間に，板の左面に衝突する分子数は $\dfrac{1}{2} \cdot \dfrac{1}{3} \cdot \nu \cdot Sv\Delta t$．よって単位時間あたりの衝突分子数は

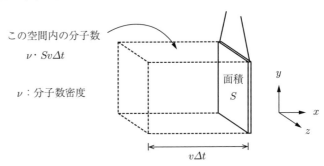

この空間内の分子数
$\nu \cdot Sv\Delta t$

ν：分子数密度

面積 S

$v\Delta t$

$$N_g = \frac{1}{6}\nu Sv \qquad\qquad ①$$

　速度 v で衝突した分子が速度 $-v$ で跳ね返るとすれば，1 個の分子が板に与える力積は $2Mv$，板が気体からもらう単位時間あたりの力積は $N_g \cdot 2Mv$，それを S で割って単位面積あたりの力にしたものが，気体の圧力 P です：

$$P = \frac{1}{3}\nu Mv^2 \qquad\qquad ②$$

ここで，分子 1 個の運動エネルギーの温度 T における平均値

$$\frac{1}{2}Mv^2 = \frac{3}{2}kT \qquad\qquad ③$$

を用いれば，気体の状態方程式

$$P = \nu kT \qquad\qquad ④$$

を得る（k はボルツマン定数）．

　③は統計力学による結論ですが，初等的には②を④と見比べることによって，③を得るわけです．あるいは，分子 1 個の運動エネルギーの平均値を③のように書いたとき，この T が気体の温度なんだ，ととりあえず理解しておく．ともかく，分子の平均的速さは

$$v = \sqrt{\frac{3kT}{M}} \qquad\qquad ⑤$$

　なお，容積 V の容器のなかに全分子数 N 個の気体が封入されている場合なら，$\nu = N/V$ だから，気体の状態方程式④は

$$PV = NkT$$

となるが，これをわざわざ

$$n = \frac{N}{N_A} \text{（モル数）}, \quad R = N_A k \text{（気体定数）}$$

とおいて

$$PV = nRT$$

と書くひともいる．

　金属板は金属原子の結合体で，個々の金属原子はぐらぐら動いている．1 個の金属原子の運動エネルギーの平均値を $\frac{3}{2}kT'$ とおいて，この T' が金属板の温度です．気体分子は質量無限大の板と衝突するのでなく，振動している金属原子 1 個と弾性衝突する．したがって衝突後の気体分子の速度は不規則ですが，平均的には，気体分子は x 方向の速度 v で板に衝突して速度 $-v$ で跳ね返るといえる．ただしこれは，気体の温度 T と金属板の温度 T' とが等しい場合に限る．

　$T' > T$ の場合，衝突後の気体分子の速度を $-v'$ として，$v' > v$ です．そしてこの例題では簡単に，v' は⑤で T を T' に置き換えればよいことにしてある．

　電子銃の照射を浴びる板の左面は温度が上昇する．エネルギーは原子から原子へ移っていくから，板の右面の温度も少しは上昇する．板の左表面の温度は $T_1 = T + \Delta T_1$，右表面の温度は $T_2 = T + \Delta T_2$ になったとする．

　板が気体分子からもらう力積は，左側で $M(v+v_1)$，右側で $-M(v+v_2)$，合計右向きに $M(v_1 - v_2)$．板に作用する力 $f = N_g M(v_1 - v_2)$ は，①②により

$$f = \frac{1}{6}\nu M v S(v_1 - v_2) = \frac{1}{2}PS\left(\frac{v_1}{v} - \frac{v_2}{v}\right)$$

⑤を使って

$$f = \frac{1}{2}PS\left(\sqrt{1 + \frac{\Delta T_1}{T}} - \sqrt{1 + \frac{\Delta T_2}{T}}\right) \doteqdot \frac{1}{4}PS\frac{\Delta T_1 - \Delta T_2}{T}$$

この例題では $\Delta T_1 = \Delta T$, $\Delta T_2 = 0$ です．

【講評】

　問題文の初めのところ．

第1問　太陽系以外で，恒星の周りを公転する惑星が初めて発見されたのは 1995 年である．以来，すでに 150 個以上の太陽系外惑星が発見されている．…

第2問　真空放電による気体の発光を利用するネオンランプは，約 80 V 以上の電圧をかけると放電し，電流が流れ点灯する．したがって，起電力が数 V の乾電池のみでネオンランプを点灯させることはできない．…

続きを読みたくなります. 解いていて, 物理をやっているという気にさせる入試問題なんて, そんじょ
そこらにありませんよ.

去年この欄に「3 問とも質が高く, 近年まれに見る快挙」と書いたら, 褒め過ぎじゃないのと言われ
たけど, こんどこそ掛け値なしにすばらしい. 実は引退するつもりでしたが, こんな楽しい問題を出
してくれるなら, もう少し続けようかな.

解答・解説

第1問

解答

I (1) $G\dfrac{m(4\pi\rho r^3/3)}{r^2} = \dfrac{4}{3}\pi G\rho mr$

(2) O を原点として B→A の向きに x 軸をとる.

$$m\ddot{x} = -\dfrac{4}{3}\pi G\rho mx, \quad \omega = \sqrt{\dfrac{4}{3}\pi G\rho} \quad \text{として} \quad T = \dfrac{2\pi}{\omega} = \sqrt{\dfrac{3\pi}{G\rho}}.$$

II P, Q が OB の中点 C で完全非弾性衝突するときの P, Q の座標は右図. これより,

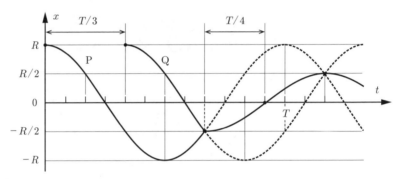

(1) $t_1 = \dfrac{1}{3}T$

(2) $\dfrac{1}{4}T$

III (1) 衝突直前の P, Q の速さを v とすると, 衝突直後の P, Q の速さは ev. $4\pi G\rho m/3 = m\omega^2$ として, エネルギー保存則

$$\begin{cases} \dfrac{1}{2}mv^2 + \dfrac{1}{2}m\omega^2\left(\dfrac{R}{2}\right)^2 = \dfrac{1}{2}m\omega^2 R^2 \\[2mm] \dfrac{1}{2}m(ev)^2 + \dfrac{1}{2}m\omega^2\left(\dfrac{R}{2}\right)^2 = \dfrac{1}{2}m\omega^2 d^2 \end{cases} \quad \text{より} \quad d = \dfrac{\sqrt{1+3e^2}}{2}R.$$

(2) 衝突してからそれぞれの単振動の半周期後, 両者の座標は O から反対側の距離 $R/2$ のところで再び一致する. すなわち, 2 回目に衝突する位置は OA の中点.

(3) 衝突のたびに, P, Q の相対速度の大きさは $e(0 < e < 1)$ 倍になってゆくため, 十分時間が経過した後, P, Q の相対速度は 0 となる. すなわち, P と Q は一体となって, 周期 T, 振幅 $R/2$ の単振動する.

解説

先ず P が $t = 0$ に $x = R$ から初速度なしに先発し，次いで Q が時刻 $t = t_1$ に $x = R$ を初速度なしに後発する：

$$x_P = R \cos \omega t$$

$$x_Q = R \cos \omega (t - t_1)$$

両者は

$$t = \frac{\pi}{\omega} + \frac{t_1}{2} \quad \text{に} \quad x = -R \cos \frac{\omega t_1}{2}$$

で衝突することになる．Q が P よりどれだけ遅れて出発するかを表すパラメタ

$$\theta = \frac{\omega t_1}{2} \tag{1}$$

を導入しておくと見易い．

$$x_P = R \cos \omega t \tag{2}$$

$$x_Q = R \cos(\omega t - 2\theta) \tag{3}$$

より，衝突時刻 τ_1 および衝突座標 x_1 は

$$\omega \tau_1 = \pi + \theta, \quad x_1 = -R \cos \theta \tag{4}$$

衝突直前直後の各粒子の速度は，先ず (2) (3) を時間微分して

$$\dot{x}_P = -\omega R \sin \omega t$$

$$\dot{x}_Q = -\omega R \sin(\omega t - 2\theta)$$

これに $\omega t = \omega \tau_1 = \pi + \theta$ を入れて

	直前	直後
P	$+\omega R \sin \theta$	$-e \omega R \sin \theta$
Q	$-\omega R \sin \theta$	$+e \omega R \sin \theta$

1 回目衝突後の各粒子の座標は

$$x_P = -R \cos \theta \cos \omega(t - \tau_1) - eR \sin \theta \sin \omega(t - \tau_1) \tag{5}$$

$$x_Q = -R \cos \theta \cos \omega(t - \tau_1) + eR \sin \theta \sin \omega(t - \tau_1) \tag{6}$$

したがって $\omega(t - \tau_1) = \pi$ のとき，つまり 1 回目の衝突から半周期後，再び衝突することがわかる．2 回目の衝突時刻 τ_2 および衝突座標 x_2 は

$$\omega\tau_2 = 2\pi + \theta, \quad x_2 = +R\cos\theta \tag{7}$$

　2 回目衝突直前直後の各粒子の速度も，前と同様にして直ぐわかるから，2 回目衝突後の各粒子の座標は

$$x_P = +R\cos\theta\cos\omega(t - \tau_2) - e^2 R\sin\theta\sin\omega(t - \tau_2) \tag{8}$$

$$x_Q = +R\cos\theta\cos\omega(t - \tau_2) + e^2 R\sin\theta\sin\omega(t - \tau_2) \tag{9}$$

以後，半周期ごと交互に $x = \mp R\cos\theta$ で衝突を繰り返す．

　以上のように，初位置と初速度を与えて単振動の式を書くには，cos と sin の両方を使う方がやり易い．必要ならば後でいわゆる単振動の合成をする．例えば (5) は

$$x_P = -R\cos\theta\{\cos\omega(t - \tau_1) + e\tan\theta\sin\omega(t - \tau_1)\}$$
$$= -R\cos\theta\sqrt{1 + e^2\tan^2\theta}\cos\{\omega(t - \tau_1) - \varphi_1\}$$

ただし

$$\tan\varphi_1 = e\tan\theta \tag{10}$$

よって 1 回目衝突後の振幅は

$$A_1 = R\cos\theta\sqrt{1 + e^2\tan^2\theta} = R\cos\theta\sqrt{1 + \tan^2\varphi_1} = R\frac{\cos\theta}{\cos\varphi_1}$$

といろいろに書けるけど初めのままにして，(5) (6) は

$$x_P = -R\cos\theta\sqrt{1 + e^2\tan^2\theta}\cos\{\omega(t - \tau_1) - \varphi_1\} \tag{11}$$

$$x_Q = -R\cos\theta\sqrt{1 + e^2\tan^2\theta}\cos\{\omega(t - \tau_1) + \varphi_1\} \tag{12}$$

同様に (8) (9) は

$$\tan\varphi_2 = e^2\tan\theta \tag{13}$$

として

$$x_P = +R\cos\theta\sqrt{1 + e^4\tan^2\theta}\cos\{\omega(t - \tau_2) + \varphi_2\} \tag{14}$$

$$x_Q = +R\cos\theta\sqrt{1 + e^4\tan^2\theta}\cos\{\omega(t - \tau_2) - \varphi_2\} \tag{15}$$

　数値例として

$$\theta = 66°, \quad e = 0.65 \quad とすると \quad \varphi_1 = 55.6°, \quad \varphi_2 = 43.5°$$

になる. 3 回目衝突直前までのグラフを描いてみました（都合上 $\varphi_1 = 55.5°$ とした）.

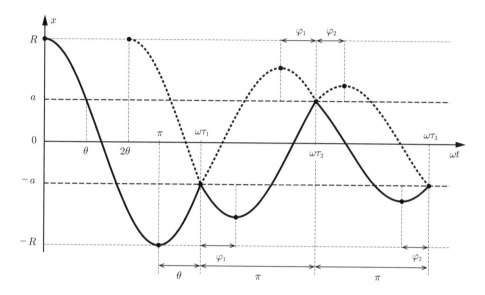

n 回目衝突後は

$$\tan \varphi_n = e^n \tan \theta \tag{16}$$

として

$$x_{\mathrm{P}} = (-)^n R \cos\theta \sqrt{1 + e^{2n} \tan^2 \theta} \cos\{\omega(t - \tau_n) + (-)^n \varphi_n\}$$

$$x_{\mathrm{Q}} = (-)^n R \cos\theta \sqrt{1 + e^{2n} \tan^2 \theta} \cos\{\omega(t - \tau_n) - (-)^n \varphi_n\}$$

ですが，これに n 回目の衝突時刻 τ_n

$$\omega\tau_n = n\pi + \theta \tag{17}$$

を代入すると

$$x_{\mathrm{P}} = R \cos\theta \sqrt{1 + e^{2n} \tan^2 \theta} \cos\{\omega t - \theta + (-)^n \varphi_n\}$$

$$x_{\mathrm{Q}} = R \cos\theta \sqrt{1 + e^{2n} \tan^2 \theta} \cos\{\omega t - \theta - (-)^n \varphi_n\}$$

衝突を繰り返すと，$n \to \infty$ で $\varphi_n \to 0$ にも注意して，P と Q は同じ運動

$$x_{\mathrm{P}} = x_{\mathrm{Q}} = R \cos\theta \cos(\omega t - \theta) \tag{18}$$

をするようになる.

　完全非弾性の場合は，1 回目の衝突でいきなり (18) になる. あるいは (5) (6) で $e = 0$ として

$$x_{\mathrm{P}} = x_{\mathrm{Q}} = -R\cos\theta\cos\omega(t - \tau_1)$$

ですが，(4) $\omega\tau_1 = \pi + \theta$ だから，これと (18) とは同じ.

　問題文では，1 回目衝突の座標を $x_1 = -\dfrac{1}{2}R$ と指定して，Q の出発時刻 t_1 を求める逆算問題になっています．(4) (1) により

$$\cos\theta = \frac{1}{2}, \quad \theta = \frac{\pi}{3}, \quad t_1 = \frac{1}{3}\cdot\frac{2\pi}{\omega}$$

1 回目衝突後の振幅は

$$R\cos\theta\sqrt{1 + e^2\tan^2\theta} = \frac{\sqrt{1 + 3e^2}}{2}R$$

第 2 問

解　答

Ⅰ　P から Q へ流れる電流に作用するローレンツ力の向きを考えて，円板の回転する向きは「上から見て反時計回り」[*]

Ⅱ　PQ 間に発生する誘導起電力の向きは，ファラデーの法則により「Q → P」

　　よって検流計に流れる電流の向きは「上から下」

Ⅲ　頂角 θ の扇型面積 $S = \dfrac{1}{2}a^2\theta$，磁束 $\Phi = SB$

　　誘導起電力　$-\dfrac{d\Phi}{dt} = -\dfrac{1}{2}a^2B\omega$，　よって　$b = \dfrac{1}{2}a^2$

Ⅳ　誘導起電力の大きさが乾電池の起電力の大きさに等しくなって，電流が 0 になる.

　　そのとき　$0 = V - bB\omega_1$，　よって　$\omega_1 = \dfrac{V}{bB}$

解説

　円板を車輪に置き換えると考え易い．車輪のスポークを N 本とする．$N \to \infty$ の極限が円板だと思えばよい.

　　　鉄釘 → 乾電池 → 抵抗 → 接点 P → どれか 1 本のスポーク → 接合点 Q

---

　[*]リード線に流れる電流は，磁石がつくる磁場から上から見て時計回りに力をうける．外力を加えてリード線が動かないようにすれば（問題文に「リード線を保持すれば」とある），その反作用により磁石は反時計回りに回転する，と考えてもよい．また，「リード線を保持」しなければ系の角運動量が保存する．磁石はリード線に上から見て時計回りに力を及ぼすので，「リード線を保持すれば」，磁石は反時計回りに回転する，としてもよい．1986 年第 4 問での「らせん」が「リード線」，「ビーズ玉」が「磁石」に相当する.

の向きにループを描き，この向きを起電力および電流の正の向きとする．図は，かりに $N = 4$ として，車輪を上から見たもの．電流を I として，スポーク 1 本に流れる電流は $i = I/N$，車輪の電気抵抗を無視するからです．スポーク 1 本に作用する力のモーメントは

$$\int_0^a iBrdr = \frac{1}{2}ia^2B = ibB \qquad \text{ただし} \qquad b = \frac{1}{2}a^2 \tag{19}$$

車輪全体としてはこの N 倍の IbB（スポークの本数に無関係のことに注意）．

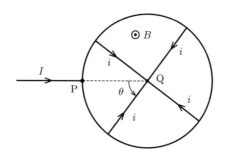

車輪の角運動量は車輪の角速度に比例します．その比例係数を J として，車輪の運動方程式[*]は

$$J\frac{d\omega}{dt} = IbB \tag{20}$$

一方，電流回路の方程式は

$$RI = V - bB\omega \tag{21}$$

(21) を (20) に代入して

$$\frac{d\omega}{dt} = -\lambda\left(\omega - \frac{V}{bB}\right) \qquad \text{ただし} \qquad \lambda = \frac{(bB)^2}{JR} \tag{22}$$

初期条件を $t = 0$ に $\omega = 0$ として

$$\omega = \frac{V}{bB}(1 - e^{-\lambda t}) \tag{23}$$

これを (21) に戻して

$$I = \frac{V}{R}e^{-\lambda t} \tag{24}$$

$t \to \infty$ で $\omega \to V/(bB)$，$I \to 0$ になる．

　乾電池を取り除いて検流計をつないだとき，車輪の運動方程式は (20) のまま，電流回路の方程式も (21) で $V = 0$ とするだけ．したがって (22) でも $V = 0$．初期条件を $t = 0$ に $\omega = \omega_0$ として

---

[*]J は回転軸まわりの慣性モーメント．回転軸まわりの角運動量は $J\omega$．（角運動量の時間変化率）＝（P のモーメント）である．角運動量を未習の人は式 (27) の 2 行上の $\dfrac{d}{dt}\left(\dfrac{1}{2}J\omega^2\right) = IbB\omega$ ，すなわち（系の運動エネルギーの変化率）＝（外力の仕事率）と同じ内容を表しているものと考えておく．

$$\omega = \omega_0 e^{-\lambda t} \tag{25}$$

これを (21) （ただし $V = 0$) に戻して

$$I = -\frac{bB\omega_0}{R}e^{-\lambda t} \tag{26}$$

$t \to \infty$ で $\omega \to 0,\ I \to 0$ になる. (26) の $bB\omega_0$ は, 誘導起電力の初期値の大きさです. 電流は初め
に約束した正の向きとは反対に流れる.

おまけに, エネルギーの考察をしておきましょう. (20) の両辺に角速度 ω をかける. その左辺は

$$J\omega\frac{d\omega}{dt} = \frac{d}{dt}\left(\frac{1}{2}J\omega^2\right)$$

ここに出てきた $\frac{1}{2}J\omega^2$ という量は, 車輪の運動エネルギーです. (21) の両辺には電流 I をかける：

$$\frac{d}{dt}\left(\frac{1}{2}J\omega^2\right) = IbB\omega, \quad RI^2 = IV - IbB\omega$$

これを辺々足し算して

$$\frac{d}{dt}\left(\frac{1}{2}J\omega^2\right) + RI^2 = IV \tag{27}$$

乾電池が外へする仕事が, 車輪の運動エネルギーの増加とジュール熱になっていく.

乾電池を検流計に取り替えたときのエネルギー保存は, (27) で $V = 0$ とすればよいが, そのときは

$$RI^2 = -\frac{d}{dt}\left(\frac{1}{2}J\omega^2\right)$$

と移項した方がしゃべり易い. つまり, 車輪の運動エネルギーの「減少」がジュール熱に転換する. 角
速度が初めの ω_0 から 0 になるまでの間に, 発生する全ジュール熱 Q を, 結果はわかっているけど,
(26) を用いて直接計算してみる：

$$Q = \int_0^\infty RI^2 dt = \frac{(bB\omega_0)^2}{R}\int_0^\infty e^{-2\lambda t}dt = \frac{(bB\omega_0)^2}{2\lambda R} = \frac{1}{2}J\omega_0^2$$

納得. λ は (22) に書いてある.

第 3 問

解 答

I (1) $\frac{1}{2}mv^2 = mgL$ 　より 　$v = \sqrt{2gL}$, 　$\lambda = \frac{h}{mv} = \frac{h}{m\sqrt{2gL}}$

(2) $\Delta x_0 \fallingdotseq \frac{\lambda l}{d} = \frac{hl}{mvd} = \frac{hl}{md\sqrt{2gL}}$

(3)　初速 u_0 の原子のスリットでの速さを u とする．

$$u = u_0 + gt, \qquad L = u_0 t + \frac{1}{2}gt^2 \qquad より \qquad u = \frac{1}{2}gt + \frac{L}{t}$$

各項を $v = gt_0 = 2L/t_0$ で割ると

$$\frac{u}{v} = \frac{t}{2t_0} + \frac{t_0}{2t}$$

ゆえに

$$\Delta x = \frac{hl}{mud} = \Delta x_0 \, \frac{2}{\dfrac{t}{t_0} + \dfrac{t_0}{t}}$$

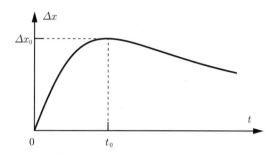

II　（ウ）.

理由：l が小さいうちは I (2) により $\Delta x_1 = \lambda l/d$ でよいが，l が大きくなるとともに，波長が小さくなる効果が出る．

解説

　問題文では鉛直上向きに z 軸をとってあるが，ここでは下向きにして，スリットの位置を原点にする．$z = -L$ の点から初速度なしに落下を始めた原子の運動量の大きさは z のみの関数で，それを $p(z)$，特に $z = 0$ での値を $p_0 = p(0)$ と書く．

$$\frac{p(z)^2}{2m} = mg(L + z), \quad \frac{{p_0}^2}{2m} = mgL$$

より

$$p(z) = p_0 \sqrt{1 + \frac{z}{L}} \tag{28}$$

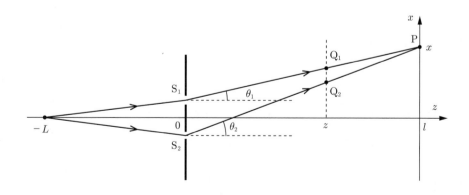

　この原子がスクリーン上の 1 点 P に至る経路は，上図のように，2 つある．z 座標の等しい 2 点 Q_1 と Q_2 で，波長 λ は等しく

$$\lambda = \frac{h}{p(z)} \tag{29}$$

です．それぞれの経路に沿って距離 dr 進む間に，位相が

$$\frac{2\pi}{\lambda} dr = \frac{2\pi}{h} p(z) dr$$

だけ遅れる．スリットからの距離 r と座標 z との関係が，2 つの経路で異なる：

$$S_1 \to P \quad r\cos\theta_1 = z, \quad dr\cos\theta_1 = dz$$
$$S_2 \to P \quad r\cos\theta_2 = z, \quad dr\cos\theta_2 = dz$$

S_1 を出た波の，点 P での位相の遅れは

$$\frac{2\pi}{h\cos\theta_1} \int_0^l p(z) dz = \frac{2\pi l}{h\cos\theta_1} \langle p \rangle$$

ここに

$$\langle p \rangle = \frac{1}{l} \int_0^l p(z) dz \tag{30}$$

は，運動量の大きさの区間 $[0, l]$ での平均値です．結局，異なる経路で P にやってきた 2 つの波の位相差 δ は

$$\delta = 2\pi \frac{\langle p \rangle}{h} l \left(\frac{1}{\cos\theta_2} - \frac{1}{\cos\theta_1} \right) \tag{31}$$

ここに $\dfrac{\langle p \rangle}{h}$ は波長の逆数の平均値 $\langle \dfrac{1}{\lambda} \rangle$ です（波長の平均値の逆数 $\dfrac{1}{\langle \lambda \rangle}$ とは異なる）．

　ここで θ_i $(i = 1, 2)$ が微小角の近似をする（下巻 p.3 参照）：

$$\frac{1}{\cos\theta_i} \fallingdotseq \frac{1}{1 - \theta_i{}^2/2} \fallingdotseq 1 + \frac{1}{2}\theta_i{}^2 \fallingdotseq 1 + \frac{1}{2}\tan^2\theta_i = 1 + \frac{(x \mp d/2)^2}{2l^2}$$

よって

$$\delta = 2\pi \frac{\langle p \rangle}{h} \frac{xd}{l} \tag{32}$$

x が特別の値で $\delta = 2\pi n$（n は整数）となる点 P は明線の位置．明線間隔 Δx は

$$\Delta x = \frac{l}{d} \frac{h}{\langle p \rangle} \tag{33}$$

　もしかりに，原子が区間 $[-L, 0]$ でのみ加速され，それ以後加速されなかったとする．スリット通過後の運動量の大きさは $z = 0$ での値 p_0 のまま，波長は $\lambda_0 = h/p_0$ のままです．そのときの明線間隔 Δx_0 は

$$\Delta x_0 = \frac{\lambda_0}{d} l \tag{34}$$

となって，スクリーンの位置を遠ざけると，明線間隔は l に比例して大きくなる．しかし実際にはそうはならない．

(30) に (28) を代入して積分する：

$$\langle p \rangle = \frac{p_0}{l} \int_0^l \sqrt{1 + \frac{z}{L}} \, dz = \frac{p_0}{l} \cdot \frac{2}{3} L \left\{ \left(1 + \frac{l}{L} \right)^{3/2} - 1 \right\} \tag{35}$$

これを (33) に代入して

$$\Delta x = \frac{\lambda_0}{d} L \frac{\dfrac{3}{2} \left(\dfrac{l}{L} \right)^2}{\left(1 + \dfrac{l}{L} \right)^{3/2} - 1} \tag{36}$$

もちろん，$l \ll L$ の近似で，(36) は (34) になる．図は，実線が (36)，破線が (34)．

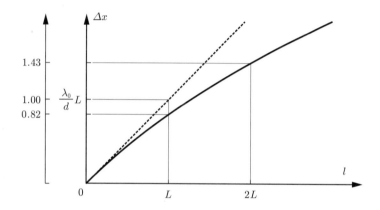

　この 解説 での記号 λ_0 と Δx は問題文および 解 答 での記号 λ と Δx_1 にあたる．記号 Δx_0 は共通．

【講評】

第 1 問　ガウスの法則は高校課程の学習事項に入っているのかいないのか，境界線上みたいです．にもかかわらず他大学で頻出していますが，東大では初めてだと思う．もちろんその法則が話題なのでなく，単振動がこなれているかどうかをみる良問．

第 2 問　回転円板に発生する誘導起電力はときどきどこかで見かける．東大でも 1996 年に，円板ではなかったけど似たのがありました．そこでのやり方の応用がこれ．つまり，円板は車輪のスポークの本数無限大の極限，という説明のしかたが，学生さんにも通りよく，こちらも一番楽なんです．

第 3 問　屈折率が連続的に変化する媒質中でのヤングの実験．ド・ブロイ波としては 1980 年に出ています．問題文に，電子波の干渉縞の実写が載っていました．あのときの新鮮な印象は忘れません．

　その 1980 年というのが青本発刊の年．爾来 25 年間おつき合いさせてもらいました．今年の 3 問，受験生が得点するのに難しくなく，しかも質は高い．近年まれに見る快挙といえるでしょう．

2004年

第1問

解 答

I (1) 斜面に沿って $0 = \dfrac{1}{\sqrt{2}}(M+m)g - \dfrac{1}{\sqrt{2}}F$,　　$F = (M+m)g$

(2) B は x 方向へ動かない.　　$y = d$

(3) $\dfrac{1}{2}M(v^2+v^2) + \dfrac{1}{2}mv^2 = (M+m)gd$,　　$v = \sqrt{2gd\dfrac{M+m}{2M+m}}$

II (1) 斜面に沿って $(M+m)a = \dfrac{1}{\sqrt{2}}(M+m)g$,　　$a_x = a_y = \dfrac{1}{\sqrt{2}}a = \dfrac{1}{2}g$

(2) 静止摩擦力　　$R = ma_x = \dfrac{1}{2}mg$ ⎫
⎬ $\dfrac{R}{N} = 1 < \mu$　答　$\mu_0 = 1$
垂直抗力　　$N = mg - ma_y = \dfrac{1}{2}mg$ ⎭

(3) 滑り出してから，x 方向へは等速運動だから，軌道は放物線.　　答　（イ）

解説

　右図において，斜面が A に作用する垂直抗力を P とし，AB 間の垂直抗力を N，摩擦力を R とする．P が負でない限り，A は斜面に沿って動く．A の加速度の x, y 成分は，その大きさを a として

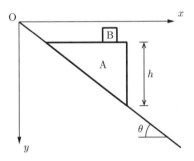

$$a_x = a\cos\theta$$
$$a_y = a\sin\theta$$

また，N が負でない限り，B は y 方向へは A とともに動く．B の加速度の y 成分 b_y は a_y に等しい：

$$b_y = a_y = a\sin\theta$$

B の加速度の x 成分を b_x として，運動方程式は

$$y \text{ 成分} \begin{cases} Ma\sin\theta = N - P\cos\theta + Mg & ① \\ ma\sin\theta = -N + mg & ② \end{cases}$$

$$x \text{ 成分} \begin{cases} Ma\cos\theta = -R + P\sin\theta & ③ \\ mb_x = R & ④ \end{cases}$$

未知量は 5 つ $(a,\ b_x,\ R,\ N,\ P)$ だから解けない.

　摩擦がからんだ現象に対して物理学は無力です. B が A 上面を滑り出すかどうかは, やってみるまでわからない. 次のようなことが言われている. A と B の接触面の材質, 仕上げ, その他に応じて定まる係数 μ が存在して, もし

$$\mu > \frac{R}{N} \tag{⑤}$$

ならば滑り出さない (A と B は一体となって動く). この条件が満たされなければ滑りだす (A と B は別行動をする). 滑り出したときは, 別の係数 μ' が存在して

$$\mu' = \frac{R}{N} \tag{⑥}$$

である (通常 $\mu' < \mu$). ただし, μ も μ' もその場限りの実験的測定値を使うしかなく, その値は状況次第で大幅に変わる. つまりあまり信用できない話です.

　摩擦の関係しない y 成分の運動方程式①②は, 次の組み替えが有用.

$$\left.\begin{array}{c}①\\②\end{array}\right\}\ \left\{\begin{array}{l}(M+m)a\sin\theta = -P\cos\theta + (M+m)g\quad (N\ \text{消去}) \tag{⑦}\\[2mm] 0 = (M+m)N - mP\cos\theta\quad (a\ \text{消去}) \tag{⑧}\end{array}\right.$$

　先ず, 摩擦が十分に効いて, B が A 上面を滑り出さない場合から始める (設問 II (1)). そのときは $b_x = a_x = a\cos\theta$ だから, ④より R が, それを③に代入したものと⑦との連立で a と P が, その P を⑧に代入して N が求まる. 結果は

$$\left.\begin{array}{l}a = g\sin\theta\\[1mm] b_x = g\sin\theta\cos\theta\\[1mm] R = mg\sin\theta\cos\theta\\[1mm] N = mg\cos^2\theta\\[1mm] P = (M+m)g\cos\theta\end{array}\right\} \tag{⑨}$$

ただし⑤により

$$\mu > \tan\theta \tag{⑩}$$

でなければならない.

　次に, 摩擦を完全に無視する (設問 I (2) (3)). $R = 0$ なら④により $b_x = 0$, ③で $R = 0$ としたものと⑦との連立で a と P が, ⑧により N が求まる. 結果は

$$R = 0,\ b_x = 0:\qquad \left.\begin{array}{l}a = \dfrac{M+m}{M+m\sin^2\theta}\,g\sin\theta\\[3mm] N = \dfrac{M}{M+m\sin^2\theta}\,mg\cos^2\theta\\[3mm] P = \dfrac{M}{M+m\sin^2\theta}\,(M+m)g\cos\theta\end{array}\right\} \tag{⑪}$$

　最後に，B は A 上面をすべるが摩擦もある場合（設問 II (3)）．③に⑥を代入したものと①より P を消去すると

$$Ma = N(\sin\theta - \mu'\cos\theta) + Mg\sin\theta$$

ですが，これを

$$Ma = \varepsilon N\sin\theta + Mg\sin\theta \qquad (P\text{ 消去}) \qquad ⑫$$

と書く．ここで μ' の代わりをするパラメタ ε

$$\varepsilon = 1 - \mu'\cot\theta, \quad \mu' = (1-\varepsilon)\tan\theta \qquad ⑬$$

を導入しました[*]（結果をきれいに書くちょっとした工夫）．

　⑫と②との連立で a と N が，その N に⑬の μ' を乗じて R が，④により b_x が，⑧により P が求まる．結果は

$$\left.\begin{aligned}
a &= \frac{M + \varepsilon m}{M + \varepsilon m\sin^2\theta}\, g\sin\theta \\[4pt]
b_x &= \frac{(1-\varepsilon)M}{M + \varepsilon m\sin^2\theta}\, g\sin\theta\cos\theta \\[4pt]
R &= \frac{(1-\varepsilon)M}{M + \varepsilon m\sin^2\theta}\, mg\sin\theta\cos\theta \\[4pt]
N &= \frac{M}{M + \varepsilon m\sin^2\theta}\, mg\cos^2\theta \\[4pt]
P &= \frac{M}{M + \varepsilon m\sin^2\theta}\, (M+m)g\cos\theta
\end{aligned}\right\} \qquad ⑭$$

　いまは条件⑩を満たさない $\mu < \tan\theta$ の場合です．通常 $\mu' < \mu$ だから $\mu' < \tan\theta$．したがって⑬のパラメタ ε について

$$0 < \varepsilon < 1 \qquad ⑮$$

一方の極限 $\varepsilon \to 1$ は $\mu' \to 0$，つまり摩擦を完全に無視する近似です．実際，⑭で $\varepsilon = 1$ とおけば⑪が再現する．他方の極限 $\varepsilon \to 0$ は $\mu' \to \tan\theta$，つまり $\mu' < \mu$ ならば条件⑩ $\mu > \tan\theta$ を満たすことになり，B は A 上面を滑らない．実際，⑭で $\varepsilon = 0$ とおけば⑨が再現する．

第 2 問

解 答

I　$\dfrac{1}{2}mv_0{}^2 = qV$　より　$v_0 = \sqrt{\dfrac{2qV}{m}}$

II　(1)　$z_1 = \dfrac{1}{2}\dfrac{qE}{m}\left(\dfrac{l}{v_0}\right)^2\ \left(= \dfrac{l^2 E}{4V}\right)$　　　(2)　$E_1 = \dfrac{4h}{l^2}V$

---

[*] $\cot\theta = \dfrac{1}{\tan\theta}$

III　II (1) により $z_2 = z_1$

IV (1)　$0 = qE_1 - qv_0B_1$,　$B_1 = \dfrac{E_1}{v_0}$,　$T_1 = \dfrac{l}{v_0}$

(2)　$\dfrac{1}{2}mv_1{}^2 = \dfrac{1}{2}mv_0{}^2 + qE_1z_3$　と I より　$v_1 = \sqrt{\dfrac{2q}{m}(V + E_1z_3)}$

(3)　磁場の力の y 成分により加速されるので，所要時間は短くなる．　答（ア）

解説

　領域 $0 < y < l$ に，$+z$ 方向の電場 E と $+x$ 方向の
磁束密度 B の磁場がある．質量 m, 電気量 $q > 0$ の粒
子が，y 軸に沿って速さ v_0 で入射してくる．

　先ず，$B = 0$ の場合，粒子はこの領域内で放物線を
描く．原点通過時刻を $t = 0$ として

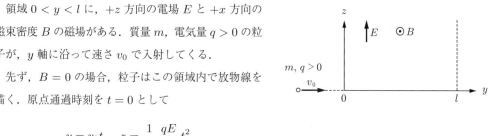

$$y = v_0t, \quad z = \frac{1}{2}\frac{qE}{m}t^2$$

領域の端 $y = l$ にきたときの z 座標を z_1 とする．それが $z_1 = h$ になるように E の値を調整し，以
下その値 E_1 に固定する．領域通過の所要時間は $T_1 = \dfrac{l}{v_0}$ ですから

$$h = \frac{1}{2}\frac{qE_1}{m}\left(\frac{l}{v_0}\right)^2 \qquad \text{より} \qquad \frac{qE_1}{mv_0{}^2} = \frac{2h}{l^2} \qquad ①$$

　次に磁場をかける．原点通過直後，粒子に作用する力は z 成分のみで

$$qE_1 - qv_0B$$

ですから，もし B の値が

$$B_1 = \frac{E_1}{v_0} \qquad\qquad\qquad ②$$

ならば，粒子は y 軸に沿って等速 v_0 で直進する．領域通過の所要時間は磁場のないときの T_1 に等し
いが，領域の端での z 座標は $z_1 = 0$ です．

　では任意の B $(0 < B < B_1)$ の場合を調べる．粒子の速度を (v_y, v_z) として

$$m\frac{dv_y}{dt} = qBv_z, \quad m\frac{dv_z}{dt} = qE_1 - qBv_y \qquad ③$$

これをもう一度時間微分して

$$m\frac{d^2v_y}{dt^2} = \frac{qB}{m}(qE_1 - qBv_y), \quad m\frac{d^2v_z}{dt^2} = -\frac{qB}{m}(qBv_z)$$

よって

$$\omega = \frac{qB}{m} \qquad \text{④}$$

とおくと

$$\frac{d^2 v_y}{dt^2} = -\omega^2 \left(v_y - \frac{E_1}{B} \right), \quad \frac{d^2 v_z}{dt^2} = -\omega^2 v_z \qquad \text{⑤}$$

すなわち v_y, v_z はそれぞれ角振動数 ω の単振動をする.

初期条件は $t = 0$ に（加速度の初期値は③で $t = 0$ とおく）

$$v_y = v_0, \quad \frac{dv_y}{dt} = 0 \quad ; \quad v_z = 0, \quad \frac{dv_z}{dt} = \omega \left(\frac{E_1}{B} - v_0 \right)$$

これを満たす⑤の解は

$$v_y = \frac{E_1}{B} - \left(\frac{E_1}{B} - v_0 \right) \cos \omega t, \quad v_z = \left(\frac{E_1}{B} - v_0 \right) \sin \omega t$$

よって粒子の座標 (y, z) は

$$y = \frac{E_1}{\omega B} (\omega t) - \left(\frac{E_1}{\omega B} - \frac{v_0}{\omega} \right) \sin \omega t, \quad z = \left(\frac{E_1}{\omega B} - \frac{v_0}{\omega} \right) (1 - \cos \omega t) \qquad \text{⑥}$$

ω は④により B に比例している. B が B_1 のときの ω は

$$\omega_1 = \frac{qB_1}{m} \qquad \text{⑦}$$

ですが, それはともかく, $B = B_1$ のとき⑥は②により

$$y = v_0 t, \qquad z = 0$$

となるので安心. 一般の B は B_1 の何倍かで表すことにする：

$$\beta = \frac{B}{B_1} = \frac{\omega}{\omega_1} \qquad (0 < \beta < 1) \qquad \text{⑧}$$

⑥に出てくる長さの次元をもつ 2 つの定数について

$$R = \frac{E_1}{\omega B} = \frac{1}{\beta^2} \frac{E_1}{\omega_1 B_1} = \frac{v_0}{\beta^2 \omega_1}, \quad s = \frac{v_0}{\omega} = \frac{v_0}{\beta \omega_1} \, (= \beta R)$$

ですが, ⑦②①により

$$\frac{v_0}{\omega_1} = \frac{m v_0}{q B_1} = \frac{m {v_0}^2}{q E_1} = \frac{l^2}{2h} = \frac{l}{\alpha}$$

ここに

$$\alpha = \frac{2h}{l} \qquad \text{⑨}$$

は, $B = 0$ のときの放物線の形を定めるパラメタです. 以上により, ⑥は

$$
\left.\begin{aligned}
y &= \frac{l}{\alpha}\left\{\frac{1}{\beta^2}x - \left(\frac{1}{\beta^2} - \frac{1}{\beta}\right)\sin x\right\} \\
z &= \frac{l}{\alpha}\left(\frac{1}{\beta^2} - \frac{1}{\beta}\right)(1 - \cos x)
\end{aligned}\right\} \quad x = \alpha\beta\frac{t}{T_1} \qquad ⑩
$$

つまり $T_1 = l/v_0$ を時間の単位にすると，時間変数 x（座標ではありません）は

$$
x = \omega t = \beta\omega_1 T_1 \frac{t}{T_1}, \quad \text{ただし} \quad \omega_1 T_1 = \alpha
$$

であることは ⑦②①⑨ による．

　2 つのパラメタ α, β を指定して，$y = l$ となる x の値 x_1 を数値的に求めれば，領域通過の所要時間 T および領域の端での z 座標 z_1 がわかる．その前に $\beta \to 0$ の check をする（$\beta \to 1$ の check は済み）：

$$
\beta \to 0: \quad y = \frac{l}{\alpha}\left\{\frac{1}{\beta^2}x - \left(\frac{1}{\beta^2} - \frac{1}{\beta}\right)(x - \cdots)\right\} = \frac{l}{\alpha\beta}x = \frac{l}{T_1}t = v_0 t
$$

$$
z = \frac{l}{\alpha}\left(\frac{1}{\beta^2} - \frac{1}{\beta}\right)\left(\frac{x^2}{2} - \cdots\right) = \frac{l}{2}\alpha(1 - \beta)\left(\frac{t}{T_1}\right)^2 = h\left(\frac{t}{T_1}\right)^2 \quad \text{OK}
$$

◆ 数値例　$\alpha = 1$, $\beta = \dfrac{1}{2}$:　$\begin{cases} y = 2l(2x - \sin x) \\ z = 2l(1 - \cos x) \end{cases}$　$x = \dfrac{1}{2}\dfrac{t}{T_1}$

$$
x = 0.481598003\,(\text{rad}) \quad \text{で} \quad 2x - \sin x = 0.500000000
$$

$$
1 - \cos x = 0.113744134
$$

同じ $\alpha = 1(l = 2h)$ で β をもう 2 点だけとりました．

β	x_1	T/T_1	z_1/h
0.00		1.000000000	1.000000000
0.25	0.242859110	0.971436440	0.704294695
0.50	0.481598003	0.963196006	0.454976536
0.75	0.729038144	0.972050859	0.225941787
1.00		1.000000000	0.000000000

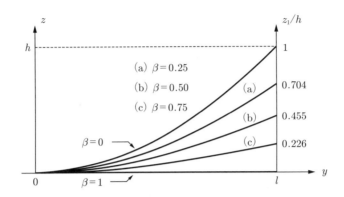

◆　補足　トロコイドについて

半径 R の円板を水平台の上で滑らずに転がしていく（右図）．円の中心 O から距離 $(R-s)$ に付着している点が P，OP の延長線と円周の交点が Q．初め点 Q が座標原点に一致していたとして，回転角 θ のときの点 P の座標は

$$\left.\begin{array}{l} y = R\theta - (R-s)\sin\theta \\ z = R - (R-s)\cos\theta \end{array}\right\} \qquad ⑪$$

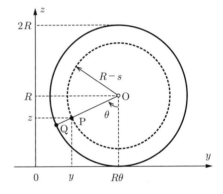

点 P の軌跡（次頁）を短縮サイクロイドという．

点 P を，O からの距離 $(R+s)$ にとると（P が水平台にぶつからないよう工夫する）

$$y = R\theta - (R+s)\sin\theta, \quad z = R - (R+s)\cos\theta \qquad ⑫$$

この場合の点 P の軌跡（次頁）を延長サイクロイドという．⑪⑫で $s=0$ が普通のサイクロイド．これらを総称してトロコイドという．

粒子の軌道⑥は，$R = \dfrac{E_1}{\omega B}$，$s = \dfrac{v_0}{\omega}$ の短縮サイクロイドでした．ただし⑥と⑪とで z 座標の目盛りが s だけずれています．

上図の軌道が，どれも放物線みたいに見えるのは，横軸が l で途切れているからです．

円板は $\theta_1 = \dfrac{l}{R} = \alpha\beta^2\,(\mathrm{rad})$ までしか回転しない．

β	0.25	0.50	0.75
θ_1	$3.58°$	$14.3°$	$32.2°$

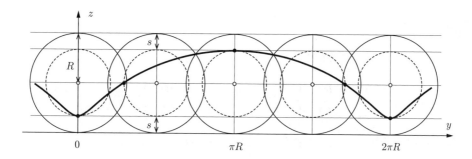

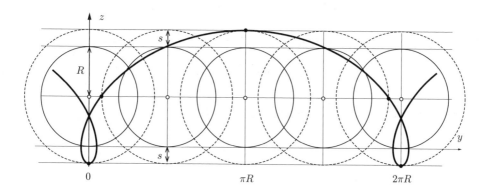

第 3 問

解 答

I (1)　$0 = P_1 S_0 - 2P_2 S_0, \quad P_1 = 2P_2$

(2)　気体 1 の体積変化を ΔV とすると，気体 2 の体積変化は $-2\Delta V$.

$P_1(V_1 + \Delta V) = P_2(V_2 - 2\Delta V)$ と I (1) より　　$4\Delta V = V_2 - 2V_1$

答 $V_2' = V_2 - 2\Delta V = V_1 + \dfrac{1}{2}V_2$

II　$\left.\begin{array}{l} P_2 S = mg, \qquad P_1 = 2P_2 = 2\dfrac{mg}{S} \\[2mm] P_1 V_1' = RT \qquad \text{①} \end{array}\right\}$　$V_1' = \dfrac{SRT}{2mg}$

III (1)　気体 2 の体積変化なし．$Sh = 2S_0 x, \quad x = \dfrac{S}{2S_0}h$

(2)　$P_1(V_1' + S_0 x) = RT' \qquad \text{②}$

①② より $\dfrac{T'}{T} = 1 + \dfrac{S_0 x}{V_1'} = 1 + \dfrac{mgh}{RT}$　　　答　$T' = T + \dfrac{mgh}{R}$

(3)　$\left.\begin{array}{l} \Delta U = \dfrac{3}{2}R(T' - T) = \dfrac{3}{2}mgh \\[2mm] W = P_1 S_0 x = P_2 Sh = mgh \end{array}\right\}$　$Q = \Delta U + W = \dfrac{5}{2}mgh$

解説

I　気体 1, 2 の始状態と終状態を

$$\left.\begin{array}{c} p_1 V_1 = nRT_1 \\ p_2 V_2 = nRT_2 \end{array}\right\} \quad ① \quad \Rightarrow \quad \left.\begin{array}{c} p_1' V_1' = nRT \\ p_2' V_2' = nRT \end{array}\right\} \quad ②$$

とする．容器 2 の断面積を，容器 1 の断面積 S_0 の α（>1）倍とする（問題文では $\alpha = 2$）．

$$\text{ピストン A のつり合い} \qquad 0 = p_1 S_0 - \alpha p_2 S_0$$

これは始状態に限らず，過程途中でも終状態でも成立する：

$$\alpha = \frac{p_1}{p_2} = \frac{p_1'}{p_2'} > 1 \tag{③}$$

また，容器 2 の容積変化は容器 1 の容積変化の α 倍です：

$$V_2 - V_2' = \alpha(V_1' - V_1) \tag{④}$$

これは物理以前の幾何学的性質．③と④が，この装置の特徴．

②より $p_1'V_1' = p_2'V_2'$，③により $\alpha V_1' = V_2'$，これを④に代入して

$$V_1' = \frac{1}{2}\left(V_1 + \frac{1}{\alpha}V_2\right), \qquad V_2' = \frac{1}{2}(\alpha V_1 + V_2) \tag{⑤}$$

を得る．これでオシマイ？

　始め $T_1 < T_2$ であったから，ヒーターで気体 1 を温めて，両者の温度を等しくしよう，という話です．といって気体 1 の温度を T_2 にするわけではない．ピストン A がある．では終状態の温度はいくらなのですか．そもそも始めの温度差はいくらだったのでしょう．かりに $T_1 = T_2$ だったとする．ならば $V_1' = V_1$, $V_2' = V_2$ のはず．そういうことが見えてこない⑤は，答ではない．

　初期条件を明確にして未来を予言するのが物理学です．始め $T_1 < T_2$ であったという初期条件を明確にするのに，まずは $T_2 - T_1$ を指定しようと思うでしょう．しかし T_2/T_1 を指定してもいい．本質的違いはないけれども，問題に応じてどっちが便利かということはある（どっちが便利かあらかじめわかることではない）．ここは後者でゆく：

$$\beta = \frac{T_2}{T_1} = \frac{V_2}{\alpha V_1} > 1 \tag{⑥}$$

後の等号は①③による．変数（圧力・容積・温度）の変化も，差でなく比でいきましょう．例えば，気体 2 の容積が何倍になったのなら，気体 1 の容積は何倍にならなければならないか，というふうに．

$$\frac{p_1'}{p_1} = \frac{p_2'}{p_2}, \qquad \frac{T}{T_1} = \beta\frac{T}{T_2}, \qquad \frac{V_1'}{V_1} = \beta\frac{V_2'}{V_2} \tag{⑦}$$

1番目は③, 2番目は⑥, 3番目は前2式による（①②は使う）. これで, 気体1, 2の一方の変化がわかれば他方の変化もわかる. ⑥を使えば⑤は

$$\frac{V_1{}'}{V_1} = \frac{1+\beta}{2} \quad (>1), \qquad \frac{V_2{}'}{V_2} = \frac{1+\beta}{2\beta} \quad (<1) \qquad ⑧$$

となる. 確かに $\beta = 1$ なら $V_1{}' = V_1$, $V_2{}' = V_2$ であり, ⑦の第3式も満たしている.

気体2は断熱変化する（断熱変化の解説をここでする余白はない）. よって, 気体2の比熱比を γ として

$$\frac{T}{T_2} = \left(\frac{V_2}{V_2{}'}\right)^{\gamma-1} = \left(\frac{2\beta}{1+\beta}\right)^{\gamma-1}, \quad \frac{p_2{}'}{p_2} = \left(\frac{V_2}{V_2{}'}\right)^{\gamma} = \left(\frac{2\beta}{1+\beta}\right)^{\gamma}$$

これを⑦に代入して, 気体1の変化もわかる.

気体2の内部エネルギーの増加は

$$\Delta U_2 = \frac{nR}{\gamma-1}(T - T_2) = \frac{p_2 V_2}{\gamma-1}\left[\left(\frac{2\beta}{1+\beta}\right)^{\gamma-1} - 1\right]$$

気体1の内部エネルギーの増加は, 気体1の比熱比を γ_1 として

$$\Delta U_1 = \frac{nR}{\gamma_1-1}(T - T_1) = \frac{p_1 V_1}{\gamma_1-1}\left[\beta\left(\frac{2\beta}{1+\beta}\right)^{\gamma-1} - 1\right]$$

ピストンAが気体2にした仕事を W として

$$\left.\begin{array}{l} \Delta U_2 = W \\ \Delta U_1 = Q - W \end{array}\right\} \qquad Q = \Delta U_1 + \Delta U_2$$

気体1はこれだけの熱量 Q を吸収したはずである.

II III　始状態は①とする. 終状態は②ではない. ③はそのままだが, ④は成立しない. この装置の特徴は

$$\text{ピストンBのつり合い} \qquad 0 = p_2 S - mg \qquad ⑨$$

つまり気体2の圧力は一定, したがって気体1の圧力も $p_1 = \alpha p_2$ に一定.

気体2が断熱変化することは同じ. え？　圧力一定で断熱変化？　するわけないじゃん. 圧力は p_2 のまま, 容積は V_2 のまま, 温度は T_2 のまま. ピストンは動くけれども

$$-\alpha S_0 x + Sh = 0 \qquad ⑩$$

気体1の終状態を

$$p_1(V_1 + S_0 x) = nRT_1{}' \qquad ⑪$$

とし, ①の第1式との, 今度は比でなく差をとる：

$$nR(T_1{}' - T_1) = p_1 S_0 x = mgh \qquad ⑫$$

後の等号は $p_1 = \alpha p_2$ を入れ，⑩ を入れ，⑨ を入れる.

気体 1 は，内部エネルギーが

$$\Delta U_1 = \frac{nR}{\gamma_1 - 1}(T_1' - T_1) = \frac{mgh}{\gamma_1 - 1} \tag{⑬}$$

増加し，ピストン A に仕事

$$W = p_1 S_0 x = mgh$$

をするから，ヒーターから熱量

$$Q = \Delta U_1 + W = \frac{\gamma_1}{\gamma_1 - 1} mgh \tag{⑭}$$

を吸収したはずである. 気体 1 が単原子分子気体なら，⑬⑭ で $\gamma_1 = \dfrac{5}{3}$ とおく.

気体 2 は，ピストン A から仕事 $p_2 \cdot \alpha S_0 x = p_1 S_0 x = mgh (= W)$ をもらい，ピストン B に仕事 $p_2 S h = mgh$ をするので，もうけなし. ピストン B がもらった仕事は，おもりの重力による位置エネルギーの増加になる.

【講評】

3 問とも，見開き 2 頁に納める，という何十年来の伝統を守っている. 好感がもてます. すっきりした問題だから，それができる. 問題の難易度となると，何十年来の伝統，というわけにいかない. いいじゃないですか. 入試は学力テストじゃない，選抜の機能を果たせばよい，という見解もあることだし. 今年はその機能を，模範的に果たしたんじゃないかな. 難問だと成績が 2 極化しちゃうんですよね. いえ，今年の問題がめちゃめちゃ易しかった，なんて言ってません.

第 1 問　摩擦を無視する I で，小さな物体 B は真直ぐ下へ動いてゆく，その様が眼に浮かべばもうしめたもの. I (3) だって，エネルギー保存を使う方が速い，と気が付く. その B の動く様ですが，II でも眼に浮かんできただろうか. それを問いかける設問 II (3) は，問題として秀逸. 定性的判断のできるひとは，相当に学力のあるひと.

第 2 問　初等問題ですが，それでも設問 IV (2) をあっさり答えられるひとは，物理にかなり慣れていると言えるでしょう. ここでも定性的判断を要求する設問 IV (3) がある.

第 3 問　話題のレベルは標準ですが，設問のつっこみがいかにも足りない. 設問 III で「気体 2 の温度は変わらなかった」は，答を教えてしまったようなもの. とはいえ，これを書いておかなかったら，正解者数は半減どころで済まなかったかも.

ゆとり教育とやらの見直しがやっと始まったらしいけど，それでどうにかなるのかしら. でも毎年，何人かの鋭い学生さんがいるので，救われてます.

2003年

解答・解説

第1問

解答

I (1) 衝突前後で相対速度の大きさ等しい（弾性衝突）: $u_0 = -(u_1 + v_1)$

(2) エネルギー保存: $\dfrac{1}{2}Mv_1^2 = \dfrac{1}{2}kx^2$ より $x = v_1\sqrt{\dfrac{M}{k}}$

(3) 単振動の半周期: $T = \pi\sqrt{\dfrac{M}{k}}$

II (1) 運動量保存: $Mv_1 = (2M+M)v_2$ より $v_2 = \dfrac{1}{3}v_1$

(2) エネルギー保存: $\dfrac{1}{2}Mv_1^2 = \dfrac{1}{2}\cdot 3Mv_2^2 + \dfrac{1}{2}ky^2$ より $y = v_1\sqrt{\dfrac{2M}{3k}}$

(3) そのときのBの速度を v として

$$\left.\begin{array}{l} \text{運動量保存:} \quad Mv_1 = 2MV + Mv \\ \text{エネルギー保存:} \quad v_1 = V - v \end{array}\right\} \text{ より } \quad V = \dfrac{2}{3}v_1$$

III 重心速度 $v_2 = \dfrac{1}{3}v_1 < u_1$ ゆえ $v_1 < 3u_1$

解説

物体Aの座標を z_A, 物体Bの座標を z_B とする. Aが $z_A = 0$ に静止したままの設問 I は解説を要さないので, 設問 II からはじめます.

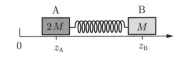

ばねの自然長を l として

$$\text{A:} \quad 2M\ddot{z}_A = +k(z_B - z_A - l), \quad \text{B:} \quad M\ddot{z}_B = -k(z_B - z_A - l) \qquad ①$$

上式を2で割っておいて, 下式から上式を辺々引くか, 両式をそのまま辺々足すと

$$\ddot{z}_B - \ddot{z}_A = -\dfrac{3k}{2M}(z_B - z_A - l), \quad 2\ddot{z}_A + \ddot{z}_B = 0$$

すなわち

$$z = z_B - z_A, \quad Z = \dfrac{1}{3}(2z_A + z_B) \qquad ②$$

とおくと

$$\ddot{z} = -\omega^2(z - l), \quad \ddot{Z} = 0 \tag{③}$$

変数の組 (z_A, z_B) に関する方程式 ① は連立なのに，それと等価な変数の組 (z, Z) に関する方程式 ③ は分離している．① から直接 (z_A, z_B) を求めることはできない．③ から (z, Z) を求めて，② の逆

$$z_A = Z - \frac{1}{3}z, \quad z_B = Z + \frac{2}{3}z \tag{④}$$

に代入すれば (z_A, z_B) を得る．これが筋書き．

　③ によれば，質量中心 Z は等速度運動，相対座標 z は角振動数

$$\omega = \sqrt{\frac{3k}{2M}} \tag{⑤}$$

の単振動をする．初期条件は $t = 0$ に

$$z_A = 0, \quad \dot{z_A} = 0 \quad ; \quad z_B = l, \quad \dot{z_B} = v_1$$

すなわち

$$z = l, \quad \dot{z} = v_1 \quad ; \quad Z = \frac{1}{3}l, \quad \dot{Z} = \frac{1}{3}v_1$$

これを満たす ③ の解は

$$z = l + \frac{v_1}{\omega}\sin\omega t, \quad Z = \frac{1}{3}l + \frac{1}{3}v_1 t \tag{⑥}$$

これを ④ に代入して

$$z_A = \frac{1}{3}v_1 t - \frac{v_1}{3\omega}\sin\omega t, \quad z_B = l + \frac{1}{3}v_1 t + \frac{2v_1}{3\omega}\sin\omega t \tag{⑦}$$

　次頁に ⑦ を図示しました．グラフを描くのに，ω やら v_1 の数値を具体的に指定する必要はない．v_1（B の初速度）を表す接線の傾きを何度にするかだけで，グラフの形は定まってしまう．ここではそれが $45°$ になるようなタイムスケールをとっています．したがって質量中心の速度を示す勾配は $1/3$ です．τ は相対単振動の半周期

$$\tau = \frac{\pi}{\omega} = \pi\sqrt{\frac{2M}{3k}}$$

次の図には負の時刻，つまり設問 I の状況も描き加えてある（物体 C の動きは省略）．B のみの単振動の半周期 T をこの τ で表すと

$$T = \pi\sqrt{\frac{M}{k}} = \sqrt{\frac{3}{2}}\tau = \tau \times 1.2247\cdots$$

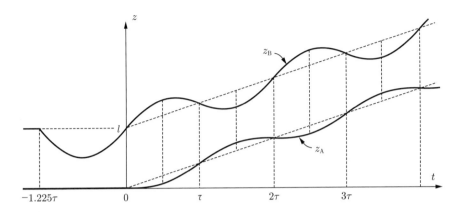

この図を見れば，A，B がどんなふうに動いていくか，眼に浮かんできますね．$t = \tau$, 3τ, $\cdots$ にばねの長さは自然長に戻り（$z = l$），そのとき A の速度最大，B の速度最小です．上の図では目盛りが正確には読めませんが，パソコン上で描いているひとなら，その接線の勾配がそれぞれ $+(2/3)$，$-(1/3)$ であることが確かめられるはず．すなわち

$$\text{A の速度最大値} = +\frac{2}{3}v_1, \quad \text{B の速度最小値} = -\frac{1}{3}v_1$$

数式的には ④ により

$$\dot{z_A} = \dot{Z} - \frac{1}{3}\dot{z}, \quad \dot{z_B} = \dot{Z} + \frac{2}{3}\dot{z} \tag{⑧}$$

いまは

$$\dot{Z} = \frac{1}{3}v_1, \quad \dot{z} = v_1 \cos\omega t \quad \leftarrow \quad \text{⑥ の時間微分}$$

なお，ばねの長さ z が最大あるいは最小のときとは，$\dot{z} = 0$ のときのこと．だからそのときの A，B の速度は質量中心の速度に等しい．

エネルギー保存は

$$\frac{1}{2} \cdot 2M\dot{z_A}^2 + \frac{1}{2}M\dot{z_B}^2 + \frac{1}{2}k(z-l)^2 = \text{一定}$$

でもいいけど，⑧ を代入すると

$$\frac{1}{2} \cdot 2M\dot{z_A}^2 + \frac{1}{2}M\dot{z_B}^2 = \frac{1}{2} \cdot 3M\dot{Z}^2 + \frac{1}{2} \cdot \frac{2}{3}M\dot{z}^2$$

となり，いまは $\dot{Z} = $ 一定 だから，エネルギー保存は実質的に

$$\frac{1}{2} \cdot \frac{2}{3}M\dot{z}^2 + \frac{1}{2}k(z-l)^2 = \frac{1}{2} \cdot \frac{2}{3}Mv_1^2 \tag{⑨}$$

ですむ．右辺の一定値は初期条件（$z = l$ に $z = v_1$）による．よって，ばねの伸びあるいは縮みの最大値 y は（そのとき $\dot{z} = 0$）

$$\frac{1}{2}ky^2 = \frac{1}{2}\cdot\frac{2}{3}M{v_1}^2 \quad \text{より} \quad y = v_1\sqrt{\frac{2M}{3k}} = \frac{v_1}{\omega} \quad \leftarrow \quad \text{⑤}$$

$(z-l)$ の最大値・最小値はすでに ⑥ より明らかです.

$z = l$ のとき ⑨ により $\dot{z}^2 = {v_1}^2$, よって $\dot{z} = +v_1\,(t = 0,\ 2\tau,\ \cdots)$ かまたは $\dot{z} = -v_1\,(t = \tau,\ 3\tau,\ \cdots)$ のどちらかです. そのことを設問 II (3) の解答で使いました. もっと一般に, $(z-l)^2$ の値が等しい 2 時点で相対速度の大きさは等しいわけです.

第 2 問

[解][答]

I (1)　棒 2 に起電力 Blv_0 が生ずる.

$$2RI_0 = Blv_0 \quad \text{より} \quad I_0 = \frac{Blv_0}{2R}$$

(2)　棒 2 の電流を I_1 として $2RI_1 = Blv - Blu$

$$F_1 = I_1Bl = \frac{(Bl)^2}{2R}(v-u), \quad F_2 = -I_1Bl = -\frac{(Bl)^2}{2R}(v-u)$$

II (1)　$2RI = Blv + Blu \quad \text{より} \quad I = \frac{Bl}{2R}(v+u)$

(2)　$\left.\begin{array}{c} Blv - RI \\ -Blu + RI \end{array}\right\} = \frac{1}{2}Bl(v-u)$

III　(a) $\cdots$ （ウ）　　(a) (c) (d) 電流が流れないから, ローレンツ力が作用しない.

(b) $\cdots$ （イ）　　(b) 棒 1, 2 に $-y$ 方向の大きさの等しい力が作用する.

(c) $\cdots$ （ウ）

(d) $\cdots$ （ウ）

[解説]

　棒 1 の座標を x_1, 棒 2 の座標を x_2 とする（右図）. 電流 I の正の向きに右ネジを回してネジの進む向きに法線 n を立てる. 磁束密度の法線成分は $-B$ になる.

　回路をつらぬく磁束 ϕ は

$$\phi = -Bl(x_2 - x_1)$$

よって誘導起電力は

$$-\frac{d\phi}{dt} = +Bl(v-u) \qquad (u = \dot{x}_1,\ v = \dot{x}_2)$$

回路の方程式：

$$2RI = Bl(v - u) \quad \text{より} \quad I = \frac{Bl}{2R}(v - u) \qquad ①$$

このとき棒 1, 2 に作用する力 F_1, F_2（右向き正）は

$$F_1 = IBl = \frac{(Bl)^2}{2R}(v - u), \quad F_2 = -IBl = -\frac{(Bl)^2}{2R}(v - u) \qquad ②$$

つぎに下図の場合を考察する．P, Q の右端の座標を a, P′, Q′ の左端の座標を b とする．領域 $x_1 < x < a$ での法線 n は上を向くことに注意．

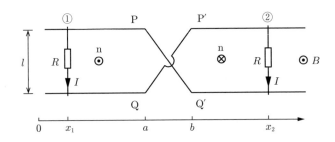

回路をつらぬく磁束 ϕ は

$$\phi = +Bl(a - x_1) - Bl(x_2 - b) + \phi_0$$

領域 $a < x < b$ のあたりはゴチャゴチャする．その領域の磁束を ϕ_0 とする．ϕ_0 を詳しく計算する必要はない．これは時間によらないから，あとで時間微分すると 0 になる．誘導起電力は

$$-\frac{d\phi}{dt} = +Bl(v + u) \qquad (u = \dot{x}_1,\ v = \dot{x}_2)$$

回路の方程式：

$$2RI = Bl(v + u) \quad \text{より} \quad I = \frac{Bl}{2R}(v + u) \qquad ③$$

このとき棒 1, 2 に作用する力 F_1, F_2（右向き正）は

$$F_1 = -IBl = -\frac{(Bl)^2}{2R}(v + u), \quad F_2 = -IBl = -\frac{(Bl)^2}{2R}(v + u) \qquad ④$$

さて，このとき P′ に対する P の電位 $V_{\mathrm{PP'}}$ はいくらか（設問 II (2)）．電位差は電位差計で測る．より簡便には PP′ 間に電圧計をつなげばよい．電圧計とは内部抵抗の大きい電流計のことです．そこに流れる電流 i を測定して，目盛板には電圧 $V = ri$ を目盛ったもの．ここに r は電圧計の内部抵抗．

では，この電圧計を PP′ 間につなぐ．下図で，i が正なら P′ より P の電位が高い．

棒 2 と電圧計から成るループ：

$$\phi = -Bl(x_2 - b) + \phi_2, \quad -\frac{d\phi}{dt} = +Blv \quad \text{より} \quad RI + ri = Blv \qquad \text{⑤}$$

棒 1 と電圧計から成るループ：

$$\phi = +Bl(a - x_1) + \phi_1, \quad -\frac{d\phi}{dt} = +Blu \quad \text{より} \quad R(I - i) - ri = Blu \qquad \text{⑥}$$

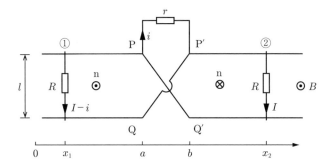

連立方程式⑤⑥を解いて

$$I = \frac{r}{R + 2r}\frac{Bl}{R}\left\{\left(1 + \frac{R}{r}\right)v + u\right\}, \quad i = \frac{Bl}{R + 2r}(v - u)$$

よって PP′ 間電位差は

$$V_{\text{PP}'} = ri = \frac{r}{R + 2r}Bl(v - u)$$

ここで $r \to \infty$ の極限をとると

$$I = \frac{Bl}{2R}(v + u) \quad \text{（③に一致）}, \quad V_{\text{PP}'} = \frac{1}{2}Bl(v - u)$$

最後に，棒 1, 2 に等しい初速度 v_0 を与えた後の運動を考える．棒 2 が絶縁体上をすべっている間，棒 1, 2 は速度 v_0 の等速運動．棒 2 が P′, Q′ の左端を通過する時刻を $t = 0$，そのとき P, Q 上にある棒 1 の位置を $x = 0$，棒 1 から P, Q の右端までの距離を h とする（右図）．

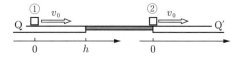

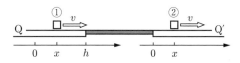

これ以後，回路に流れる電流を I として，棒 1, 2 には等しい力 $F = -IBl$ が作用する．棒の質量が等しいから加速度も等しく，初速度が同じだから以後の速度 v も変位 x も同じです．棒 1, 2 の間隔一定のまま，両者は同じように減速していく．

電流 I，力 F は③④で $u = v$ とおけばよい．棒の質量を m として運動方程式は

$$m\frac{dv}{dt} = -\frac{(Bl)^2}{R}v$$

すなわち

$$\frac{dv}{dt} = -\lambda v, \qquad \lambda = \frac{(Bl)^2}{mR} \qquad\qquad ⑦$$

これを $t = 0$ $(v = v_0,\ x = 0)$ から $t = t$ $(v = v,\ x = x)$ まで積分して

$$\int_0^t \frac{dv}{dt}\,dt = -\lambda \int_0^t v\,dt, \quad v - v_0 = -\lambda x \qquad ⑧$$

もちろん，この $v - x$ 関係は，$v,\ x$ を時間の関数として

$$v = v_0 e^{-\lambda t}, \qquad x = \frac{v_0}{\lambda}(1 - e^{-\lambda t})$$

と出してから，t を消去してもいい.

棒 1 が P，Q の右端 $x = h$ に達したときの速度 v_1 は ⑧ により

$$v_1 = v_0 - \lambda h$$

以後，棒 1, 2 はこの速度 v_1 の等速運動. 棒 1 が P'，Q' 上に入ってきたときの電流，力は ①② で $u = v$ とおいて，$I = 0$，$F = 0$. よってそのまま速度 v_1 の等速運動.

初速度 v_0 と h に関する条件：$v_0 > \lambda h$

さもないと，いつまで経っても棒 1 が絶縁体上に入ってこない.

第 3 問

解 答

I (1)　波長 $\lambda = \dfrac{c}{f}$，$d = \dfrac{1}{4}\lambda = \dfrac{c}{4f}$

(2)　直接波　$\sqrt{x^2 + (h - y)^2}$，反射波　$\sqrt{x^2 + (h + y)^2}$

(3)　$\sqrt{x^2 + (h + y)^2} - \sqrt{x^2 + (h - y)^2} = (2n - 1)\lambda/2 = (4n - 2)d$

　　　ただし $n = 1,\ 2,\ \cdots$　$\{(4n - 2)d < 2h$ の範囲内 $\}$

(4)　$(0, -h)$

(5)

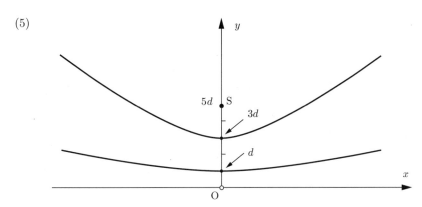

II (1)　振動数 f

SO 方向への波の速さ $v = \sqrt{c^2 - V^2}$,　　その波長 $\lambda' = \dfrac{v}{f} = \dfrac{\sqrt{c^2 - V^2}}{f}$

(2)　$d' = \dfrac{1}{4}\lambda' = \dfrac{1}{4f}\sqrt{c^2 - V^2}$

解説

　角振動数 $\omega = 2\pi f$, 波長 $\lambda = c/f$ を用いる. 波源 S$(0, h)$ からの波 ψ_1

$$\psi_1 = A\cos\left(\omega t - \frac{2\pi}{\lambda}r_1\right), \quad r_1 = \sqrt{x^2 + (y-h)^2} \qquad \text{①}$$

は, 水槽の壁で位相のずれなく反射する. その反射波 ψ_2 は, あたかも波源 S$'(0, -h)$ から出たような波

$$\psi_2 = A\cos\left(\omega t - \frac{2\pi}{\lambda}r_2\right), \quad r_2 = \sqrt{x^2 + (y+h)^2} \qquad \text{②}$$

です. ①と②の合成波 ψ

$$\psi = \psi_1 + \psi_2 = 2A\cos\left\{\frac{\pi}{\lambda}(r_2 - r_1)\right\}\cos\left\{\omega t - \frac{\pi}{\lambda}(r_1 + r_2)\right\} \qquad \text{③}$$

は, $r_2 - r_1 = \lambda/2,\ 3\lambda/2,\ \cdots$ の点 P(x, y) で時間 t によらず 0 になる. これは①と②で振幅 A を同じにしてしまったからで, 実際には 0 にならない（振幅 A は波源からの距離により小さくなっていく）. けれど振幅極小であることに間違いない.

　特に OS 上で O に一番近い節を $(0, d)$ とすると

$$r_2 - r_1 = (h+d) - (h-d) = \frac{\lambda}{2} \quad \text{より} \quad d = \frac{\lambda}{4} \qquad \text{④}$$

この d を用いて一般の節は

$$r_2 - r_1 = 2pd, \qquad p = 1,\ 3,\ 5,\ \cdots (< h/d) \qquad \text{⑤}$$

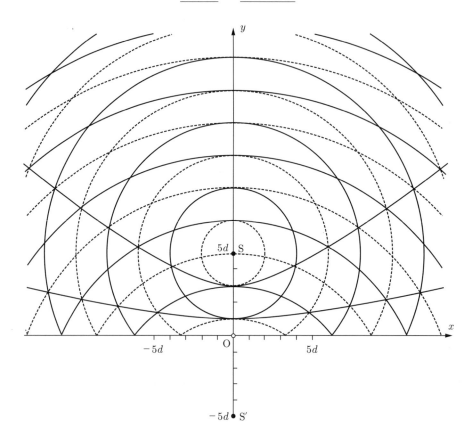

これは 2 定点 S, S′ への距離の差が一定の点の軌跡，すなわち節の集合（節線）は双曲線になる．標準形で書けば

$$\frac{y^2}{(pd)^2} - \frac{x^2}{h^2 - (pd)^2} = 1, \qquad p = 1,\ 3,\ 5,\ \cdots (< h/d) \qquad ⑥$$

$h = 5d$ の場合，奇数 $p = 1,\ 3$ まで，つまり節線は 2 本．上図は S からちょうど山が出たときの図で，太線の円が山，点線の円が谷．同心円は時間とともに広がっていく．

　$+x$ 方向に速さ V の水流がある場合，$t = 0$ に S を出た山は，時刻 t に半径 ct の円になることは同じですが，円の中心が S$(0, h)$ ではなく (Vt, h) に移っている．その波面が y 軸に沿って動く速さ v と波長 λ' は

$$v = \sqrt{c^2 - V^2}, \quad \lambda' = vT = \lambda(v/c) \quad (T = 1/f \text{ は周期}) \qquad ⑦$$

反射波の波面は $(Vt, -h)$ を中心とする半径 ct の円になる．それは円からくずれるのではないか，と心配ですか．ならば水に固定した座標系で考えなさい．波源も水槽の壁も $-x$ 方向へ速さ V で動く．水槽の壁は完全になめらかであると理想化する．波源をいったん出てしまった波面は，波源の動きに関係なく，静止した水に対して速さ c で進む．

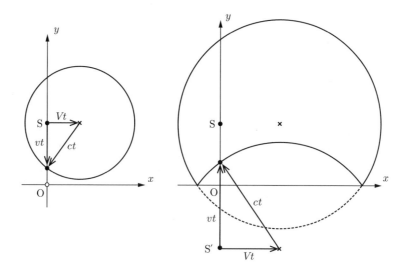

y 軸上の OS 部分のみに着目する．$t = 0$ に波源 S が山であるとして

$$\psi_1 = A \cos\left\{\omega t - \frac{2\pi}{\lambda'}(h - y)\right\}, \quad \psi_2 = A \cos\left\{\omega t - \frac{2\pi}{\lambda'}(h + y)\right\}$$

$$\psi = \psi_1 + \psi_2 = 2A \cos\left(\frac{2\pi}{\lambda'} y\right) \cos\left(\omega t - \frac{2\pi}{\lambda'} h\right) \qquad ⑧$$

これは定常波です．$d' = \lambda'/4$ とおいて，節の位置は $y = d'$, $3d'$, $5d'$, $\cdots$.

例として $\dfrac{V}{c} = \dfrac{3}{5}$ とする．$\dfrac{\lambda'}{\lambda} = \dfrac{d'}{d} = \dfrac{4}{5}$ だから，$h = 5d = 6.25d'$ です．

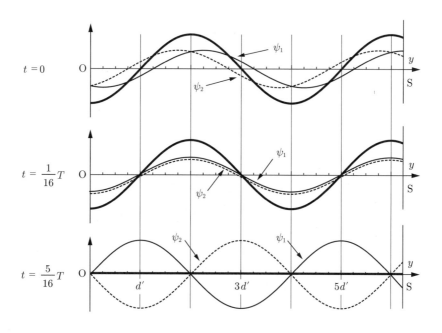

下の図は $t = \dfrac{5}{16}T$ のときのもの.

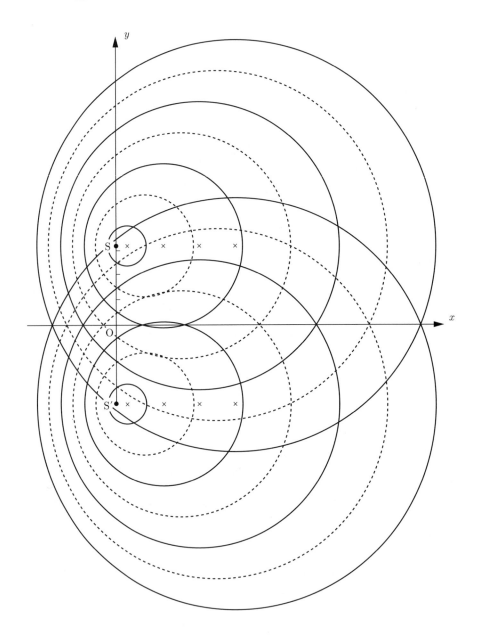

[講評]

　昨年，硬派に転じたのもつかのま，すぐ軟派してしまった．ふらつくのは，国の経済の動向と軌を一にしているのかしら．

　第1問　2体問題は，質量中心と相対座標を用いて記述すべきことを，駿台では4月第1週1時限目に教えています．

　第2問　ファラデーの法則により一周についての起電力がわかる．その起電力がどこに発生しているかは教えてくれない．それがどこかを推察して，等価回路などを書くひともいるようだけど，解説では一途にファラデーの法則にこだわりました．だって，誘導起電力を，まるでローレンツ力が原因であるかのような説明が世に氾濫しているからさ．それには絶対くみしたくない．

　第3問　実は，円形波紋が拡がってゆく様を，時間を追って何枚も描きました．まさにこれはアニメの世界です．

2002年

解答・解説

第1問

解 答

I (1) a での摩擦力は最大静止摩擦力 μN_a, b での摩擦力は動摩擦力 $\mu' N_b$ ゆえ,

$$\mu N_a - \mu' N_b = 0.$$

(2) 重心まわりの力のモーメントのつりあい $N_a l - N_b (d_1 - l) = 0$ と (1) の結果より

$$\frac{N_a}{N_b} = \frac{\mu'}{\mu} = \frac{d_1 - l}{l} \qquad \therefore \qquad d_1 = l\left(1 + \frac{\mu'}{\mu}\right).$$

(3) (2) より, b が C に達する直前, 重心から A
まで, 重心から C までの距離の比は μ/μ'.
これと同様, a が D に達する直前に, 重心
から C まで, 重心から D までの距離の比
は μ/μ' である. 右図より, 重心から C ま
での距離は

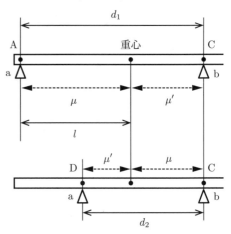

$$d_1 \frac{\mu'}{\mu + \mu'} = d_2 \frac{\mu}{\mu + \mu'} \qquad \therefore \qquad \frac{\mu'}{\mu} = \frac{d_2}{d_1}.$$

(4) 右図と (3) の結果より,
$$l = d_1 \frac{\mu}{\mu + \mu'} = \frac{d_1{}^2}{d_1 + d_2}.$$

(5) 支点 a, b が重心の位置で静止する.

理由:はじめ, 重心から近い方の a が静止して, 遠い方の b が動く. 重心から a, b までの
距離の比が $\mu : \mu'$ となると, こんどは, a が動き b が静止して, 重心から a, b までの距離
の比が $\mu' : \mu$ となると, 再び a が静止して b が動く. これを繰り返して, a, b はともに重
心に近づいてきて重心の位置で静止する.

II (1) エネルギー保存則

$$\frac{1}{2} m \left(\frac{l_1}{L} v\right)^2 + \frac{1}{2} \cdot 2m \left(\frac{l_2}{L} v\right)^2 = mg \cdot 2l_1 + 2mg \cdot 2l_2$$

より

$$v = 2L \sqrt{\frac{g(l_1 + 2l_2)}{l_1{}^2 + 2l_2{}^2}}.$$

(2)　(1) の結果より

$$2L\sqrt{\frac{g(l_1+2l_2)}{l_1{}^2+2l_2{}^2}}=L\sqrt{\frac{8g}{3l}}\qquad\text{すなわち}\qquad\frac{l_1{}^2+2l_2{}^2}{4(l_1+2l_2)}=\frac{3l}{8}.$$

これと，重心の定義 $l=(l_1+2l_2)/3$ より，

$$l_1=2l,\qquad l_2=\frac{1}{2}l.$$

解説

I　水平なテーブルの上に鉛筆を 2 本平行に並べ（支点 a, b），その上に垂直に 1 本の棒（パイプ AB）をのせる．鉛筆を平行に保って互いにゆっくり接近させていく．このときコツがある．a, b それぞれを動かす必要はないのです．たとえば a を固定し，b を左へじわりとずらす．そうすると次の 2 つのうちのどちらかが起こる．

　　　　　　　[1]　a と棒はすべらず，b のみが左へ動く．

　　　　　　　[2]　b と棒はすべらず，b と棒が一緒に左へ動く．

もちろん，b を固定し，a を右へずらしてもいい．そのときは

　　　　　　　[3]　a と棒はすべらず，a と棒が一緒に右へ動く．

　　　　　　　[4]　b と棒はすべらず，a のみが右へ動く．

です．両方やってみる必要はない．[3] は [1] と，[4] は [2] と，まったく同じ現象です．以下では a を固定することにします．

　b のみが動くにしても，b と棒が一緒に動くにしても，その速度はきわめてゆっくりであること，加速度 0 の運動であること，いったん動きだしたらその速度を保つこと．手でやるのはかなり難しい．[1] と [2] のどちらが起こるかは，やってみるまでわからない．かりに [1] が起こったとする．その無限小速度を保っていると，あるときに [2] の現象に切り替わる．それをこれから調べましょう．

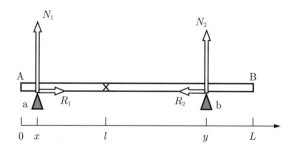

支点 a, b の位置を棒の左端 A からの距離 x, y で表す．上図の座標系はテーブルに固定したものでなく，棒に固定したものです．時々刻々つり合いの問題ですからそれでかまわない．左端 A から棒の重心までの距離 l，棒の質量 M $(=3m)$ とする．支点 a が棒に作用する力を (N_1, R_1)，支点 b が棒に作用する力を (N_2, R_2) として

$$\left.\begin{array}{c} N_1 + N_2 = Mg \\ N_1(l-x) = N_2(y-l) \end{array}\right\} \quad \left\{\begin{array}{l} N_1 = Mg\dfrac{y-l}{y-x} \\ N_2 = Mg\dfrac{l-x}{y-x} \end{array}\right. \qquad ①$$

また R_1 と R_2 は大きさは等しいけれども $(R_1 = R_2)$，[1] [2] に応じてどちらかが静止摩擦で他方は滑り摩擦という違いがある．

[1] の場合，①の x は定数で y は小さくなってゆく．R_2 は滑り摩擦だから

$$R_2 = \mu' N_2 = \mu' Mg\frac{l-x}{y-x}$$

このとき R_1 は静止摩擦で

$$\frac{R_1}{N_1} = \mu'\frac{N_2}{N_1} = \mu'\frac{l-x}{y-l}$$

この比は y が小さくなるとともに大きくなる．この比の値が μ になる y の値は

$$y = (1+\lambda)l - \lambda x, \qquad \lambda = \frac{\mu'}{\mu} \ (<1) \qquad ②$$

この y を①に代入して，そのときの N_1, N_2 の値は

$$N_1 = Mg\frac{\lambda}{1+\lambda}, \qquad N_2 = Mg\frac{1}{1+\lambda}$$

また R_1, R_2 は

$$\left.\begin{array}{l} R_1 = \mu' Mg\dfrac{1}{1+\lambda}\text{（静止）} \ \rightarrow \ \mu' Mg\dfrac{\lambda}{1+\lambda}\text{（滑り）} \\ \qquad\qquad\qquad \Downarrow \ \text{（一瞬遅れる）} \\ R_2 = \mu' Mg\dfrac{1}{1+\lambda}\text{（滑り）} \ \rightarrow \ \mu' Mg\dfrac{\lambda}{1+\lambda}\text{（静止）} \end{array}\right\} \qquad ③$$

さきに R_1 が $\mu' N_1$ にガタンと小さくなるので一瞬 $R_1 < R_2$ となり，棒は左へ動きだすが，すぐ支点 b の速度に等しくなる，つまり b と棒とは互いに静止する．R_2 もガタンと小さくなって，$R_1 = R_2$ が回復する．

[2] の場合，①で y は定数，x が大きくなってゆく．滑り摩擦 R_1 は

$$R_1 = \mu' N_1 = \mu' Mg\frac{y-l}{y-x}$$

静止摩擦 R_2 について

$$\frac{R_2}{N_2} = \mu'\frac{N_1}{N_2} = \mu'\frac{y-l}{l-x}$$

この比は x が大きくなるとともに大きくなり，その値が μ になる x の値は

$$x = (1+\lambda)l - \lambda y, \qquad \lambda = \frac{\mu'}{\mu} \; (<1) \tag{④}$$

この x を①に代入して

$$N_1 = Mg\frac{1}{1+\lambda}, \qquad N_2 = Mg\frac{\lambda}{1+\lambda}$$

そのとき

$$\left.\begin{array}{l} R_1 = \mu'Mg\dfrac{1}{1+\lambda}\,(滑り) \quad \to \quad \mu'Mg\dfrac{\lambda}{1+\lambda}\,(静止) \\[2ex] \qquad\qquad\qquad\qquad \pmb{\uparrow} \quad (一瞬遅れる) \\[2ex] R_2 = \mu'Mg\dfrac{1}{1+\lambda}\,(静止) \quad \to \quad \mu'Mg\dfrac{\lambda}{1+\lambda}\,(滑り) \end{array}\right\} \tag{⑤}$$

さきに R_2 がガタンと小さくなって，$R_1 > R_2$ となり，棒の速度が遅くなってaとの相対速度 0 すなわち静止し，$R_1 = R_2$ が回復する．

　この問題では初め $x = 0$，$y = L$ で $R_1 = R_2$（まだ両方とも静止摩擦）を大きくしていくと [1] が起こったと書いてある．つまり

$$\frac{R_1}{N_1} = \frac{R_1}{Mg}\frac{L}{L-l} < \mu, \qquad \frac{R_2}{N_2} = \frac{R_2}{Mg}\frac{L}{l} = \mu, \quad 2l < L$$

棒の重心は真ん中より左寄りなわけです．そして [2] に切り替わるときのbの位置は②により $(x = 0)$

$$y_1 = (1+\lambda)l$$

次に [1] に切り替わるときのaの位置は④により

$$x_1 = (1+\lambda)l - \lambda y_1 = (1-\lambda^2)l$$

次に [2] に切り替わるときのbの位置は②により

$$y_2 = (1+\lambda)l - \lambda x_1 = (1+\lambda^3)l$$

次に [1] に切り替わるときのaの位置は④により

$$x_2 = (1+\lambda)l - \lambda y_2 = (1-\lambda^4)l$$

以下同様にして

$$y_n = (1+\lambda^{2n-1})l, \quad x_n = (1-\lambda^{2n})l, \quad n = 1, 2, 3\cdots$$

$\lambda < 1$ ですから，bもaも代わり番こに重心の位置に接近していく．

II　パイプ AB が鉛直下向き（$-y$ 方向）となす角を θ として $\omega = d\theta/dt$ とおく．パイプの中に，支点 A からの距離 l_1 に質量 m_1，距離 l_2 に質量 m_2 が固定されているとして

$$\text{角運動量} = m_1 l_1{}^2 \omega + m_2 l_2{}^2 \omega$$

$$\text{重力のモーメント} = -m_1 g l_1 \sin\theta - m_2 g l_2 \sin\theta$$

よって*

$$(m_1 l_1{}^2 + m_2 l_2{}^2)\frac{d\omega}{dt} = -(m_1 l_1 + m_2 l_2)g \sin\theta$$

この両辺に ω を掛けると

$$\text{左辺} = \frac{d}{dt}\left\{\frac{1}{2}(m_1 l_1{}^2 + m_2 l_2{}^2)\omega^2\right\}, \quad \text{右辺} = \frac{d}{dt}\{(m_1 l_1 + m_2 l_2)g\cos\theta\}$$

これは

$$\frac{1}{2}(m_1 l_1{}^2 + m_2 l_2{}^2)\omega^2 - (m_1 l_1 + m_2 l_2)g\cos\theta = \text{一定}$$

を意味する．$\theta = \pi$ で $\omega = 0$ であったなら $\theta = 0$ になったときの ω は

$$\frac{1}{2}(m_1 l_1{}^2 + m_2 l_2{}^2)\omega^2 - (m_1 l_1 + m_2 l_2)g = 0 + (m_1 l_1 + m_2 l_2)g$$

$$\omega^2 = \frac{4(m_1 l_1 + m_2 l_2)g}{m_1 l_1{}^2 + m_2 l_2{}^2} = \frac{4(m_1 + m_2)gl}{m_1 l_1{}^2 + m_2 l_2{}^2}$$

ここで

$$l = \frac{m_1 l_1 + m_2 l_2}{m_1 + m_2}$$

は支点 A から重心までの距離です．

いまは $m_1 = m$, $m_2 = 2m$ で，実験により $\omega^2 = 8g/3l$ と測定された．よって

$$l_1 + 2l_2 = 3l, \quad 2l_1{}^2 + 4l_2{}^2 = 9l^2 \qquad \text{より} \qquad 2l_1{}^2 + (3l - l_1)^2 = 9l^2$$

整理すると $l_1(l_1 - 2l) = 0$ ですが，$l_1 \neq 0$ だから，$l_1 = 2l$, $l_2 = l/2$.

第 2 問

解　答

I (1)　$I_2 = 0$ だから $V_1 = kn_1{}^2 \dfrac{dI_1}{dt} = V_0 > 0$, よって正に増加

(2)　$n_1 \dfrac{d\Phi}{dt} = V_0$（一定）より $\Phi = \dfrac{V_0}{n_1}t$, $t = T : \Phi = \dfrac{V_0}{n_1}T$

---

*角運動量を習っていない人は，いきなり 5 行下のエネルギー保存則を書き下せばよい．

(3)　$I_1 = \dfrac{\Phi}{kn_1} = \dfrac{V_0}{kn_1{}^2}t$, $t = T : I_1 = \dfrac{V_0}{kn_1{}^2}T$

(4)　$E = R_1 I_1 + V_1 = \begin{cases} \dfrac{R_1 V_0}{kn_1{}^2}t + V_0, & 0 < t < T \quad \text{(a)} \\[3mm] \dfrac{R_1 V_0}{kn_1{}^2}T, & T < t \qquad\quad \text{(b)} \end{cases}$

II (1)　I (2) に同じ．$\Phi = \dfrac{V_0}{n_1}T$

(2)　$V_1 = n_1 \dfrac{d\Phi}{dt}$, $V_2 = n_2 \dfrac{d\Phi}{dt}$ より $\dfrac{V_1}{V_2} = \dfrac{n_1}{n_2}$, $V_2 > 0$　c' 点が高い

(3)　$R_2 I_2 = -V_2 = -\dfrac{n_2}{n_1}V_0$, $I_2 = -\dfrac{n_2 V_0}{n_1 R_2}$

$I_1 = \dfrac{1}{n_1}\left(\dfrac{\Phi}{k} - n_2 I_2\right) = \dfrac{V_0}{kn_1{}^2}t + \dfrac{n_2{}^2}{n_1{}^2}\dfrac{V_0}{R_2}$

解説

電流回路の方程式

$$\begin{cases} 1 \text{次側}\quad R_1 I_1 = E - V_1 \quad ① & V_1 = n_1 \dfrac{d\Phi}{dt} \qquad ② \\[3mm] 2 \text{次側}\quad R_2 I_2 = -V_2 \quad\ \ ③ & V_2 = n_2 \dfrac{d\Phi}{dt} \qquad ④ \end{cases}$$

および

$$\Phi = k(n_1 I_1 + n_2 I_2) \qquad ⑤$$

使う式はこの 5 つですが，本質的にはつぎの 2 つです．

$$\left.\begin{array}{l} R_1 I_1 + kn_1{}^2 \dfrac{dI_1}{dt} + kn_1 n_2 \dfrac{dI_2}{dt} = E \\[3mm] R_2 I_2 + kn_1 n_2 \dfrac{dI_1}{dt} + kn_2{}^2 \dfrac{dI_2}{dt} = 0 \end{array}\right\}$$

$kn_1{}^2$, $kn_2{}^2$ をコイル 1, 2 の自己インダクタンス，$kn_1 n_2$ をコイル 1 と 2 の相互インダクタンスという．時間の次元をもつパラメタ

$$\tau_1 = \dfrac{kn_1{}^2}{R_1}, \quad \tau_2 = \dfrac{kn_2{}^2}{R_2} \qquad ⑥$$

をこの解説では使います．

　起電力 E を指定して電流 I_1, I_2 を求めよ，というのが普通の問題ですが，ここでは，簡単な V_1 を指定してそうなるような E を逆算せよ，というわけです．その簡単な V_1 が問題文の図 2–2 で指定されている．ただし，ほんとは $t = 0$ に $V_1 = 0$ から変わり始めて $V_1 = V_0$ になるまでの所要時間 τ があるはずです．$t = T$ についても同様．その所要時間 τ が充分に短いという近似をするわけですが，一応有限な τ の場合の計算をしておかないと，何がどうなっているのか心配．それで

$$V_1 = V_0 f, \quad f = \begin{cases} \dfrac{t}{\tau} & , & 0 < t < \tau \\[2mm] 1 & , & \tau < t < T \\[2mm] 1 - \dfrac{t-T}{\tau}, & & T < t < T + \tau \end{cases} \qquad ⑦$$

としてみます. そうすると ② により

$$\Phi = \dfrac{V_0}{n_1} F, \quad F = \begin{cases} \dfrac{t^2}{2\tau} & , & 0 < t < \tau \\[2mm] t - \dfrac{\tau}{2} & , & \tau < t < T \\[2mm] t - \dfrac{\tau}{2} - \dfrac{(t-T)^2}{2\tau}, & & T < t < T + \tau \end{cases} \qquad ⑧$$

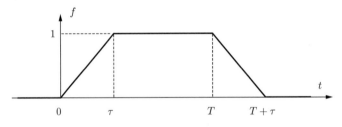

図 1　f 関数　無次元

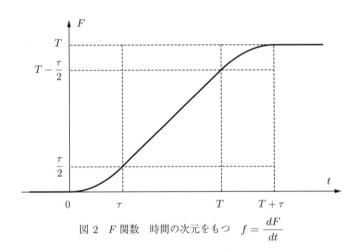

図 2　F 関数　時間の次元をもつ　$f = \dfrac{dF}{dt}$

　設問 I（2 次側スイッチ off）と設問 II（2 次側スイッチ on）とで, V_1 は共通ですので, Φ も共通. したがって V_2 も共通. ②④ より

$$V_2 = \dfrac{n_2}{n_1} V_1 = \dfrac{n_2}{n_1} V_0 f$$

設問 I では $I_2 = 0$, 設問 II では ③ により

$$I_2 = -\frac{V_2}{R_2} = -\frac{n_2}{n_1}\frac{V_0}{R_2}f \qquad\qquad ⑨$$

設問 I と II とで本質的に異なるのは I_1 と E だけです.

　設問 I：⑤で $I_2 = 0$ とおいて⑧を代入する.

$$I_1 = \frac{\Phi}{kn_1} = \frac{V_0}{kn_1{}^2}F = \frac{V_0}{R_1}\cdot\frac{1}{\tau_1}F \qquad\qquad ⑩$$

①に⑩⑦を代入して

$$E = R_1 I_1 + V_1 = V_0\left(\frac{1}{\tau_1}F + f\right) \qquad\qquad ⑪$$

　設問 II：⑤に⑧⑨を代入して

$$I_1 = \frac{\Phi}{kn_1} - \frac{n_2}{n_1}I_2 = \frac{V_0}{kn_1{}^2}F + \frac{n_2{}^2}{n_1{}^2}\frac{V_0}{R_2}f$$
$$= \frac{V_0}{R_1}\left(\frac{1}{\tau_1}F + \frac{\tau_2}{\tau_1}f\right) \qquad\qquad ⑫$$

①に⑫⑦を代入して

$$E = R_1 I_1 + V_1 = V_0\left\{\frac{1}{\tau_1}F + \left(1 + \frac{\tau_2}{\tau_1}\right)f\right\} \qquad\qquad ⑬$$

　⑩⑪⑫⑬のグラフを描いておきます（$\tau:\tau_2:\tau_1:T = 2:3:4:6$ として）. $\tau\to 0$ でどうなるかは自分で描いてください. 2 次側スイッチ off の場合の電流 I_1 を除いて, 他の 3 つはステップ関数になります.

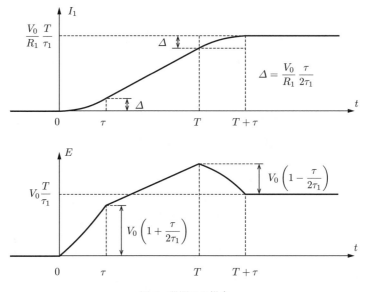

図 3　設問 I の場合

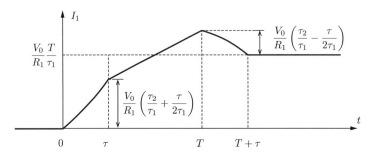

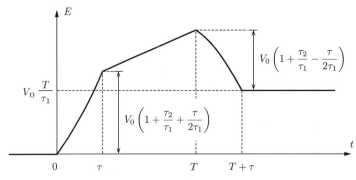

図 4　設問 II の場合

第 3 問

解 答

I (1)　$P_2 = P_0 + 2\rho g L$　$\cdots$①

(2)　図 3–1 のとき，図 3–2 のときの気体の内部エネルギーを各々 U_1, U_2 とする．状態方程式

$$P_0 SL = nRT_0 = \frac{2}{3}U_1 \quad \cdots ②, \qquad P_2 SL = nRT_2 = \frac{2}{3}U_2 \quad \cdots ③$$

気体がする仕事は 0 とみなす．熱力学第一法則，および①〜③より

$$Q = U_2 - U_1 = \frac{3}{2}(P_2 - P_0)SL = 3\rho g SL^2.$$

II (1)　②と図 3–3 のときの状態方程式

$$P_3 S(1 + \alpha)L = nRT_3 \quad \text{より} \quad T_3 = (1 + \alpha)\frac{P_3}{P_0} T_0.$$

(2)　右図.

(3)　右図の面積

$$W = \frac{1}{2}(P_2 + P_3)\alpha SL.$$

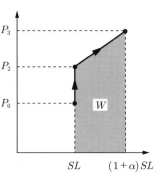

III (1)　図 3–4 のときの A，B 内の気体の状態方程式

$$P_A S(1-\beta)L = (1-\alpha)nRT_0, \qquad P_B S(1+\beta)L = nRT_0.$$

②を用いて

$$P_A = \frac{1-\alpha}{1-\beta}P_0, \qquad P_B = \frac{1}{1+\beta}P_0.$$

(2)　(1) の結果と

$$P_B - P_A = 2(1+\beta)\rho g L \qquad より \qquad \alpha = \frac{2\beta}{1+\beta} + 2(1-\beta^2)\frac{\rho g L}{P_0}.$$

解説

　B 室内の気体は液体の表面を単位面積あたり P の力で下に押す．液体の表面は B 室内の気体を単位面積あたり P の力で上に押す．細管のなかの液体の高さ h の部分（右図）をとる．細管の断面積を σ として，この部分の質量は $\rho h \sigma$，A 室内の気体がこの部分の上面に作用する力は下向きに $P_0 \sigma$，ここまではだれでもわかる．この部分の下面に作用する力は上向きに $P\sigma$，これをなんとか自分に納得させてくださいよ．で

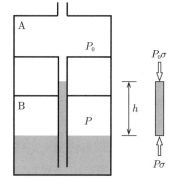

$$0 = P\sigma - P_0\sigma - \rho h \sigma g \quad より \quad P = P_0 + \rho g h$$

となります．

　初めの状況からいって，A 室内と B 室内の気体の分子数は等しいことがわかる．それをモル単位で n として

$$P_0 S L = nRT_0$$

これを使って nR を消したいときはいつでも消すことができます（R は気体定数）．

　温度変化が ΔT で n が変化しないとき，単原子分子気体の内部エネルギーの変化は

$$\Delta U = \frac{3}{2}nR\Delta T$$

これ，丸暗記．$PV = nRT$ ですから

$$\Delta U = \frac{3}{2}\Delta(PV)$$

でもいいわけです．解答 I (2) でこれをいきなり使いました．

　図 3–2 から図 3–3 の過程で，B 内気体の状態変化については，P-V グラフを描けるひとなら全問正解まちがいなし．この過程で A 内気体分子のうち αn だけコックを通って大気中に逃げてしまって

いる．つぎの図 3–3 から図 3–4 の過程で，A 内気体分子数は $(1-\alpha)n$ に一定です．最後の設問 III (2) は

$$P_B - P_A = 2(1+\beta)\rho g L$$

に III (1) で求めた P_A，P_B を代入すると

$$\frac{1}{1+\beta} - \frac{1-\alpha}{1-\beta} = C(1+\beta) \qquad \left(C = \frac{2\rho g L}{P_0} \right)$$

これは α に応じて β が定まるという関係です．ただし $\beta = \cdots\cdots$ の形にはなりにくいので，しょうがなくて $\alpha = \cdots\cdots$ の形でがまんしたわけです．

講評

　第 1 問　設問 I：難問… かな？物理ってなんでしょう．なぞなぞ問答ではありません．論理的思考能力テストではない．まず事実があるのです．現に起こっている自然現象を扱うのです．何が起こるかわからなければ，やってみればいい．鉛筆 3 本あればできるのだ．あ，そうか．試験場でそんなことしてはいけないと思ったのか．それとも恥ずかしかったのか．事実がまずあって，それを適当に解釈するのが物理です．ある分野ではすばらしい解釈をしてみせるのに，日常ありふれた摩擦現象は物理の不得意分野です．あまりに複雑微妙な現象だからです．やはり初学者には，物理のすばらしさを感じさせる話題を取り上げたいな．生活派の異論もあろうけど．

　第 1 問　設問 II：設問 I とは無関係のまったく独立な問題．エネルギー保存ひとつで解決するあっけないもの．駿台では角運動量をしっかり教えることにしています．

　第 2 問　変圧器は 1993 年にチョコっと出ましたが，今年のは本格的です．相互誘導の良問が少ないことを痛感していましたので，これは歓迎．電気工学の分野にふみこむのは行き過ぎですが，この程度の問題をやらないと相互誘導は理解できません．

　第 3 問　大気圧は 760 mmHg なんて言い方はもうないのでしょうか．ほとんどの学生さんが $p_0 + \rho g h$ を知らないので驚いたことがあります．素朴な見方こそ大切．

解答・解説

第 1 問

解 答

I (1) 衝突前後で速度の鉛直成分 v_y は不変. $v_y = \dfrac{1}{2}v$

(2) B → C の所要時間を t_1 として $0 = \dfrac{1}{2}v - gt_1$

高低差 $= \dfrac{1}{2}vt_1 - \dfrac{1}{2}gt_1{}^2 = \dfrac{v^2}{8g}$

(3) $2t_1 = \dfrac{v}{g}$

(4) 衝突後の速度の水平成分 $v_x{}' = \dfrac{L}{t_1} = \dfrac{2gL}{v}$

(5) $\dfrac{1}{2}mv^2 = mgh$, 衝突直前の速度の水平成分 $v_x = -\dfrac{\sqrt{3}}{2}v$

はねかえり係数 $e = -\dfrac{v_x{}'}{v_x} = \dfrac{4}{\sqrt{3}}\dfrac{gL}{v^2} = \dfrac{2}{\sqrt{3}}\dfrac{L}{h}$

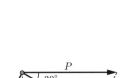

II (1) 衝突直前の速さを u として $\dfrac{1}{2}mu^2 = mgd$

球が受けた力積の大きさ $I = 2mu = 2m\sqrt{2gd}$

(2) 右図において, Q は棒から受けた力積である.

壁から受けた力積の大きさ $P = \dfrac{2}{\sqrt{3}}I = \dfrac{4}{\sqrt{3}}m\sqrt{2gd}$

解説

　壁が小球に作用する力の方向は, 壁に垂直とは限らない. しかしいまは「なめらかな壁」ということ で, 壁に垂直としてよいことを表している. II の解答の図において, ベクトル P は水平右向きである.

　糸は球を引くことしかできないが, 棒なら押すこともできる. 注意すべきは, 引くにしても押すに しても, それは棒に沿った方向の力であるということ. 小球が壁に衝突したとき棒が鉛直線となす角 が 30° なら, II の解答の図において, ベクトル Q の鉛直下向きとなす角は 30° である.

　P と Q の向きがわかっていて, その合成であるベクトル I の方向と大きさがわかっているので, P と Q の大きさは一通りに定まる. $Q = \dfrac{1}{\sqrt{3}}I = \dfrac{2}{\sqrt{3}}mu$ である.

第 2 問

解 答

I (1)　起電力の正の向きと電流の正の向きを同じにして，右図の矢印向きにとる．ファラデーの法則により 起電力 $= -\dfrac{d\Phi}{dt} = -CL^2\dfrac{dz}{dt}$ で，いま $\dfrac{dz}{dt} < 0$ であるから起電力は正，よって電流も正である．　　　答 (b)

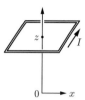

(2)　$V = CL^2 v,\ I = \dfrac{V}{R} = \dfrac{CL^2}{R}v$

II (1)　$F = IC\dfrac{L}{2}L \times 2 = \dfrac{(CL^2)^2}{R}v$

(2)　$G = 0$

III (1)　$0 = \dfrac{(CL^2)^2}{R}v_{\mathrm{f}} - mg$　より　$v_{\mathrm{f}} = \dfrac{mgR}{(CL^2)^2}$

(2)　$mgv_{\mathrm{f}} = R\left(\dfrac{mg}{CL^2}\right)^2,\ RI^2 = \dfrac{(CL^2 v_{\mathrm{f}})^2}{R} = R\left(\dfrac{mg}{CL^2}\right)^2$

単位時間あたり失う位置エネルギーがジュール熱になる．

解説

　解答では落下速度の大きさを記号 v で表しているが，この解説では速度の z 成分 $v_z = dz/dt$ を用いる．

$$\text{電流回路の方程式}\qquad RI = -CL^2 v_z \qquad\qquad ①$$

$$\text{運動方程式}\ m\frac{dv_z}{dt} = -mg + ICL^2 \qquad\qquad ②$$

①②より I を消去すると

$$m\frac{dv_z}{dt} = -mg - \frac{(CL^2)^2}{R}v_z$$

となって，これは空気の抵抗を考慮した方程式と同じ形である．ここで

$$\tau = \frac{mR}{(CL^2)^2} \qquad\qquad ③$$

とおくと

$$\frac{dv_z}{dt} = -\frac{1}{\tau}(v_z + g\tau) \qquad\qquad ④$$

τ は時間の次元をもっていて「時定数」と呼ばれる．

　微分方程式④の $t = 0$ に $v_z = 0$ の解は

$$v_z = -g\tau(1 - e^{-t/\tau}) \qquad\qquad ⑤$$

である．t が小さい間は自然落下 $v_z = -gt$ と同じで，t が τ の 5～6 倍もたてば $v_z = -g\tau$ に一定になる（下図参照）．コイルの座標 z は，$t = 0$ に $z = z_0$ として⑤を時間積分し

$$z = z_0 + g\tau^2(1 - t/\tau - e^{-t/\tau}) \tag{⑥}$$

これも t が小さい間は自然落下 $z = z_0 - \dfrac{1}{2}gt^2$ と同じで，t が τ の 5～6 倍もたてば漸近線 $z = z_0 + g\tau^2(1 - t/\tau)$ に重なってしまう（下図参照）．コイルが等速運動になる以前に $z = 0$ に衝突しないためには，z_0 が $g\tau^2$ の 4～5 倍もあればよい．

　①の両辺に I をかけ，②の両辺に v_z をかけて，その 2 式を辺々加えると

$$RI^2 + \frac{d}{dt}\left(\frac{1}{2}mv_z{}^2\right) = -mgv_z \tag{⑦}$$

を得る．すなわち，重力による位置エネルギーの単位時間あたりの減少が，運動エネルギーの単位時間あたりの増加とジュール熱になる．

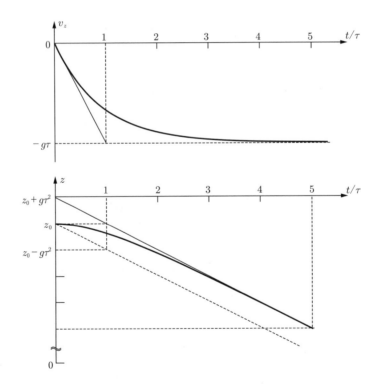

第 3 問

解　答

I　$\overline{S_2P} - \overline{S_1P} \fallingdotseq xd/R$ （III では同様に $\overline{S_0S_1} - \overline{S_0S_2} \fallingdotseq hd/L$）

$$\text{位相差} = \frac{2\pi}{\lambda}\frac{xd}{R} = \begin{cases} 2\pi m, & \text{明線 } x_m = (\lambda R/d)m \\ 2\pi(m+1/2), & \text{暗線 } x_m = (\lambda R/d)(m+1/2) \end{cases}$$

II　S_1 と S_2 における位相差が様々の光波が入射するので，明線の位置が様々の干渉縞が重なるから．

III　位相差 $= \dfrac{2\pi}{\lambda}\left(\dfrac{xd}{R} - \dfrac{hd}{L}\right) = 2\pi m$　より　$x_m = \dfrac{R}{L}h + \dfrac{\lambda R}{d}m$

　　（ただし，IV で使われている記号 x_0 は，この式で $m=0$ を代入したものではない）

IV　$m=0$ の明線の位置は波長によらない．図 3–2 の (a) と (b) とで位置が一致しているものがそれ．$x = x_0$ の明線は $m = -2$ のものであることがわかる．

$$\frac{R}{L}h - 2\frac{\lambda R}{d} = x_0 \quad \text{より} \quad h = \left(\frac{x_0}{R} + \frac{2\lambda}{d}\right)L$$

V　S_0，$S_0{}'$ による干渉縞はそれぞれ I の干渉縞（$h=0$）が上，下へ距離 hR/L だけ移動したもの．相対移動距離 $2hR/L$ が，縞の間隔 $\lambda R/d$ の整数倍のとき，その 2 つを重ねた干渉縞の明暗がもっとも明瞭になる．

$$2\frac{R}{L}h = \frac{\lambda R}{d}n \quad \text{より} \quad h = \frac{\lambda L}{2d}n$$

解説

図 3.1 において h, d, $|x|$ は L, R に比べて充分に小さいとする．$r_1 = \overline{S_1 P}$, $r_2 = \overline{S_2 P}$, $l_1 = \overline{S_0 S_1}$, $l_2 = \overline{S_0 S_2}$ とおく．例えば r_1 は

$$r_1 = \sqrt{R^2 + (x - d/2)^2} = R\left(1 + \frac{(x-d/2)^2}{R^2}\right)^{1/2} \fallingdotseq R\left(1 + \frac{1}{2}\frac{(x-d/2)^2}{R^2}\right)$$

と近似する．他も同様である．そうすると

$$r_2 - r_1 \fallingdotseq \frac{1}{2R}\{(x+d/2)^2 - (x-d/2)^2\} = \frac{d}{R}x$$

$$l_1 - l_2 \fallingdotseq \frac{1}{2L}\{(h+d/2)^2 - (h-d/2)^2\} = \frac{d}{L}h$$

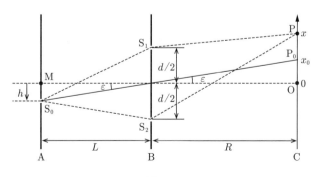

図 3.1

この距離の差による位相差を α, β とおく.

$$\alpha = \frac{2\pi}{\lambda}(r_2 - r_1) \fallingdotseq \frac{2\pi d}{\lambda R}x \tag{①}$$

$$\beta = \frac{2\pi}{\lambda}(l_1 - l_2) \fallingdotseq \frac{2\pi d}{\lambda L}h \tag{②}$$

スクリーン C 上の任意の点 P（座標 x）にくる 2 つの波

$$\psi_1 = a\sin\left\{\omega t - \frac{2\pi}{\lambda}(l_1 + r_1)\right\}, \quad \psi_2 = a\sin\left\{\omega t - \frac{2\pi}{\lambda}(l_2 + r_2)\right\} \tag{③}$$

の和をとる.

$$\psi_1 + \psi_2 = 2a\cos\left(\frac{\alpha - \beta}{2}\right)\sin(\omega t - \phi), \quad \phi = \frac{\pi}{\lambda}(l_1 + l_2 + r_1 + r_2) \tag{④}$$

この合成波の振幅の 2 乗は

$$4a^2\cos^2\left(\frac{\alpha - \beta}{2}\right) = 2a^2\{1 + \cos(\alpha - \beta)\}$$

よって点 P の明るさ I は, a^2 に比例する明るさを I_0 として

$$I = 2I_0\{1 + \cos(\alpha - \beta)\} \tag{⑤}$$

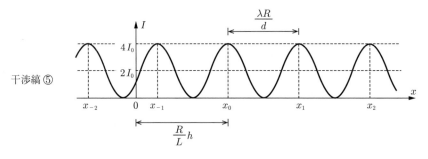

干渉縞⑤

図 3.2

あるいは①②を代入して

$$I = 2I_0\left\{1 + \cos\frac{2\pi d}{\lambda R}\left(x - \frac{R}{L}h\right)\right\}$$

明るさ極大の点の座標 x_m は

$$\alpha - \beta = 2\pi m \quad \text{より} \quad x_m = \frac{R}{L}h + \frac{\lambda R}{d}m$$

特に $m = 0$ の極大点 P_0 の位置

$$x_0 = \frac{R}{L}h \quad \left(\text{図 3.1 で } \varepsilon \fallingdotseq \frac{h}{L} \fallingdotseq \frac{x_0}{R}\right) \tag{⑥}$$

は波長 λ によらない．図 3.1 において S_0，$S_1 S_2$ の中点，P_0 の 3 点は一直線上にあるとしてかまわない．

　以上が設問 III の解説で，設問 I は $h=0$ の場合にすぎない．設問 IV もこれでわかったはず．ただし，大変まぎらわしいことに，設問 IV の問題文および図で使われている記号 x_0 は⑥と異なる．そこのは

$$x_0 = \frac{Rh}{L} - \frac{2\lambda R}{d}$$

です．

　設問 V に進む．電球を囲むフィルターの表面上の 1 点 Q から出た光波は，スクリーン A の近くではほとんど平面波になっている．波面の進行方向を表す線（光線）が光軸 MO となす角を θ として（右図），

$$\Delta = 2h\sin\theta \fallingdotseq 2h\theta$$

その光波の $S_0{}'$ における位相は S_0 における位相より

$$\delta = \frac{2\pi}{\lambda}\Delta = \frac{4\pi h}{\lambda}\theta \qquad\qquad ⑦$$

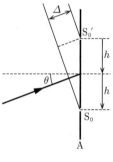

図 3.3

だけ遅れる．スクリーン C 上の点 P には③に加えて，$S_0{}'$ を通過してくる波

$$\psi_3 = a\sin\left\{\omega t - \delta - \frac{2\pi}{\lambda}(l_2 + r_1)\right\}, \quad \psi_4 = a\sin\left\{\omega t - \delta - \frac{2\pi}{\lambda}(l_1 + r_2)\right\} \qquad ⑧$$

もあり，その和は

$$\psi_3 + \psi_4 = 2a\cos\left(\frac{\alpha+\beta}{2}\right)\sin(\omega t - \delta - \phi) \qquad\qquad ⑨$$

④と⑨の ϕ は同じで $\phi = 0$ としてかまわない（時間原点をずらす）．そうして④と⑨の和をとる（まず $\cos(\pm)$，つぎに $\{\sin\pm\sin\}$ の公式を使う）．

$$\begin{aligned}
\psi_1 + \psi_2 + \psi_3 + \psi_4 &= 2a\cos(\alpha/2)\cos(\beta/2)\{\sin\omega t + \sin(\omega t - \delta)\} \\
&\quad + 2a\sin(\alpha/2)\sin(\beta/2)\{\sin\omega t - \sin(\omega t - \delta)\} \\
&= 4a\cos(\alpha/2)\cos(\beta/2)\cos(\delta/2)\sin(\omega t - \delta/2) \\
&\quad + 4a\sin(\alpha/2)\sin(\beta/2)\sin(\delta/2)\cos(\omega t - \delta/2)
\end{aligned}$$

この合成波の振幅の 2 乗は

$$16a^2\{\cos^2(\alpha/2)\cos^2(\beta/2)\cos^2(\delta/2) + \sin^2(\alpha/2)\sin^2(\beta/2)\sin^2(\delta/2)\}$$
$$= 2a^2\{(1+\cos\alpha)(1+\cos\beta)(1+\cos\delta) + (1-\cos\alpha)(1-\cos\beta)(1-\cos\delta)\}$$
$$= 4a^2\{1 + \cos\beta\cos\delta + (\cos\beta + \cos\delta)\cos\alpha\}$$

よって点 P の明るさ I は一応

$$I = 4I_0\{1 + \cos\beta\cos\delta + (\cos\beta + \cos\delta)\cos\alpha\} \tag{⑩}$$

となり，ともかくこれは間隔 $\lambda R/d$ の干渉縞である．$x = 0$ は明るさ極大または極小（$\cos\beta + \cos\delta$ の符号しだい）．

　光線の方向 θ は正負様々である．θ の別の値の光がやってくれば，C 上に δ の別の値の干渉縞 ⑩ をつくる．θ の変域は電球の大きさや電球とスクリーン A との距離に関係するが，$\pm1°$ よりは大きいだろう．それに応じて δ の変域も $\pm2\pi$ を超える（⑦ で $h/\lambda \fallingdotseq 10^2$，$\theta \fallingdotseq 10^{-2}\,\mathrm{rad}$ とすると $\delta \fallingdotseq 4\pi$）．C 上には $-1 \leqq \cos\delta \leqq +1$ の干渉縞 ⑩ が重なる．結局観測される干渉縞は（$\cos\delta$ の平均値 0）

$$I = 4I_0\{1 + \cos\beta\cos\alpha\} \tag{⑪}$$

すなわち

$$I = 4I_0\left\{1 + \cos\left(\frac{2\pi d}{\lambda L}h\right)\cos\left(\frac{2\pi d}{\lambda R}x\right)\right\}$$

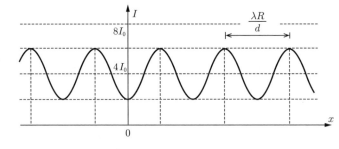

図 3.4

干渉縞 ⑪

例：$\cos\beta = -0.5$

この干渉縞の明暗がもっとも明瞭になるのは

$$\cos\beta = \pm1,\ (\beta = \pi n)\quad \text{より}\quad h = \frac{\lambda L}{2d}n$$

の場合である．

　設問 II はもっと簡単である．ある光波の S_2 での位相より S_1 での位相は δ だけ遅れるとして，C 上の点 P には 2 つの波

$$\psi_1 = b\sin\left(\omega t - \delta - \frac{2\pi}{\lambda}r_1\right) \tag{⑫}$$

$$\psi_2 = b\sin\left(\omega t - \frac{2\pi}{\lambda}r_2\right) \tag{⑬}$$

がくる．ただしこの δ は ⑦ ではなく

$$\delta = \frac{2\pi}{\lambda} d \sin \theta \fallingdotseq \frac{2\pi d}{\lambda} \theta$$

であるが，平均操作をする役割は同じである．⑫⑬の和をとって

$$\psi_1 + \psi_2 = 2b \cos\left(\frac{\alpha - \delta}{2}\right) \sin\left\{\omega t - \frac{\delta}{2} - \frac{\pi}{\lambda}(r_1 + r_2)\right\}$$

b^2 に比例する明るさを J_0 として，点 P の明るさは一応

$$I = 4J_0 \cos^2\left(\frac{\alpha - \delta}{2}\right) = 2J_0\{1 + \cos(\alpha - \delta)\} = 2J_0(1 + \cos\alpha\cos\delta + \sin\alpha\sin\delta)$$

まえとおなじ理由で $\cos\delta$, $\sin\delta$ の平均は 0．よって

$$I = 2J_0 \quad (x によらない一様な明るさ)$$

となる．

　この結果はつぎのように考えていいのかもしれない．スリットをどちらかふさいで

$$S_1 \text{ 通過の波 ⑫ による明るさ} \qquad I_1 = J_0$$
$$S_2 \text{ 通過の波 ⑬ による明るさ} \qquad I_2 = J_0$$
$$両方あけたときの明るさ \qquad I_1 + I_2 = 2J_0$$

つまり S_1 と S_2 にいろいろな位相差の波が入射してくるときは，波を重ね合わせる必要なく，明るさを重ね合わせればいいらしい．このことを「S_1 通過の波と S_2 通過の波とは非干渉性である」という．

　そのことを設問 V で確かめてみよう．S_0 か S_0' のどちらかをふさげば

$$S_0 \text{ 通過の波 ④ による明るさ} \quad I_1 = 4I_0 \cos^2\{(\alpha - \beta)/2\}$$
$$= 2I_0\{1 + \cos(\alpha - \beta)\} \quad (設問 III の答 ⑤)$$
$$S_0' \text{ 通過の波 ⑨ による明るさ} \quad I_2 = 4I_0 \cos^2\{(\alpha + \beta)/2\}$$
$$= 2I_0\{1 + \cos(\alpha + \beta)\}$$
$$両方あけたときの明るさ \qquad I = I_1 + I_2$$
$$= 4I_0\{1 + \cos\beta\cos\alpha\} \quad (設問 V の答 ⑪)$$

なるほど．

解答・解説

第 1 問

解答

点 C を原点として円筒に沿って x 軸をとり, 粒子の座標を x で表す.

I (1) 右回転. $m\ddot{x} = mx\omega^2 - qx\omega B \leqq 0$ より $\omega \leqq \dfrac{qB}{m}$ $(= \omega_0$ とおく$)$

(2) $\ddot{x} = -(\omega_0 - \omega)\omega x$, $\omega < \omega_0$ のとき $T = 2\pi\sqrt{\dfrac{m}{(qB - m\omega)\omega}}$

(3) 円筒から出るときの速度の x 軸に垂直な成分は $L\omega$ で, いまは $\omega > \omega_0$ である.

運動エネルギー $K > \dfrac{1}{2}m(L\omega)^2 > \dfrac{(qBL)^2}{2m}$, よって $W = \dfrac{(qBL)^2}{2m}$

II (1) $N = mL\omega^2 - qL\omega B + \dfrac{kq^2}{4L^2}$

(2) $N = \dfrac{1}{4}mL\{(2\omega - \omega_0)^2 - \omega_0{}^2(1 - \lambda)\}$, $\lambda = \dfrac{km}{B^2 L^3}$

$N = 0$ になる ω が存在するための条件: $\lambda < 1$, $km < B^2 L^3$

(3) つり合いの位置 x は $(kq^2 = \lambda m\omega_0{}^2 L^3)$

$$0 = mx\omega^2 - qx\omega B + \dfrac{kq^2}{4x^2} \quad \text{より} \quad x = \left(\dfrac{\lambda \omega_0{}^2}{4(\omega_0 - \omega)\omega}\right)^{1/3} L$$

ω を $\omega_1 = \dfrac{1}{2}\omega_0(1 - \sqrt{1 - \lambda})$ より大きくすると, x は L より小さくなり, $\omega = \dfrac{1}{2}\omega_0$ で最

小値 $x_{\min} = \lambda^{1/3}L$, $\omega_2 = \dfrac{1}{2}\omega_0(1 + \sqrt{1 - \lambda})$ で $x = L$ に戻る. (c)

解説

右図のような一定角速度 ω の回転座標系をとる.

$$\left.\begin{array}{l} X = x\cos\omega t + y\sin\omega t \\ Y = -x\sin\omega t + y\cos\omega t \end{array}\right\}$$

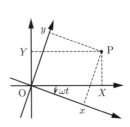

このとき

$$\left.\begin{array}{l} \dot{X} = (\dot{x} + \omega y)\cos\omega t + (\dot{y} - \omega x)\sin\omega t \\ \dot{Y} = -(\dot{x} + \omega y)\sin\omega t + (\dot{y} - \omega x)\cos\omega t \end{array}\right\}$$

$$\left.\begin{array}{l} \ddot{X} = (\ddot{x} + 2\omega\dot{y} - \omega^2 x)\cos\omega t + (\ddot{y} - 2\omega\dot{x} - \omega^2 y)\sin\omega t \\ \ddot{Y} = -(\ddot{x} + 2\omega\dot{y} - \omega^2 x)\sin\omega t + (\ddot{y} - 2\omega\dot{x} - \omega^2 y)\cos\omega t \end{array}\right\}$$

以上より

動径 $\overrightarrow{\text{OP}}$ の $\left\{\begin{array}{l} x \text{ 成分}: x = X\cos\omega t - Y\sin\omega t \\ y \text{ 成分}: y = X\sin\omega t + Y\cos\omega t \end{array}\right.$

速度の $\left\{\begin{array}{l} x \text{ 成分}: v_x = \dot{X}\cos\omega t - \dot{Y}\sin\omega t = \dot{x} + \omega y \\ y \text{ 成分}: v_y = \dot{X}\sin\omega t + \dot{Y}\cos\omega t = \dot{y} - \omega x \end{array}\right.$ ①

加速度の $\left\{\begin{array}{l} x \text{ 成分}: a_x = \ddot{X}\cos\omega t - \ddot{Y}\sin\omega t = \ddot{x} + 2\omega\dot{y} - \omega^2 x \\ y \text{ 成分}: a_y = \ddot{X}\sin\omega t + \ddot{Y}\cos\omega t = \ddot{y} - 2\omega\dot{x} - \omega^2 y \end{array}\right.$ ②

速度の x, y 成分は $(\dot{x}, \dot{y})$ ではない. 加速度の x, y 成分は $(\ddot{x}, \ddot{y})$ ではない.

　運動方程式は，ちゃんとした成分を使えば，どの成分についても成立します．Z 方向の一様な磁場のみがある場合

$$\left.\begin{array}{l} m\ddot{X} = +qB\dot{Y} \\ m\ddot{Y} = -qB\dot{X} \end{array}\right\} \quad \Longleftrightarrow \quad \left\{\begin{array}{l} ma_x = +qBv_y \\ ma_y = -qBv_x \end{array}\right.$$

後者に①②を代入すると

$$\left.\begin{array}{l} m(\ddot{x} + 2\omega\dot{y} - \omega^2 x) = +qB(\dot{y} - \omega x) \\ m(\ddot{y} - 2\omega\dot{x} - \omega^2 y) = -qB(\dot{x} + \omega y) \end{array}\right\} \quad ③$$

　I の場合，円筒を x 軸に沿って固定し，粒子は円筒内を摩擦なく動くものとする．③で $y = 0$, $\dot{y} = 0$, $\ddot{y} = 0$ とおき，円筒内壁が粒子に作用する力の y 成分を P として

$$\left.\begin{array}{l} m(\ddot{x} - \omega^2 x) = -qB\omega x \\ -2m\omega\dot{x} = -qB\dot{x} + P \end{array}\right\} \quad ④$$

$$\left.\begin{array}{l} m\ddot{x} = -m(\omega_0 - \omega)\omega x \\ P = -m(2\omega - \omega_0)\dot{x} \end{array}\right\} \quad \text{ただし} \quad \omega_0 = \dfrac{qB}{m} \quad ⑤$$

(i)　$\omega < \omega_0$ の場合．⑤の上式の両辺に $\dot{x}$ をかけると

$$\text{左辺} = m\dot{x}\ddot{x} = \frac{d}{dt}\left(\frac{1}{2}m\dot{x}^2\right)$$

$$\text{右辺} = -m(\omega_0 - \omega)\omega x\dot{x} = -\frac{d}{dt}\left(\frac{1}{2}m(\omega_0 - \omega)\omega x^2\right)$$

よって

$$\frac{1}{2}m\dot{x}^2 + \frac{1}{2}m(\omega_0 - \omega)\omega x^2 = 一定 \tag{⑥}$$

例えば $x = A$ $(0 < A < L)$ で $\dot{x} = 0$ であったなら，領域 $-A \leqq x \leqq A$ を往復運動する．だれでもご存じの単振動です．

(ii)　$\omega > \omega_0$ の場合．⑤の上式の両辺に $\dot{x}$ をかけると，同様にして

$$\frac{1}{2}m\dot{x}^2 - \frac{1}{2}m(\omega - \omega_0)\omega x^2 = 一定 \tag{⑦}$$

同じ初期条件（$x = A$ $(0 < A < L)$ で $\dot{x} = 0$）で x の正の向きに動き出し，x とともに $\dot{x}$ もどんどん大きくなる．$x = L$ で円筒から飛び出すときの $\dot{x}$ の値 V は

$$\frac{1}{2}mV^2 - \frac{1}{2}m(\omega - \omega_0)\omega L^2 = -\frac{1}{2}m(\omega - \omega_0)\omega A^2$$

より

$$V = \sqrt{(\omega - \omega_0)\omega(L^2 - A^2)} \tag{⑧}$$

⑥⑦はエネルギー保存の式みたいですが，そうではない．第一 $\frac{1}{2}m\dot{x}^2$ は運動エネルギーですらない．運動エネルギー K は

$$\begin{aligned} K &= \frac{1}{2}m(v_x{}^2 + v_y{}^2) = \frac{1}{2}m\{(\dot{x} + \omega y)^2 + (\dot{y} - \omega x)^2\} \\ &= \frac{1}{2}m\{\dot{x}^2 + (\omega x)^2\} \quad （いまは y = 0, \ \dot{y} = 0 だから） \end{aligned} \tag{⑨}$$

です．エネルギーの関係を導出したいなら，運動方程式の両辺に速度を「内積」する．④の上式に $v_x = \dot{x}$，下式に $v_y = -\omega x$ をかけて辺々加える．

$$m(\dot{x}\ddot{x} + \omega^2 x\dot{x}) = -P\omega x \quad すなわち \quad \frac{dK}{dt} = -P\omega x \tag{⑩}$$

この左辺が⑨の運動エネルギー K の時間微分，右辺は円筒内壁が粒子にする仕事率です．磁場が仕事をしないことは常識．

⑩を使って⑧を確かめましょう．⑤の下式より

$$-P\omega x = +m(2\omega - \omega_0)\omega x\dot{x}$$

よって $x = A$ から $x = L$ まで動く間の仕事 W_1 は

$$\begin{aligned} W_1 &= \int(-P\omega x)dt = \int_A^L m(2\omega - \omega_0)\omega x dx \\ &= \frac{1}{2}m(2\omega - \omega_0)\omega(L^2 - A^2) \end{aligned}$$

運動エネルギーの増加 ΔK は

$$\Delta K = \frac{1}{2}m\{V^2 + (L\omega)^2\} - \frac{1}{2}m\{0 + (A\omega)^2\}$$

$\Delta K = W_1$ とおいて整理してごらんなさい．⑧ が出ます．

　問題文の仕事 W は，初め $\omega = 0$ の状態から出発して角速度を ω $(> \omega_0)$ にするまでの仕事 W_0 も含んでいます．角速度が最終の一定値 ω になるまで，粒子を $x = A$ に固定しておいて，それから固定をはずしたとすると $W_0 = \frac{1}{2}m(A\omega)^2$ だから

$$W = W_0 + W_1 = \frac{1}{2}m(2\omega - \omega_0)\omega L^2 - \frac{1}{2}m(\omega - \omega_0)\omega A^2$$

とにかく粒子を円筒から逃がしたいなら ω を ω_0 よりちょっと大きくすればいいのだから，計算上はぎりぎりの $\omega \to \omega_0$ として

$$W \to \frac{1}{2}m{\omega_0}^2 L^2 = \frac{(qBL)^2}{2m} \quad (\omega \to \omega_0)$$

II の場合，④ の上式にクーロン力が加わります．

$$m(\ddot{x} - \omega^2 x) = -qB\omega x + \frac{kq^2}{(2x)^2}$$

⑤ の記号 ω_0 を使えば

$$m\ddot{x} = -m(\omega_0 - \omega)\omega x + \frac{kq^2}{4x^2} \tag{⑪}$$

この方程式は解かなくてもよさそうです．ω が小さければ，強いクーロン斥力によって粒子はフタに押し付けられる．そのときフタが粒子に作用する力を N として

$$0 = -m(\omega_0 - \omega)\omega L + \frac{kq^2}{4L^2} - N$$

ω についてのこの 2 次式を，次のように整理する．

$$N = \frac{1}{4}mL\{(2\omega - \omega_0)^2 - {\omega_0}^2(1 - \lambda)\}, \qquad ただし \qquad \lambda = \frac{km}{B^2 L^3} \tag{⑫}$$

$\omega = 0$ のときの N はクーロン力に等しく，また $\omega = \omega_0/2$ で N は最小になる．

$$\omega = 0 \quad : \quad N = \frac{kq^2}{4L^2} = \lambda \cdot \frac{1}{4}mL{\omega_0}^2 \tag{⑬}$$
$$\omega = \frac{1}{2}\omega_0 : \quad N = -(1 - \lambda) \cdot \frac{1}{4}mL{\omega_0}^2$$

したがって，もし $\lambda < 1$ ならば $N = 0$ となる ω が存在する．

$$\omega_1 = \frac{1}{2}\omega_0(1 - \sqrt{1 - \lambda})$$
$$\omega_2 = \frac{1}{2}\omega_0(1 + \sqrt{1 - \lambda})$$

（右図で $f = \frac{1}{4}mL{\omega_0}^2$）

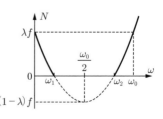

　角速度を $\omega = 0$ から「ゆっくり」様子をうかがいながら少しずつ大きくしていく．様子をうかがっている間，ω は定数です．$\omega = \omega_1$ になって $N = 0$ になったとき，まだ $x = L$ で⑪の右辺は 0 だから $\ddot{x} = 0$．すぐフタから離れていくわけではない．$x = L$ は安定なつり合いの位置です．そして $\omega > \omega_1$ でつり合いの位置 x は $x < L$ となり，粒子は新しいつり合いの位置に「じわじわと」移っていく．準静的過程です．そして $\omega = \omega_2$ で再び $x = L$ に戻り，$\omega > \omega_2$ で $N > 0$，つまり粒子は再びフタに押し付けられる．

　つり合いの位置 x は，⑪で $\ddot{x} = 0$ とおく（⑬より $kq^2 = \lambda m \omega_0^2 L^3$）．

$$0 = -m(\omega_0 - \omega)\omega x + \frac{\lambda m \omega_0^2 L^3}{4x^2}$$

$$x = \left(\frac{\lambda \omega_0^2}{4(\omega_0 - \omega)\omega} \right)^{1/3} L$$

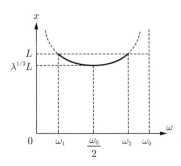

粒子の座標がこの x より，もし小さくなれば⑪の右辺が正，もし大きくなれば⑪の右辺が負，つまりこの x は「安定な」つり合いの位置です．

第 2 問

解　答

Ⅰ (1)　縮んでいる．導線 C の電流が導体棒のところにつくる磁場は

$$B = \frac{\mu_0 I}{2\pi} \left(\frac{1}{a-x} + \frac{1}{a+x} \right) \fallingdotseq \frac{\mu_0 I}{\pi a}, \quad 0 = IBa - kx \quad \text{より} \quad I = \sqrt{\frac{\pi}{\mu_0} kx}$$

(2)　$m\ddot{x} = -kx$　より　$T = 2\pi\sqrt{m/k}$

Ⅱ (1)　一方の極板の電気量が他方の極板のところにつくる電場は

$$E = \frac{Q}{2\varepsilon_0 S}, \quad \text{よって} \quad F = QE = \frac{Q^2}{2\varepsilon_0 S}, \quad Q = \sqrt{2\varepsilon_0 SF}$$

(2)　導線 C の電流を i として $\int i dt = Q$, $\Delta p = \int I \frac{\mu_0 i}{\pi a} a dt = \frac{\mu_0}{\pi} IQ$

(3)　$\dfrac{(\Delta p)^2}{2m} = \dfrac{1}{2} kA^2$　より　$A = \dfrac{\Delta p}{\sqrt{mk}}$

Ⅲ　Ⅱ (2) より　$(\Delta p)^2 = \dfrac{\mu_0}{\pi} 2\varepsilon_0 SFkx$
　　Ⅱ (3) より　$(\Delta p)^2 = mkA^2$
$\left. \phantom{\begin{matrix} a \\ b \end{matrix}} \right\}$
$c = \dfrac{1}{\sqrt{\varepsilon_0 \mu_0}} = \dfrac{f}{A}, \quad f = \sqrt{\dfrac{2SFx}{\pi m}}$

解説

　電気量 q の粒子が速さ v で動いているとき，宇宙の果てまで任意の 1 点に，大きさ

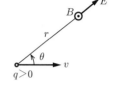

$$E = \frac{1}{4\pi\varepsilon_0}\frac{q}{r^2}, \qquad B = \frac{\mu_0}{4\pi}\frac{qv}{r^2}\sin\theta$$

の電場と磁場（磁束密度）をつくる．これが電磁気学の出発点であり，その終点は光（電磁波）の速さが

$$c = \frac{1}{\sqrt{\varepsilon_0\mu_0}}$$

であるということ．地球文化圏では

$$\frac{\mu_0}{4\pi} = 10^{-7}\,\mathrm{N/A^2}$$

で電流の単位 A（アンペア）を定義し，時間の単位 s（秒）の定義は別にあって，電気量の単位 C（クーロン）を $\mathrm{C} = \mathrm{As}$ で定義する．そして光速度を

$$c = 2.99792458 \times 10^8\,\mathrm{m/s}$$

とおくことによって，長さの単位 m（メートル）が定義され，したがって

$$\frac{1}{4\pi\varepsilon_0} = \frac{\mu_0 c^2}{4\pi} = 8.987551787 \times 10^9\,\mathrm{N\cdot m^2/C^2}$$

である．現在，光の速さは測定の対象になっていない．以上は量子論（時間の定義に量子力学を使う）と特殊相対論（光速度は座標系によらない）への信頼に基づく．長い歴史があってそうなった．将来，この信頼がゆらぐのが先か人類の滅亡が先か，わかりません．

　初等的な 2 つの定理があります．

　定理 1：一様な電気量面密度 σ の無限に広い平面分布による電場 E は

$$E = \frac{\sigma}{2\varepsilon_0}$$

　定理 2：無限に長い直線電流 I による距離 r の点の磁場（磁場密度）B は

$$B = \frac{\mu_0 I}{2\pi r}$$

定理ですから，証明できるひとだけが使う資格がある．I (1) と II (2) で定理 2 を使います．II (1) で出題者の意図に反して定理 1 を使いました．だってエネルギー保存から極板間引力 F を導くのは本末転倒でしょ．極板間隔を 0 から d までよいしょと引き離す仕事が静電エネルギー U となるのです．

$$U = Fd = \frac{Q^2}{2\varepsilon_0 S}d = \frac{Q^2}{2C} \qquad \left(C = \frac{\varepsilon_0 S}{d}\right)$$

Ⅱ の (2) と (3) をやってみましょう．コンデンサーの放電回路に抵抗は書いてありませんが，それが 0 ということはない．コンデンサーの容量を C，放電回路の全抵抗を R とする．時刻 $t = 0$ にスイッチをコンデンサー側に入れる．回路の方程式は

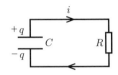

$$\left.\begin{array}{l} Ri - \dfrac{q}{C} = 0 \\ i = -\dfrac{dq}{dt} \end{array}\right\} \quad \dfrac{dq}{dt} = -\lambda q, \qquad \lambda \equiv \dfrac{1}{RC} \qquad \textcircled{1}$$

$t = 0$ に $q = Q$ の解は

$$q = Qe^{-\lambda t}, \qquad i = \lambda Q e^{-\lambda t}$$

もちろん $\displaystyle\int_0^\infty i\, dt = Q$ です．放電が完了するのに無限の時間がかかるのは数式上のことで，実際は「時定数」$1/\lambda = RC$ の 5, 6 倍も経てば $i \to 0$ になる．もしかりに，初期値 $i_0 = \lambda Q$ のままの電流が流れ続けたとして，放電完了の時間が時定数 $1/\lambda = RC$ です．$t = 0$ の前後で電流 i が 0 から λQ にジャンプしているのは，回路の自己インダクタンスを無視したからです（実際は有限な時間がかかる）．

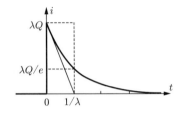

電流 i が導体棒のところにつくる磁場 B について Ⅰ (1) と同じ近似をして，一定電流 I の流れている導体棒には

$$IBa = \frac{\mu_0}{\pi} Ii = \frac{\mu_0}{\pi} IQ\lambda e^{-\lambda t} = mbe^{-\lambda t}, \qquad b = \frac{\mu_0}{\pi} \frac{IQ}{m} \lambda \qquad \textcircled{2}$$

の力が作用します．導体棒の運動方程式は

$$m\ddot{x} = -kx + IBa \qquad \text{より} \qquad \ddot{x} + \omega^2 x = be^{-\lambda t}, \qquad \omega = \sqrt{\frac{k}{m}} \qquad \textcircled{3}$$

$t = 0$ に $x = 0$, $\dot{x} = 0$ の解は（この b は $t = 0$ の加速度であることに注意）

$$x = \frac{b}{\lambda^2 + \omega^2} \left(e^{-\lambda t} + \frac{\lambda}{\omega} \sin \omega t - \cos \omega t \right) \qquad \textcircled{4}$$

です．どうやって見付けたか詮索しないで，ウソかホントかだけ確かめてください．

$$\dot{x} = \frac{b}{\lambda^2 + \omega^2} \left(-\lambda e^{-\lambda t} + \lambda \cos \omega t + \omega \sin \omega t \right)$$

$$\ddot{x} = \frac{b}{\lambda^2 + \omega^2} \left(\lambda^2 e^{-\lambda t} - \lambda \omega \sin \omega t + \omega^2 \cos \omega t \right)$$

確かに ③ を満たし，$t = 0$ に $x = 0$, $\dot{x} = 0$, $\ddot{x} = b$ となっている．

棒の座標 x と速度 $v = \dot{x}$ を時間 t の関数としてみるとき，最重要パラメタは右図の角 ϕ です．④ の x および v は次のように書き直すことができる．

$$x = A \sin\phi \cdot e^{-\lambda t} + A \sin(\omega t - \phi)$$
$$v = -\omega A \cos\phi \cdot e^{-\lambda t} + \omega A \cos(\omega t - \phi)$$
$$A = \frac{b}{\omega^2} \sin\phi = \frac{\mu_0}{\pi} \frac{IQ}{m\omega} \cos\phi, \qquad \tan\phi = \frac{\omega}{\lambda}$$

⑤

指数関数の肩も $-\lambda t = -\cot\phi \cdot \omega t$ とする[*]. ϕ を指定すると，時間変数を ωt にして (x, v) のグラフが描ける．単振動の項の振幅 $(A,\ \omega A)$ は任意でよろしい．例として $\phi = \pi/10$ （$= 18°$）の場合を描きました（下図）．指数関数の項と単振動の項を別々に描き，その和をとってありません．図の上でその和をとると，どのような曲線になるか，容易に想像できますね．指数関数が実質的に 0 になる点を三角印で示してあります．

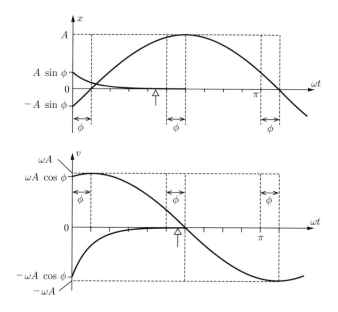

　実際の ϕ はどのくらいでしょうか．抵抗 R は問題文の図で省略されているぐらいですから小さい．容量 C も平行板コンデンサーだったら $1\,\mu\mathrm{F}$ にもなりません．他の大容量のコンデンサーを使うべきです．かりに $R = 10\,\Omega$, $C = 100\,\mu\mathrm{F}$ としても時定数 $1/\lambda = RC = 1\,\mathrm{ms}$ です．一方，単振動の時定数とでもいうべき $1/\omega$ は m と k しだいですが，これもかりに $1/\omega = 0.1\,\mathrm{s}$ （周期 $0.628\,\mathrm{s}$, 振動数 $1.59\,\mathrm{Hz}$）とでもしましょう．そのとき $\phi = 0.01\,\mathrm{rad}$ です．通常は $\lambda \gg \omega$ が当たり前ということになります．

　上の図で ϕ が極めて小さい場合のグラフを想い描くのは容易です．指数関数の項はあっというまに消えてしまって，⑤は

---

[*]$\cot\phi = \dfrac{1}{\tan\phi}$

$$x = A \sin \omega t, \qquad v = \omega A \cos \omega t, \qquad A = \frac{\mu_0}{\pi} \frac{IQ}{m\omega} \qquad \text{⑥}$$

と近似できる．これは，$x = 0$ に静止している導体棒をハンマーで初速度 $v_0 = \omega A$ を与えたのと同じことです．つまり，放電電流 i の効果は導体棒に力積

$$m\omega A = \frac{\mu_0}{\pi} IQ$$

を与えるが，その間の棒の変位は無視できる．初めからその場合を想定するなら，問題文のやり方で充分です．

　ここでは時定数が長い場合にも通用するやり方をしましたが，これは厳密に正しいのでしょうか．物理の世界に「厳密に正しい」という言葉はありません．自然を近似するのが物理です．状況に応じていかに近似するか，どのような近似が適切か，それが物理の問題なんです．

　回路の方程式 ① がすでに，自己インダクタンスを無視する近似であることは前述しました．近似はそれだけでしょうか．もし ① でよいとすると

$$R i^2 + \frac{q}{C} \frac{dq}{dt} = 0 \qquad \text{すなわち} \qquad \frac{dU}{dt} = -R i^2 \qquad \left(U = \frac{q^2}{2C} \right)$$

あらかじめ蓄えておいた静電エネルギーが，全部ジュール熱となって空気中へ散逸することになります．$i = \dfrac{Q}{RC} e^{-\lambda t}$ を使って直接計算しても $\displaystyle\int_0^\infty R i^2 dt = \dfrac{Q^2}{2C}$ です．一方，導体線は振幅 A の単振動をしている．そのエネルギー $E = \dfrac{1}{2m} \left(\dfrac{\mu_0}{\pi} IQ \right)^2$ はどこからきたのでしょう．放電電流 i が磁場を介して導体棒に作用するなら，当然その反作用が放電回路に跳ね返ってくるはずです．方程式 ① はその反作用を無視する近似なんです．導体棒に流れる電流 I も，ほんとに一定かどうか怪しい．要するにここでの議論は，1 次回路（放電回路）と 2 次回路（導体棒に電流 I を流す回路）との相互作用を，厳密には取り込んでいません．

第 3 問

解 答

I　初めの状態の温度に等しい．$T_1 = \dfrac{P_0 V_0}{nR}$, $P_1 = \dfrac{nRT_1}{2V_0} = \dfrac{1}{2} P_0$

II　$0 = P_2 S - mg$　より　$P_2 = \dfrac{mg}{S}$, $T_2 = \dfrac{P_2 \cdot 2V_0}{nR} = \dfrac{2mgV_0}{nRS}$

III（1）　$0 = (P_2 + \Delta P) S - mg - k \dfrac{\Delta V}{S}$　より　$\Delta P = \dfrac{k}{S^2} \Delta V$

　　（2）　$W_{\mathrm{g}} = P_2 \Delta V + \dfrac{1}{2} \Delta P \Delta V \left\{ = mg \dfrac{\Delta V}{S} + \dfrac{1}{2} k \left(\dfrac{\Delta V}{S} \right)^2 \right\}$

第 1 項は重力による位置エネルギーの増加，第 2 項はばねの弾性エネルギーになっていることに注意する.

(3) 状態 Z_2, Z_3 の内部エネルギーを U_2, U_3 として

$$U_3 - U_2 = Q_h - W_g \qquad\qquad ①$$

$$\begin{aligned} U_3 - U_2 &= \frac{3}{2}\{(P_2 + \Delta P)(2V_0 + \Delta V) - P_2 \cdot 2V_0\} \\ &= \frac{3}{2}(P_2 \Delta V + 2V_0 \Delta P + \Delta P \Delta V) \end{aligned}$$

① により

$$Q_h = U_3 - U_2 + W_g = \frac{5}{2}P_2 \Delta V + 3V_0 \Delta P + 2\Delta P \Delta V$$

IV　B 内気体について　$\dfrac{3}{2}\dfrac{n}{2}R(T_4 - T_2) = W_m$　より　$T_4 = T_2 + \dfrac{4W_m}{3nR}$

V　状態 Z_4 の A, B 内気体の内部エネルギーの和を U_4 として

$$U_4 - U_2 = W_m \qquad\qquad ②$$

最終状態が状態 Z_3 と同じということは，III (2) の注意により，この過程で気体が外にする仕事は W_g に等しい. よって

$$U_3 - U_4 = -W_g \qquad\qquad ③$$

①②③より　　$W_m = Q_h$

解説

初めの状態を Z_0, 状態 Z_4 からの変化の最終状態を Z_5 とする. Z_5 が Z_3 と同じ状態になる条件は，後で考えます.

破線矢印は非熱平衡状態を経由する状態変化です. 非熱平衡状態とは，気体の状態方程式が成立しない状態のこと. 状態変化の始点と終点を (P, V) グラフ上に描き込めますが，その間を結ぶ線はありません. 実線矢印は熱平衡状態をじわじわと経由していく状態変化です. 時々刻々，気体の状態方程式が成立します.

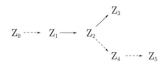

特に $Z_2 \to Z_3$ は，シリンダー A 内ピストンも力学的平衡を保ってじわじわ動いていく準静的過程です. この過程は (P, V) グラフで右図のように直線で表されることは，ピストン A（シリンダー A 内の断熱板をピストン A とする）のつり合いの式を書いてみればわかる. 初めの位置を原点にして，ピストン A の座標を上方へ x とする.

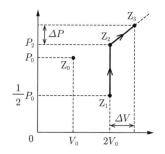

$$Z_2 : 0 = P_2 S - mg$$
$$それ以後 : 0 = PS - mg - kx$$
$$V = V_2 + Sx$$

$$PS = mg + kx \tag{①}$$

$$P - P_2 = \frac{k}{S^2}(V - V_2) \tag{②}$$

②の方の書き方が III (1) です．最終状態 Z_5 は，Z_2 から始まるこの直線上のどこかになる．それがたまたま Z_3 に一致する条件をいうのが，この問題の目的です．

$Z_2 \to Z_3$ で気体が外にする仕事 W は，前頁の (P, V) グラフを見ながら直ちに

$$W = P_2 \Delta V + \frac{1}{2} \Delta P \Delta V$$

と書けますが，①を使えば

$$W = \int PS dx = mgx + \frac{1}{2}kx^2 \tag{③}$$

記号が変わっているだけです．

$$P_2 = \frac{mg}{S}, \qquad \Delta V = Sx, \qquad \Delta P = \frac{k\Delta V}{S^2} = \frac{kx}{S}$$
$$P_2 \Delta V = mgx, \qquad \Delta P \Delta V = kx^2$$

つまり気体が外にする仕事は，ピストン A の重力による位置エネルギーとばねの弾性エネルギーの増加になっていく．ここで外気圧を無視していることが重要です．本当なら外気圧があって，W の一部は外気に散逸してしまって，その全部が何かのエネルギーとなって蓄えられるわけではありません．

内部エネルギーの増加 ΔU を計算するとき，わざわざ温度上昇 ΔT を出す必要はなく，積 PV の差をとっても同じです（たとえ非熱平衡状態を経由するときでも，始点と終点は熱平衡状態になっている）．

$$\Delta U = \frac{3}{2}(PV - P_2 V_2) = \frac{3}{2}\{(P_2 + kx/S)(V_2 + Sx) - P_2 V_2\}$$
$$= \frac{3}{2}\left(mgx + V_2 \frac{kx}{S} + kx^2\right)$$
$$吸収熱量 \quad Q = \Delta U + W = \frac{5}{2}mgx + \frac{3}{2}V_2 \frac{kx}{S} + 2kx^2 \tag{④}$$

これは III (3) の Q_h と同じです（$V_2 = 2V_0$）．

吸収熱量 Q の値しだいで，④によりピストン A の座標 x が定まる．ピストン A が上昇を始めて以後は，気体の熱平衡状態とピストン A のつり合い状態は，1 対 1 に対応しています．世界を内外に分けるとき，内界として気体だけをとらないで，ばね付きピストン A を含めましょう．そのとき③の W は，気体が外部にする仕事ではなしに，ピストン A の力学的エネルギー，とその意味を変える（初め $W = 0$）．今後，状態 $Z_2, Z_3, \cdots$ というとき，気体の状態だけでなく，それに伴うピストン A の状態も意識しています．吸収熱量 Q しだいで定まる状態 Z_3 のエネルギーは，気体の内部エネルギー

U_3 とピストン A の力学的エネルギー W の和です．状態変化 $Z_2 \to Z_3$ において，外界から流入するエネルギーは熱量 Q だけですから，エネルギー保存の式は

$$(U_3 + W) - (U_2 + 0) = Q \qquad \text{⑤}$$

さて，状態 Z_2 でコックを閉め，シリンダー B 内のピストンをガサガサ動かす．ピストン B（シリンダー B 内の断熱板をピストン B とする）が B 内気体にした仕事を W_{m} とする．仕事をされたのは B 内気体だけで，A 内気体の状態もピストン A の状態も変化しませんが，ともかく B 内気体が熱平衡状態になったときの状態が Z_4 です（ピストン B はもとの位置に戻して固定する）．A 内気体と B 内気体の内部エネルギーの和を U_4 として，状態変化 $Z_2 \to Z_4$ におけるエネルギー保存の式は

$$(U_4 + 0) - (U_2 + 0) = W_{\mathrm{m}} \qquad \text{⑥}$$

次にコックを開く．再び何やかやガサゴソ動く．やがて熱平衡状態 Z_5 になり，そのときのピストン A の座標を x' とする．ピストン A のエネルギー W' は

$$W' = mgx' + \frac{1}{2}kx'^2 \qquad \text{⑦}$$

状態変化 $Z_4 \to Z_5$ ではエネルギーの出入はありません．状態 Z_5 の気体の内部エネルギーを U_5 として，エネルギー保存の式は

$$(U_5 + W') - (U_4 + 0) = 0 \qquad \text{⑧}$$

⑥⑧より

$$(U_5 + W') - (U_2 + 0) = W_{\mathrm{m}} \qquad \text{⑨}$$

これを⑤と見比べる．もし状態 Z_5 が状態 Z_3 に等しいというなら，$U_3 = U_5$ というだけでなく，ピストンのつり合いの位置も等しく，つまり③と⑦で $x = x'$，$W = W'$ です．よって $Q = W_{\mathrm{m}}$ でなければならない．わかってみれば当たり前の結論です．

講評

先ず実験装置の説明文があり，次にいくつかの簡単な設問が並び，最後にオヤッと思わせる設問を置く．そういう，ちょっと以前までの出題形態に戻りました．

第 1 問は力学です．磁場の話だから電磁気を含んでいるなどと言わないこと．電磁場内の荷電粒子の運動は純力学です．つけ焼刃の遠心力でなんとか得点できるようになってはいますが，設問 I (3) や設問 II (3) で差がつくことでしょう．

第 2 問は電磁気です．導体棒の運動の話だから力学を含んでいるなどと言うまでもないこと．すべての分野の基礎が力学なのですからね．とはいえ，無限に長い直線電流がつくる磁場を知っていれば

（それも公式とやらの丸暗記で）済んでしまい，力積の計算の方に重みがかかっているようです．それともこの問題は「光は波動ではなく電磁気の分野である」ことの啓蒙でしょうか．駿台の授業ではそう扱っています．ところで出題者はこの実験をおやりになったのでしょうか．もう少し大がかりの実験を入試問題らしく簡略化したのでしょうか．この種の実験例を知りませんので教えて頂けると有難いです．

　第3問は久々に熱力学です．シリンダーが2本あるので，前回（1996）とは見た目には違いますが，本質的には似ています．前回はプロペラによる攪拌，今回はピストンの往復運度による攪拌．設問 V で差がつきます．

　東大を受験するという学生に警告しておきました．今年はちょっと難しくなるぞ．いままでがひどすぎたのです．日本を亡ぼしたがっているひとばかりでもあるまい．

― MEMO ―

東大入試詳解24年　物理・上＜第3版＞

編　　　者	坂間　勇之 森下　寛之
発　行　者	山﨑　良子
印刷・製本	三美印刷株式会社
発　行　所	駿台文庫株式会社

〒101-0062　東京都千代田区神田駿河台1-7-4
小畑ビル内
TEL. 編集　03(5259)3302
販売　03(5259)3301
《① − 624 pp.》

ISBN978-4-7961-2416-4　　Printed in Japan

駿台文庫 web サイト
https://www.sundaibunko.jp